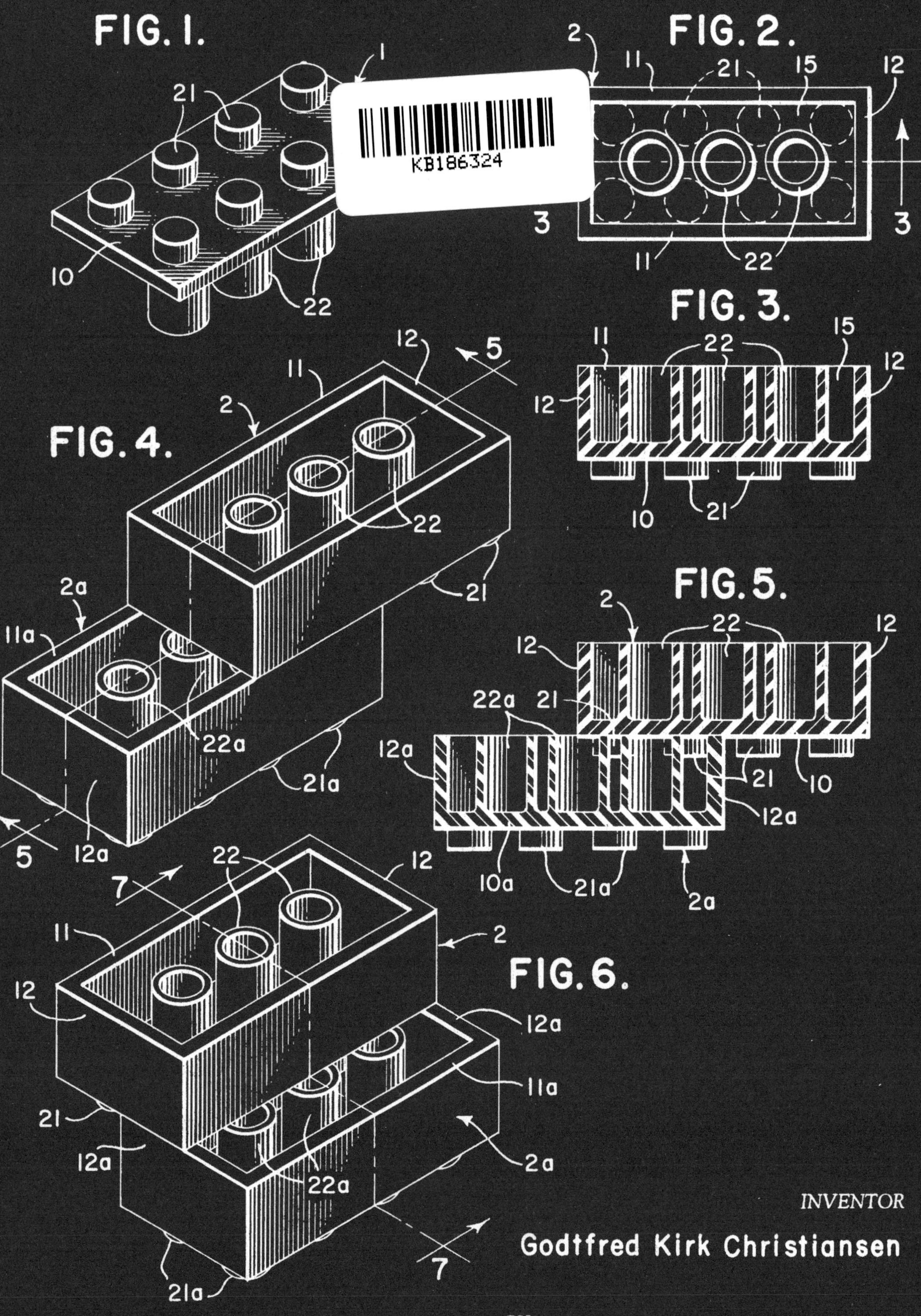

BY
Stevens, Davis, Miller & Mosher
ATTORNEYS

THE LEGO® BOOK

레고® 북

designhouse

THE LEGO® BOOK 레고® 북

1판 1쇄 발행 2020년 4월 28일
1판 2쇄 발행 2020년 7월 30일

지은이 다니엘 립코위츠
옮긴이 이정미
펴낸이 이영혜
펴낸곳 ㈜디자인하우스
출판등록 1977년 8월 19일(제2-208호)
주소 서울시 중구 동호로 272(우편번호 04617)
전화 편집 02-2262-7395 마케팅 02-2262-7214
팩스 02-2275-7884
홈페이지 www.designhouse.co.kr

ISBN 978-89-7041-740-0 03590

기획사업본부
본부장 박동수
영업부 문상식, 소은주
제작부 정현석, 민나영
디자인 이선영, 박정화
교정교열 박혜경, 유지숙, 김보공

이 도서의 국립중앙도서관 출판예정도서목록(CIP)은 서지정보유통지원시스템 홈페이지(http://seoji.nl.go.kr)와 국가자료공동목록시스템(http://www.nl.go.kr/kolisnet)에서 이용하실 수 있습니다. (CIP제어번호: 2019051291)

First published in Great Britain in 2018 by
Dorling Kindersley Limited
One Embassy Gardens, 8 Viaduct Gardens, London, SW11 7BW
A Penguin Random House Company

10 9 8 7 6 5 4 3 2 1
001–307682–Oct/2018

A CIP catalogue record for this book
is available from the British Library.

978-0-24131-422-7

Printed and bound in China

FOR THE CURIOUS
Discover more at
www.dk.com

www.LEGO.com

THE LEGO® BOOK
레고® 북

다니엘 립코위츠 지음

차례

810 빅 타운 세트 (1961)

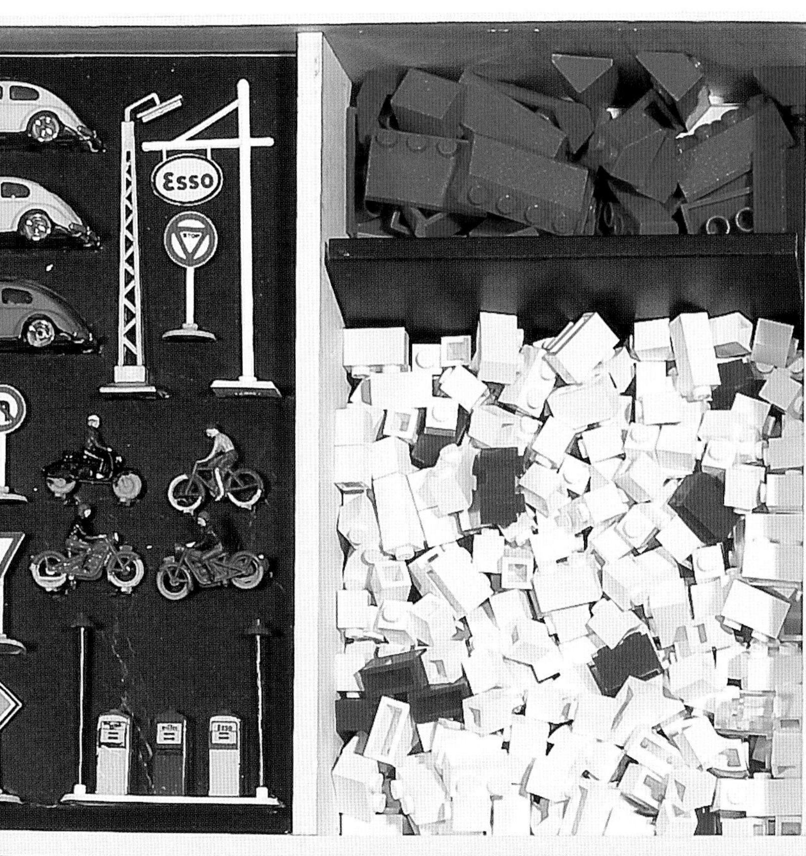

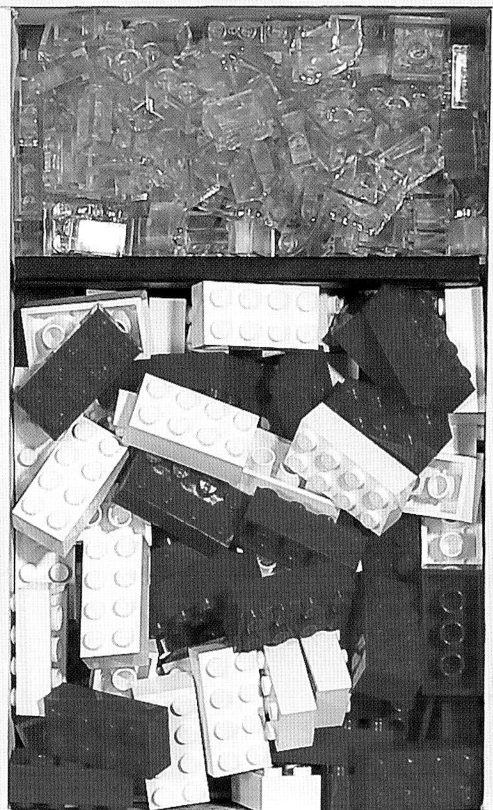

레고 브릭은 무궁무진한 방식으로 조립할 수 있는
장난감으로, 모든 연령대의 빌더가
자신의 상상력을 바탕으로 창의력을 마음껏 표현할 수 있는
기회를 제공한다.

서문

친애하는 독자 여러분,

1958년 1월 28일, 레고 그룹은 안쪽의 튜브와 위쪽의 스터드로
오늘날 우리에게 친숙한 레고 브릭 특허를 출원했습니다. 지금까지 지속되고 있는
모험의 시작을 알리는 레고의 기념비적인 날이었습니다.

탄생한 지 어느덧 60년이 지났지만 레고 브릭은 여전히 새로운 모습으로
우리 곁에 있습니다. 사람들은 레고 브릭이 전 세계 아이들과
성인에게 끊임없이 영감을 주고 환영받는 이유를 궁금해합니다.
사람들이 레고 브릭에 열광하는 데에는 세 가지 이유가 있다고 생각합니다.

첫째, 레고 브릭은 언제 봐도 새로운 장난감이라는 점입니다. 브릭을 갖고
노는 방법은 그야말로 무궁무진합니다. 같은 색상의 2×4 레고 브릭 6개만 있으면
9억1,500만 개가 넘는 창작물을 만들어낼 수 있습니다. 레고 놀이에는
끝이 없습니다. 오늘 만든 경찰서가 내일은 우주 로켓이 될 수도 있습니다.

둘째, 레고 브릭은 장난감 이상의 놀이 도구로 아이들의 교육을 위한 응용 프로그램으로도 활용이 가능합니다.
물론 아이들이 기술과 능력을 개발하기 위한 장난감을 일부러 찾지는 않을 것입니다.
아이들은 재미있는 장난감을 원합니다. 그러나 성취감과 자부심을 생생하게 느낄 수 있는 장난감을 가지고 노는 것을
더없이 즐거워합니다. 레고는 바로 그런 기분을 느끼게 합니다. 또 브릭은 여러분의 운동신경,
사교성, 창의성을 길러주며 호기심을 자극합니다. 레고 브릭은 창의력을 체계적으로 발달시키며,
우리는 이를 놀이 학습이라 부릅니다.

셋째, 레고 브릭은 놀이를 통한 협동 정신과 사교성을 길러줍니다.
말이 통하지 않는, 국적이 다른 아이들을 한데 모아놓고
레고 브릭을 건네주면 아이들은 본능적으로 브릭을 쌓으면서
함께 즐길 것입니다. 이때 레고 브릭은 세계 공용어나 다름없습니다.

이 책은 레고 브릭을 발명한 회사와 이후 출시한
환상적 레고 제품에 대한 정보로 가득합니다.
앞으로도 더 많은 레고 제품이 세상에 나올 것입니다.

여러분은 무엇을 만드시겠습니까?

이 책을 읽는 동안 즐거운 시간이 되기를 바랍니다.

레고 그룹 최고경영자

예르겐 비그 크누스토르프

레고® 이야기

오늘날 레고® 브랜드는 세계에서 가장 사랑받는 브랜드 중 하나다. 레고 그룹으로 성장한 이 장난감 회사는 100여 년 전 한 마을의 목공소에서 시작되었다. 레고 제품은 여러 해에 걸쳐 변화를 거듭했지만, 여전히 모든 제품을 아우르는 레고의 성공 비결은 레고 브릭만큼 한결같은 품질 보장에 있다.

레고는 레고 브릭을 대표하는 공항 셔틀, 노란색 성, 카리브의 해적선, 갤럭시 익스플로러의 마이크로 모델과 '60년'이라는 글자가 찍힌 기념 타일로 구성된 레고 60주년 기념 세트를 제작해 조립 놀이 60년 역사를 기념했다.

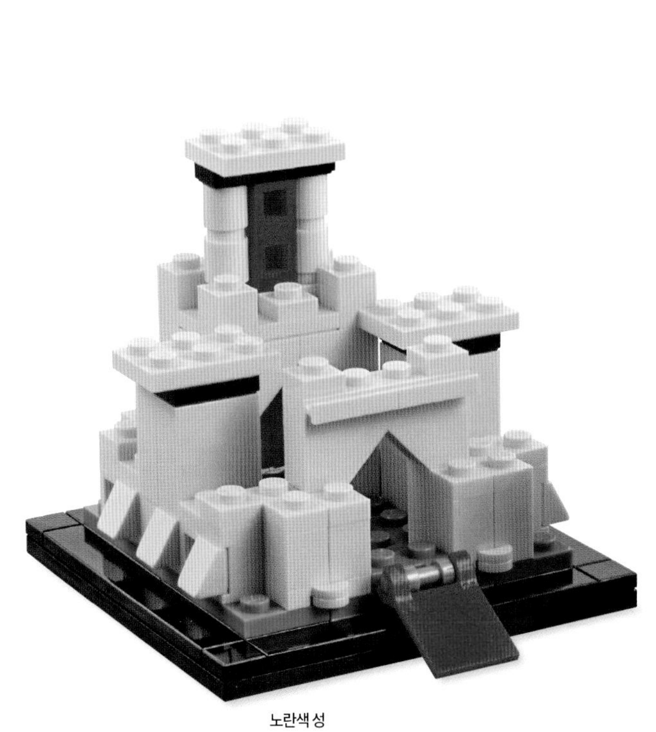

노란색 성

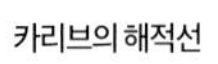

카리브의 해적선

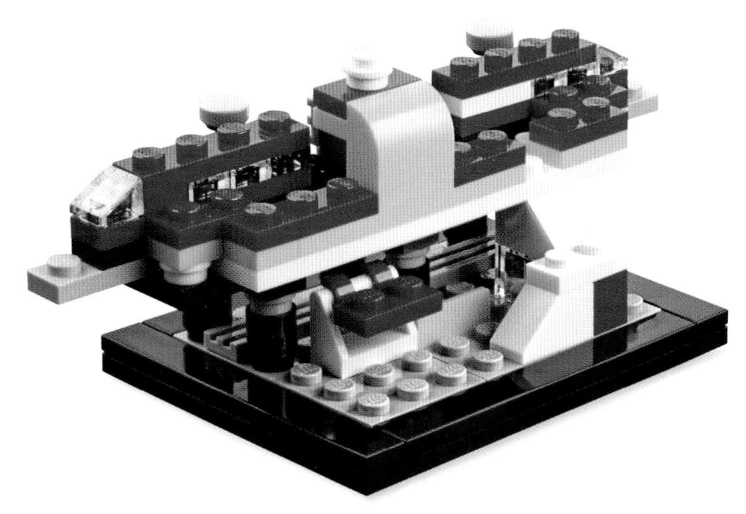

공항 셔틀

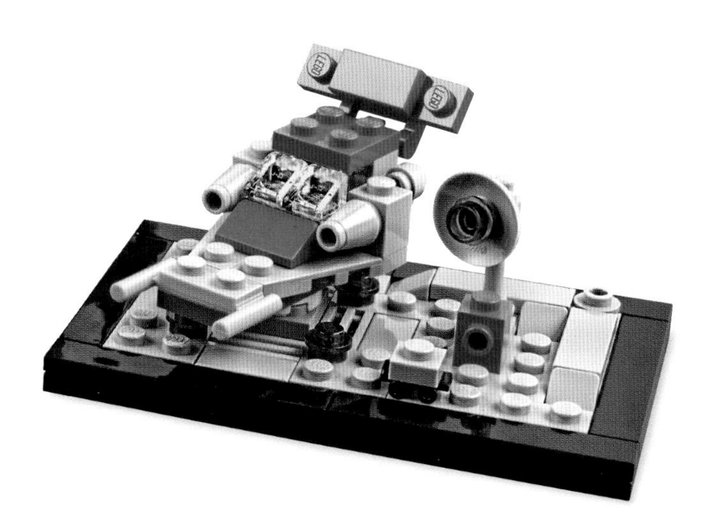

갤럭시 익스플로러

40290 레고 브릭
60년(2018)

화재가 일어나 레고 작업장과 제품 도안이 모두 소실된 다음 해인 1943년, 올레 키르크 크리스티안센이 나무 레고 오리의 도안을 다시 그리고 있다.

가족 기업

레고 그룹은 가족 소유와 경영을 바탕으로 4대째 가업을 이어오면서 소규모 지역 회사에서 창의력 향상과 발달을 돕는 세계 최고의 장난감 회사로 성장했다. 가업을 이어받은 각 세대가 레고® 브랜드의 확장과 꾸준한 성장에 두루 기여하고 있다.

1932년 레고 직원들이 처음 제작한 나무 장난감을 진열해놓고 포즈를 취하고 있다. 올레는 "이 사진을 찍던 날, 목공 사업과 이제 막 자리를 잡기 시작한 장난감 제작 사업 중 하나를 택해야 한다는 생각이 들더군요" 라고 회고했다.

희망의 메시지가 담긴 사진

1932년 레고 창업자 올레 키르크 크리스티안센Ole Kirk Kristiansen은 유럽의 경제 불황, 곧 들이닥칠 듯한 도산 위기, 아내의 죽음으로 인한 마음의 상처 등 여러 악재가 겹친 상황에서 힘겨운 한 해를 보냈다. 그는 어린 네 아들을 혼자 키우며 새로운 사업을 구상했다. 바로 나무 장난감을 제작하는 일이었다. 사업을 시작하고 얼마간은 사정이 좀 나아지기도 했지만, 도산 위기를 면하고 최고의 나무 장난감 제작에 걸맞은 품질 기준을 고수하려면 가족들에게 돈을 자주 빌릴 수밖에 없었다.

나무 소방 트럭(1930년대 초)

빨간색 소방 트럭은 나무 장난감 제작 초기부터 레고의 제품 목록에 빠지지 않고 등장한다. 레고 브릭 버전의 소방 트럭은 지금도 꾸준히 인기를 누리며 변함없는 사랑을 받고 있다.

아이들은 최고의 장난감을 갖고 놀아야 한다

올레는 사업 초창기부터 제품의 품질을 높이는 데 전념했다. 그는 "최고만이 최선이다"라는 표어를 신조로 경영에 임했다. 그는 아이들이 최고급 자재와 기술로 만든 장난감을 갖고 놀아야 한다고 믿었으며, 자신의 작업장에서 만든 장난감만큼은 몇 년을 갖고 놀아도 싫증 나지 않게 하겠다는 포부가 있었다. 그의 두 아들과 직원들은 "바로 그런 마음가짐으로 일하는 것이 우리가 레고에서 일하는 방식"이라는 말을 자주 되뇌었다. 덴마크어로 '잘 놀다'라는 의미인 '레그 고트LEg GOdt'의 약어를 회사 이름으로 정한 올레는 레고라는 이름이 자신의 회사와 경쟁 업체를 구별해줄 품질 기준을 나타내는 상징이 되어야 한다고 강조했다.

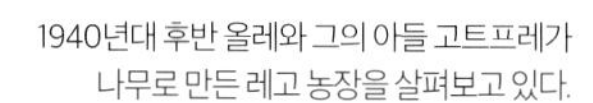

1940년대 후반 올레와 그의 아들 고트프레가 나무로 만든 레고 농장을 살펴보고 있다.

놀이 시스템

고트프레 키르크 크리스티안센Godtfred Kirk Christiansen은 1955년 새로운 레고 놀이 시스템LEGO System in Play을 중점적으로 개발할 때에도 아버지 올레의 경영 철학을 고수했다. 그는 레고 브릭만의 독특한 '클러치clutch' 원리를 개발해냈고, 더 나은 자재와 생산(제작) 기술로 레고 브릭의 정확한 규격을 지켜나갔다. 고트프레는 '양질의 놀이'라는 레고의 원칙을 엄격하게 믿고 따르는 신봉자로 1963년에는 신제품 개발을 위한 '십계명'을 내놓았다.

DET-BEDSTE-ER
IKKE-FOR-GODT

직원들에게 제품의 품질을 절대 등한시하지 말 것을 당부하기 위해 나무에 새겨 넣은 "최고만이 최선이다"라는 올레의 표어는 레고 그룹을 85년 넘게 이끌어준 경영 원칙이다.

고트프레 키르크 크리스티안센의 레고 시스템을 위한 십계명

- 무한한 놀이의 가능성을 갖춘 레고
- 여아와 남아 모두를 위한 레고
- 모든 연령층을 위한 레고
- 1년 내내 즐길 수 있는 레고
- 건전하고 차분하게 즐길 수 있는 레고
- 싫증 나지 않고 장시간 즐길 수 있는 레고
- 상상력, 창의력, 성장 발달을 높여주는 레고
- 신제품이 기존 제품의 놀이 효과를 극대화하는 레고
- 늘 화제 만발인 레고
- 안전과 품질이 보장된 레고

올레 키르크 크리스티안센의 손자 키엘 키르크 크리스티안센과 2016년 크리스티안센 가문에서 가장 왕성한 활동을 보이며 가업을 승계한 증손자 토마스 키르크 크리스티안센Thomas Kirk Kristiansen.

키엘 키르크 크리스티안센은 레고 브릭의 가능성을 꿰뚫어보고 자신만의 모델을 만들었다. 그중 일부는 공식 출시되었다. 1978년 아버지 고트프레와 자신이 만든 모델 중 하나를 두고 이야기하는 키엘.

> "아이들은 우리에게 전부나 다름없다. 아이들과 그들의 성장 발달, 이 두 가지는 우리가 하는 모든 일 구석구석에 녹아 있다."
>
> - 1996년, 키엘 키르크 크리스티안센

아이들에게 초점을 맞추다

3세대 레고 그룹 소유주 키엘 키르크 크리스티안센Kjeld Kirk Kristiansen은 제품 개발을 위한 독자적인 모델로 '레고 시스템 안의 시스템'을 구축했고, 고객의 연령에 맞는 장난감을 적기에 제공하기 위한 사업부를 신설했다. 키엘은 레고의 브랜드 가치를 확신했고, 단순히 훌륭한 조립용 장난감이 아닌 품질, 창의력, 학습 효과를 대표하는 세계 최고 장난감이라는 인식을 고객에게 심어주었다. 1996년 그는 다음과 같이 말했다. "할아버지를 이끈 가장 큰 원동력은 완벽한 제품을 추구하는 장인정신이었습니다. 아버지는 레고 제품이 지닌 독특한 아이디어와 그 안에 내재된 가능성에 집중하셨습니다. 저는 제품 아이디어와 브랜드 가치를 바탕으로 사업의 범위와 콘셉트를 더 개발하고 확장하기 위해 레고 브랜드의 잠재력을 최대한 활용하는 좀 더 글로벌한 경영 리더라고 생각합니다."

나무 장난감

전 세계에서 가장 성공한 장난감 회사 중 하나인 레고의 이야기는 1916년 덴마크인 도목수 올레 키르크 크리스티안센이 빌룬Billund이라는 작은 마을에서 목공소를 사들여 집을 짓고 가구 제작 사업을 시작한 데서 출발한다. 1932년 세계 대공황으로 목공소가 폐업 위기에 몰리자 올레는 아이들을 위한 다양한 장난감을 제작하는 데 자신의 목공 기술을 활용하기로 했다. 멋지게 만들어 색을 입힌 올레의 나무 장난감에는 요요, 나무 블록, 줄로 끌고 다니는 동물, 다양한 종류의 자동차 등이 있었다.

요요 (1932)

1932년 목공소에서 처음으로 출시한 나무 장난감 중 하나인 요요는 짧은 기간 큰 인기를 누렸다. 요요의 판매량이 줄고 인기가 시들해지면서 재고로 쌓인 요요는 조랑말이 끄는 이륜 마차와 같은 장난감의 바퀴로 재활용되었다.

조랑말이 끄는 이륜 마차 (1937)

나무 블록

형형색색의 알파벳과 숫자로 장식한 레고 나무 블록은 아이들이 알파벳과 철자를 익힐 수 있도록 원하는 단어에 맞게 쌓거나 나열할 수 있었다. 1949년에 등장한 플라스틱 브릭의 전신이라 할 수 있는 이 나무 블록은 1946년부터 제작되었다.

줄로 끄는 장난감

레고는 1930년대와 1940년대 어린아이들이 끌고 다닐 수 있는 다양한 종류의 나무 장난감 동물을 출시해 큰 성공을 거두었다. 수컷 청둥오리와 비슷해 보이도록 여러 색을 입혀 제작한 이 굴러가는 오리는 초기의 레고® 장난감 중 가장 큰 인기를 누린 제품 중 하나다.

오리 (1935)

바퀴가 굴러가면 부리가 열렸다 닫힌다.

어설픈 한스(1963)

어설픈 한스

안데르센의 동화 <Klods-Hans>에서 아이디어를 얻어 만든 작품으로, 이 장난감을 끌고 다니면 어설픈 한스가 숫염소 위에서 들썩거린다.

줄로 끄는 고양이는 1930년대 중반에서 1950년대 후반 사이에 출시되었다.

사실적인 모습이 돋보이는 이 수탉 장난감은 1947년부터 1958년까지 만들었다.

실제로 움직이는 자동차 핸들이 이 나무 원숭이의 팔과 다리에 내장된 연결 부위와 함께 움직여 자동차 바퀴가 굴러가면 원숭이가 앞뒤로 흔들린다.

이 나무 열차는 1946년부터 1953년 사이에 만들었다.

올레의 아들 고트프레 키르크 크리스티안센은 1937년 열일곱 살의 나이에 레고 장난감 도안을 그리기 시작했다. 그는 직업 학교에서 나무 자동차 같은 레고 신제품의 콘셉트 도안을 그리는 방법을 배웠다.

나무 자동차

레고 목공소에서는 1930년대와 1940년대 전반에 걸쳐 수많은 나무 자동차와 트럭을 생산했으며, 제품 하나하나를 올레의 엄격한 품질 기준에 따라 제작하고 도장했다. 1940년 덴마크가 독일에 점령되면서 장난감 제작에 금속과 고무의 사용이 금지되었다. 덕분에 레고의 트레이드마크나 다름없던 나무 장난감은 순식간에 더 유명해졌다.

플라스틱 장난감

1947년 올레는 영국에서 수입한 플라스틱 사출 성형기를 구입했다. 덴마크에 처음 수입된 제품 중 하나로 가격이 3만 크로네(DKK)였고, 그 가격은 당시 회사가 벌어들인 연간 수익의 15분의 1에 해당하는 액수였다. 플라스틱 장난감을 제조하는 데 많은 비용이 들었지만, 그만한 비용을 투자한 보람이 있었다. 1951년에는 레고 장난감의 절반이 플라스틱으로 만들어졌다.

레고의 첫 플라스틱 장난감 중 하나는 물고기 모양의 딸랑이였다. 사출 성형기에 여러 색의 플라스틱을 섞어 넣으면 멋진 대리석 질감의 결과물이 나왔다.

레고 브릭 (1953)

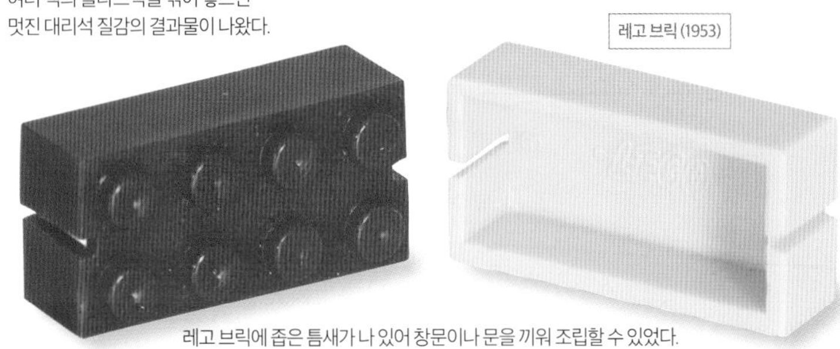

레고 브릭에 좁은 틈새가 나 있어 창문이나 문을 끼워 조립할 수 있었다.

브릭의 탄생

레고® 브릭의 전신은 1949년에 제작한 '자동 결합 브릭Automatic Binding Bricks'이다. 처음에는 레고가 만드는 200여 종의 플라스틱과 나무 장난감 중 자동 결합 브릭 제품이 몇 개 되지 않았다. 셀룰로오스 아세테이트로 만든 자동 결합 브릭은 오늘날의 레고 브릭과 비슷하지만 양옆에 좁은 틈새가 나 있다. 뒷면의 속이 완전히 비었으며, 브릭을 서로 맞물리게 하는 튜브도 없었다. 1953년 자동 결합 브릭은 '레고 브릭'으로 이름을 바꾸었다.

흰 셔츠를 입고 있는 소년은 올레의 손자 키엘 키르크 크리스티안센이고, 그 옆의 소녀는 키엘의 여동생이다.

플라스틱 자동차

실제 자동차 모델을 본뜬 플라스틱 자동차 시리즈는 1958년 레고 놀이 시스템이라는 개념이 회사 전반에 도입되면서 세상에 나왔다. 새로 출시한 타운 플랜 세트를 보완하기 위해 만든 자동차 제품에는 레고 브릭과 결합할 수 있는 스터드 달린 베이스 플레이트와 포장 용기가 포함되어 있었다.

262 오펠 레코드와 차고 (1961)

이 플라스틱 자동차는 한쪽 면에 여닫는 문이 달려 있다. 윗면에 레고 시스템 스터드가 달린 투명한 포장 용기에 담겨 출시되었다.

260 폭스바겐 비틀 (1958)]

1957년에서 1967년 사이에 다양한 색상과 크기로 제작된 폭스바겐 비틀 역시 폭스바겐 로고를 새긴 레고 브릭 플레이트가 담긴 진열장과 함께 구입할 수 있었다.

자동차와 트럭

새로운 플라스틱 기술로 이전보다 훨씬 더 세밀하고 정교한 장난감을 디자인하고 생산할 수 있게 되었다. 화려한 색상의 자동차와 트럭은 최신 모델과 스타일을 빠짐없이 수집하는 아이들에게 인기 상품이었다.

1950년 쉐보레 트럭 컬렉션 제품 상자에 알록달록한 그림이 그려져 있다.

많은 장난감에 플라스틱뿐 아니라 다른 자재도 함께 사용했다. 에소Esso 연료 수송 트럭은 플라스틱 운전석과 도장한 나무 트레일러로 만들었다.

1953년에 새로 바뀐 제품 상자에는 실제 퍼거슨 모델인 TE20 트랙터('작은 회색 퍼기Little Grey Fergie'라는 별명을 가졌다)가 그려져 있다. 이 트랙터 장난감은 1946년부터 1956년까지 제작되었다.

퍼거슨 트랙터 (1952)

레고의 초기 플라스틱 장난감 제품군에서 가장 큰 성공 사례 중 하나가 퍼거슨 트랙터였다. 정교한 플라스틱 사출 금형으로 제작하느라 실제 트랙터를 제작하는 것만큼 큰 비용이 들었지만, 레고 퍼거슨 트랙터를 출시한 첫해에만 7만5,000개가 팔리면서 위험을 무릅쓰고 투자한 비용을 빠르게 회수할 수 있었다. 당시 유럽에서는 산업화된 농업에 대한 인기가 높았다. 점점 더 많은 농장주가 말에서 트랙터로 갈아타던 시기에 마침 퍼거슨 트랙터가 출시되면서 1950년대 아이들에게 큰 인기를 얻었다.

실제 트랙터와 마찬가지로 레고 퍼거슨 트랙터도 다양한 농업용 장비를 부착할 수 있도록 만들었다.

원래는 완성된 상태로 판매하던 이 레고 트랙터는 1953년 사용자가 직접 조립할 수 있는 제품으로 다시 출시되었다.

최초의 레고 시스템 세트는 '타운 플랜 1호'였다.
제품 상자에 고트프레 키르크 크리스티안센의 아들이자
레고의 창립자 올레 키르크 크리스티안센의 손자인
어린 키엘 키르크 크리스티안센의 모습이 보인다.

레고® 놀이 시스템

1954년은 고트프레 키르크 크리스티안센이 레고 그룹의 미래에 대해 진지하게 고민한 해다. 영국의 한 장난감 박람회를 둘러보고 돌아온 그는 장난감 산업에는 시스템이 없다고 지적하는 한 동료와 이야기를 나누게 된다. 고트프레는 동료의 말에 자신이 필요로 하던 큰 영감을 받았고, 구조화된 제품 시스템을 만들기로 결심했다. 회사에서 만든 제품을 검토해보니 레고® 브릭이 시스템을 만드는 데 가장 적합해 보였다. 레고 놀이 시스템은 다음 해인 1955년에 여러 건물을 세트로 구성한 타운 플랜으로 출시되었다.

고트프레는 놀이 시스템에 관해 언급하면서 "우리의 목적은 아이들이 인생을 살아가는 데 도움이 되고 상상력을 불러 일으키며 삶의 원동력인 창조적 욕구를 자극하고 창작의 기쁨을 선사하는 장난감을 만드는 데 있다"라고 적었다.

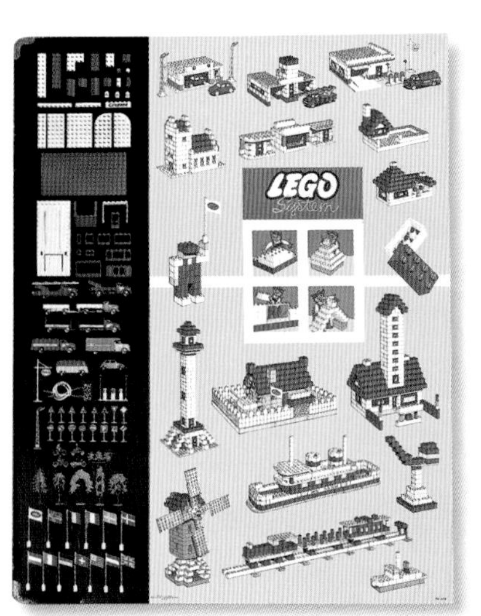

타운 플랜

타운 플랜 1호 세트에는 화려한 바닥판부터 시민, 자동차와 트럭, 빨간색, 흰색, 파란색 레고 브릭에 이르기까지 아이들이 만들고 조립하는 데 필요한 모든 것이 들어 있었다. 처음에는 바닥판을 플라스틱으로 만들었지만, 1956년 나무 섬유판으로 바꿔 출시되었다.

점점 커지는 시스템

레고 시스템 이면의 계획은 모든 엘리먼트(element, 브릭을 포함한 꽃, 나무, 액세서리 등 모든 형태와 종류의 부품_옮긴이)를 다른 엘리먼트와 연결하는 것이었다. 즉 브릭이 많을수록 더 많은 놀이의 가능성이 열린다는 생각이었다. 타운 플랜을 가진 아이들은 세트가 나올 때마다 더 좋은 타운을 만들고, 추가 조립 설명서(왼쪽 맨 아래 사진) 덕분에 더 많은 것을 만들 수 있었다.

실제 모습을 따라 조립한 1950년대 자동차와 트럭

타운 플랜 1호 (1955)

별도 판매한 타운 플랜의 추가 바닥판

새로 나온 타운 플랜

레고는 2008년에 클래식 타운 플랜 세트의 새로운 버전을 출시해 현대판 레고 브릭의 특허출원 50주년을 축하했다. 타운 플랜의 특별판은 아이들과 레고 수집가들이 영화관, 주유소, 시청 등을 갖춘 1950년대식 마을 중심지를 만들 수 있도록 해주었다.

레고 브릭 출시 50주년을 기념해 마을 중앙에 있는 분수대 조립에 사용될 금색 브릭 3개가 이 타운 플랜 세트에 들어 있다.

레고 그룹 소유주인 키엘 키르크 크리스티안센이 새로운 타운 플랜 세트의 모델로 등장해 어린 시절 제품 모델로 활동하던 모습을 재현했다.

조립하는 데 1,981피스가 사용되는 타운 플랜 세트에는 신혼부부 미니피겨, 희귀한 모양과 색상의 브릭, 키엘 키르크 크리스티안센이 전하는 편지 등이 포함되었다. 타운 플랜의 영화관은 매표소, 관람석, 팝콘 기계, 레고를 주제로 한 영화 포스터 등으로 구성했다.

10184 타운 플랜 (2208)

주유소는 차고, 세차장, 브릭으로 만든 1950년대 스타일의 자동차 기름을 채워줄 주유기로 구성했다.

나무와 교통안전

타운 플랜 모델에는 플라스틱 사출 성형기로 만들어 도색한 나무, 사람, 자동차, 교통 표지판이 포함되어 있다. 덴마크 도로안전위원회와 공동으로 제작한 타운 플랜 모델은 자동차 판매가 급증하던 시대에 아이들이 교통안전을 배우는 데 도움이 되었다.

레고® 브릭

레고 그룹은 1955년 레고® 시스템을 출시하면서 새로운 레고 브릭을 완벽한 조립용 장난감으로 만들어야 한다는 점을 인식하고 있었다. 모델을 안정적으로 조립하려면 브릭을 단단하게 결합하고 쉽게 해체할 수 있어야 했다. 당시 최고경영자 고트프레 키르크 크리스티안센은 브릭의 품질과 브릭이 서로 맞물리는힘을 완벽한 수준으로 끌어올리고, 레고 엘리먼트로 사실상 무엇이든 조립할 수 있어야 한다는 레고의 경영 이념을 관철하기로 결심했다.
1958년 1월 28일 오후 1시 58분, 고트프레는 마침내 덴마크 코펜하겐에서 레고 브릭과 브릭 조립 시스템에 대한 특허출원서를 제출했다.

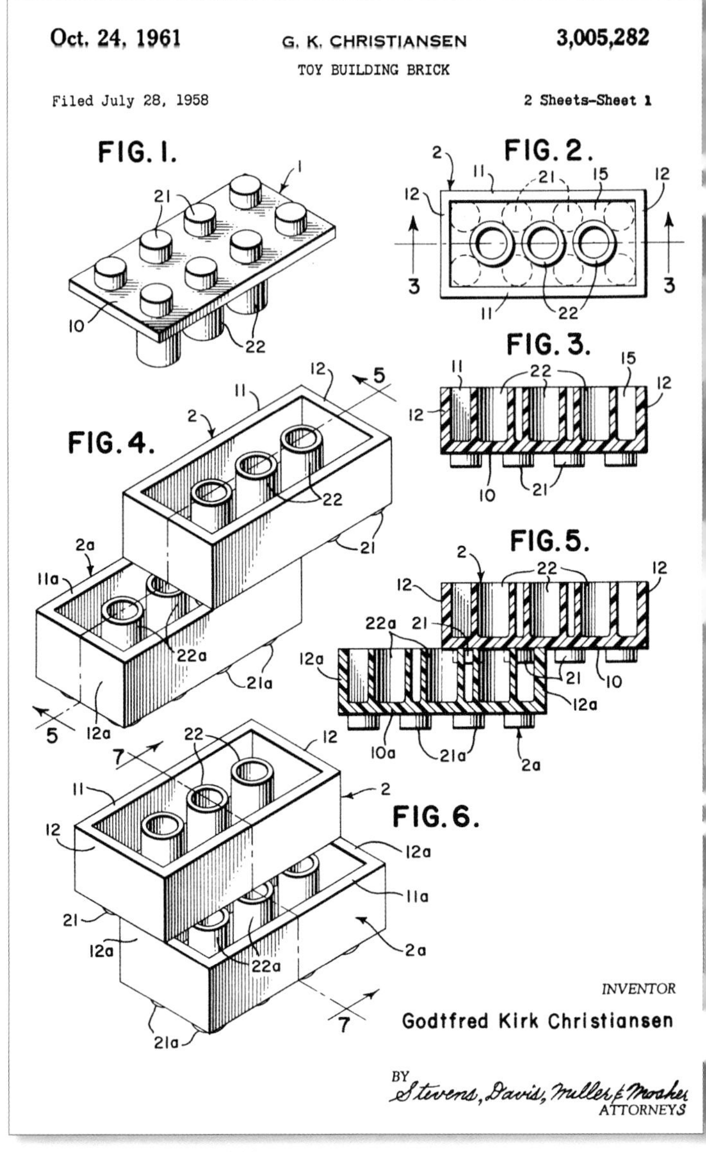

미국에서는 1958년 7월 레고 브릭에 대한 특허출원서가 제출되었다. 미국 특허청에 제출한 특허출원서에는 브릭이 서로 맞물리는 원리를 설명하는 여러 설계 도면이 첨부되었다.

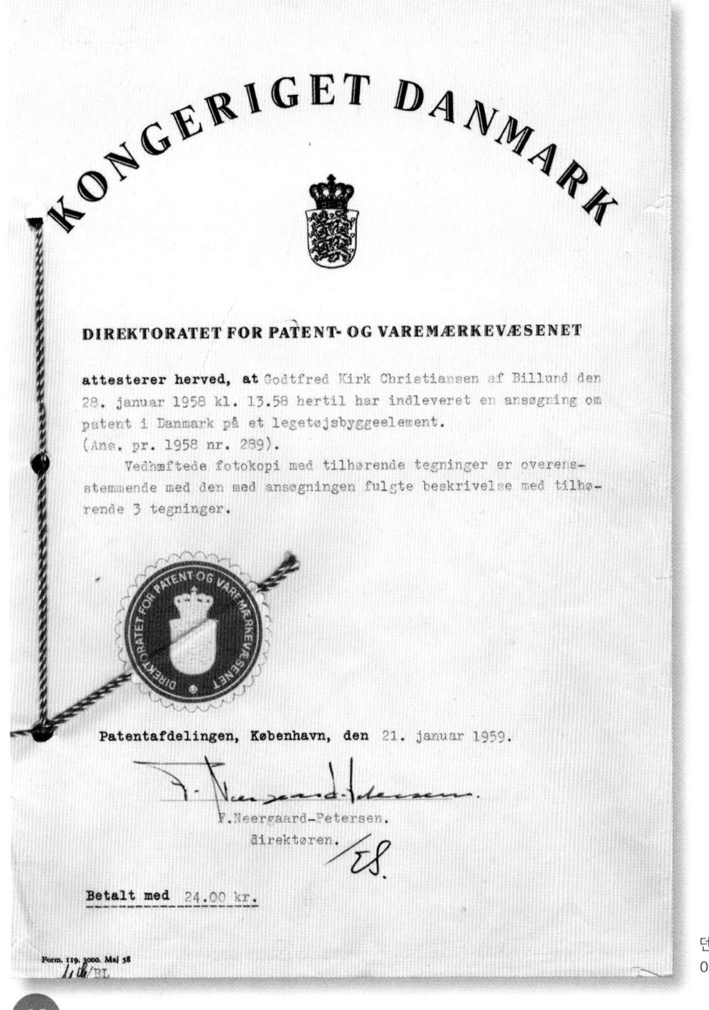
KONGERIGET DANMARK

DIREKTORATET FOR PATENT- OG VAREMÆRKEVÆSENET

attesterer herved, at Godtfred Kirk Christiansen af Billund den 28. januar 1958 kl. 13.58 hertil har indleveret en ansøgning om patent i Danmark på et legetøjsbyggeelement.
(Ans. pr. 1958 nr. 289).
Vedhæftede fotokopi med tilhørende tegninger er overensstemmende med den med ansøgningen fulgte beskrivelse med tilhørende 3 tegninger.

Patentafdelingen, København, den 21. januar 1959.

F. Neergaard-Petersen,
direktøren.

Betalt med 24.00 kr.

덴마크에서 처음 레고 브릭에 대한 특허가 등록되었고, 이후 30여 개국에서 특허 등록이 이뤄졌다.

스터드와 튜브로 찾은 해결책

레고는 브릭의 맞물리는 힘을 강화하는 몇 가지 방법을 고안해냈다. 첫 번째 방법은 바로 브릭 밑면에 튜브 3개를 추가해 그 공간과 브릭 윗면에 달린 스터드가 서로 완벽하게 맞물리도록 하는 것이었다. 그 밖에도 브릭을 연결하는 다섯 가지 방법을 더 제안했다. 그중에는 튜브 2개를 추가해 브릭을 만들거나 브릭 밑면 안에 십자 모양을 만들어 연결하기 같은 대안이 포함되어 있었다.

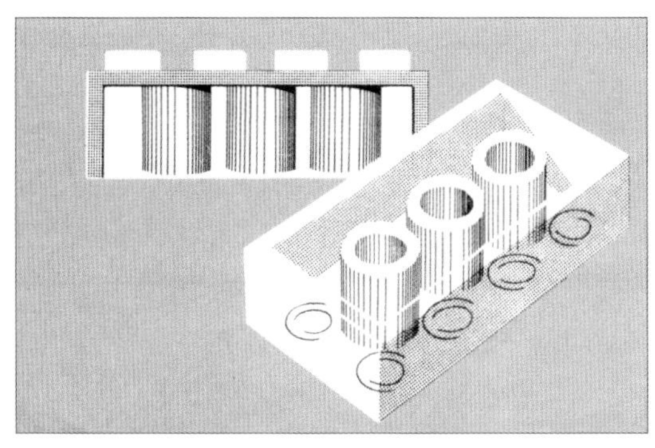

1957년에 고안한 방법으로 고트프레가 가장 선호한 해결책인 원통형 튜브 3개를 추가한 클러치 시스템이 새롭게 개선된 레고 브릭의 최종 모델이 되었다.

1958년 이후 제작한 모든 2×4 레고 브릭은 첫 특허출원을 하면서 튜브 3개를 추가해 브릭을 결합하는 원리를 설명하기 위해 제출한 도면에 적힌 규격과 정확히 같은 크기로 제작되었다.

숫자로 보는 레고 브릭

- 레고® 엘리먼트는 일반 시스템의 일부이며 다른 시스템 엘리먼트와 호환이 가능하다.
- 1958년에 제작한 브릭이 60년 후에 제작한 브릭에 정확히 들어맞는다.
- 1963년 이후에 만든 레고 엘리먼트 대부분은 긁거나 물어도 자국이 잘 남지 않는 ABS(아크릴로니트릴 부타디엔 스티렌)로 제작했다.
- 레고 브릭은 정밀 제작한 소형 금형 기계로 만들어진다.
- 레고 엘리먼트를 제작하는 데 쓰이는 금형 기계는 오차 범위가 4마이크로미터(0.004밀리미터 또는 0.0002인치 미만) 이내로 머리카락 한 올의 너비보다 작을 정도로 정밀하다.
- 2017년 약 750억 개의 레고 엘리먼트가 140여 개국에서 판매되었다.
- 3,700여 종의 레고 엘리먼트가 있다.
- 2018년, 레고 브릭 60주년 기념식이 열렸다.

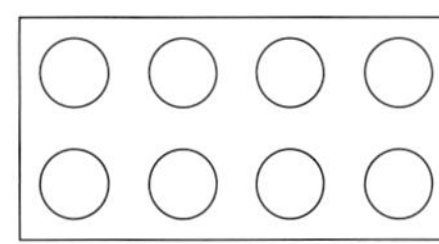

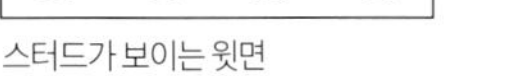

스터드가 보이는 윗면

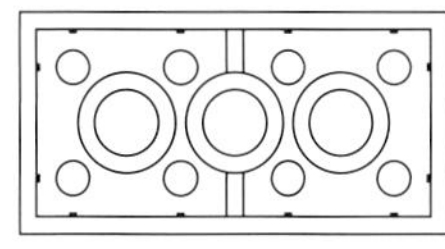

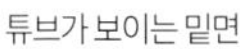

튜브가 보이는 밑면

브릭의 변화

고트프레가 스터드와 튜브로 찾은 해법은 레고 조립의 기초를 다지는 데 여전히 쓰이고 있다. 오늘날 수천 개의 레고 엘리먼트가 다른 모양, 색상, 크기로 제작되지만, 엘리먼트 하나하나가 1958년의 바로 그 유명한 날(실제로 2×4 레고 브릭이 특허를 받은 날짜가 24일이다_옮긴이)에 특허받은 스터드 2개의 폭과 스터드 4개 길이의 오리지널 브릭과 연결되도록 정교하게 만들어진다.

무한한 가능성

특허받은 레고 브릭의 맞물림 기능은 모든 연령대의 레고 사용자가 조립을 통해 상상력과 창의력을 무한대로 펼치고 표현할 수 있도록 해준다. 레고 시스템에 들어 있는 각각의 브릭은 다른 모든 브릭과 다양한 형태로 연결될 수 있으며, 브릭이 많아질수록 마음껏 창작할 수 있는 가능성도 기하급수적으로 늘어난다.

8스터드 레고 브릭 2개가 있으면 24가지 형태로 조립할 수 있다.

8스터드 레고 브릭 3개가 있으면 1,060가지 형태로 조립할 수 있다.

8스터드 레고 브릭 6개가 있으면 915,103,765가지 형태로 조립할 수 있다.

8스터드 레고 브릭 8개가 있으면 조립할 수 있는 형태의 수는 무한하다.

놀이를 통해 배우기

레고® 놀이가 재미있다는 것은 누구나 아는 사실이다. 그런데 레고는 학습 능력을 개발하는 데에도 도움이 된다. 연구 조사에 따르면, 놀이는 아이들이 창의적 아이디어를 내고 새로운 방식을 상상하는 데 도움을 준다고 한다. 놀이 학습은 아이들이 더 넓은 세계로 나아가 더 많이 배울 수 있도록 격려하며 스스로를 시험하고 자신감을 높이는 안전한 공간을 마련해준다. 레고 그룹에서는 놀이가 진지하게 논의하고 처리해야 할 업무 주제이며, 모든 레고 놀이가 즐거움을 선사하는 동시에 풍부한 경험이 될 수 있도록 하기 위해 끊임없이 고민하고 노력한다.

레고® 듀플로® 탑을 무너뜨리는 것조차 학습 경험이 될 수 있으며, 그런 경험을 통해 영·유아에게 인과관계뿐 아니라 중력도 가르칠 수 있다.

레고 놀이는 창의력, 비판적 사고, 협동심, 문제 해결 능력 같은 복합적 자질을 개발하는 데 도움을 준다.

체계적인 놀이든, 자유로운 놀이든 그 안에 즐거움이 있어야 한다.

놀이의 정의

놀이란 별다른 제약 없이 주변 세계를 탐험하는 놀이부터 어떤 특정한 목표를 이루기 위한 방법이 설명되어 있거나 그 방법이 체계화된 놀이에 이르기까지 다양한 활동으로 정의할 수 있다. 모든 레고 세트는 창의적 잠재력을 담고 있는 장난감 상자다.

레고® 재단

1986년 설립한 레고 재단은 레고 그룹과 마찬가지로 미래의 레고 사용자에게 영감을 주고 그의 능력을 개발할 수 있는 기회를 주는 것을 목표로 하고 있다. 레고 재단은 놀이 학습을 통해 아이들이 창의력을 발휘하고 배움에 대한 열정적 태도를 평생 유지할 수 있는 미래를 만들기 위해 최선을 다하고 있다. 레고 재단의 사명은 놀이를 재정의하고 학습을 재조명하는 데 있다. 선구적 사상가, 영향력 있는 사람, 교육 전문가, 학부모, 아이 돌보미와 협력해 놀이 문화를 옹호하는 이들을 지원하고 그들에게 영감을 주는 것을 목표로 한다.

레고 재단은 2015년부터 레고 그룹·유니세프와 협력해 전 세계 소외계층 어린이들이 레고 놀이를 즐길 수 있는 기회를 제공하고 있다.

역할 놀이

미니피겨와 미니돌이 들어 있는 레고 테마는 무궁무진한 역할 놀이를 할 수 있게 해준다. 주제에 맞게 상호작용하며 수행하는 역할 놀이는 창의력을 길러주고 다양한 세계를 상상할 수 있게 한다. 공감 능력과 사교성을 발달시키는 데에도 도움이 된다.

역할 놀이는 아이 혼자 즐기거나 친구와 신뢰감을 쌓아가며 함께 수행할 수 있다. 또 부모나 돌보미와 함께하는 역할 놀이는 아이들이 어른들과 상호작용을 하며 주어진 상황을 이끌어나갈 수 있는 재미있는 놀이 방법이기도 하다.

31065 파크 스트리트의 주택 (2017)

레고® 미니피겨

1978년 새로운 레고® 타운, 캐슬, 스페이스 테마를 위한 최초의 미니피겨가 등장한 이후 미니피겨는 레고 세트에 없어서는 안 될 필수 구성품이 되었다. 40년 전에는 미니피겨 수가 40여 개에 불과했다. 현재 아이들이 역할 놀이를 하고 즐기며 창작할 수 있도록 영감을 주는 레고의 상징이자 등장인물인 미니피겨 수는 8,000개가 넘는다.

모자나 다른 레고 부품을 끼워 부착할 수 있는 스터드

레고 미니피겨의 초기 원형은 팔과 다리가 따로 분리되지 않은, 몸통과 얼굴 표정이 없는 노란색 머리로 구성된 단순한 구조였다. 이 미니피겨는 1975년 처음으로 세트 제품에 등장했다.

미니피겨의 탄생

디자이너 옌스 니고르 크누센Jens Nygård Knudsen과 그의 동료들로 구성된 팀이 현대판 미니피겨를 완성했다. 시제품 51개를 만드는 데 총 3년이라는 시간이 걸렸다. 미니피겨 제작 팀은 레고 브릭을 다듬어 첫 번째 시제품을 만들었고, 플라스틱으로 만든 모델을 깎고 모양을 내 주석으로 주조했다. 1978년 미니피겨 디자인이 세트에 포함되어 첫선을 보였고, 레고 경찰관도 현대판 미니피겨 중 하나다.

그때나 지금이나 동일한 미니피겨 : 1978년형 미니피겨는 현재 판매 중인 레고 세트에서 볼 수 있는 미니피겨와 근본적으로 다르지 않다.

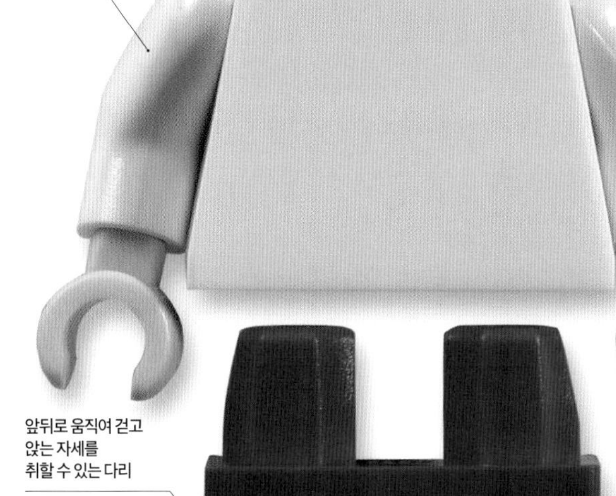

움직이는 팔

앞뒤로 움직여 걷고 앉는 자세를 취할 수 있는 다리

레고 액세서리를 장착할 수 있는 손

레고 브릭 스터드와 연결할 수 있도록 구멍이 난 다리 뒷면과 발바닥

미니피겨 조립하기

미니피겨 대부분은 10피스로 완성되지만 보통 머리, 팔과 몸통, 다리 세 부분으로 나뉘어 포장한다. 미니피겨 몸체에는 레고 브릭이나 다른 레고 부품과 호환되는 커넥터가 달려 있다. 미니피겨 머리 위에 있는 스터드에 두발, 모자, 헬멧, 기타 다른 레고 부품과 같은 엘리먼트를 끼워 부착할 수 있다. 모든 미니피겨는 해체가 가능하며, 다른 미니피겨의 부품을 활용해 새롭게 조립할 수 있어 무한 변신이 가능하다.

우주 비행사 (1978)

요리사 (1979)

행진하는 기사 (1979)

해적 선장 (1989)

아가씨 (1990)

유령 (1990)

미니피겨의 진화

클래식 미니피겨는 시간이 지나면서 점점 더 디테일이 돋보이는 인쇄, 의상, 액세서리를 갖춘 미니피겨로 진화했다. 1989년까지 모든 미니피겨는 하나같이 웃는 표정이었다. 그러나 같은 해 출시한 해적 미니피겨는 몸에 의족과 갈고리 손을, 얼굴에 수염과 안대를 달고 새롭게 등장했다. 2001년에는 머리의 앞뒤 양면이 얼굴로 된 미니피겨가 출시되어 얼굴 표정을 바꿀 수 있었다. 2003년에는 노란색 피부색보다 좀 더 현실적인 피부색의 미니피겨가 처음 세상에 나왔다.

란도 칼리시안 (2003)

히카루 (2006)

프렌지 (2009)

인어 (2009)

마임 (2010)

어릿광대 (2011)

맨배트 (2012)

자유의 여신상 (2012)

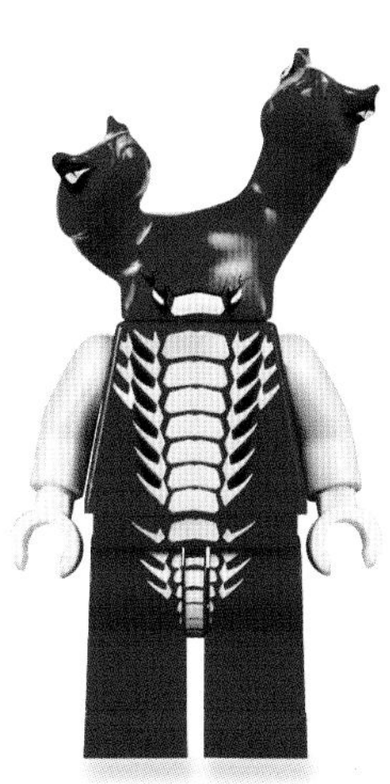
팡담 (2012)

롱투스 (2013)

71013 베이비시터 (2016)

스컬캡을 쓴 소년 (2016)

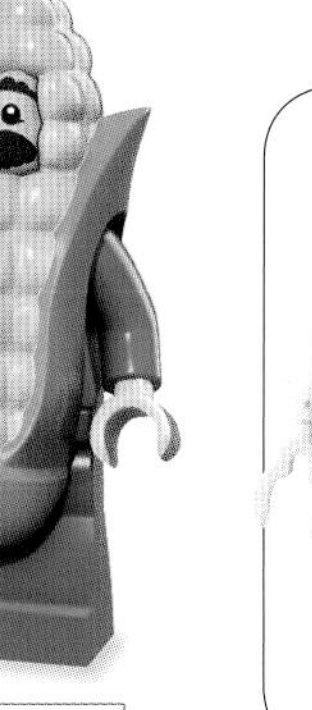
옥수수 알바 (2017)

엠마, 레고 프렌즈 미니돌 (2016)

스켈레톤 (2016)

레고 유니버스는 갈비뼈로 만든 몸통과 발가락이 4개 달린 발을 가진 스켈레톤 같은 미니피겨로 가득하다. 일부 테마 제품에는 레고® 프렌즈 미니돌같이 그 제품만의 특별한 피겨가 들어 있다.

열심히 일하고 잘 놀다

레고 그룹은 반세기가 넘도록 레고 브릭을 만들어왔지만, 레고 이야기는 그 이전으로 거슬러 올라간다. 이 기록은 레고 창업자의 탄생, 덴마크 빌룬에 있는 한 목공소에서의 소박한 시작, 나무 장난감 제작에서 플라스틱 장난감 제작으로 사업 전환, 레고® 브릭의 탄생, 혁명적 레고 놀이 시스템의 등장을 포함한 레고 초창기 시절 중요한 사건을 시간 순으로 보여주는 연대기다.

20세의 올레

1891

- 레고 그룹 창업자인 올레가 덴마크 빌룬에서 멀지 않은 필스코프 근처의 한 마을에서 태어난다.

1937년 레고의 사훈이 된 올레의 표어

1935

- 레고 최초의 레고 나무 오리를 제작하고, 레고 최초의 조립용 장난감 'Kirk's Sandgame'을 판매한다.

1937

- 올레는 '최고만이 최선이다'라는 자신의 표어를 사훈으로 정한다. 그의 아들 고트프레 키르크 크리스티안센은 올레의 표어를 조각해 작업장 벽에 건다.

1937

- 고트프레 키르크 크리스티안센은 17세에 회사의 제품 모델을 디자인하기 시작한다.

1939

- 레고 공장에서 열 번째 직원을 채용한다.

1942

- 화재로 레고 공장과 올레의 모든 작업물이 소실된다. 올레는 장난감 공장을 새로 짓고 화재로 잃은 제품 도안을 전부 다시 그린다.

1950

- 고트프레 키르크 크리스티안센이 30번째 생일을 맞아 레고의 상무이사로 임명된다.

1952

- 레고 퍼거슨 트랙터가 출시된다.
- 브릭을 고정하는 데 사용할 10×20 스터드가 달린 베이스 플레이트가 판매된다.

1952

- 5만 크로네를 들여 새로운 레고 제조 공장을 짓는다.

1953

- '자동 결합 브릭'을 '레고 브릭'(덴마크어로 'LEGO Mursten')이라는 이름으로 바꾼다. 모든 브릭에 레고라는 이름을 새긴다.

올레가 쓰던 연장 일부

1916

• 올레가 빌룬 가구 제작 목공소를 사들여 목수 겸 소목장이로 자영업을 시작한다.

1924

• 올레의 두 아들이 성냥을 갖고 놀다 화재가 발생해 집과 목공소가 소실된다. 올레는 집과 목공소를 다시 지었고, 지금도 빌룬의 시내 중심부에서 당시 새로 지은 집을 찾아볼 수 있다.

1932

• 올레가 나무 장난감을 제작하고 판매하기 시작한다.

1934

• 올레는 직원들에게 와인 한 병을 내걸고 회사 이름을 공모한다. 올레가 '레고'라는 이름으로 공모전에서 수상한다. 레고는 덴마크어로 '잘 놀다'라는 의미인 '레그 고트LEg GOdt'의 약어다. 레고는 공교롭게도 라틴어로 '나는 조립한다'라는 뜻이기도 하다.

블록 놀이를 더 다양하고 풍성하게 만들어주는 동물과 사람 그림

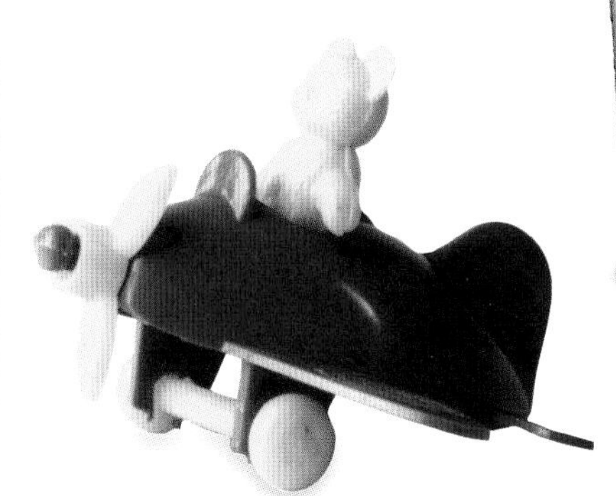

로고가 없는 최초의 레고 브릭

1943

• 레고에 29번째 직원이 입사한다.

1946

• 레고의 신제품 중 하나로 알파벳과 숫자가 그려진 나무 블록을 출시한다.

1947

• 올레가 영국에서 플라스틱 사출 성형기를 수입한다.
• 유아용 공과 교육용 교통안전 게임인 모노폴리Monypoli를 포함한 레고 최초의 플라스틱 장난감을 제작한다.

1948

• 직원이 63명으로 늘었다.
• 신제품에 핀볼 게임기를 추가한다.

1949

• 플라스틱 브릭이 서로 맞물리도록 만든 레고의 첫 '자동 결합 브릭'을 생산한다. 레고는 신제품인 플라스틱 물고기와 선원을 포함해 200여 종의 플라스틱·나무 장난감을 만든다.

1954

• 회사 이름 '레고'를 덴마크에서 공식 상표로 등록한다.
• 브릭과 호환되는 최초의 레고 창문과 문 엘리먼트를 생산한다.
• 고트프레 키르크 크리스티안센이 무한한 가능성을 지닌 레고 브릭을 기반으로 레고 놀이 시스템을 만들기로 결심한다.

1955

• 28개의 조립물과 8개의 자동차로 구성된 타운 플랜의 출시와 함께 놀이 시스템이 탄생한다.

세계적 시스템

새로운 레고 놀이® 시스템을 선보인 레고는 더 이상 평범한 장난감 제조업체가 아니었다. 고유한 브랜드 아이덴티티를 얻은 레고는 이제 창작의 즐거움에 대한 메시지를 전 세계에 전달한다는 사명감을 갖게 되었다.
초반에는 해외시장에서 플라스틱 브릭에 투자하도록 설득하기가 쉽지 않았지만, 1960년대 말 미취학 아동용 세트와 레고의 테마파크인 레고랜드로 전 세계인이 레고라는 이름을 알게 되었다.

1956

- 독일 호헨베슈테트 Hohenweststedt에 최초의 해외 판매 유한회사인 LEGO Spielwaren GmbH를 설립한다.

플라스틱 제품을 집중 생산한다.

1958

- 올레가 세상을 떠나고 고트프레 키르크 크리스티안센이 경영권을 승계한다.
- 레고에서 일하는 직원 수가 140명이 된다.
- 최초의 경사진 지붕 타일 브릭을 생산한다.

1959

- 새로 나올 레고 세트의 디자인을 구상하고 계획하고 감독할 레고 푸투라LEGO Futura 부서를 설립한다.
- 프랑스, 영국, 벨기에, 스웨덴에 레고 지사를 설립한다.

1960

- 화재로 레고의 나무 장난감을 생산하는 작업장이 소실된다. 나무 장난감 생산을 중단하고 레고 시스템에만 집중하기로 결정한다.
- 핀란드와 네덜란드에 레고 지사가 설립되고, 빌룬에 있는 레고 본사에서는 직원 400여 명이 근무하게 된다.

1966년 버전은 4.5볼트 모터가 있다.

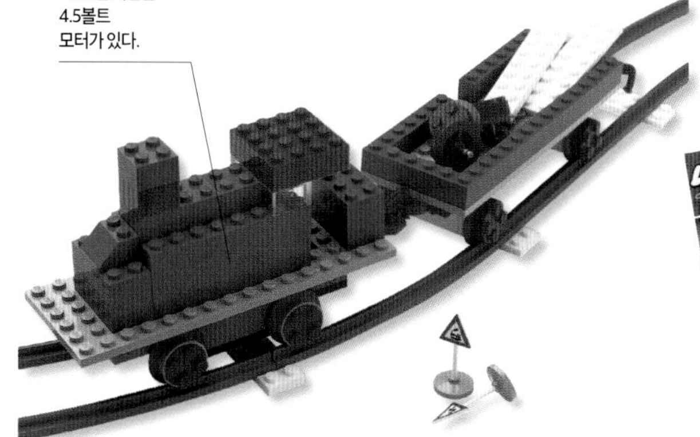

1967년에 판매된 수백만 개의 레고 세트 중 하나.

1963

- 조립 설명서가 들어 있는 레고 세트를 생산한다.
- 레고 오스트리아 지사를 설립한다.

1964

- 레고 제품이 중동에서 판매된다.
- 레고 브릭이 뉴욕 세계 박람회의 덴마크 전시장에 전시된다.
- 예술·문화 활동을 지원하기 위한 올레 키르크 재단을 설립한다.

1965

- 레고 제품이 스페인에서 판매되기 시작한다.
- 600명이 넘는 직원이 레고에서 근무하게 된다.

1966

- 배터리로 움직이는 첫 레고® 기차 세트를 출시한다.
- 레고 제품이 42개국에서 판매된다.
- 첫 공식 레고 클럽이 캐나다에서 시작된다.

1967

- 1967년 한 해에만 1,800만 개가 넘는 레고 제품이 판매된다.
- 8월에 레고® 듀플로® 조립 시스템으로 특허를 출원한다.
- 모양이 다른 레고 엘리먼트 수가 218개가 된다.
- 레고 클럽이 스웨덴에 설립된다.

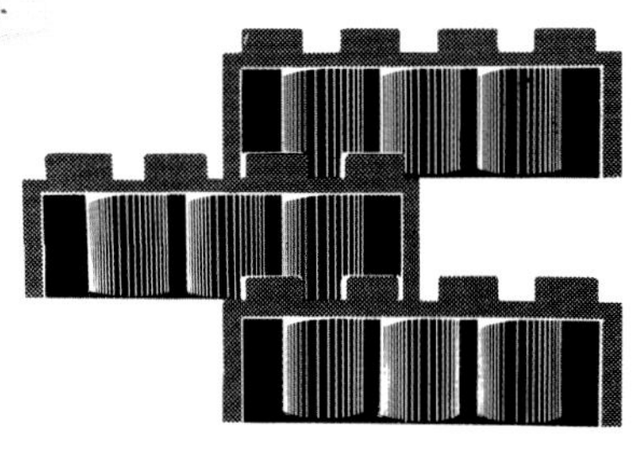

레고 브릭 특허 출원서

새로운 자동 결합 브릭

1957

- 레고 그룹의 25주년 기념식이 열린다.
- 전구가 달린 브릭과 여덟 가지 색상의 폭스바겐 비틀을 포함한 여러 신제품을 출시한다.

1957

- 다양하고 안정적인 모델을 조립할 수 있도록 스터드와 튜브를 연결해 결합하는 시스템이 적용된 레고 브릭을 선보인다.

1958

- 1월 28일 오후 1시 58분에 레고 브릭의 결합 원리에 대한 특허출원서를 낸다.

미국에서 레고 브릭 출시

빌룬 공항 활주로에 있는 레고 비행기

1961

- 고트프레 키르크 크리스티안센이 경비행기를 구입하고 빌룬 외곽에 경비행장이 들어선다.
- 여행용 가방을 만드는 회사 쌤소나이트와 라이선스 계약을 맺고 미국과 캐나다에서 레고를 판매하기 시작한다.
- 첫 유아용 제품으로 테라피 1, 2, 3이 출시된다.
- 레고 이탈리아 지사를 설립한다.

1962

- 레고 제품이 싱가포르, 홍콩, 호주, 모로코, 일본에서 처음 판매된다.
- 레고 호주 지사를 설립한다.
- 빌룬 공항이 공식 개항한다.

1962

- 레고 바퀴 도안이 한 제품 개발자의 서랍에서 발견된다. 1년 뒤 바퀴가 출시되고 아이들이 굴러가는 자동차를 만들 수 있게 된다.

1963

- 레고 브릭의 소재를 셀룰로오스 아세테이트에서 ABS(아크릴로니트릴 부타디엔 스티렌)로 바꾼다. ABS로 쉽게 변색되지 않고 더 정확한 모양의 브릭을 만들 수 있게 된다.

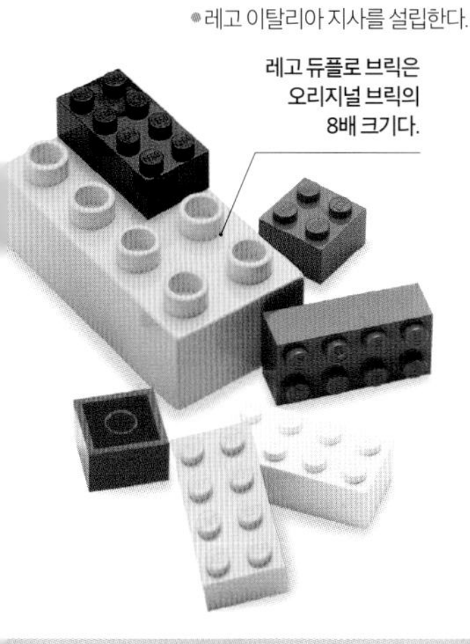

레고 듀플로 브릭은 오리지널 브릭의 8배 크기다.

1968

- 6월 7일 빌룬에서 최초의 레고랜드® 테마파크를 개장한다. 개장 첫해에 62만5,000명이 방문한다.
- 레고 듀플로 브릭이 스웨덴에서 시험 판매된다.

1969

- 5세 이하 아동을 위한 레고 듀플로 제품군이 전 세계에 출시된다.
- 12볼트 모터가 레고 기차 시리즈에 탑재된다.

모두를 위한 브릭

1970년대에는 레고® 제품이 새로운 방식으로 발전했다. 소년, 소녀는 물론 모든 연령대의 능숙한 빌더 (일반 레고 사용자를 '빌더'라고 통칭한다_옮긴이)가 즐길 수 있는 조립용 장난감을 만드는 것이 레고의 핵심 목표였고, 모든 제품과 브랜드가 레고를 대표하는 새로운 로고로 통합되었다. 오늘날 레고 팬들이 알고 있는 미니피겨의 전신인 몸이 움직이는 레고 사람이 처음 등장했고, 클래식 레고 플레이 테마가 탄생했다.

1970

- 빌룬에 있는 레고 본사에 약 1,000명의 직원이 근무한다.
- 아이들이 용돈으로 살 수 있는 가격에 소형차 세트를 판매한다.

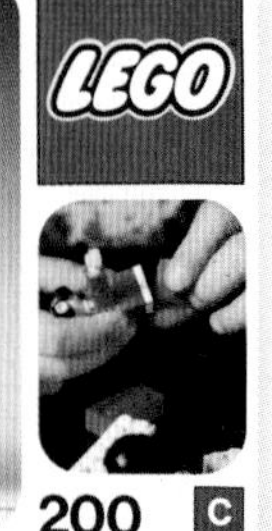

1974

- 둥근 머리, 움직이는 팔, 브릭으로 만든 몸통을 지닌 최초의 움직이는 레고 사람이 출시된다.
- 베스트셀러 제품인 레고 가족 세트(200)에는 아빠, 엄마, 아들, 딸, 할머니가 들어 있다.

1974

- 덴마크 예술가 비외른 리시터Bjørn Richter가 러시모어산을 그대로 본떠 브릭으로 만든 조형물이 레고랜드® 빌룬에 설치된다.
- 레고랜드 빌룬에 500만 번째 방문객이 입장한다.
- 레고 스페인 지사가 설립된다.

1978

- 세 가지 레고 플레이 테마가 처음 출시된다.
- 레고® 캐슬 테마에 중세 기사와 성이 포함된다.

1978

- 표정이 그려진 얼굴에 움직이는 팔다리를 가진 미니피겨가 처음 등장한다.
- 레고® 타운 테마로 아이들이 현대적 건물과 자동차를 만들 수 있다.
- 도로가 그려진 레고 바닥판이 생산된다.

1978

- 레고® 스페이스 테마로 빌더들이 우주 모험을 통한 상상의 나래를 펼치게 된다.
- 레고 클럽이 영국에 설립된 뒤 <브릭'앤'피스Bricks 'n' Pieces>라는 잡지가 발행된다.
- 레고 일본 지사를 설립한다.

레고 예인선은 물에 뜨는 레고 배 시리즈 중 하나다.

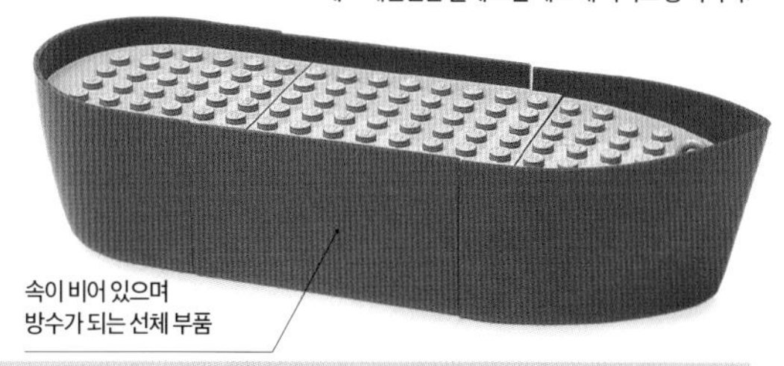

속이 비어 있으며
방수가 되는 선체 부품

1971

• 인형의 집과 가구를
비롯한 여아를 위한 레고 세트가
출시된다.

1972

• 현재까지 18억 개의
레고 브릭과 엘리먼트가
생산되었다.

1973

• 새로운 레고 로고로 모든 제품을
하나로 통합한다.

1973

• 물 위에 띄울 수 있는 최초의 레고 배가 출시된다.
• 레고 시스템 미국 지사와 레고 포르투갈 지사를 설립한다.

전문가용 시리즈는
고급 사용자를 위한 보다
사실적 디테일이 특징이다.

듀플로 피겨는 서로 다른 색과
얼굴이 인상적이다.

1975

• 빈티지 자동차 모델의 전문가용 시리즈가 출시된다.
• 레고 그룹의 직원 수가 2,560명이 된다.
• 레고 미국 지사를 브룩필드에서 엔필드로 옮긴다.
• 눈, 코, 입이 없고 팔다리가 움직이지 않으며 크기가
작은 레고 피겨가 새로 출시된다.

1977

• 기계로 작동하는 레고® 테크닉 시리즈를 출시한다.

1977

• 문, 창문, 피겨 엘리먼트로 구성된
레고® 듀플로® 세트를 출시한다.

레고 스칼라에는 여자아이들이
원하는 대로 조립할 수 있는
목걸이와 팔찌가 들어 있다.

동물 머리 모양 피겨가 담긴 레고 패뷸랜드 세트에는
조립하기 쉬운 건물과 자동차가 들어 있다.

1979

• 고트프레 키르크 크리스티안센의
아들이자 올레의 손자인 키엘이
레고 그룹 회장 겸 최고경영자로 임명된다.

1979

• 어린 빌더를 위한 레고® 패뷸랜드™
시리즈와 레고® 스칼라™ 장신구 시리즈를
포함한 신제품이 출시된다.

미래를 만들다

레고는 1980년대에 기술, 교육, 글로벌 커뮤니티에 집중 투자했다. 레고는 조립 대회와 시상식 같은 국제 행사를 후원하고, 내구성이 뛰어난 영·유아를 위한 신제품 개발에 박차를 가했다. 또 학교 프로그램을 위한 레고 특별판을 만들고 일부 모델에는 빛과 소리를 접목했다. 조립 설명서 없이 창의적으로 조립할 수 있는 레고® 피스가 가득 담긴 레고 상자와 레고 해적 등을 신제품으로 출시하기도 했다.

1980

- 레고 교육용 제품 부서를 빌룬에 설립한다.
- 레고® 듀플로® 토끼 로고가 처음 사용된다.
- 14세 미만의 자녀를 둔 서유럽 가정 중 70%에 레고 브릭이 보급된다.

1983

- 팔다리가 움직이는 새로운 대형 듀플로 피겨와 레고 듀플로 영·유아용 시리즈가 출시된다.
- 전 세계에서 일하는 레고 직원 수가 3,700명이 된다.

1984

- 최초의 세계 레고 조립 경연 대회가 빌룬에서 열린다. 11개국에서 온 어린이들이 대회에 참가한다.
- 레고 브라질 지사와 레고 한국 지사를 설립한다.
- 레고 캐슬에 첫 군사인 블랙 팔콘과 크루세이더가 등장한다.

1985

- 아이들을 위해 봉사하는 수상자를 매년 선정해 시상하는 국제 레고상을 제정한다.
- 레고 그룹의 전 세계 직원 수가 5,000명이 된다.

1986

- 컴퓨터 제어 기술을 응용한 레고® 테크닉 컴퓨터 컨트롤이 학교에서 시작된다.
- 레고 테크닉 피겨가 만들어진다.
- 레고 그룹이 덴마크의 마르그레테 2세 여왕 생일인 4월 16일에 '덴마크 왕실 지정 업체'로 선정된다.

1987

- 전동식 레고 스페이스 모노레일 운송 시스템을 출시한다.
- 레고 스페이스 하위 테마인 블랙트론과 퓨트론을 출시한다.

1988

- 8월에 공식 레고 월드컵 조립 대회가 빌룬에서 처음 열린다. 14개국에서 온 어린이 38명이 대회에 참가한다.
- '레고의 기술Art of LEGO'이라는 주제로 영국에서 순회전이 열린다.
- 레고 캐나다 지사를 설립한다.

1981

• 최초의 레고 월드쇼LEGO World Show가 덴마크에서 열린다.

1982

• 레고 그룹 50주년 기념식이 열린다.
• 레고 듀플로 모자이크와 레고 테크닉 1 교육용 제품이 출시된다.
• 레고 남아프리카공화국 지사가 설립한다.

1986

• 레고 타운과 레고 스페이스에 전구와 음향 부품 세트를 추가한다.

1987

• 레고 클럽이 독일, 오스트리아, 스위스, 프랑스, 노르웨이에서 시작된다.
• 레고의 기본 엘리먼트와 레고 듀플로 엘리먼트가 담긴 버킷이 판매된다.
• 공식 레고 클럽 잡지 <브릭 킥스Brick Kicks>가 미국 전역의 레고 클럽 회원에게 발송된다.

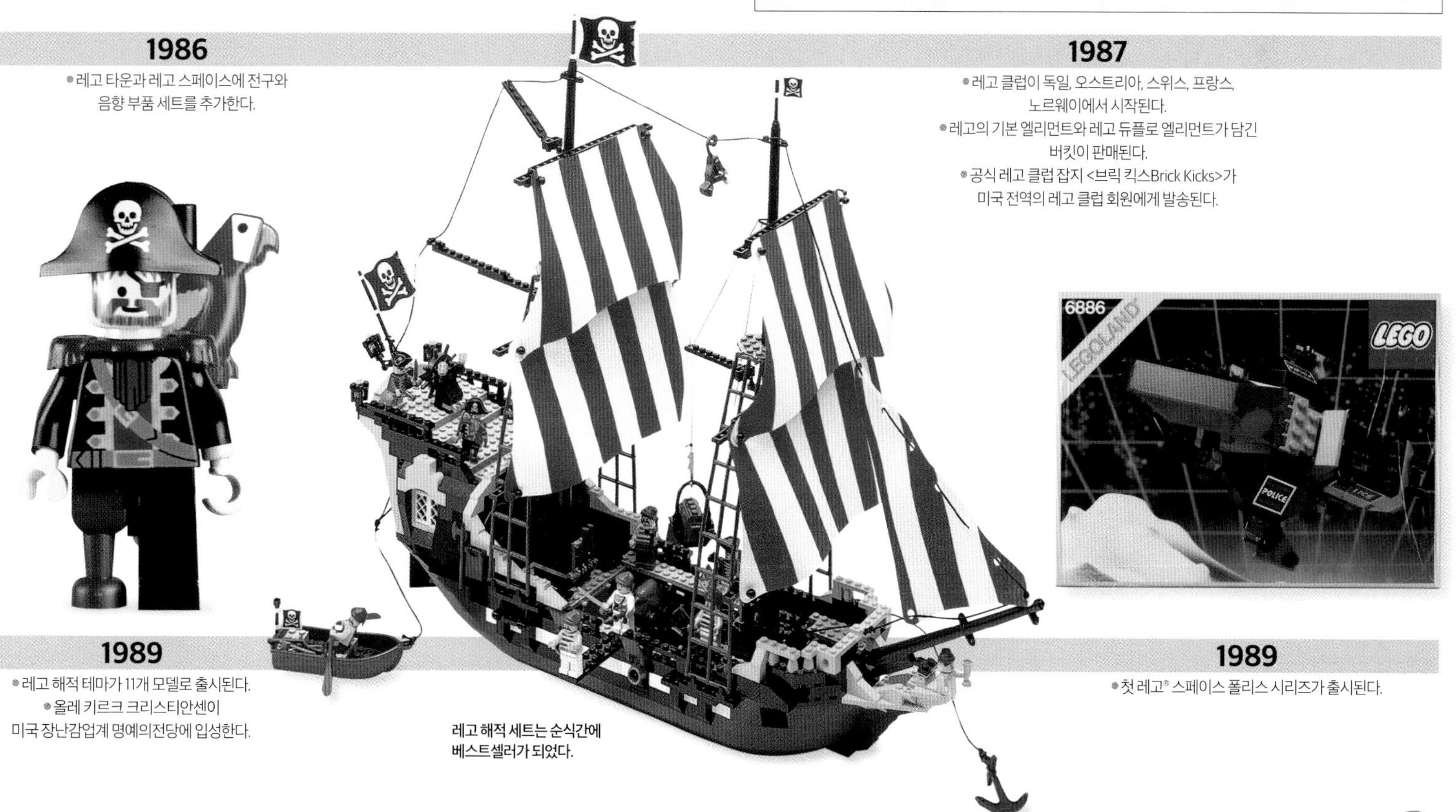

1989

• 레고 해적 테마가 11개 모델로 출시된다.
• 올레 키르크 크리스티안센이 미국 장난감업계 명예의전당에 입성한다.

레고 해적 세트는 순식간에 베스트셀러가 되었다.

1989

• 첫 레고® 스페이스 폴리스 시리즈가 출시된다.

전속력으로 전진!

1990년대는 세계 최대 장난감 제조업체 중 하나가 된 레고가 큰 위험 부담을 안고 있던 시기였다. 10년 동안 레고는 전문 매장과 브랜드 의류 매장 개점, 최초의 레고 비디오게임 출시, 공식 레고 웹사이트 구축, 조립 프로그램이 작동하는 로봇을 위한 최첨단 조립 시스템 출시, 레고® 스타워즈™의 획기적인 성공과 함께 라이선스 테마 사업으로 도약하는 등 많은 일이 있었다..

1990

- 레고 그룹은 세계 10대 장난감 제조업체 중 하나로, 유럽 업체 중에서는 유일하게 세계 10위 안에 든 기업이다.
- 레고랜드® 빌룬은 한 해 방문객 수가 100만 명이 넘는다.
- 레고 말레이시아 지사를 설립한다.
- 모델 팀 시리즈와 레고® 듀플로® 동물원이 출시된다.

듀플로 프리모 피겨

1993

- 러시아 모스크바에 자리한 붉은광장에서 레고 조립 행사가 열린다.
- 레고® 스페이스 테마의 아이스 플래닛 2002가 출시된다.

1994

- 유엔난민기구UNCHR에서 인식 개선 캠페인의 일환으로 레고 미니피겨를 사용한다.
- 여자아이를 겨냥한 레고® 벨빌™ 조립 세트 제품군을 출시한다.
- 레고 멕시코 지사를 설립한다.
- 레고 제품 광고가 중국 텔레비전에서 처음으로 방영된다.
- 레고의 전 세계 직원 수가 8,880명에 달한다.
- 잡지 <브릭 킥스>가 <레고 마니아LEGO Mania>로 이름을 변경한다.

1995

- 고트프레 키르크 크리스티안센이 세상을 떠난다.
- 주간 레고 전문 프로그램이 라트비아와 리투아니아에서 텔레비전을 통해 방영된다.
- 레고 행사와 전시회가 라트비아, 페루, 헝가리, 스위스, 덴마크, 그린란드, 미국, 캐나다, 이탈리아, 에콰도르에서 열린다.
- 레고® 아쿠아존과 듀플로® 프리모™가 출시된다.

1997

- 30만 명이 넘는 어린이가 러시아 모스크바 크렘린 궁전에서 열린 레고 조립 행사에 참가한다.
- 레고 키즈 웨어LEGO Kids Wear 매장이 영국 런던 옥스퍼드가에 오픈한다.

1998

- 레고가 '상상하라'를 슬로건으로 내건다.
- 일본 아키히토 천황과 미치코 황후가 레고랜드 빌룬을 방문한다.
- 레고® 마인드스톰®과 Znap 제품군이 출시된다.

1998

- 레고 로고가 새롭게 바뀐다.
- 레고 스페이스 인섹토이드가 등장한다.
- 이집트를 탐험하는 레고® 어드벤처러가 출시된다.

1991

• 레고 공장 다섯 곳에서 사출 성형기 1,000대를 운영하고 직원 7,550명이 근무한다.
• 레고® 타운 항구 세트, 레고® 테크닉 플렉스 시스템 엘리먼트, 변압기로 제어하는 9볼트 열차 등이 신제품으로 출시된다.

1991

• 레고 시스템 브릭 청소기가 바닥에 널려 있는 브릭을 통 안에 담아준다.
• 레고 타운 노티카 시리즈가 등장한다.

1992

• 미국 미네소타주 블루밍턴에 있는 몰 오브 아메리카 쇼핑센터에 첫 레고 이매지네이션 센터 LEGO Imagination Centre가 문을 연다.
• 세계 최대 규모의 레고® 캐슬이 40만 개가 넘는 브릭으로 스웨덴의 텔레비전상에서 만들어져 소개된다.
• 빌룬에서 열린 제2회 레고 월드컵 결승에 11개국에서 온 어린이 32명이 참가한다.
• 레고 타운을 위한 파라디사와 레스큐 세트가 출시된다.

가장 실감 나는 서부 개척 시대의 모습이 담긴 레고레도 요새 세트

1996

• 레고랜드® 윈저가 영국에 문을 연다.
• 공식 레고 웹사이트 LEGO.com에 온라인 접속이 가능해진다.
• 레고랜드 빌룬이 2,500만 번째 방문객을 맞이한다.

1996

• 레고® 웨스턴과 레고® 타임 크루저가 출시된다.

1997

• 레고 아일랜드 컴퓨터게임이 출시된다.
• 미국 플로리다주에 있는 디즈니 빌리지에 새로운 레고 이매지네이션 센터가 들어선다.
• 첫 레고® 마인드스톰® 교육 센터가 미국 일리노이주 시카고에 자리한 과학 산업 박물관에 들어선다.

스타워즈 출시 첫해에 나온 세트에는 오리지널 3부작과 새로 나온 프리퀄 영화를 기반으로 한 모델이 포함되어 있다.

1999

• 레고랜드® 캘리포니아가 캘리포니아주 칼스배드에서 개장한다.
• 미국 경제 전문지 <포춘>이 레고 브릭을 '세기의 제품' 중 하나로 선정한다.
• LEGO.com에 레고 월드 쇼핑몰이 생긴다.
• 락 레이더, 레고® 듀플로® 곰돌이 푸와 친구들™, 레고의 가장 큰 테마 중 하나인 스타워즈 등이 신제품으로 출시된다.

새로운 세계를 발견하다

새 천년이 시작되고 5년 동안 슈퍼히어로부터 말하는 스폰지밥까지,
모든 것이 크고 작은 스크린에서 조립용 장난감 코너로 옮겨가면서
라이선스 제품이 넘쳐났다. 실제 사람을 닮은 레고® 피겨가 최초로 제작되면서
그동안 익숙하던 미니피겨의 노란색 얼굴이 변화를 거듭했다.
책, 만화, 애니메이션 시리즈, 텔레비전과 홈 비디오 영화를 통해 알려진
이야기로 완성된 독창적 공상과학소설과 판타지 테마를 주제로
레고만의 새로운 세계를 창조하기도 했다.

2000

- 영국장난감소매협회가 레고 브릭을 '세기의 장난감'으로 선정한다.
- 레고 스튜디오가 출시되어 신예 영화 제작자들이 레고 무비를 제작하고 애니메이션을 만들 수 있게 된다.
- 레고® 축구와 함께 레고® 스포츠 테마가 등장한다.
- 디즈니 베이비 미키™ 세트가 출시된다.

2002

- 레고랜드 독일이 귄츠부르크에서 개장한다.
- 레고 슬로건이 '상상하라'에서 '계속 즐겨라'로 바뀐다.
- 레고® 스파이더맨™이 새 영화 개봉에 맞춰 출시된다.

2002

- 잡지 <레고 마니아LEGO Mania>가 <레고 매거진LEGO Magazine>으로 이름을 변경한다.
- 레고 스파이보틱스 세트가 출시된다.
- 레고® 듀플로®가 레고® 익스플로어가 되면서 레고® 밥 더 빌더™ 세트가 출시된다.
- 레고 스토어가 독일, 영국, 러시아에 문을 연다.

2002

- TV 시리즈를 기반으로 한 제품인 레고® 갈리도어™: 외계 차원의 수호자 시리즈에 몸통 교체가 가능한 액션 피겨가 포함된다.
- 비디오게임을 기반으로 한 레고 아일랜드 익스트림 스턴트 세트가 등장한다.
- 레고 레이서들이 비디오게임 속 레이싱 드롬에서 레이스를 펼친다.

2003

- 레고 미니피겨가 25주년을 맞는다.
- 레고 스포츠 NBA 농구와 하키 세트가 출시된다.
- 흑인 피겨와 같은 실제 피부색의 미니피겨가 등장한다.

2004

- 레고 익스플로어가 영·유아를 위한 세 가지 조립 시스템인 레고 듀플로, 베이비, 쿼트로로 대체된다.
- 미국 레고 클럽이 프리미엄 레고 브릭 마스터 프로그램을 만든다.
- 지구를 탐험하는 레고 도라 디 익스플로러 세트가 출시된다.

2004

- 예르겐 비그 크누스토르프 Jørgen Vig Knudstorp가 레고의 최고경영자로 취임한다.
- 레고® 팩토리가 빌더들이 온라인으로 모델을 디자인하고 그 모델에 맞는 레고 부품을 살 수 있도록 해준다.
- 레고 레이서 세트를 만들기 위해 페라리와 제휴한다.
- 일부 레고 브릭이 단종되고 새로운 레고 브릭이 제작된다.

2005

- 레고 놀이 시스템이 50주년 기념일을 맞는다.
- 레고랜드 테마파크가 멀린 엔터테인먼트 그룹에 매각된다. 레고 그룹 소유주는 멀린 엔터테인먼트의 지분을 계속 소유한다.
- 첫 레고® 스타워즈™ 비디오게임이 출시되어 극찬을 받는다.
- 세 번째 바이오니클 영화인 <보이지 않는 함정>이 DVD로 출시된다.
- 레고 월드 시티가 레고® 시티로 이름을 바꾼다.
- 레고® 디노 어택과 레고® 디노 2010이 출시된다.

2005

- 레고 듀플로가 토마스와 친구들™이라는 조립 세트를 선보인다.
- 레고® 바이킹 세트가 출시된다.
- 레고 그룹이 성인 레고 팬과의 교류를 활성화하기 위해 레고 대사 프로그램을 마련한다.

2000

- 레고® 나이트 킹덤™ 시리즈가 출시된다.
- 레고 사무용품과 학용품이 나온다.
- 레고 모자이크를 사용해 자기 얼굴을 레고 브릭으로 만들 수 있게 된다.
- 액션 휠러 출시로 유아들이 드라이버와 같은 도구로 조립하게 된다.
- 레고 북극 시리즈에서 첫 레고 북극곰을 선보인다.
- 공룡섬을 테마로 한 레고® 어드벤처러가 출시된다.

2001

- 바이오니클® 제품군이 대대적인 홍보 캠페인과 함께 전 세계에서 출시된다.
- 레고® 해리포터™의 마법이 출시된다.
- '4세 이상' 어린 빌더를 위한 잭 스톤 시리즈가 나와 자연재해의 위협에서 도시를 구한다.
- 레고® 공룡 제품군이 알을 깨고 세상에 나온다.

2001

- 레고 브릭과 조립을 활용해 창의적 사고력을 키울 수 있는 프로그램을 제공하는 레고® 시리어스 플레이™ 교육 센터를 설립한다.
- 레고® 스페이스 테마의 라이프 온 마스 버전이 출시된다.

2001

- 사악한 오겔과 싸워 세상을 구하는 레고® 알파팀이 등장한다.
- 외계인이 운전하는 미니 자동차와 경주를 벌이는 레고® 레이서가 출시된다.

2003

- 현대 우주 탐사에 기반을 둔 레고 디스커버리 나사NASA 세트가 출시된다. 레고 미니피겨 아스트로봇 비프 스탈링과 샌디 문더스트는 (사진으로나마) 나사 화성 탐사 로버인 스피릿Spirit과 오퍼튜니티Opportunity에 탑승해 화성으로 간 최초의 지구인이 된다.
- 레고® 타운이 레고® 월드 시티로 이름을 바꾼다.

2003

- 조립이 가능한 장신구로 구성한 레고® 클리킷™ 제품군이 출시된다.
- 바이오니클 영화 <빛의 가면>이 DVD로 출시된다.
- 레고 디자이너 세트와 레고 그래비티 게임 제품군이 출시된다.
- 163만 명이라는 기록적인 숫자의 방문객이 레고랜드® 빌룬을 방문한다.

아이들이 도라와 디에고가 탐험할 정글을 조립할 수 있었다.

2003

- 레고® 도라 디 익스플로러™Dora the Explorer™ 세트가 레고 익스플로어 하위 제품으로 출시된다.
- TV 시리즈에 기반을 둔 리틀 로봇™ 장난감이 유럽에서 출시된다.
- LEGO.com에 매달 약 400만 명이 방문한다.

2004

- 두 번째 레고 나이트 킹덤 시리즈는 이야기 놀이책, 온라인 만화, 수집이 가능한 카드 게임으로 완성된 독창적 스토리가 특징이다.
- 바이오니클 영화 <2: 메트루 누이의 전설>이 DVD로 출시된다.

2005

- <레고 스타워즈: 브릭의 복수>를 텔레비전에서 방영한다.
- 레고 레이서가 레이스 카의 크기를 소형 타이니 터보Tiny Turbos로 줄인다.

2006

- 일본의 거대 로봇 만화와 애니메이션에서 영감을 받아 새로운 레고® 엑소 포스™ 테마가 출시된다.
- 레고® 마인드스톰® NXT가 출시된다.
- 레고® 배트맨™이 출시된다.

2006

- 니켈로디언 만화 <네모바지 스폰지밥>과 <아바타: 라스트 에어벤더>에 기반을 둔 레고 세트가 출시된다.
- 원격 조종되는 레고® 기차가 9볼트 기차 시스템을 대체한다.

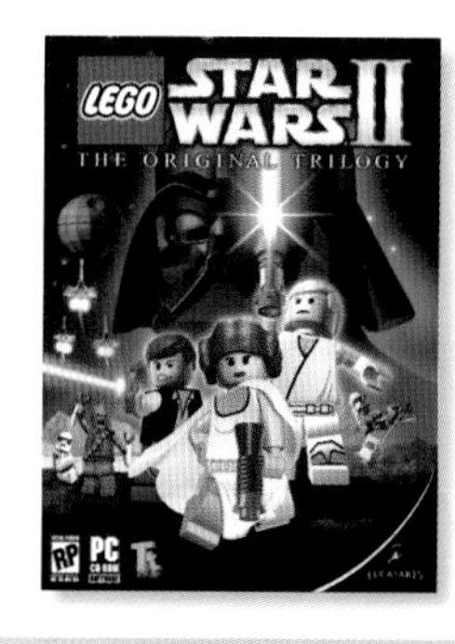

2006

- 레고 스타워즈 2: 오리지널 3부작 비디오게임이 출시된다.

브릭을 쌓듯 차곡차곡 성장하다

2007년 레고® 그룹은 창립 75주년을 맞이했고, 이때부터 계속 성장한다. 레고는 또다시 우주, 클래식 성, 해적 시리즈를 만들었고, 수중 테마 시리즈 역시 큰 인기를 누렸다. 몇몇 대작에 기반을 둔 블록버스터 비디오게임과 레고 세트로 레고 라이선스 제품은 큰 성공을 거두었다. 2007년 이후에는 닌자 붐이 일었고, 레고® 유니버스의 시작과 종말이 있었으며, 미니피겨가 30주년을 맞이했다.

2007

- 레고 그룹이 창립 75주년을 맞이한다.
- 레고® 화성 미션 세트는 2001년의 라이프 온 마스 시리즈 이후 처음으로 레고® 스페이스 세트를 부활시킨다.
- 새로운 레고® 캐슬과 레고® 아쿠아 레이더 시리즈로 더 많은 클래식 테마를 제작한다.

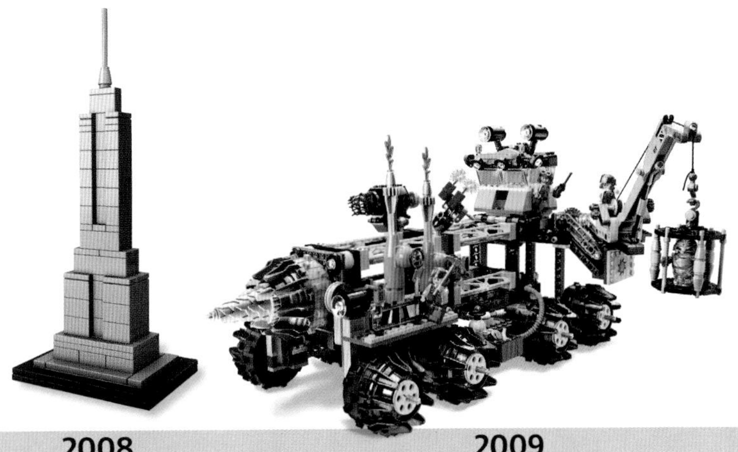

2008

- 레고랜드® 디스커버리 센터 시카고가 일리노이주 샴버그에 개장한다.
- 레고 스토어에서 매달 미니 모델 조립 행사를 연다.
- 레고® 아키텍처 테마가 유명 건축물을 기반으로 특별 제작한 축소판 모델로 출시된다.

2009

- 레고® 파워 마이너가 출시된다.
- 레고® 해적과 레고® 스페이스 폴리스 세트가 새로운 버전으로 출시된다.
- 레고® 게임이 출시된다.

2009

- 레고 스타워즈 테마가 특별판 세트와 미니피겨를 제작해 10주년을 기념한다.
- 레고® 인디아나 존스™ 2: 모험은 계속된다 The Adventure Continues 비디오게임이 네 번째 영화와 오리지널 3부작에 기반을 둔 새로운 게임 레벨이 추가된다.
- 레고® 락 밴드™에 뮤직비디오 게임인 락 밴드 시리즈에 등장하는 미니피겨가 포함된다.

2009

- 레고 에이전트가 에이전트 2.0으로 업그레이드된다.
- 레고® 시티 테마의 새로운 시리즈로 레고 농장 세트가 출시된다.
- 레고 팬들이 가상 3D 모델을 만들고 맞춤 제작 상자에 담긴 해당 모델과 조립 설명서를 온라인으로 주문하기 위해 레고® 디자인 바이미Design byME 프로그램을 사용한다.

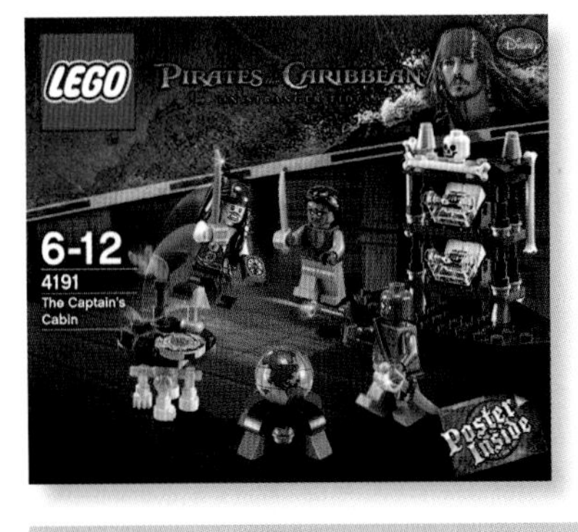

2011

- 레고® 캐리비안의 해적™ 세트에 블록버스터 영화에 나오는 범선, 장소, 등장인물 등이 포함된다.
- 레고 게임의 헤로이카Heroica 하위 테마가 거대한 모험으로 연결되는 레고 조립형 게임을 내놓는다.

2011

- 히어로 리콘 팀으로 빌더들이 온라인상에서 자신만의 히어로 팩토리 캐릭터를 만들고 우편으로 부품을 주문할 수 있게 된다.
- 히어로 팩토리와 닌자고 특별편이 텔레비전에 방영된다.
- 레고® 듀플로® 곰돌이 푸™ 세트가 10년 만에 다시 출시된다.

2011

- 레고® 에일리언 콘퀘스트 테마에서 우주 외계인이 지구를 침공한다.
- 레고랜드® 플로리다가 북미에서 두 번째 레고랜드 테마파크가 된다.
- 레고랜드® 디스커버리 센터가 텍사스에 문을 연다.
- 레고랜드® 캘리포니아 안에 있는 미니랜드에 새로운 스타워즈관을 추가로 만든다.

2011

- 레고 캐리비안의 해적: 더 비디오게임에 지금까지 나온 영화 4편의 이야기가 모두 담긴다.
- 레고 시티 테마에 미국 항공우주국 나사와 함께 개발한 새 우주 공항 세트가 추가된다.
- 우주 왕복선인 레고 스페이스 셔틀 인데버 세트가 출시된
- 레고® 마스터 빌더 아카데미 프로그램이 레고 전문가처 레고를 조립하는 방법을 알려준다.

인디의 채찍, 모자, 가방 모두 2008년 신형 부품이었다.

2007

- 레고® 스타워즈™: 컴플리트사가 비디오게임으로 게이머들이 지금까지 나온 스타워즈 영화 6편의 브릭 버전으로 게임을 즐길 수 있게 된다.
- 고급 사용자를 위한 모델인 레고 모듈러 조립 시리즈가 카페 코너 세트와 함께 출시된다.
- 아홉 가지 모델이 들어 있는 미스터 마고리엄의 빅북 세트가 영화 <마고리엄의 장난감 백화점>과 동시에 출시된다.
- 레고® 크리에이터 세트가 모델에 모터, 전등, 원격제어 구동 기능을 더해주는 전자 모듈인 레고 파워 펑션을 선보인다.

2008

- 키엘 키르크 크리스티안센이 미국 장난감업계 명예의전당에 입성한다.
- <레고 매거진>이 <레고 클럽 매거진 LEGO Club Magazine>으로 이름을 변경한다.
- <레고 클럽 주니어> 창간호가 미국의 어린이 회원에게 발송된다.

2008

- 레고® 인디아나 존스™, 레고® 스피드 레이서™, 레고® 에이전트 테마가 출시된다.
- 레고® 인디아나 존스와 레고® 배트맨™ 비디오게임이 출시된다.

2008

- 세계 조립 경연 대회를 개최해 스터드와 튜브로 만든 레고 브릭 특허출원 50주년을 기념한다.
- 레고 미니피겨 30주년을 기념해 '고 미니맨 고! Go Miniman Go!'라는 인터넷 캠페인과 레고 팬들이 제작한 팬 비디오 쇼케이스를 진행한다.

2010

- 레고 그룹과 월트 디즈니사가 영화 <토이 스토리>, <카>(레고® 듀플로® 제품), <페르시아의 왕자>를 기반으로 한 세트의 출시와 함께 파트너십을 맺는다.
- 수중 액션 테마가 레고® 아틀란티스 세트와 함께 다시 세상에 나온다.
- 레고 캐슬 테마가 레고® 킹덤 세트로 계속 출시된다.
- 레고 미니피겨 테마가 수집용 캐릭터 16개와 함께 출시된다.

2010

- 빌더들이 레고® 월드 레이서로 다양한 환경에서 열광적이고 흥미진진한 경주를 즐길 수 있게 된다.
- 오랫동안 장수해온 바이오니클 제품군이 타후 피겨의 황금 갑옷이 추가된 6개의 바이오니클 스타즈 기념판 출시 이후 잠시 생산을 중단한다.
- 히어로 팩토리 테마가 새로운 우주와 이야기를 바탕으로 바이오니클 조립 스타일과 비슷한 제품을 계속 선보인다.
- 2007년 이후 처음으로 해리포터 세트가 제작된다.

2010

- 레고® 벤 10 에일리언 포스™ 조립용 액션 피겨를 카툰 네트워크와 협력해 제작한다.
- 레고® 해리포터™: 이어스 1-4 게임에서 4편의 영화 이야기를 기반으로 마법처럼 자유로운 플레이를 즐길 수 있게 된다.
- 레고® 유니버스의 멀티플레이어 온라인게임으로 게임 플레이어들이 미니피겨 아바타를 만들 수 있어 탐색과 조립이 가득한 세상에서 아바타와 함께 모험을 즐기게 된다.
- 오리지널 비디오 영화 <클러치 파워의 모험>은 미니피겨가 주인공으로 출연한 장편영화다.

2011

- 레고® 닌자고®가 새롭게 재해석한 마술 동작을 선보인다.
- 레고® 어드벤처러의 유산이 파라오 퀘스트 테마의 히어로와 함께 계속 그 명맥을 이어간다.
- 레고 스타워즈 3: 클론 전쟁은 컴퓨터 애니메이션 텔레비전 시리즈를 바탕으로 한 비디오게임 미션을 선보인다.

2011

- 레고® 쿠소 파트너십으로 레고 팬들이 레고 세트로 출시될 만한 모델에 투표할 수 있게 된다.
- 레고 해리포터: 이어스 5-7로 영화 시리즈를 각색해 만든 비디오게임이 완성된다.
- 아이폰이나 아이포드 앱으로 즐길 수 있는 레고 세트인 라이프 오브 조지가 출시된다.
- 13세 이상 레고 팬을 위한 레고 리브릭이 생긴다.

2012

- 세계적으로 유명한 영웅과 악당들이 레고 DC 유니버스 슈퍼히어로와 레고® 마블 유니버스 슈퍼히어로 테마 출시와 함께 레고 세상에 돌풍을 일으킨다.
- 새로운 레고® 반지의 제왕™ 테마가 브릭, 전투, 수많은 호빗 미니피겨 등으로 중간계를 배경으로 한 장편 서사 영화에 활기를 불어넣는다.
- 레고® 프렌즈 테마가 새로운 미니돌 피겨를 선보인다.

2012

- 레고 시티 산악 경찰이 출시된다.
- 레고® 디노가 재출시되어 공룡이 현대 세계를 위협한다.
- 레고® 몬스터 파이터가 클래식 몬스터 악당과 싸운다.
- 레고 그룹이 단편영화인 레고 스토리 The LEGO Story로 창립 80주년을 기념한다.

2012

- 레고® 듀플로® 디즈니 프린세스™ 세트가 출시된다.
- 레고 쿠소 투표로 레고® 마인크래프트™ 라이선스 모델이 생산된다.
- 레고랜드® 말레이시아가 아시아 지역 최초의 레고랜드 테마파크가 된다.

어느 때보다 큰 성장을 이루다

2010년대는 영화, TV 쇼, 비디오게임을 기반으로 한 세트를 출시하기 위해 많은 유명 브랜드와 협업했다. 2017년 처음으로 7,000피스의 벽을 깨는 등 레고 세트 자체도 규모가 더욱 커졌다. 무엇보다 가장 큰 이슈는 레고® 브릭과 미니피겨가 영화 스크린에 등장하게 된 것. 처음 나온 레고® 무비™와 뒤이어 나온 레고® 배트맨 무비, 레고® 닌자고® 무비™가 전 세계 영화 마니아들을 열광시켰다. 그것도 2018년 초 두 번의 중요한 기념일에 맞춰….

2013

- 동물 부족이 레고® 키마의 전설™ 테마와 함께 방영되는 TV 시리즈에서 에너지원 키CHI를 두고 싸운다.
- 외계 곤충 로봇들이 화려한 갤럭시 스쿼드 세트 안에서 레고® 스페이스 테마를 침공한다.
- 여덟 가지 레고 조립 세트를 출시해 서부 개척 시대 영화 속 액션을 재현한다.

2014

- 조립이 가능한 괴물 레고® 믹셀™이 레고 세트와 카툰 네트워크 TV 시리즈에 주인공으로 등장한다.
- 레고® 디즈니 프린세스™ 테마 제품이 레고 듀플로를 넘어 미니돌과 기본 브릭 제품으로까지 확대된다.
- 레고® 주니어 브랜드가 출시된다.

2014

- 심슨 가족의 레고 테마 에피소드가 <심슨 가족>을 재현한 레고 세트 출시에 맞춰 방영된다.
- 첨단 장비를 갖춘 레고® 울트라 에이전트가 2008년에 출시된 에이전트 테마의 배턴을 넘겨받는다.
- 레고 팬이 직접 디자인한 레고 쿠소 테마 세트가 레고 아이디어로 이름을 바꾼다.

2014

- 레고 스타워즈 반란군 세트가 같은 이름의 애니메이션 TV 프로그램과 함께 출시된다.
- 레고® 퓨전 앱으로 실제 레고 브릭과 가상 게임 플레이를 결합한 제품이 나온다.
- 레고 그룹이 지속 가능한 원료로 만든 자재를 사용한 친환경 포장을 약속한다.

2015

- 레고® 바이오니클®이 5년 만에 새로운 줄거리로 시장에 복귀한다.
- 조립 방법이 정해지지 않은 브릭 제품을 가리키는 레고 클래식 라벨이 생긴다.
- 페라리, 맥라렌, 포르쉐가 만든 슈퍼 카들이 스피드 챔피언 테마에 처음 등장한다.

2016

- 앵그리버드 더 무비에 기반을 둔 레고 세트가 영화와 오리지널 스마트폰 앱을 재현한다.
- 중동 최초의 레고랜드®인 레고랜드® 두바이가 개장한다.
- 가문에서 가장 왕성하게 활동하는 토마스 키르크 크리스티안센이 레고 그룹 소유주가 된다.

2016

- 2층 건물로 914m²에 달하는 세계 최대 규모의 레고 스토어가 런던 레스터 광장에 문을 연다.
- 축구장 20개 크기의 면적에 직원 1,200명이 근무하는 새로운 레고 공장이 중국 자싱시에 문을 연다.

2017

- 레고 배트맨 무비가 박스 오피스에서 흥행하면서 다양한 세트 제품과 수집용 레고 미니피겨가 제작된다.
- 레고® 테크닉이 기념 브릭이 들어 있는 세트를 출시해 40주년을 기념한다.
- 닐스 B. 크리스티안센이 레고 그룹 최고경영자가 된다.

2017

- 4,002피스로 구성된 에셈블리 스퀘어 세트를 출시해 레고 모듈러 건물 10주년을 기념한다.
- 샌드박스 게임인 레고® 월드로 게이머들이 무한대의 레고 브릭을 손에 넣는다.
- 레고® 브릭헤즈가 정식 테마 제품이 된다.

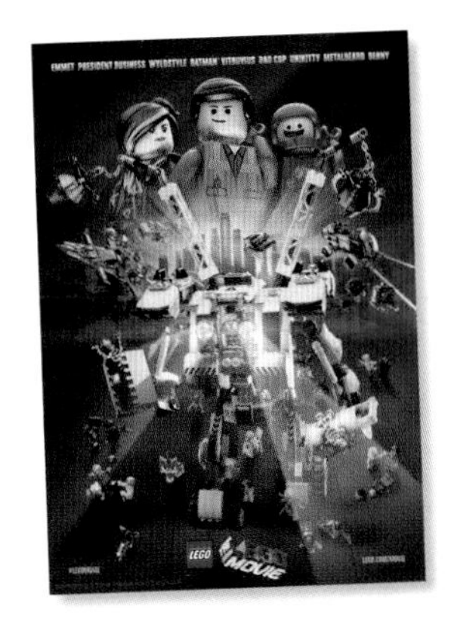

2013

• 레고® 미니피겨 테마 출시 10주년과 최초의 미니피겨 탄생 35주년을 기념한 미스터 골드 미니피겨 5,000개가 출시된다.
• 만화 영웅인 돌연변이 특공대 닌자 거북이 'Teenage Mutant Ninja Turtles'가 레고 세트로 처음 출시된다.

2013

• 높은 수준의 기술을 요하는 레고 조립 세트에 크리에이터 엑스퍼트Creator Expert라는 라벨을 붙인다.
• 첫 애니메이션 시리즈인 레고® 스타워즈™: 요다의 비밀 이야기가 카툰 네트워크에서 방영된다.
• <제이크와 네버랜드 해적들>이 레고® 듀플로®로 출시된다.

2013

• 레고® 쿠소(레고® 아이디어) 세트로 출시된 레고® 마인크래프트™가 정식 테마로 출시된다.
• 싱가포르에서 레고 그룹의 첫 사무실 개소와 함께 싱가포르의 마리나 베이 샌즈를 본떠 만든 한정판 레고® 아키텍처 세트가 출시된다.

2014

• 레고 무비가 영화관에서 상업적 성공을 거두면서 영화 관련 상을 수상하고 전 세계 박스 오피스 1위를 차지한다.
• 에밋, 와일드 스타일을 비롯한 레고 무비의 등장인물이 그들만의 레고 테마와 레고 피겨를 갖게 된다.

2015

• 에밀리 존스가 레고® 엘프 테마에서 마법의 땅 엘븐데일을 여행한다.
• 블록버스터 영화 <쥬라기 월드>에 기반한 레고 세트에서 미니피겨와 공룡이 대결한다.
• 화제작 <스타워즈: 깨어난 포스>에 기반을 둔 레고 스타워즈가 대형 조립식 피겨로 구성된 세트로 출시된다.

2015

• 레고® 디멘션즈 테마가 실제 레고 조립과 비디오게임 액션을 결합하기 위해 '토이 태그Toy Tag' 기술을 이용한다.
• 획기적인 앱브릭이 레고 울트라 에이전트 세트에서 태블릿이나 스마트폰과 연동된다.
• 미라, 유령, 늪속의 괴물이 레고® 스쿠비두™ 세트에 등장한다.

2016

• 디지털 마법사 멀록 2.0이 레고® 넥소 나이츠™ 테마, TV 시리즈, 앱에서 5명의 영웅을 돕는다.
• 1960년대 <배트맨> TV 시리즈가 레고® DC 코믹스 슈퍼히어로 세트에서 재현된다.
• 레고® 프렌즈와 레고 바이오니클에 기반을 둔 애니메이션 프로그램이 넷플릭스에서 방영된다.

2016

• 업데이트된 레고 스타워즈 데스 스타, 디즈니 캐슬, 고스트버스터즈 소방본부, 빅벤은 모두 4,000피스가 넘는 제품으로 2016년은 대형 레고 세트의 해가 된다.
• 유로 2016 축구 토너먼트를 기념하기 위해 독일 축구 국가 대표팀과 수석 코치를 본떠 제작한 레고 미니피겨 특별 시리즈가 제작된다.

2017

• 레고® 부스트가 어린 빌더들에게 앱 기반 코딩을 소개한다.
• 레고® DC 슈퍼히어로 걸즈 테마가 강력한 미니돌을 선보인다.
• 직접 체험해볼 수 있는 레고 하우스가 덴마크 빌룬에서 대중에게 개방된다.

2017

• 레고 닌자고 무비가 개봉되고 자체 테마와 미니피겨 제품이 제작된다.
• 레고 제품 중 가장 많은 브릭 수인 7,541피스로 구성된 레고 스타워즈 밀레니엄 팔콘이 출시된다.
• 레고 클럽이 무료 소셜 네트워킹 앱을 기반으로 한 레고® 라이프가 된다.

2018

• 특별판 세트를 출시해 1958년 1월에 특허출원한 레고 브릭의 60주년을 기념한다.
• 기념일을 테마로 한 의상을 입은 레고 미니피겨 시리즈를 출시해 미니피겨 40주년을 기념한다.
• 애니메이션 TV 시리즈 유니키티!가 카툰 네트워크에서 공식 방영된다.

2018

• 지속 가능한 식물성 플라스틱으로 만든 레고 엘리먼트가 처음 판매된다.
• 새로운 레고® 해리포터™ 세트에 역대 가장 큰 레고 호그와트 성이 포함된다.
• 카툰 네트워크의 파워퍼프 걸이 레고 정식 테마로 출시된다.

레고® 카탈로그

레고® 놀이 시스템이 출시된 이후 레고는 부모와 아이들에게 레고 브릭을 즐기는 다양한 방법을 알리는 임무를 충실히 수행해왔다. 다채롭고 유용하며 재미로 가득한 레고의 카탈로그는 수십 년 동안 최신 레고 세트와 테마를 모두 담았다. 지금 소개하는 카탈로그는 전 세계 레고 팬들이 창의력을 최대한 발휘할 수 있도록 영감을 자극해왔으며, 지금도 여전히 팬들을 열광시키고 있다.

1959

1974

1963

1981

1984

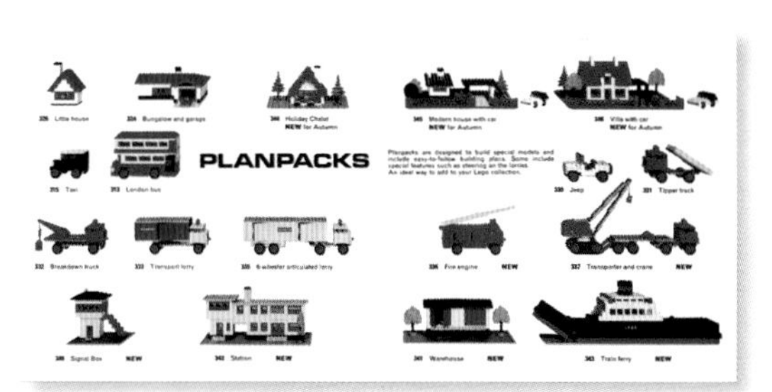

1969

1981

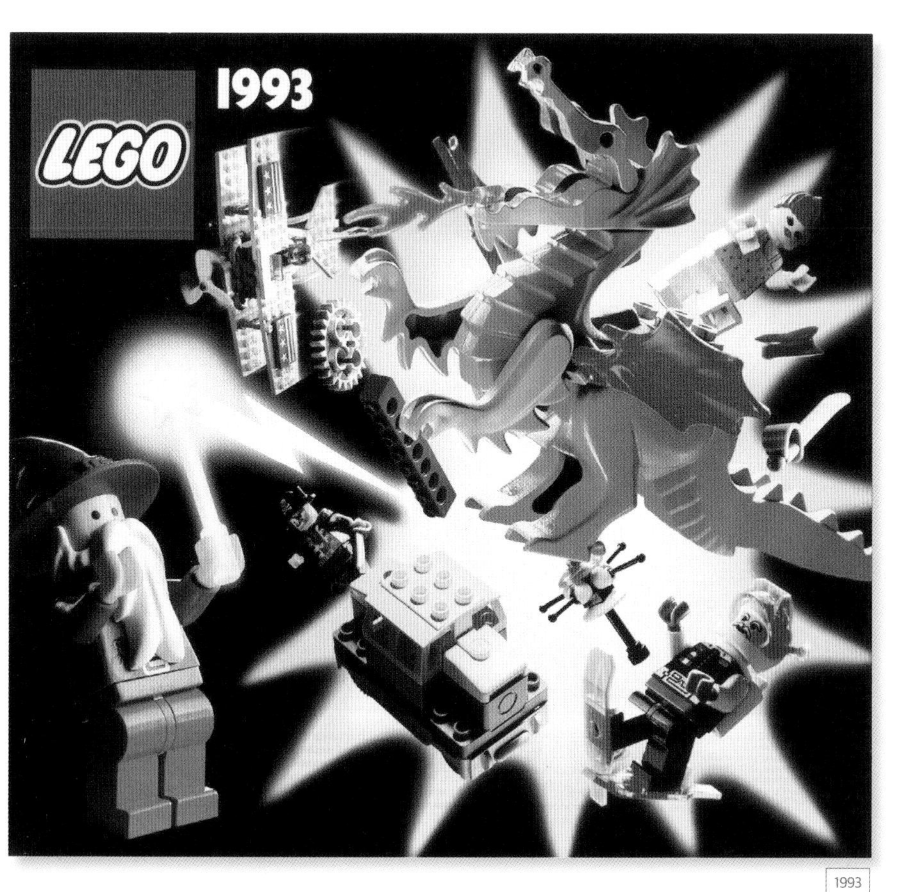

1993

1997

1999

2004

2009

2012

2018

기억할 만한 레고® 엘리먼트

1949

최초의 플라스틱 브릭이 출시된다. 레고® 브릭의 전신으로, 자동 결합 브릭이다.

1953

최초의 조립용 레고 바닥판

1954

레고 빔과 창문

1955

레고 놀이 시스템의 나무와 소형 플라스틱 오토바이

1957

깃발과 전등

1970

톱니바퀴

1974

레고 가족 조립식 피겨

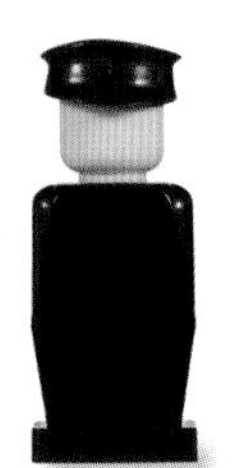

1975

레고 미니피겨의 전신

1977

레고 듀플로 사람 피겨

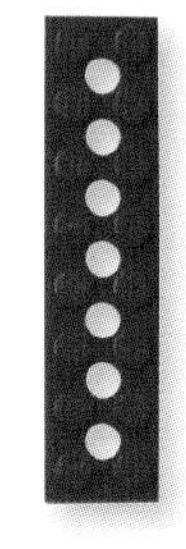

1977

레고® 테크닉 엘리먼트

1978

레고 미니피겨

1990

레고 듀플로 동물원 테마의 동물

1990

레고 테크닉 모터

1993

레고® 캐슬 드래곤

1994

레고® 벨빌™ 피겨

1996

손목시계 엘리먼트

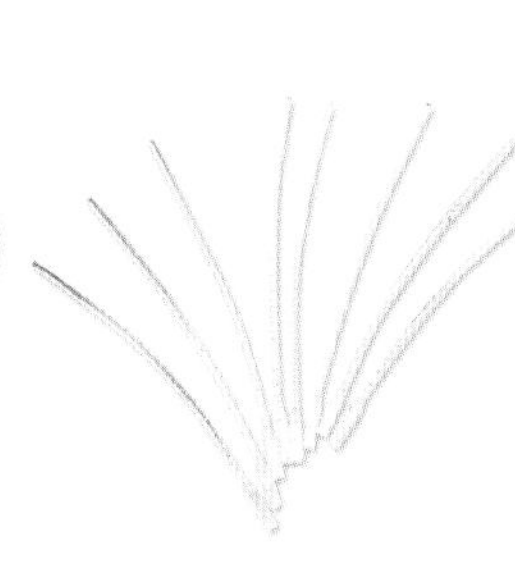

1997

광섬유 엘리먼트

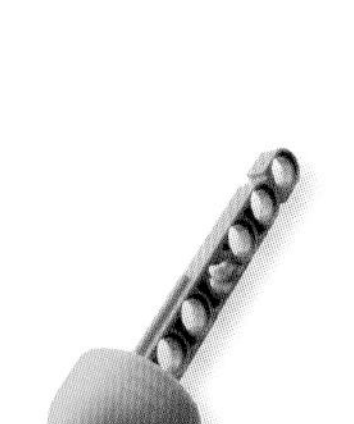

2006

레고® 엑소 포스™ 엘리먼트

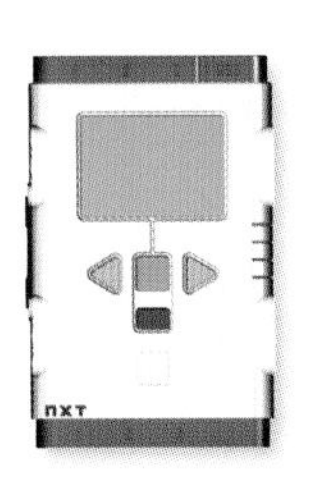

2006

레고® 마인드스톰® NXT 프로그래머블 브릭

2007

파워 펑션 모터

2008

새로워진 레고 듀플로 동물

2009

레고® 게임 주사위

2010

피겨가 탈 수 있는 타조

2011

뇌를 빨아먹는 에일리언 클링어

1958

1월 28일에 현대판 결합 브릭으로 특허를 출원한다.

1962

바퀴

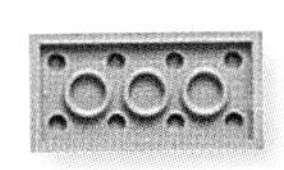

1963

기본 브릭의 3분 1 높이인 플랫 플레이트

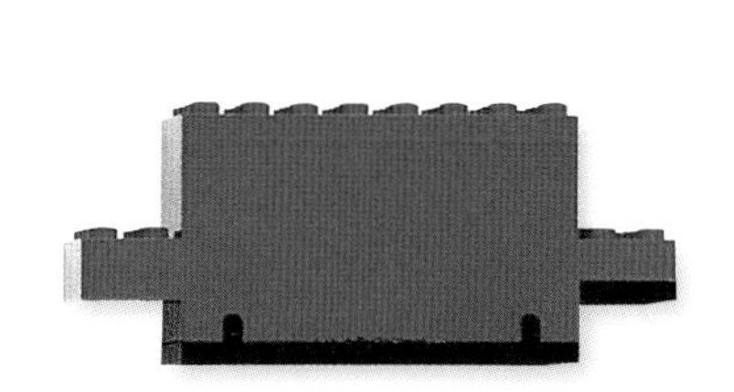

1966

4.5볼트 기차 모터

1968

자석 연결 브릭

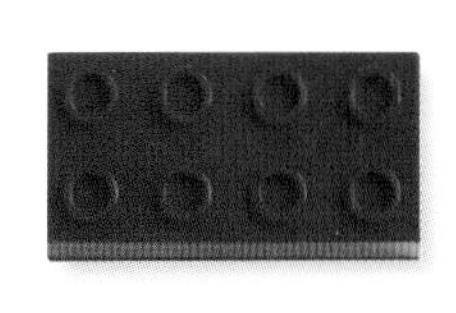

1969

기본 레고 브릭의 8배 크기인 레고® 듀플로® 브릭

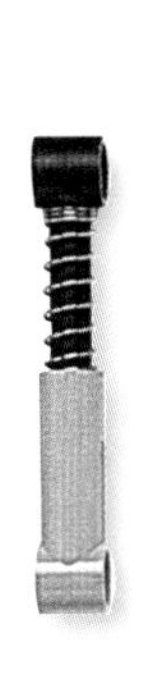

1980

레고 테크닉 완충 장치

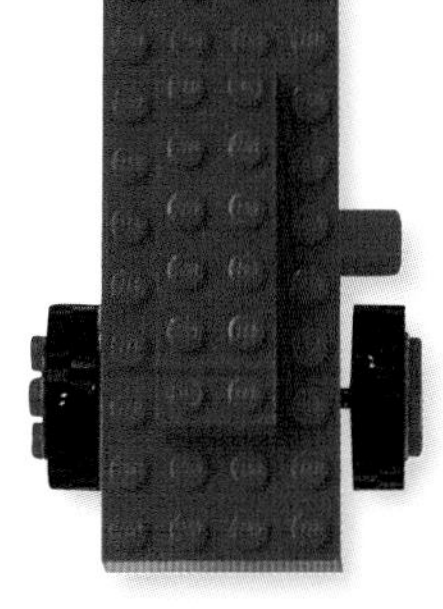

1981

태엽 모터

1984

말

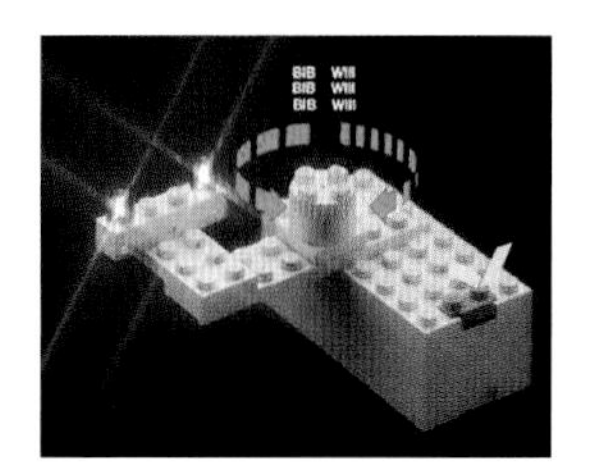

1986

빛과 소리를 내는 레고 엘리먼트

1989

레고® 해적 시리즈의 앵무새와 원숭이

1990

연결 장치

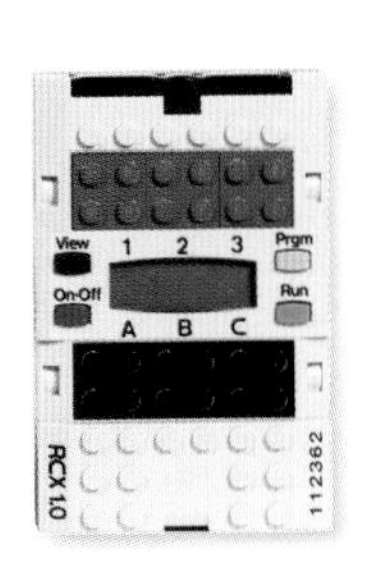

1998

레고® 마인드스톰®의 프로그래머블(programmable, 프로세서로 구동하는 브릭. 옮긴이) 브릭

1999

레고® 스타워즈™ 엘리먼트

2001

바이오니클® 엘리먼트

2003

레고 테크닉 모터

2003

레고® 클리킷™ 엘리먼트

2004

기본 레고 브릭의 4배 크기인 레고® 쿼트로™ 브릭

2005

더욱 사실적인 모습으로 바뀐 레고 듀플로 피겨

2012

레고® 프렌즈 미니돌

2013

구멍이 난 둥근 타일

2013

레고® 마인드스톰® EV3 인텔리전트 브릭

2014

관절이 자유롭게 움직이는 레고® 믹셀™

2016

레고® 시티 미니피겨 휠체어

2018

레고 시티의 곰과 벌집 엘리먼트

1

레고® 브릭 만들기

덴마크 빌룬의 본사에 자리한 레고® 코른마르켄 Kornmarken 공장은 착공한 지 18개월 만인 1987년 6월 24일에 문을 열었다. 오늘날 이 대규모 공장은 하루 24시간, 일주일 내내 쉬지 않고 가동된다. 레고 공장 근로자들은 최첨단 기계로 시간당 400만 개에 달하는 레고 엘리먼트를 생산한다.

코른마르켄 공장 건물은 직원들이 신속하게 이동하기 위해 공장 전용 스쿠터나 다른 이동 수단을 이용할 만큼 규모가 크다.

2

3

4

브릭을 하나하나

1 레고 브릭은 과립이라 불리는 쌀알만큼 작은 플라스틱 알갱이 상태로 생산 공정에 들어간다.
2 플라스틱 과립은 플라스틱 수송 컨테이너에서 공장의 저장고 중 한 곳으로 빨려 들어간다. 24시간마다 플라스틱 과립 100톤을 가공할 수 있다.
3 플라스틱 과립은 파이프를 따라 수백 대의 사출 성형기가 모여 있는 구역으로 옮겨진다.
4 플라스틱 과립이 파이프를 통해 컴퓨터가 제어하는 사출 성형기로 바로 주입된다. 생산 공정에 문제가 생기면 몰딩 기계 상단에 경고등이 켜진다.
5 사출 성형기 안에서 플라스틱 과립이 230~310℃의 고열에 녹아내리고 치약처럼

5

6

7

8

부드럽고 끈적거리는 제형의 플라스틱 덩어리가 된다. 그런 다음 생산될 엘리먼트에 따라 사출 성형기가 금형에 1m²당 최대 2톤에 달하는 압력을 가해 모든 레고 브릭이 다른 브릭과 잘 맞물리도록 하는 데 필요한 오차 범위 0.005mm 이내의 정확한 모양으로 브릭 하나하나를 만들어낸다. 10~15초 후면 열기가 식어 브릭이 단단하게 굳는다. 공장 바닥에 떨어진 브릭과 공정 후 남은 플라스틱은 재활용된다. 완성된 브릭은 모두 금형에서 자동으로 분리된다.

6 분리된 브릭은 짧은 컨베이어 벨트를 따라 이동해 플라스틱 상자에 담긴다.

7 상자에 새 브릭이 가득 차면 사출 성형기에서 바닥에 깔린 전선을 따라 근처에 있는 로봇에 신호를 보낸다.

8 로봇이 사출 성형기 쪽으로 이동해 상자를 수거하고 뚜껑을 덮은 뒤 향후 작업 시 해당 배치를 식별할 수 있도록 해줄 바코드를 찍고 컨베이어 벨트 위에 놓는다. 컨베이어 벨트는 상자를 물류 창고로 운반한다.

11

12

9

9 브릭이 든 상자는 컨베이어 벨트를 따라 물류 창고로 이동한다. 천장이 아주 높은 물류 창고에는 브릭 상자를 20m 높이까지 쌓을 수 있는 공간이 있다.
압축 공기로 구동되는 기계가 상자에 찍힌 바코드로 정보를 식별해 주문이 들어온 상자를 골라낸다. 레고 세트를 만드는 데 특정 브릭 상자가 필요할 경우 체계적으로 작동하는 기계가 해당 상자를 정확하게 찾아내고 운반한다.

10 기계는 선별한 상자를 트럭까지 연결되는 컨베이어 벨트에 올린다. 트럭에 실린 상자는 포장, 조립, 장식 담당 부서로 전달된다.

11, 12 그다음으로 조립 기계가 미니피겨 몸통에 팔과 손을 붙이거나 타이어를 바퀴에 붙이는 작업 등을 수행한다.
13 인쇄기가 머리에는 얼굴 표정을, 장식용 엘리먼트에는 복잡한 무늬를 찍어낸다.

13

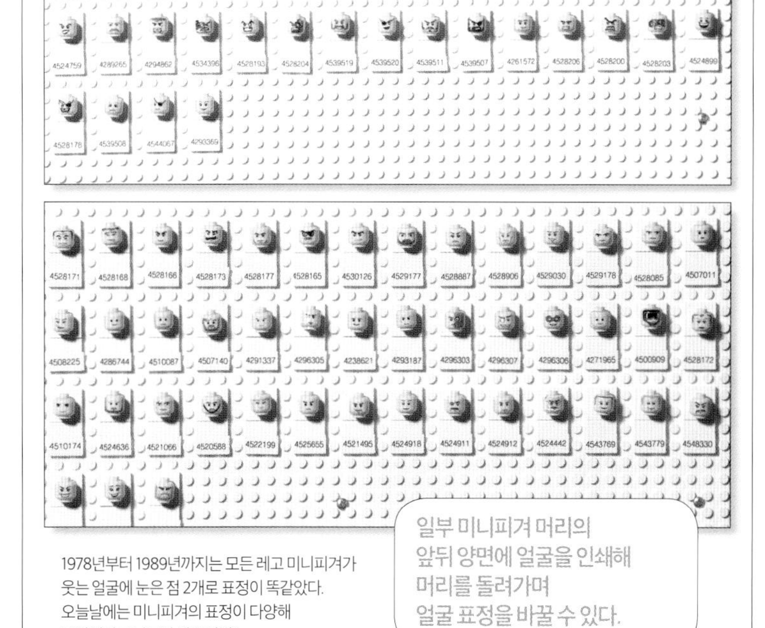

1978년부터 1989년까지는 모든 레고 미니피겨가 웃는 얼굴에 눈은 점 2개로 표정이 똑같았다. 오늘날에는 미니피겨의 표정이 다양해 공장에서 그날그날 만들어지는 미니피겨 얼굴을 모두 파악해야 한다.

일부 미니피겨 머리의 앞뒤 양면에 얼굴을 인쇄해 머리를 돌려가며 얼굴 표정을 바꿀 수 있다.

14

15

몸통과 얼굴에 다양한 특징을 표현하기 위한 색상을 만들어내는 데 인쇄 잉크가 사용된다.

16

17

18

14 완성된 레고 피스는 트레이에 실려 포장 담당 부서로 운반된다. 브릭들은 한 번에 하나씩 분배하는 기계나 특정 세트에 필요한 분량만큼 분배하는 기계로 운반된다.

15 브릭이 하나도 빠지지 않고 상자에 담기도록 고정밀 저울이 운반 경로를 따라 움직이는 상자의 무게를 일일이 재고 확인한다. 컨베이어 벨트가 끝나는 지점에 있는 다른 기계가 상자에 든 내용물을 비닐 팩에 담아 밀봉한다.

16 기계들이 엘리먼트가 담겨 밀봉된 비닐 팩을 조립 설명서와 함께 판매용 종이 상자로 내려 보낸다.

17, 18 로봇식 팔이 달린 기계가 판매용 제품 상자에 담긴 레고 세트를 레고 스토어로 보낼 운송 상자에 담아 포장한다.

레고® 세트 디자인

레고® 세트 디자이너들은 어떻게 해서 그 모든 모델과 피겨를 멋지게 만들어내는 것일까? 첫 번째 단계는 바로 영감의 원천을 찾는 것이다. 디자인 팀은 자신의 경험을 포함한 다양한 출처를 통해 자료를 수집한다. 레고® 시티 팀은 소방 활동과 소방차에 대해 배우기 위해 소방서에서 꼬박 하루 동안 근무했고, 레고® 프렌즈 팀은 고카트Go-kart 모델에 대한 영감을 얻기 위해 초소형 자동차 경주장에서 신나는 하루를 보냈다.

레고 디자이너들은 레고 프렌즈 미니돌이 2018년에 방영한 TV 시리즈에 등장하는 캐릭터와 비슷한 비율로 생생하게 재현될 수 있도록 최선을 다했다.

브레인스토밍

팀마다 다른 방식으로 일하기도 하지만, 일반적으로는 비슷한 작업 흐름을 따른다. 레고 디자인 팀원들은 일단 제품에 대한 영감을 얻으면 제품의 주제, 모델, 캐릭터, 새로운 엘리먼트 제작 등을 구상하기 위해 디자인 부스트design boost 회의에 참석하기 위해 모인다. 디자인과 마케팅을 담당하는 품평단은 각 모델이 고유한 특징을 지니면서도 전체 시리즈와 잘 호환되는지 꼼꼼히 확인하면서 모델을 수정하고 가격을 책정한다.

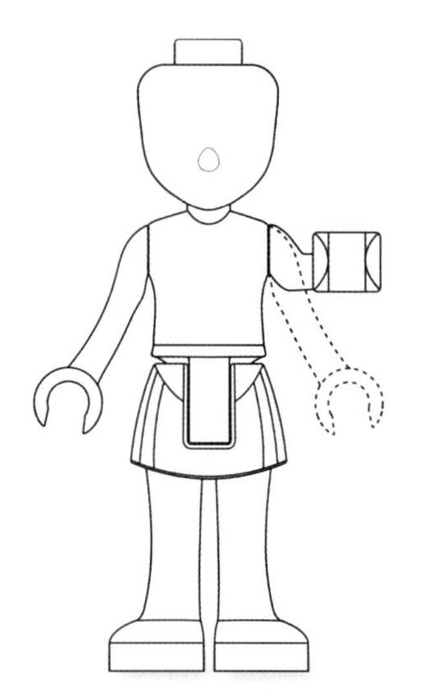

새로운 레고 캐릭터 디자인은 미니돌이나 미니피겨의 기본 템플릿으로 시작한다.

그래픽 디자이너는 캐릭터에 맞는 색상과 장식 디테일을 구상하고 디자인한다. 이 작업을 '장식deco'이라 부른다.

플라스틱 사출 성형기로 만든 엘리먼트에 장식을 인쇄한다.

새로운 엘리먼트 제작

만약 세트 제품에 새로운 레고 엘리먼트가 필요하다면 디자이너가 장식이 없는 기본 엘리먼트를 만들기 위한 3D 소프트웨어를 사용해 엘리먼트를 제작한다. 그다음으로 그래픽 디자이너가 엘리먼트에 장식과 색을 입히는 작업을 한다. 새로 만들 엘리먼트가 새 브릭이든, 머리 피스든, 동물이든 디자인, 엔지니어링, 제작과 관련한 여러 팀이 협업을 진행한다.

레고 프렌즈는 2017년에 새로운 개 엘리먼트를 선보였다. 3D 컴퓨터 모델로 처음 제작한 것이었다. 새로 제작한 모든 엘리먼트를 측정하고 검사해 새 엘리먼트가 아이들에게 안전하고 레고 시스템에 잘 맞는지 확인한다.

새로운 세트나 테마를 만들려면 레고의 색상표에 새로운 색상을 추가해야 하는 경우도 있다. 레고 프렌즈 팀은 아쿠아(엠마의 스쿠터와 화판 트레일러 색상)와 미디엄 아주르(엠마의 헬멧과 화판 트레일러 간판 색상)를 포함한 여섯 가지 새로운 색상을 선보였다.

41332 엠마의 아트 카페 차 (2018)

신제품의 초기 콘셉트

첫 브레인스토밍을 마친 뒤 새로 제작할 세트와 미니피겨에 대한 아이디어 일부는 직접 그린 도안이나 점토로 만든 캐릭터 모형이고, 다른 일부는 레고 브릭으로 만든 개념적 '스케치 모형'이 된다. 원하는 색상의 엘리먼트가 없을 경우, 디자이너들이 직접 엘리먼트에 색을 칠하기도 한다.

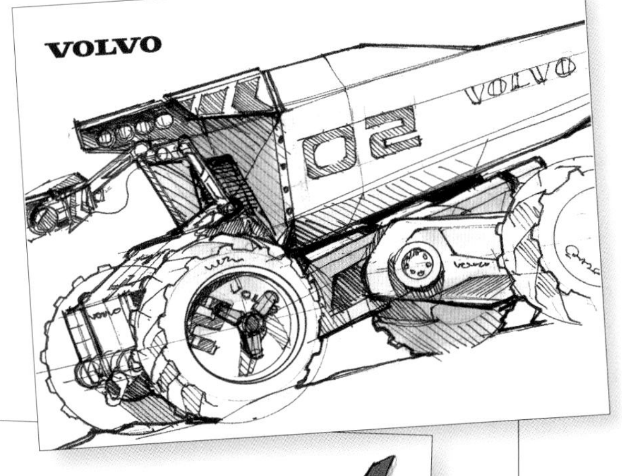

모델 개발

4~8명의 모형 제작 디자이너로 구성된 팀이 최종 모델 개발 업무에 착수한다. 각 모델의 각기 다른 기능과 색상을 테스트하기 위해 모형을 여러 버전으로 만든다. 모델 테스트를 하는 내내 아이들이 무엇을 가장 좋아하고 무엇을 더 추가하기를 원하는지 확인하며 테스트한다. 새로운 레고 세트를 디자인할 때 가장 중요한 점이 바로 아이들의 의견이다.

레고® 테크닉 볼보 콘셉트 휠 로더 ZEUX의 바퀴 디자인은 최종 디자인이 선정되기까지 여러 번의 수정을 거쳤다.

최종 단계

모델이 거의 완성되었다. 이제 전문 빌더, 엔지니어, 부품 디자이너, 조립 설명서 개발자, 그리고 레고 그룹과 공동으로 이 모델을 개발한 볼보의 관계자로 구성된 모델 품평 위원회의 승인을 받아야 한다. 누군가 모델의 문제점을 지적할 경우, 해당 디자이너는 처음부터 다시 시작해야 한다. 일단 모델이 승인되면, 조립 설명서 제작 팀이 조심스럽게 모델을 해체하고 다시 조립한다. 그들은 모델의 조립 설명서를 만들기 위해 숙련된 기술과 특수 그래픽 소프트웨어를 사용한다.

사실적으로 재현한 조립용 매핑 드론

레고 테크닉 모델을 만드는 것은 제품 디자이너에게 가장 어려운 도전 중 하나다. 모델이 모두 완성되었을 때 기계적으로 제대로 작동하려면 모든 부품이 완벽하고 정확하게 준비되어야 한다.

실제로 움직이는 붐과 버킷을 제어하는 기어

튼튼한 타이어와 정교한 바큇살

클래식 볼보 특유의 색감과 스티커

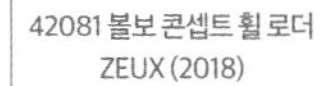

42081 볼보 콘셉트 휠 로더 ZEUX (2018)

레고® 로고

1934년 처음 만든 레고® 로고는 그동안 많은 변화를 거쳤다. 1953년 '소시지 로고'라는 애칭으로 불린 레고 로고(둥글게 굴린 글자 모양, 검은색 윤곽의 흰색 글자, 빨간색 배경)는 현재와 비슷한 특징을 지녔다. 1970년대 초에 접어들면서 레고 로고는 오늘날과 거의 같은 모습을 갖추었다. 1998년 약간의 수정을 거친 로고가 현재까지 사용되고 있다.

LEGO

1934

1946

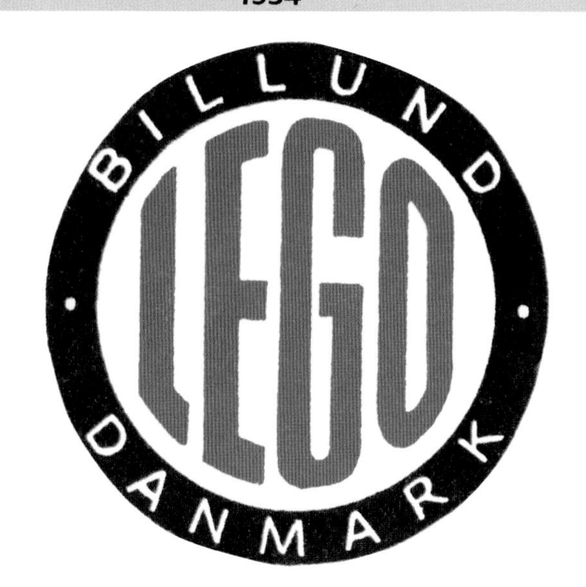

1950

1953

1955

1955

1958

1958

1936

1946

1953

1953

1956

1958

1958

1964

1973

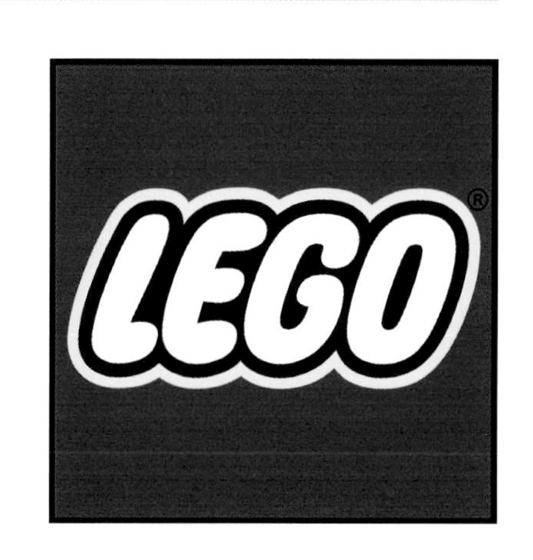

1998

레고® 플레이 테마

레고® 시스템의 특별함은 보편성에 있다. 모든 세트가 다른 세트와 호환되는 레고 시스템으로 계속 발전하는 세계를 만들 수 있다. 레고는 1970년대 테마 세트의 출시로 레고 고유의 보편성을 인정하는 동시에 세계 속에 또 다른 세계를 창조해냈다. 레고® 스페이스, 캐슬, 타운 테마는 새로 제작한 미니피겨 덕분에 역할 놀이에 적합한 제품으로 만들어졌지만, 여전히 다른 제품과도 완벽하게 호환되는 부품으로 이루어졌다.

미니피겨 조종사가 2016년 세트로 출시한
레고® 시티 테마의 비행기를 조종하고 있다.

레고® 시티

사회 각계각층이 레고® 시티에 산다. 초기 레고® 타운에서 시작한 레고 시티는 상점 주인, 과학자, 요리사, 심지어 노동자까지 살고 있는 번화한 대도시로 성장했다. 가장 오래된 레고 아이콘 중 일부는 바로 다양하고 멋진 본부와 교통수단으로 시민의 안전을 지키기 위해 매일 긴급 출동하는 영웅들이다.

60173 숲속 체포 작전(2018)

산악 경찰

2018년 레고 시티 경찰은 험준한 산악 지역에서 새로운 도전에 직면한다. 레고 시티 경찰들은 산악 은신처에서 탈출한 도둑들을 색출하는 과정에서 강력한 그물총을 사용한다. 경찰들은 위험한 곰과 벌집에 조심스럽게 대처하며 체포 작전을 펼친다!

60129 경찰 순찰 보트(2016)

감옥섬

실제로 물에 띄울 수 있는 레고의 첫 경찰 순시선은 1976년에 출시되었다. 경찰의 순찰용 보트뿐 아니라 도둑들이 섬을 탈출하는 데 이용할 보트가 추가된 2016년의 감옥섬 세트가 출시되는 등 시간이 지나면서 선단이 강화되었다. 또 하위 테마인 감옥섬에는 레고 시티의 첫 열기구가 들어 있다.

60070 수상 비행기 추격전(2015)

늪지 경찰

레고 경찰들이 40년 동안 사건을 맡아왔지만 미니피겨 도둑이 경찰 세트의 정식 구성품이 된 것은 최근의 일이다. 2015년 늪지 경찰 하위 테마에서 레고 시티 습지에 숨어 있는 새로운 도둑 일당을 선보였다.

감시탑

한동안 레고 시티 경찰은 항구, 시티의 숲속, 산악 지대, 악명 높은 감옥섬에 본부를 설치했다. 그러나 법과 질서를 수호하는 레고 경찰들은 언제나 도시 생활의 중심에 있다. 레고 경찰들은 우수한 시설을 갖춘 경찰서에서 평화를 유지하기 위해 열심히 근무한다. 뻔뻔한 도둑들이 감옥 벽을 폭파하는 그 순간에도!

60141 경찰서(2017)

소방대와 구조대

레고 타운에는 1978년 첫 소방서가 생겼고, 그 이후 미니피겨 소방관들이 화염에 맞서 싸워왔다. 최근에 출시된 세트에는 화염에 휩싸인 상황을 연출할 수 있는 불꽃 액세서리를 추가했다. 일부 세트에는 나무 위에서 거드름을 피우는 고양이가 들어 있다.

60112 대형 소방차 (2016)

60164 해안 경비대 구조 비행기 (2017)

해안 경비대

해안 경비대 테마 세트 출시는 오랫동안 가뭄에 콩 나듯 했다. 30년 동안 출시된 제품 수가 15개도 채 되지 않는다. 하지만 레고 시티 해안 경비대는 2008, 2013, 2017년 구조용 헬리콥터, 보트, 파도를 타는 수상 비행기를 선보이면서 다시 큰 주목을 받았다.

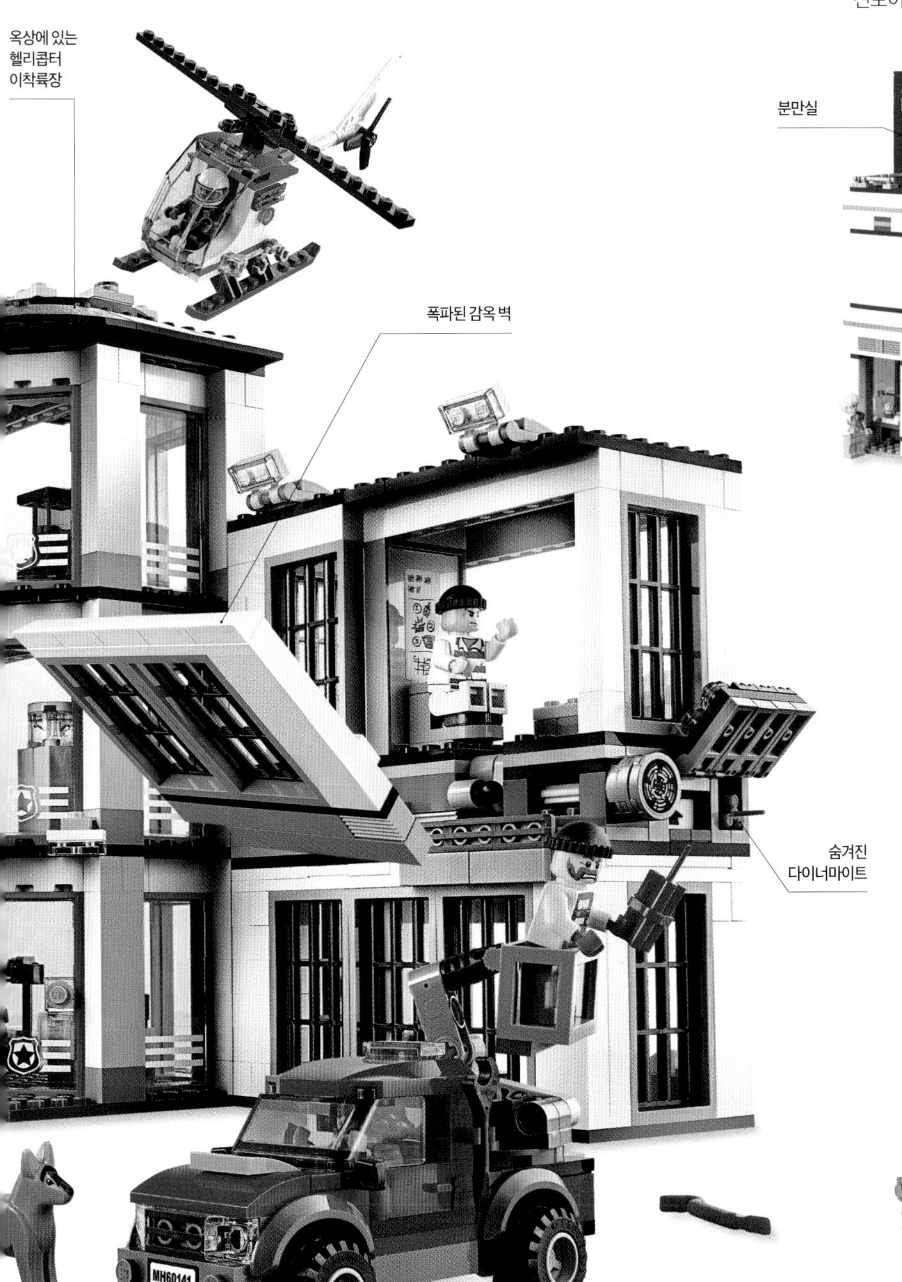

병원

미니피겨 의료진은 40년 동안 레고 타운과 레고 시티 주민들을 돌보고 있다. 2018년형 레고 시티 병원은 엑스레이실, 시력검사실, 레고 시티의 새로운 구성원을 맞이할 분만실 등으로 구성했다.

분만실

헬리콥터 이착륙장

60204 병원 (2018)

레고® 타운

레고 타운 테마는 레고 시티로 확장되기 전인 1978년부터 2004년까지 출시되었다. 레고 타운은 첫 출시부터 건설 노동자, 정비공 그리고 오늘날 레고 시티에서 그 후예를 여전히 찾아볼 수 있는 여러 친숙한 캐릭터는 물론 긴급 출동 차량과 미니피겨도 선보였다.

최초의 레고 타운 구급차는 환자를 실을 공간은커녕 운전자가 탈 수 있는 공간도 없었다. 레고 타운의 첫 구급차는 적십자 유니폼 디자인 스티커가 붙은 미니피겨와 함께 출시되었다.

606 구급차 (1978)

1986년에 빛과 소리light & sound 시스템이 출시되었다. 일부 특별판 세트에는 사이렌 불빛이 번쩍이고 사이렌 소리가 울리는 기능을 적용했다. 1986년형 이동 경찰 트럭의 뒷부분은 커다란 9볼트 배터리 팩이 차지했다.

6450 이동 경찰 트럭 (1986)

레고® 시티 건설 근로자

모든 레고® 세트는 조립용 장난감이다. 그런데 레고® 시티 안에서는 미니피겨도 조립의 즐거움을 누린다. 레고 시티를 건설하는 토목 기사들은 레고® 타운이 만들어진 이후 그 테마의 아이콘이 되어온 샛노란 굴착기, 불도저, 크레인, 덤프 트럭을 이용해 계속 건물을 높이고 있다.

7900 헤비 로더 (2006)

7633 건설 현장 (2009)

다리 아래를 받치고 있는 트럭

트럭이 다리 밑을 지나갈 때에는 보통 저런 모습이 아니다. 완전히 늘였을 때 길이가 86cm에 달하는 이 기다란 트럭은 건설 현장으로 다리 전체를 옮길 수 있도록 만들었다. 현장에 도착하는 즉시 레고 시티 자동차들이 이 튼튼한 다리를 이용할 수 있다.

건설

보통 레고 시티 건설 세트는 건물 부지 일부가 딸려 나오지만, 한 세트만이 유일하게 4층짜리 타워 전체가 포함되어 나왔다. 총 898피스로 조립하는 2009년형 건설 현장 세트에는 크레인, 엘리베이터, 굴착기, 트레일러 트럭이 포함되어 있다. 건설 현장 세트의 건물은 다양한 방법으로 빠르게 재조립할 수 있는 6개의 모듈로 나뉜다.

대형 덤프 트럭

실제와 마찬가지로 일부 레고 시티 건설용 차량은 곁에 있는 미니피겨 운전자를 왜소해 보이게 한다. 2005년형 덤프 트럭의 거대한 적재함은 현재 가장 큰 레고 시스템 엘리먼트 중 하나이며, 현재 어떤 세트에서도 찾아보기 어려운 희귀한 엘리먼트다.

7344 덤프 트럭 (2005)

회전하는 굴착기

소형 트랙터 로더

2009년형 프런트엔드 로더(Front-end Loader, 앞면에 날이 달린 큰 버킷을 갖춘 트랙터의 일종_옮긴이)는 디테일을 사실적으로 재현한다. 하위 테마의 다른 차량과 마찬가지로 스티커가 들어 있어 세트 번호를 붙일 수 있다.

7630 프런트엔드 로더 (2009)

휴게 시설

이동식 화장실 엘리먼트까지 포함된 것을 보면 레고 시티 세트에는 건설 과정에 필요한 모든 엘리먼트가 들어 있다고 해도 과언이 아니다. 2015년형 서비스 트럭 세트는 새로운 미니피겨 귀마개와 안전모를 추가해 건설 근로자에게 더 큰 편안함을 선사한다.

60073 서비스 트럭 (2015)

아찔한 높이의 크레인

지금까지 출시된 레고 시티 세트 중 가장 높은 타워크레인은 완벽한 기능을 갖췄다. 지상에서 68cm 높이까지 쭉 뻗은 이 타워크레인 세트에는 일렬로 쌓인 긴 사다리 4개와 그 사다리를 타고 꼭대기의 크레인 조종석까지 올라가야 하는 미니피겨가 들어 있다.

7905 타워크레인 (2006)

무엇이 들어설까

2015년 철거를 테마로 한 다양한 세트가 레고 시티의 중장비 작업 팀에 새로운 모습으로 나타났다. 새로운 세트에는 건설 현장에서 작업 준비를 하기 위한 철거용 다이너마이트와 건물의 잔해가 들어 있다.

60074 불도저 (2015)

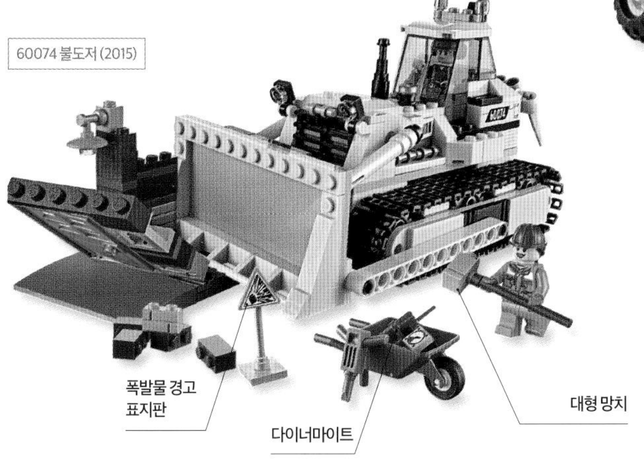

좌우로 흔들리는 드럼

7746 싱글 드럼 롤러 (2009)]

회전하는 롤러

1978년 이후 50개가 넘는 건설 세트가 출시되었음에도 2009년에 레고 시티 증기 롤러가 처음 등장했다는 사실은 놀랍기만 하다. 롤러의 원통형 드럼은 레고® 바이킹 테마를 위해 처음 제작된 대형 바퀴 5개로 만들었다.

광산

건설과는 별개지만 건설 테마와 비슷한 특징을 두루 갖춘 대형 광산으로 구성된 레고 시티 광산 세트가 여러 해에 걸쳐 출시되었다. 광산 세트에 들어 있는 미니피겨 광부들은 깜짝 놀랄 만한 장비를 뽐내면서 안전모에 달린 조명과 광산을 상징하는 특별한 구성품으로 다른 건설 세트 미니피겨와 차별화된 모습을 보인다.

60188 광산 전문가 작업장 (2018)

레고 시티 시민

레고 시티에서 일상생활을 하는 주민들은 상점과 카페를 운영하거나 버스, 기차, 트럭을 운전한다. 그 외에 다른 중요한 서비스 업무를 수행하며 바쁘게 생활한다. 일을 하지 않을 때에는 가족과 시간을 보내고 경치 좋은 곳을 찾아다니며 공원에서 운동도 한다.

레고 시티에 들어 있는 현대판 미니피겨로는 어린이, 아기를 돌보는 부모, 조부모, 자전거를 타는 사람, 휠체어를 탄 사람, 사업가, 노점상, 잔디 관리사 등이 있다.

60134 즐거운 공원 - 시티 피겨 팩 (2016)

여기저기로 이동하는 레고® 시티

레고® 시티에서는 모두가 끊임없이 움직인다. 대부분 차나 트럭을 타고 다니며 일부는 비행기, 헬리콥터, 보트에서 일상을 보낸다. 무엇을 타고 다니든 시민들은 레고 시티의 환경 친화적인 자체 브랜드 연료를 언제든 넣을 수 있다.

60182 픽업트럭과 캐러밴 (2018)

레저 차량

1984년 최초의 레고® 타운 캠핑용 자동차가 출시된 이후 휴가를 주제로 한 제품에 많은 진전이 있었다. 1984년형 캐러밴에 미니피겨 2개가 겨우 들어갔다면, 2018년형 픽업트럭과 캐러밴 세트에는 주방 겸 식당은 물론 가족 전체가 들어갈 수 있는 공간과 침실을 별도로 갖췄다.

픽업트럭과 캐러밴 세트가 갖춰진 트레일러는 한쪽 면이 여닫이식으로 되어 있어 트레일러 안에서 즐거운 놀이를 할 수 있다.

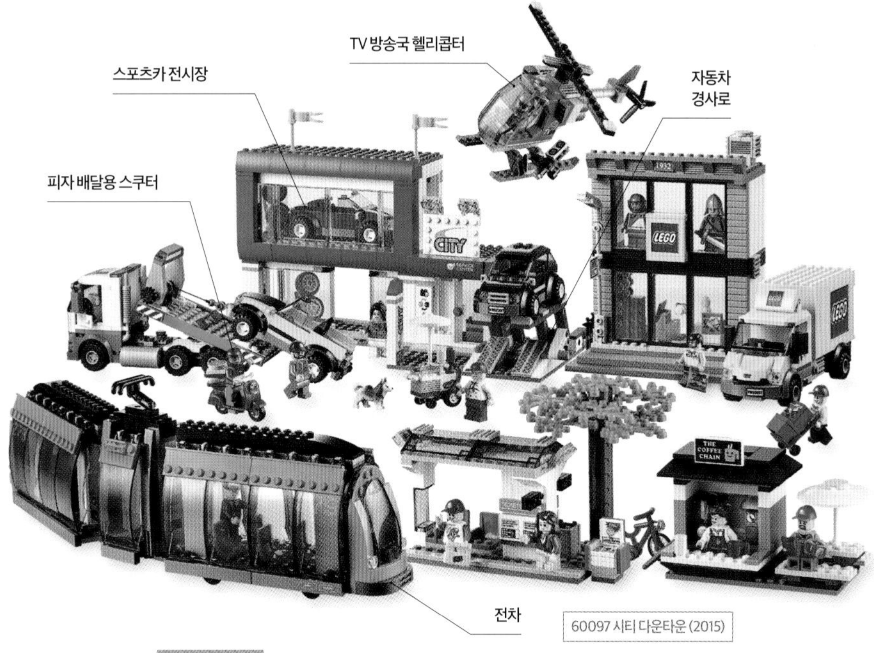

60097 시티 다운타운 (2015)

대중교통

형형색색의 버스와 유선형의 전차가 레고 시티를 쉽게 돌아다닐 수 있게 해준다. 시티 다운타운 세트에는 10인승 전차와 전차 정류장, 자동차 3대, 트럭 2대, 헬리콥터 1대, 스쿠터 1대가 들어 있다. 자기만의 교통수단을 구입하고자 하는 미니피겨들을 위한 레고 시티 스포츠카가 전시되어 있는 자동차 대리점도 함께 들어 있다.

트럭

레고 시티 트럭은 자동차나 헬리콥터를 운송하고 연료를 수송하는 트럭부터 풍력 발전용 터빈을 운반하는 아주 기다란 트럭에 이르기까지 모든 형태와 크기로 다양하게 제작되어 나온다. 2010년에는 미니피겨 사이즈에 맞는 레고 시티 세트로 채운 샛노란 레고 트레일러 트럭도 출시했다.

3221 레고 트럭 (2010)

60132 차량 정비소 (2016)

서비스 차량

긴급 출동대만이 레고 시티의 영웅은 아니다. 서비스 차량 운전자들은 제설차, 쓰레기차, 도로 청소차 등을 타고 레고 시티를 위해 매일 일한다.

옥탄 주유소는 이 모든 서비스 차량이 문제없이 움직이도록 정비해주고 그 차량이 고장 나면 견인차를 보낼 준비가 되어 있다.

푸드 트럭

레고 시티에서 핫도그, 아이스크림, 페이스트리 같은 맛있는 먹을거리를 바삐 움직이는 미니피겨에게 판매하는 노점상. 최근 가장 큰 인기를 끌고 있는 메뉴는 갓 구운 조각 피자다.

접이식 해치

60150 피자 밴 (2017)

60113 랠리카 (2016)

경주용 차량

자동차 경주는 인기 있는 스포츠로 오토바이, 드래그 레이스 경주용 자동차, 포뮬러 원을 위한 이벤트 등이 열린다. 2016년형 랠리카와 같은 경주용 자동차는 옥탄과 에어본 스포일러 등 가상의 스폰서 브랜드 사용이 특징이다.

비행기 여행

날개 길이가 가로로 54스터드에 달하는 레고 시티의 여객기들은 레고 시티 테마 전체를 통틀어 가장 큰 교통수단에 속한다. 2016년형 에어포트 여객 터미널 세트의 초대형 제트 여객기에는 객실, 주방, 화장실, 2인승 조종석을 수용할 수 있는 공간이 마련되어 있다. 에어포트 여객 터미널은 보안 검색대, 수하물 컨베이어 벨트, 관제탑을 갖췄다.

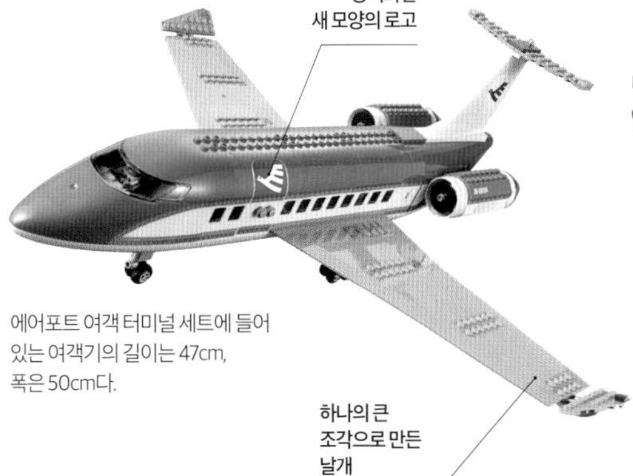

에어포트 여객 터미널 세트에 들어 있는 여객기의 길이는 47cm, 폭은 50cm다.

타운 에어포트

1970년대의 레고 타운에는 헬리콥터가 있었지만 여객기와 공항은 1985년에 처음 등장했다. 그 후 10년 동안 2개의 공항과 1개의 공항 열차 시스템이 들어 있는 하위 테마를 출시해 큰 성공을 거뒀다.

풍향계

헬리콥터 이착륙장

수하물 운반 카트

6392 에어포트 (1985)

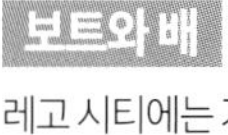

60104 에어포트 여객 터미널 (2016)

보트와 배

레고 시티에는 거대한 화물선과 작은 유람선으로 북적거리는 항구가 있다. 2017년형 낚시 보트를 비롯한 많은 선박이 실제로 물 위에 뜰 수 있지만 카펫 위에서도 순조로운 항해가 가능하다.

60147 낚시 보트 (2017)

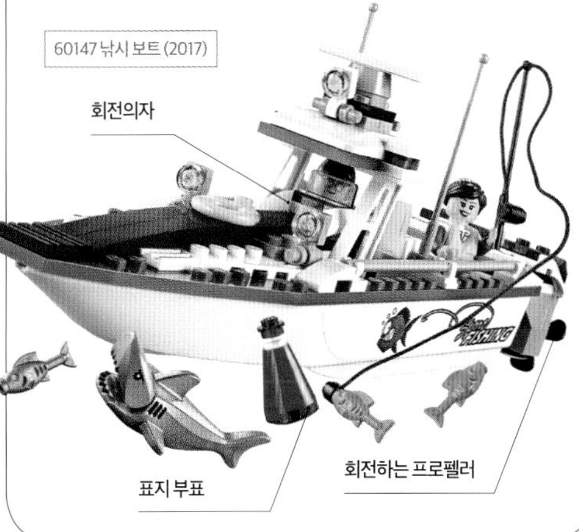

레고® 시티 외곽

레고® 시티의 지역적 경계가 분명히 밝혀진 적은 없지만, 우리는 시티 한쪽에 해안선이 있고 다른 한쪽에는 농장이 있다는 것을 알고 있다. 어떤 곳은 부분적으로 열대림에 둘러싸여 있고, 또 어떤 곳은 화산이 자리 잡고 있다. 레고 시티에서 가장 용감무쌍한 탐험가들은 북극은 물론 우주까지 진출한다.

화산 탐사대

레고 시티 외곽에서 화산이 폭발할 조짐이 보일 때, 최고 과학자들이 중장비와 첨단 장비를 사용해 화산 폭발 위험을 조사하기 위해 파견된다. 2016년형 화산 탐사 기지 세트에는 미니피겨 과학자들이 중요한 정보를 발견하는 데 필요한 모든 장비가 들어 있다.

60092 해저 탐사대 잠수함 (2015)

해저 탐사대

레고 시티 항구 저 너머에서 해저 탐사대가 2015년부터 6세트에 걸쳐 난파선과 보물을 찾아냈다. 해저 탐사대가 상어와 다른 해양 생물을 피해 1997년의 레고® 타운 다이버의 발자취를 따라갔다.

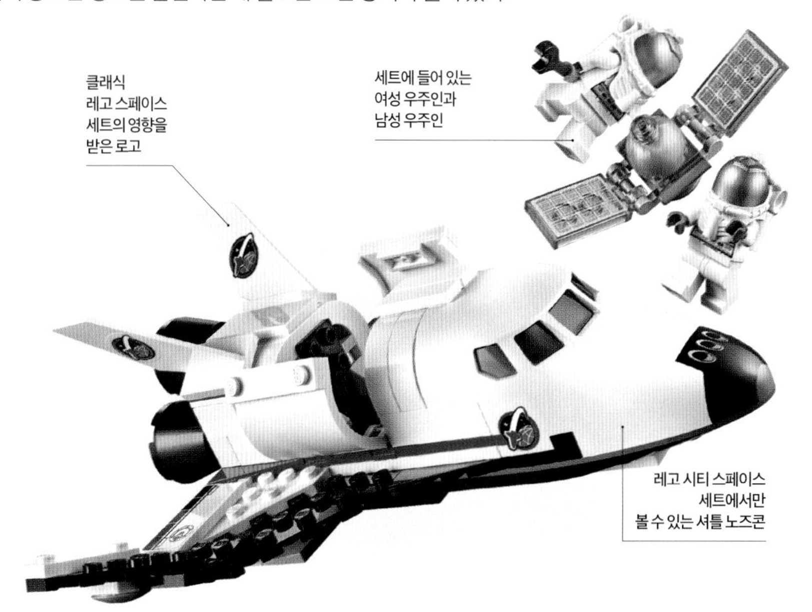

60078 스페이스 셔틀 (2015)

인공위성이 우주 왕복선의 화물실 안에 맞도록 접힌다. 약간 굽어 경첩이 달린 화물실 문은 레고 시티 스페이스 하위 테마를 위해 특별 제작했다.

스페이스

공상과학을 배경으로 하는 대신 현대의 실제 우주 탐사 경험을 바탕으로 한 2011년 레고 시티 스페이스 프로그램이 출시되었고, 2015년에는 새로운 임무를 수행했다. 레고 타운 역시 1999년에 출시한 스페이스 포트 하위 테마를 자체적으로 가지고 있다.

정글

2017년이 되어서야 레고 시티 탐험대가 정글을 탐험하기 위해 위험을 무릅쓰고 길을 나섰다. 그러나 정글이 호랑이, 악어, 미니피겨를 잡아먹는 식충식물의 서식처라면 누가 그들을 탓할 수 있겠는가! 새로운 레고 피스로 가득 찬 9세트를 배경으로 용감한 모험가들이 비포장도로용 오토바이, 보트, 헬리콥터, 전천후 이동 실험실을 사용하며 고대 유적을 탐험했다.

60160 정글 이동 실험실 (2017)

북극

오렌지색 후드 점퍼를 따뜻하게 챙겨 입고 그에 어울리는 멋진 장비를 갖춘 레고 시티 과학자들이 2014년 북극으로 향했다. 과학자들의 인상적인 차량 대열에는 쇄빙선, 제설기, 헬리콥터, 스키가 장착된 이동식 기지, 허스키들이 끄는 보급품 썰매가 포함되어 있다.

60035 북극 기지 (2014)

파라디사

1992년부터 1997년까지 레고 타운의 일부였던 파라디사는 야자수를 심은 환경과 분홍색을 띤 등대를 갖추고 승마와 서핑을 즐길 수 있는 휴양지였다. 경주마, 축제, 돌핀 포인트 등대가 포함된 세트로 구성된 이 하위 테마는 2012년에 출시된 레고® 프렌즈 테마의 전신이었다.

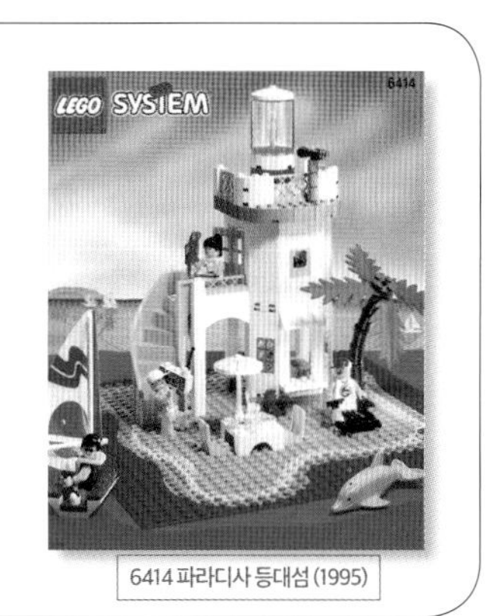

6414 파라디사 등대섬 (1995)

농장

레고 시티 시민들은 먹는 것을 좋아하며 2009년과 2010년에 우리는 그들의 식량 일부가 어디에서 나오는지 알게 되었다. 농장의 하위 테마 세트에는 경작지, 낙농장, 콤바인, 돼지 농장이 포함되어 있다.

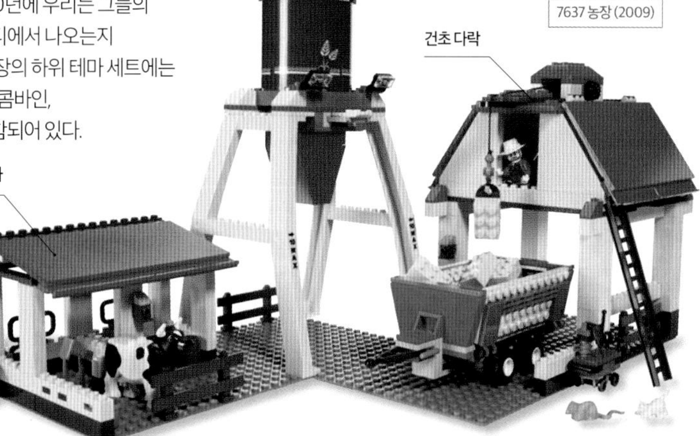

7637 농장 (2009)

기억할 만한 레고 세트

374 소방서 (1978)

6335 인디 트랜스포트 (1996)

6414 파라디사 등대섬 (1995)

600 경찰차 (1978)

1656 유지 보수 팀 (1991)

376 타운 하우스 위드 가든 (1978)

1572 슈퍼 타운 트럭 (1986)

6356 메드-스타 레스큐 플레인 (1988)

6336 헬기 트레일러 (1995)

6365 여름 별장 (1981)

6380 응급 의료 센터 (1987)

6441 딥 리프 레퓨지(1997)

6473 레스큐 크루저(1998)

6435 해안 경비대 본부(1999)

10159 시티 에어포트(2004)

7239 소방차(2004)

7631 덤프 트럭(2009)

7734 카고 플레인(2008)

7279 경찰 미니피겨 컬렉션(2011)

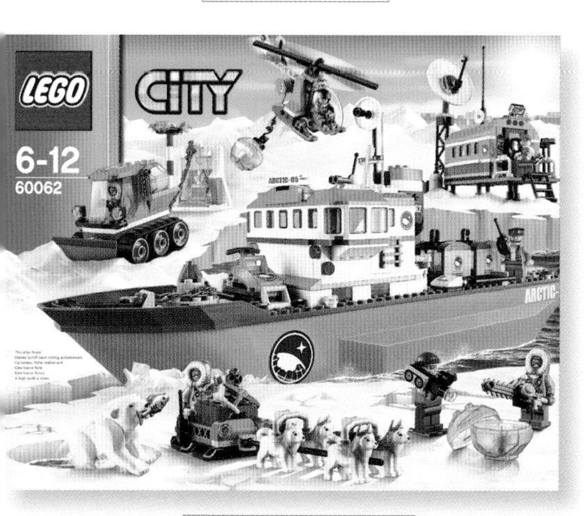

60062 북극 아이스 브레이커(2014)

60139 이동식 지휘 본부(2017)

60181 산악 트랙터(2018)

레고® 기차

모두
승차해주세요!

10173 홀리데이 트레인
(2006)

1966년 이후 레고 기차가 철로를 더 빠르게 달리고 있다.
레고 기차는 그동안 파란색 레일, 회색 레일, 금속 레일, 플라스틱 레일을 달려왔고 손, 태엽 장치, 건전지, 전기, 리모컨 등으로 작동했다. 오래된 증기기관차부터 현대식 고속 열차까지 고전 중의 고전, 그 유명한 레고® 기차가 온다.

역무원 재킷에
레고 기차 로고를
새겼다.

7740 12볼트 여객 열차 (1980)

독일의 초고속 전기 열차

독일 내 주요 도시를 연결하는 철도로 12볼트 전기모터와 객차 2량이 장착된 이 고속 철도는 레고 기차 테마가 회색 선로를 선보이며 실제 모델과 비슷한 디자인으로 재설계한 1980년에 출시되었다.

080 기차와 기본 조립 세트 (1967)

궤도에 오르다

700피스로 구성된 기본 조립 세트 모델에는 최초의 레고 열차 중 하나가 들어 있다. 손으로 밀어 움직여야 하지만 다른 기차 세트에 들어 있는 4.5볼트 배터리 상자로 구동할 수도 있다.

레고 기차 객차와 기관차 대부분은 자석 연결 장치로 연결된다. 초창기에 나온 레고 기차는 고리 단추식 장치를 사용한다.

182 4.5볼트 기차 세트와
철도 신호기 (1975)

파란색 레일 위를 달리다

1966년부터 1979년까지 레고 기차 세트는 파란색 레일을 달렸다. 처음 출시된 모델은 손으로 움직였지만 4.5볼트 배터리 모터가 곧 출시되었다. 1969년에는 레고 기차가 12볼트 전기로 작동하는 선로에서 구동되었다. 이 시기의 기차는 크기가 작고 디테일이 부족했다.

레고® 놀이 시스템 덕분에 서로 다른 시기에 출시된 보트, 항공기, 건물, 기차 등이 한데 모일 수 있다.

116 모터 장착 기차
스타터 세트 (1967)

파란색 레고 기차 선로는 흰색 침목 브릭으로 아래를 받쳐주어 연결한 간단한 레일이다.

113 전동 열차 세트 (1966)

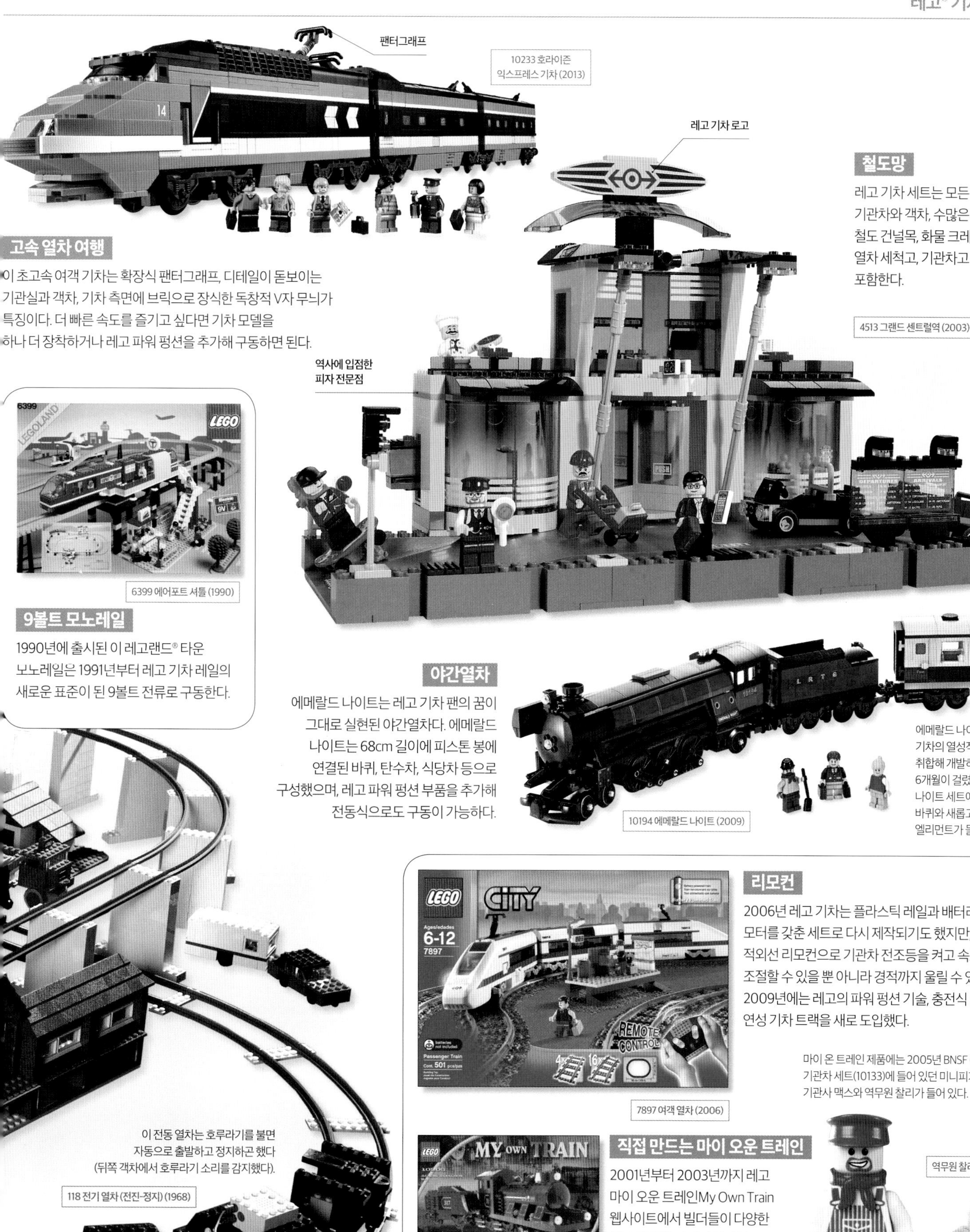

10233 호라이즌 익스프레스 기차 (2013)

고속 열차 여행

이 초고속 여객 기차는 확장식 팬터그래프, 디테일이 돋보이는 기관실과 객차, 기차 측면에 브릭으로 장식한 독창적 V자 무늬가 특징이다. 더 빠른 속도를 즐기고 싶다면 기차 모델을 하나 더 장착하거나 레고 파워 펑션을 추가해 구동하면 된다.

철도망

레고 기차 세트는 모든 형태의 기관차와 객차, 수많은 기차역, 철도 건널목, 화물 크레인, 열차 세척고, 기관차고 등을 포함한다.

4513 그랜드 센트럴역 (2003)

6399 에어포트 셔틀 (1990)

9볼트 모노레일

1990년에 출시된 이 레고랜드® 타운 보노레일은 1991년부터 레고 기차 레일의 새로운 표준이 된 9볼트 전류로 구동한다.

야간열차

에메랄드 나이트는 레고 기차 팬의 꿈이 그대로 실현된 야간열차다. 에메랄드 나이트는 68cm 길이에 피스톤 봉에 연결된 바퀴, 탄수차, 식당차 등으로 구성했으며, 레고 파워 펑션 부품을 추가해 전동식으로도 구동이 가능하다.

10194 에메랄드 나이트 (2009)

에메랄드 나이트는 레고 기차의 열성적 팬들의 의견을 취합해 개발하는 데 1년 6개월이 걸렸다. 에메랄드 나이트 세트에는 대형 기차 바퀴와 새롭고 희귀한 색상의 엘리먼트가 들어 있다.

이 전동 열차는 호루라기를 불면 자동으로 출발하고 정지하곤 했다 (뒤쪽 객차에서 호루라기 소리를 감지했다).

118 전기 열차 (전진-정지) (1968)

리모컨

2006년 레고 기차는 플라스틱 레일과 배터리로 움직이는 모터를 갖춘 세트로 다시 제작되기도 했지만, 현재는 적외선 리모컨으로 기관차 전조등을 켜고 속도를 조절할 수 있을 뿐 아니라 경적까지 울릴 수 있다. 2009년에는 레고의 파워 펑션 기술, 충전식 모터 배터리, 연성 기차 트랙을 새로 도입했다.

7897 여객 열차 (2006)

마이 오운 트레인 제품에는 2005년 BNSF GP-38 기관차 세트(10133)에 들어 있던 미니피겨 기관사 맥스와 역무원 찰리가 들어 있다.

직접 만드는 마이 오운 트레인

2001년부터 2003년까지 레고 마이 오운 트레인My Own Train 웹사이트에서 빌더들이 다양한 철도 차량뿐 아니라 클래식 증기기관차를 두 가지 크기와 다섯 가지 색상으로 직접 디자인하고 주문할 수 있도록 했다.

10205 마이 오운 트레인 (2002)

기관사 맥스

역무원 찰리

레고® 캐슬

브릭으로 만든 말과 함께 처음 등장한 노란색 성부터 투석기로 뒤덮인 최근의 레고 판타지 요새에 이르기까지 빌더들은 레고® 캐슬 테마 덕분에 30년 넘게 자신만의 중세 왕국을 만들 수 있었다. 가장 유명한 성과 환상으로 가득 찬 세트 일부를 살펴보면서 중세 기사들이 세상을 주름잡던 시절부터 차례대로 역사 여행을 떠나보자.

375 노란색 성 (1978)

최초의 성

여기에서 모든 게 시작되었다! 유명한 '노란색 성'이 레고 놀이 시스템을 위해 제작한 최초의 성이다. 노란색 성은 높은 탑, 크랭크로 들어 올리는 도개교, 4개의 파벌로 나뉘어 싸우는 기사를 포함해 나중에 출시된 레고 성이 지닌 특징이 많았다.

6086 비룡 성 (1992)

가장 사실적 모습을 재현한 레고 성 중 하나인 비룡 성. 희귀한 노란색 튜더 양식의 무늬가 돋보이는 성벽을 위한 부품과 창, 깃발을 들고 말 위에 올라타 결투를 벌일 준비가 된 기사 4명이 들어 있다.

7094 왕의 성 (2007)

왕의 성

사악한 마법사의 해골 부대 전사와 불을 뿜는 용에게 포위된 서부 왕국의 왕은 기사들과 함께 투석기와 황금 검으로 맞서 싸웠다. 2007~2009년에 출시한 레고 캐슬 시리즈는 실제로 들어 올리고 내릴 수 있는 도개교와 쇠창살 내리닫이문을 포함해 고전적 건축양식과 디자인을 재현해 팬들에게 큰 호평을 받았다.

원래 움직임이 엉성하던 레고 캐슬 해골 부대 전사에서 더 무시무시한 해골 모습과 더 다양한 자세를 취할 수 있도록 다시 설계한 2007년형 해골 부대 전사

8877 블라덱의 어둠의 요새 (2005)

악당들도 머물 곳이 필요하다. 사악한 블라덱이 앙코리아 왕국을 정복하면서 어둠의 요새를 구축했다. 어둠의 요새에는 요새의 중앙탑을 무너뜨리려는 영웅들을 격퇴하기 위한 불덩이를 투석하는 발사기와 마법의 투구가 갖춰져 있다.

6097 박쥐 성의 비밀 (1997)

무서운 공포의 기사단과 그들의 수장인 바질의 보금자리인 박쥐 성은 마녀 윌라와 흑룡이 살고 있는 곳이다. 으스스한 구성품으로는 비밀의 회전벽, 아래로 떨어져 잠기는 지하 감옥 문, 수정 구슬 안의 해골 등이 있다.

8781 모르시아 성 (2004)

두 번째 레고® 나이트 킹덤™ 시리즈 중에서 마티아스 왕의 멋진 모르시아 성은 양면을 모두 이용할 수 있는 디테일이 특징이다. 악당 블라덱이 성을 장악할 경우 선에서 악으로, 파란색에서 붉은색으로 바꿀 수 있다.

6082 용마 성 (1993)

마법사 마지스토와 그의 야광 지팡이를 주제로 한 드래곤 마스터 시리즈가 판타지와 마법의 세계에 나타났다. 용마 성 세트에는 용머리 석상, 포획한 용을 가두기 위한 우리, 울프팩 레니게이드에서 보낸 교활한 스파이 등이 들어 있다.

6098 레오 성 (2000)

최초의 레고 나이트 킹덤 시리즈 중 하나로 동화에 나올 법한 디자인의 레오 성은 높은 바닥판 위에 세운 모듈식 탑이 인상적이다. 이 성은 황소군의 전사 세드릭에게 맞서 칼을 휘두르는 스톰 공주와 함께 성을 방어하는 사자군 기사단에 소속되어 있다.

기사단과 전설

레고® 캐슬에는 성만 있는 게 아니다! 캐슬 테마에는 기사도 정신을 발휘하는 왕족 기사단과 용감하고 활동적인 포레스트맨부터 야만적인 울프팩 레니게이드와 끔찍한 공포의 기사단에 이르기까지 10여 개의 미니피겨 그룹뿐 아니라 수백 개의 건물, 차량, 배경이 포함된다.

7093 마법사의 성 (2007)

사악한 마법

제품 상자에 '레고 캐슬'이라고 적힌 첫 레고 캐슬 테마는 2007년에 출시되었다. 첫 레고 캐슬 테마는 해골 부대와 용의 무리가 섬기는 사악한 마법사의 공격을 받는 왕국이 특징이다.

6067 가디드 인 (1986)

캐슬의 고전

역대 최고의 레고 캐슬 세트로 많은 팬에게 환영받은 1986년의 가디드 인Guarded Inn은 아늑한 여관과 다른 캐슬 모델과 호환되는 벽면을 갖춘 보기 드문 민간 시설이다. 가디드 인 세트에는 말 탄 기사 1명, 경비병 2명, 여관을 관리하고 음료를 따라주는 여주인 1명이 들어 있다. 이 세트는 2001년 레고® 레전드 시리즈의 첫 번째 제품으로 재출시될 만큼 인기가 높았다.

레고® 캐슬 (1978-1983)

블랙 팔콘 (1984-1992)

크루세이더 (1984-1992)

포레스트맨 (1987-1990)

블랙 나이트 (1988-1994)

울프팩 레니게이드 (1992-1993)

바질이 이끄는 공포의 기사단 (1997-1998)

세드릭 더 불 나이트 킹덤 1 (2000)

제이코 나이트 킹덤 2 (2004-2006)

바이킹

레고® 바이킹은 수염이 난 용감한 전사, 전투용 차량, 튼튼한 성벽으로 둘러싸인 요새로 가득 찬 세트 컬렉션과 함께 2005년 항해를 시작했다. 바이킹 세트에는 뿔 달린 헬멧, 불덩이 발사기, 펜리스 늑대와 니드호그 드래곤 같은 북유럽 신화의 안개 속에서 나온 괴물이 들어 있고, 일부 세트는 역사적으로 그 내용이 딱 들어맞지 않을 수도 있는 역대 가장 긴 이름이 붙기도 한다!

7018 바이킹 배틀십 (2005)

잘 구부러지는 큰 바다뱀

30cm 돛이 달린 48cm 길이의 대형 보트

3053 황제의 요새 (1999)

닌자 용병

1998~1999년에 출시된 닌자 세트는 독특한 비유럽 요소가 섞여 있음에도 레고 캐슬 테마의 공식 시리즈에 속한다. 닌자 세트에는 화려한 사원, 사무라이, 소리 없이 움직이는(가끔은 날아다니는) 닌자 용병 무리가 담겼다. 그 덕분에 레고 캐슬 컬렉션에 동양적 요소가 가미되고 구성품을 다량 추가했다.

6066 비밀 전초기지 (1987)

유쾌한 사람들

깃털 달린 모자, 녹색 옷, 활과 화살, 나무 꼭대기에 은신처가 있는 포레스트맨은 영국의 전설 속 의적 로빈 후드와 유쾌한 사람들을 닮았다!

8701 킹 제이코 (2006)

한때 무모하고 저돌적인 젊은 기사였던 민첩한 제이코가 모르시아의 왕이 되었다.

레고® 나이트 킹덤™

2개의 레고 캐슬 테마 중 두 번째 테마는 나이트 킹덤™이다. 2004~2006년 나이트 킹덤 시리즈는 마법의 모르시아 왕국을 주제로 만들었다. 모르시아 왕국의 이야기는 동화책과 온라인 만화를 통해 전해졌으며, 나이트 킹덤 세트에는 미니피겨와 그보다 큰 액션 피겨가 들어 있다.

8702 로드 블라덱 (2006)

전갈을 테마로 한 블라덱은 신비한 힘과 그림자 기사단이라는 휘하 군단을 거느리고 있다.

8780 오를랑의 요새 (2004)

기사들은 각각 자신을 대표하는 동물 문양, 갑옷의 색상, 특기를 가지고 있다.

위험한 함정

어둠의 기사 블라덱이 왕국을 점령하고 왕을 납치하려고 할 때 민첩한 제이코, 힘센 샌티스, 현명한 단주, 익살스러운 라스커스는 적을 물리칠 수 있는 마법의 유물을 찾기 위해 회전하는 도끼, 휘날리는 덩굴, 붕괴된 다리, 거대한 뱀 등 고대 유적지에 도사리는 위험에 용감하게 맞서야 한다.

7009 최후의 결투 (2007)

왕의 최정예 기사와 마법사의 검은 해골 기사가 왕국의 운명을 놓고 결투를 벌인다. 이 세트에는 새로 제작한 해골 말이 들어 있다.

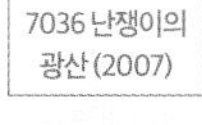

새로운 벗과 적

원래 어쩌다 볼 수 있는 용 말고는 인간이 전부였던 레고 캐슬의 인구는 사악한 해골 부대 전사, 용감하고 충직한 난쟁이, 탐욕스러운 트롤, 덩치는 크지만 우둔한 거인 트롤이 등장하면서 그 수가 늘어났다.

7036 난쟁이의 광산 (2007)

레고® 킹덤

레고® 캐슬이라는 테마가 막을 내리자 성을 만들던 사람들은 다음에 나올 테마가 궁금했다. 그 궁금증은 2010년 레고® 킹덤의 새로운 등장과 함께 풀렸다. 판타지를 테마로 한 시대의 트롤과 난쟁이는 사라지고 없었다. 그 빈자리는 중세 왕국의 두 라이벌인 선한 사자 기사단과 사악한 드래곤 기사단에 대한 이야기로 채워졌다. 마을 사람들은 두 세력 사이에 끼어 있었다.

7947 감옥 탑 구출(2010)

위기에 처한 공주

똑똑하고 용감하지만 어딘가 좀 어설픈 사자 왕국의 공주는 드래곤 기사단에 붙잡혀 그들의 감옥 탑에 갇히고는 했다. 하지만 다행히 언제든 공주를 구출할 준비가 되어 있는 충직한 사자 기사단이 있다. 레고 킹덤에서는 점잖은 말에서 뿔 달린 전투용 말로 바꿔 주는 갑옷을 새롭게 선보였다.

공주는 사자 기사단이 신속하게 나타나지 않으면 스스로 탈출하기도 한다.

중세 성

사자 기사단의 성인 중세 성은 모듈식 디자인으로, 빌더들이 성벽과 탑을 다르게 배치할 수 있도록 해준다. 중세 성의 도개교는 올리거나 내릴 수 있고, 이 세트 안에 들어 있는 드래곤 기사 3명과 같은 적들이 성안에 침입하지 못하도록 회전식 크랭크로 성 입구의 쇠창살 내리닫이문을 알맞게 조절할 수 있다.

투석기가 없다면 현대의 레고 캐슬은 어떻게 될까? 중세 성에서는 투석기 3대로 성을 방어한다.

7946 중세성(2010)

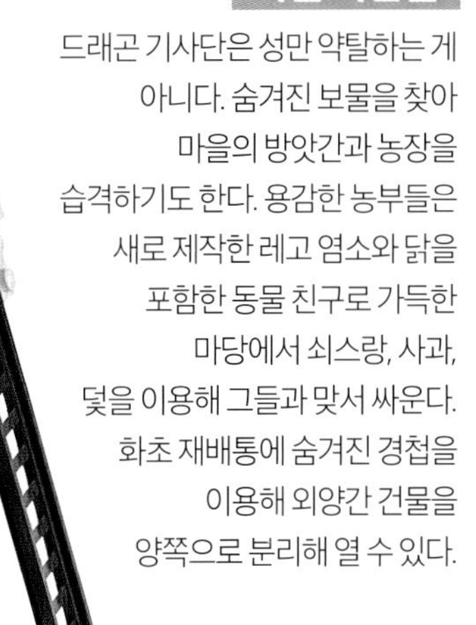

마을 사람들

드래곤 기사단은 성만 약탈하는 게 아니다. 숨겨진 보물을 찾아 마을의 방앗간과 농장을 습격하기도 한다. 용감한 농부들은 새로 제작한 레고 염소와 닭을 포함한 동물 친구로 가득한 마당에서 쇠스랑, 사과, 덫을 이용해 그들과 맞서 싸운다. 화초 재배통에 숨겨진 경첩을 이용해 외양간 건물을 양쪽으로 분리해 열 수 있다.

회전하는 풍차 날개

수탉 모양 풍향계를 돌리면 외양간에 설치된 바구니가 위아래로 움직인다. 크랭크로 작동하는 풍차에는 실제 움직이는 기어들이 장착되어 있으며, 내부에는 더퍼 박스가 들어 있다.

농부

말이 끄는 수레

염소

우유 짜는 여자

돼지

드래곤 기사로 구성된 습격대

닭

7189 풍차 마을 습격(2011)

중요한 결투

1,575피스로 구성된 왕국의 결투 세트는 지금까지 출시된 레고 킹덤 테마 중 가장 큰 모델이다. 방 6개짜리 성, 미니피겨 9개, 무기 보관용 막사 2개, 왕족 전용 관람석, 결투용 울타리, 결투용 말 2마리가 들어 있다. 세트 2개를 조합해 더 멋진 장면을 연출할 수도 있다.

세트 구성품으로는 귀족, 공주, 대지주, 개구리, 클래식 블랙 팔콘을 닮은 기사 등이 있다.

10223 왕국의 결투 (2012) 2세트를 조합한 모습

확장형 벽으로 지은 오두막

관중석

결투용 울타리

오래된 대장간

6918 대장장이의 공격(2011)

드래곤 기사들은 결코 포기하지 않는다! 대장장이의 공격은 드래곤 왕국의 기사가 대장간을 습격하는 장면을 묘사한 제품이다. 물레바퀴를 돌리면 망치가 뜨거운 금속이 놓인 모루를 두들기며 모양을 낸다.

대장간 안에 가득한 전투 장비를 생각하면 사악한 기사가 판단을 잘못한 것인지도 모른다.

왕의 마차

왕의 마차 기습 세트에서는 현명하고 고결한 사자왕의 몸통과 다리 장식을 새롭게 선보였다. 드래곤 기사 한 쌍이 숲속에서 지렛대를 이용한 망치로 마차를 기습 공격해 왕의 몸값으로 보물을 갈취하려고 할 때 왕은 크롬으로 만든 자신의 검을 이용한다.

왕의 보물 상자는 금, 보석, 값비싼 장신구로 가득 차 있다

7188 왕의 마차 기습(2011)

레고® 넥소 나이츠™

공격받는 나이튼 왕국을 위기에서 구하는 것이 바로 넥소 나이츠 영웅이 해야 할 일이다. 새로 훈련받은 기사 클레이, 랜스, 아론, 액슬, 메이시는 라바, 스톤, 사이버 몬스터 군단과 싸우기 위해 첨단 무기, 다운로드할 수 있는 넥소 파워, 팀워크에 의존한다. 레고® 넥소 나이츠™ 테마에는 자체 TV 시리즈와 게임 앱도 있다.

70312 랜스의 메카 호스 (2016)

로봇 말 메카 호스

용감무쌍한 기사들은 무기와 특수 기능을 갖춘 첨단 자동차, 자전거, 비행기, 호버 차량을 포함한 탈것을 갖고 있다. 랜스의 메카 호스는 터보 자우스터 전투차로 변신이 가능하다.

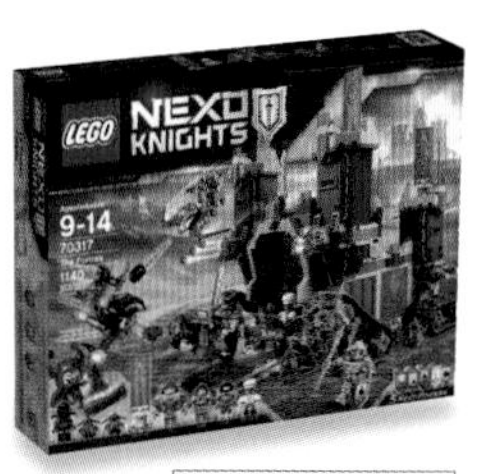

70317 포트렉스 (2016)

홀로그램 마법사

기사들이 이동식 기지인 포트렉스를 가동해 전장으로 진격한다. 포트렉스 세트에서는 악당 어릿광대인 제스트로에 의해 신체가 해체되고 컴퓨터로 빨려 들어가 기사들을 돕는 마법사 멀록 2.0을 선보인다.

나이튼 성

넥소 나이츠 영웅들이 스톤 몬스터 군단의 맹공격에서 지켜내려는 핼버트 왕의 거대한 요새에 온 것을 환영한다. 빌더들이 지휘 본부 안으로 들어가고 로빈의 전투 차량을 출동시키기 위해 성벽을 열 수 있고, 신속한 탈출을 위해 럼블 로켓을 제거할 수도 있다.

70357 나이튼 성 (2017)

분리가 가능한 럼블 로켓 수송선

호버 쉴드를 탄 아론

감방으로도 쓰이는 작은 탑

굴러다니는 감옥

메크록 로봇 수트

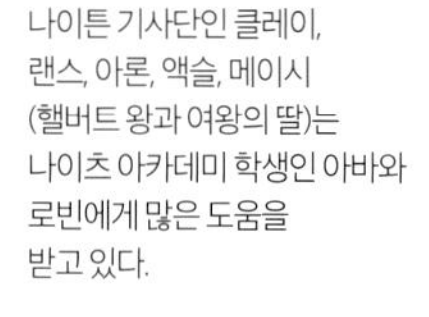

나이튼 기사단인 클레이, 랜스, 아론, 액슬, 메이시 (핼버트 왕과 여왕의 딸)는 나이츠 아카데미 학생인 아바와 로빈에게 많은 도움을 받고 있다.

클레이

랜스

아론

액슬

메이시

아바

로빈

뜨거운 은신처

헬버트 왕의 어릿광대였던 제스트로는 몬스터 북과 몬스트록스 구름에 의해 악당으로 변신한다. 2016년에 출시한 이 세트에서는 제스트로가 훔친 마법책을 보관하고 그의 라바 군단과 함께 시간을 보낼 화산 속 은신처를 선보인다.

분리 가능한 제스트로의 왕좌

미사일 발사 시 무너지는 벽

회전하는 톱날

70323 제스트로의 화산 속 은신처 (2016)

앞에 놓인 가시밭길

제스트로와 몬스트록스는 팀을 이뤄 넥소 나이츠 영웅과 싸우기 위해 스톤 스톰퍼, 가고일, 브릭스터가 속한 스톤 몬스터 군대를 창설했다. 제스트로에게 새로운 은신처인 호러블 익스트림 어택 디스트로이어(Horrible Extreme Attack Destroyer, HEAD)가 생겼다.

70352 제스트로의 본부 (2017)

승리를 위한 넥소 파워 스캔

넥소 나이츠 세트에는 스마트폰이나 태블릿 게임에서 파워를 얻기 위해 게임 앱을 통해 스캔할 수 있는 넥소 파워 쉴드가 들어 있다. 쉴드 3개를 모아 한꺼번에 스캔하면 훨씬 강력한 콤보 넥소 파워를 만들 수 있다.

최후의 저항

제스트로, 몬스트록스, 스톤 몬스터 군대가 금지된 파워를 모두 찾아내면서 파괴의 스톤 몬스터를 되살릴 수 있게 되었다. 6연발 총, 거대한 발톱, 두 다리에 장착한 감방으로 무장한 이 거대한 괴물은 나이튼을 파괴하기 일보직전이다.

금지된 파워 쉴드

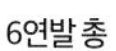

파괴의 스톤 몬스터를 공격하는 클레이

70356 파괴의 스톤 몬스터 (2017)

70364 배틀수트 아론 (2017)

수트를 장착하다

2017년에는 기사 5명의 배틀수트 세트가 모두 출시되었다. 배틀수트는 나이츠 기사들이 넥소 파워 3개를 결합해 더욱 강력한 콤보 넥소 파워를 만들 수 있게 해준다. 콤보 넥소 파워를 얻어야 몬스트록스와 스톤 몬스터를 물리칠 수 있다.

사이버 공격

2018년 몬스트록스가 나이튼 왕국을 공격하기 위해 멀록 파워가 있는 왕국 전역에 디지털 바이러스를 퍼뜨렸다. 나이츠 기사들이 바이러스 확산을 막고 멀록 파워를 되찾기 위해 결투를 벌인다. 배틀수트를 착용한 클레이는 멀록 2.0과 한 팀이 되어 몬스트록스와 맞서 싸운다.

72004 클레이의 전투 로봇 (2018)

기억할 만한 레고 세트

375 노란색 성 (1978)

383 나이츠 토너먼트 (1979)

6074 블랙 팔콘 포트리스 (1986)

6077 포레스트 요새 (1989)

6034 유령의 집 (1990)

6030 투석기 (1984)

6059 흑룡성곽 (1990)

6049 바이킹의 항해 (1987)

1584 나이츠 챌린지 (1988)

6062 배터링 램 (1987)

6048 마법사의 집 (1993)

6090 사자 왕의 성 (1995)

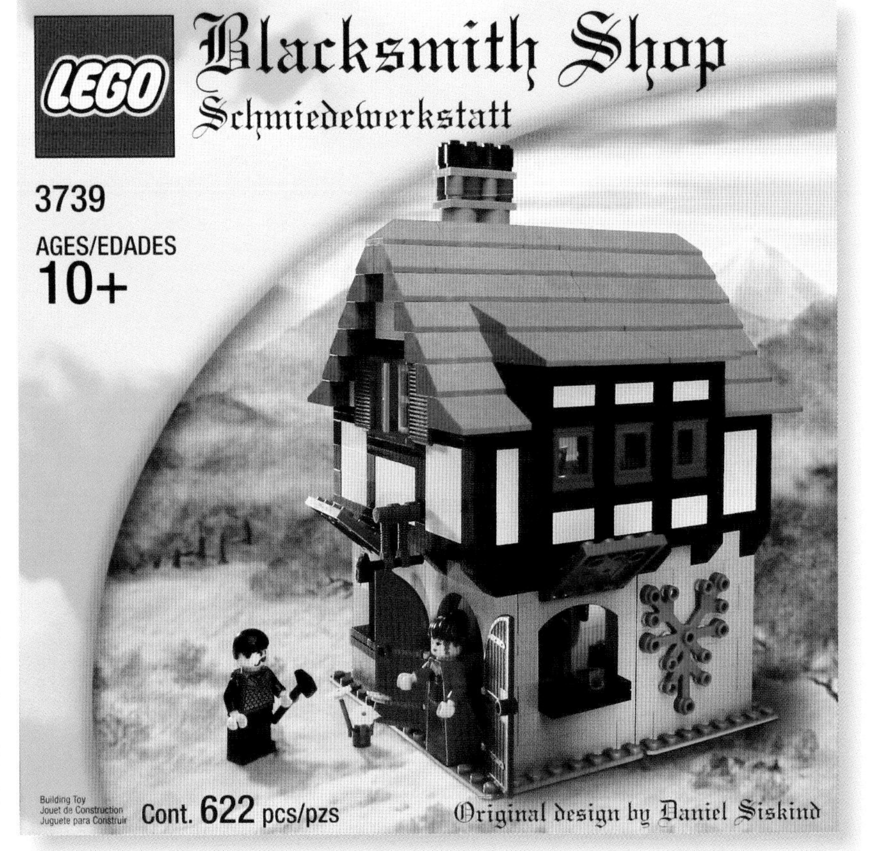

3739 대장간 (2002)

7094 왕의 성 (2007)

7041 트롤의 전투 수레 (2008)

7187 드래곤 감옥의 탈출 (2011)

6037 마녀의 비행선 (1997)

6093 닌자 성 (1998)

8702 로드 블라덱 (2006)

70361 메이시의 드래곤 (2017)

6096 불스의 침공 (2000)

8823 미스트랜드 타워 (2006)

72006 액슬의 이동 무기고 (2018)

클래식 레고® 스페이스

레고 그룹이 1950년대에도 '우주 로켓'과 같은 모델로 지구의 경계를 초월한 제품을 출시했지만, 레고® 스페이스 테마로 우주에 본격적으로 뛰어든 것은 1978년이다. 초반에 출시된 세트는 아이들이 곧 닥칠 듯한 미래의 모습을 만들 수 있게 해주었다. 스페이스 테마는 서로 다른 차량 디자인, 색상, 우주 비행사, 기능이 특징인 많은 하위 테마 중 첫 번째 테마인 블랙트론과 퓨트론을 1984년에 출시하면서 공상과학적 성격이 뚜렷해졌다. 2000년이 되기 전까지 매년 새로운 스페이스 테마 세트가 출시되었다. 새 천년으로 접어들기 전이 바로 클래식 레고 스페이스의 시대다.

날렵한 검은색 우주선은 블랙트론을 스페이스 하위 테마 중 가장 인기 있는 테마로 만들어주었다. 블랙트론 테마는 1989년에 출시된 레고 경찰을 위해 악당을 만들어냈고, 1991년에는 두 번째 시리즈로 재출시되었다.

6954 레니게이드 (1987)

6990 레고 우주 열차 (1987)

앞으로 감기

퓨트론은 오리지널 스페이스 세트의 분위기와 색상 조합을 계속 이어나갔다. 배터리로 작동하는 9볼트 모노레일이 파란색과 노란색 우주복을 입은 우주 비행사를 먼 달이나 행성에 있는 그들의 본거지 근처로 이동시켰다.

항성 여행

유니트론 테마는 1994년과 1995년에 4세트밖에 출시되지 않았지만 그만의 독특한 스타일을 지녔다. 투명한 파란색 창문과 황록색 무기를 갖춘 최첨단 우주선 스타 호크 2, 방공 순양함, 모노레일 이동 기지, 제논 우주 정거장은 분리가 가능하고 차량 간 호환이 가능한 조종석 포드로 다 같이 통합된다.

1789 스타 호크 2 (1995)

세상 밖으로

초창기에 나온 레고 스페이스 세트에는 바퀴 16개가 달린 우라늄 탐지 차량 세트와 같이 1970년대와 1980대의 실제 우주 기술에서 크게 동떨어지지 않은 단순한 공상과학 우주선, 달 기지, 로켓, 로버 등이 들어 있다.

6928 우라늄 탐지 차량 (1984)

안녕, 우주 비행사!

우주복, 헬멧 그리고 흰색, 빨간색, 노란색, 파란색, 검은색 산소 탱크를 착용한 오리지널 레고 스페이스 시리즈의 화려한 우주 비행사는 빌더들이 상상하는 세상 너머에서 어떤 이름이나 이야기도 없이 평화롭고 조화롭게 우주를 탐험한다.

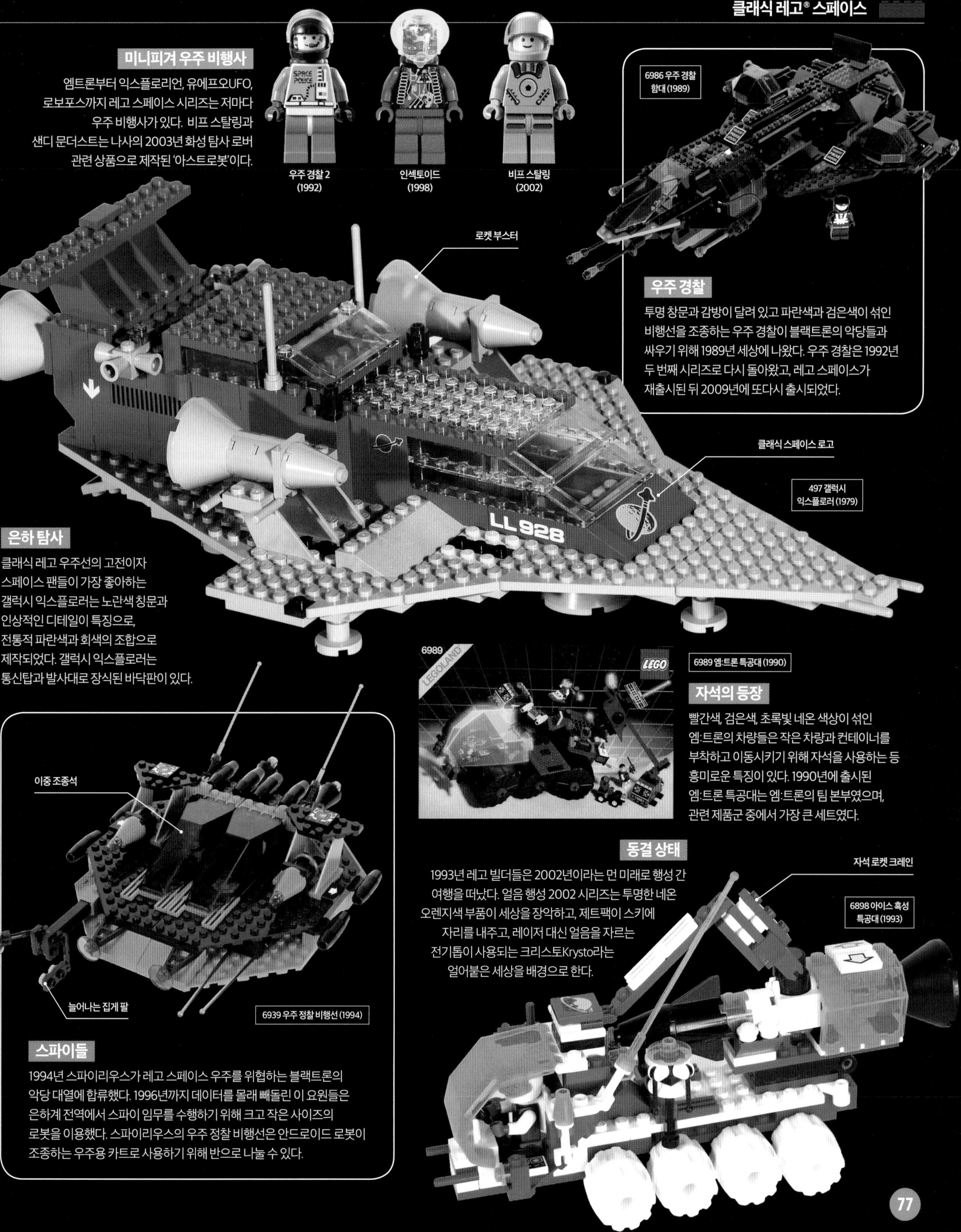

미니피겨 우주 비행사

엠트론부터 익스플로리언, 유에프오UFO, 로보포스까지 레고 스페이스 시리즈는 저마다 우주 비행사가 있다. 비프 스탈링과 샌디 문더스트는 나사의 2003년 화성 탐사 로버 관련 상품으로 제작된 '아스트로봇'이다.

우주 경찰

투명 창문과 감방이 달려 있고 파란색과 검은색이 섞인 비행선을 조종하는 우주 경찰이 블랙트론의 악당들과 싸우기 위해 1989년 세상에 나왔다. 우주 경찰은 1992년 두 번째 시리즈로 다시 돌아왔고, 레고 스페이스가 재출시된 뒤 2009년에 또다시 출시되었다.

은하 탐사

클래식 레고 우주선의 고전이자 스페이스 팬들이 가장 좋아하는 갤럭시 익스플로러는 노란색 칭문과 인상적인 디테일이 특징으로, 전통적 파란색과 회색의 조합으로 제작되었다. 갤럭시 익스플로러는 통신탑과 발사대로 장식된 바닥판이 있다.

자석의 등장

빨간색, 검은색, 초록빛 네온 색상이 섞인 엠:트론의 차량들은 작은 차량과 컨테이너를 부착하고 이동시키기 위해 자석을 사용하는 등 흥미로운 특징이 있다. 1990년에 출시된 엠:트론 특공대는 엠:트론의 팀 본부였으며, 관련 제품군 중에서 가장 큰 세트였다.

동결 상태

1993년 레고 빌더들은 2002년이라는 먼 미래로 행성 간 여행을 떠났다. 얼음 행성 2002 시리즈는 투명한 네온 오렌지색 부품이 세상을 장악하고, 제트팩이 스키에 자리를 내주고, 레이저 대신 얼음을 자르는 전기톱이 사용되는 크리스토Krysto라는 얼어붙은 세상을 배경으로 한다.

스파이들

1994년 스파이리우스가 레고 스페이스 우주를 위협하는 블랙트론의 악당 대열에 합류했다. 1996년까지 데이터를 몰래 빼돌린 이 요원들은 은하계 전역에서 스파이 임무를 수행하기 위해 크고 작은 사이즈의 로봇을 이용했다. 스파이리우스의 우주 정찰 비행선은 안드로이드 로봇이 조종하는 우주용 카트로 사용하기 위해 반으로 나눌 수 있다.

레고® 화성 미션

레고® 스페이스 탐험대는 2001년의 라이프 온 마스 하위 테마에서 화성으로 첫 탐사 여행을 떠났고, 그곳에서 친숙하고 우호적인 화성 문명을 접했다. 2007년에는 탐험대가 귀중한 에너지 크리스털로 가득 찬 붉은 행성으로 다시 돌아왔고, 신비에 싸인 외계 함대가 그들을 위협했다. 그 결과 새로운 레고 스페이스 테마인 화성 미션이 6년 만에 출시되었다.

크리스털 에너지로 작동하는 외계 무기

검은색과 연두색의 독특한 조합

7690 MB-01 독수리 사령부 (2007)

우주정거장

화성에 있는 우주 비행사의 기지에는 연구실, 외계인 포로를 잡아두기 위한 포드, 기지 수송관을 통해 포로를 이동시키거나 외계인의 돌격 함대에 미사일을 발사하기 위한 펌프가 포함되어 있다. 기지의 우주 왕복선에도 수송관을 연결해 외계인들을 왕복선에 태워 바깥 궤도로 내보낼 수 있다.

에일리언 온 마스

적대적인 외계인은 누구일까? 화성인은 아니다. 그들은 어둠 속에서 빛나고, 사악한 장비를 작동하기 위한 동력으로 크리스털을 사용한다. 화성 미션 테마 출시 2년째가 되자 더 크고 거친 사령관들이 더 자유롭게 몸을 움직이며 화성 외계인 군단에 합류한다.

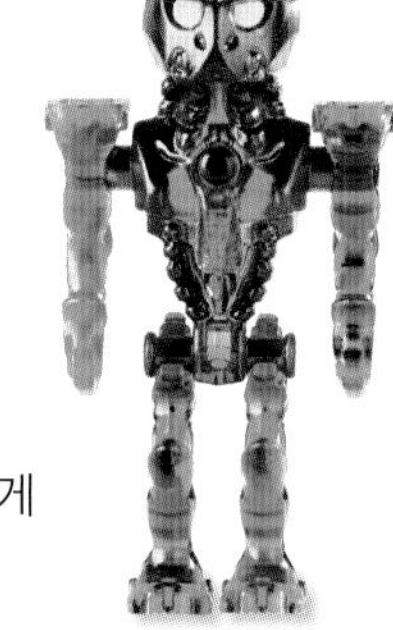

외계인 사령관

라이프 온 마스

2001년에 출시된 라이프 온 마스는 추락한 우주 왕복선 팀과 정찰 로봇을 조종하는 화성인이 살고 있는 행성 이야기가 주제다. 최초의 스페이스 하위 테마로, 2003년에 출시된 디스커버리 채널 테마를 제외하고는 라이프 온 마스 시리즈 출시 이후 6년 동안 다른 레고 스페이스 시리즈는 출시되지 않았다.

7314 화성 정찰 로봇 RP (2001)

7647 MX-41 급전환 전투기 (2008)

바퀴 6개가 달린 화성 로버로 변신할 때 접히는 날개와 노즈콘

새로운 장비

2008년 인간과 외계인이 조종하는 최신 장비들이 여러 방식으로 변신할 수 있게 되면서 화성에서 벌어진 전투는 더욱 치열해졌다. 각 장비는 차량을 비행 전투기로 바꾸기 위해 움직이고 분리할 수 있는 부품으로 제작되거나 한 모델을 해체해 여러 모델을 만들 수 있었다.

외계 전투 장비

외계인의 최고 공격 모함은 외계 전사 5명을 태우고 있으며 비행접시, 2척의 정찰함, 공습 전투기 등으로 분리가 가능하다. 우주 비행사 2명과 펌프로 발사하는 발포 고무 미사일로 구성된 방어 기지가 들어 있다.

7691 ETX 외계 공격 모함 (2007)

1대에서 3대로 변신

바퀴 6개를 위한 개별 현가 장치, 크리스털 채굴을 위한 거대한 드릴, 무기 발사 장치, 외계인의 공격 모함에 맞서 싸우기 위해 3대로 분리할 수 있는 기능을 갖춘 특별판 MT-101은 가장 인기 있는 화성 미션 세트 중 하나다.

7699 MT-101 장갑 채굴 부대 (2007)

7649 MT-201 울트라 드릴 워커 (2008)

다목적 보행 로봇

또 하나의 특별판 세트인 MT-201은 강력한 회전 드릴을 갖춘 채굴 기지에서 탈착 감시용 우주 왕복선과 발사용 미사일을 장착한 4족 보행 로봇으로의 변신이 가능하다. MT-201과 전투를 벌일 적군의 작은 차량도 함께 들어 있다.

7645 MT-61 크리스탈(수정) 채굴기 (2008)

크리스털 채굴기

MT-61은 화성 암반에서 크리스털을 채집하도록 설계되었지만, 거대한 회전 톱날, 우주총, 움켜쥘 수 있는 손이 있어 외계인과 싸울 때 매우 유용하다.
MT-61 세트에는 우주 비행사 3명, 외계인 2명, 외계인 사령관 1명, 외계 공습함 1척, 무기 배치용 로버가 들어 있다.

레고® 스페이스 폴리스

2009년, 우주 경찰이 오랜만에 다시 세상에 나왔다. 흰색과 검은색이 섞인 날렵한 초계기를 조종하고 냉동 광선을 쏘는 총기와 감옥용 포드를 가지고 다니면서 행성 간 평화를 수호하는 이 용감무쌍한 우주 경찰은 은하계 곳곳에서 부정을 저지르는 범죄자를 뒤쫓고 법에 따라 그들을 처벌하는 힘든 일을 맡고 있다.

스페이스 바이커 갱단의 마크

광속으로 도주하는 강도

훔친 금괴로 가득 찬 금고를 든 스컬 트윈스 Skull Twins는 자신들의 스컬 요격기를 타고 재빨리 도주할 수 있다고 믿었다. 이 외계 쌍둥이 형제는 우주의 모든 속도 제한을 어기며 빠르게 도망쳤지만, 은하계 전체를 법으로 감시하는 우주 경찰은 피할 수 없었다.

우주 추격전

은하계 제1은행의 경보가 울린 지 10억 분의 1초,
우주 경찰이 VX 팔콘 추격 크루저로 이동 중이었다.
사이렌이 휘황찬란하게 빛을 내고 광선이 번쩍이는 크루저의 조종사가
터보 로켓 동력 장치 버튼을 눌러 도망치는 외계 범죄자를
광속에 가까운 속도로 바짝 뒤쫓았다.

우주의 도둑들

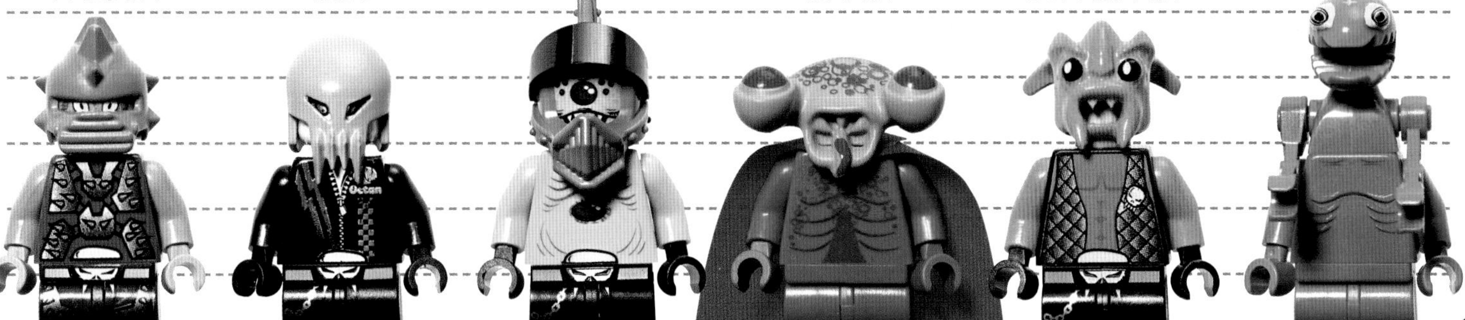

슬라이저는 흥분을 잘하고 예민한 성격으로 위성 훔치기와 은하계 그라피티를 좋아한다.

스컬 트윈스는 일란성 쌍둥이 형제로 은하계의 법도 쉽사리 위반한다.

스네이크는 우주의 펑크족으로 우주 경찰의 레이저 시제품을 훔치기도 했다.

스퀴드 맨은 금만 보면 흥분하는 연체동물류로 금괴 절도, 위조, 밀수 등으로 지명수배되었다.

크랜스는 스페이스 바이커 갱단의 두목으로 우주선과 로봇 절도라는 중범죄로 은하계 전역에서 지명수배되었다.

프렌지는 팔이 4개 달린 우주 도마뱀으로 금성인을 불법 사칭하는 것으로 알려졌다.

레고® 에일리언 컨퀘스트

레고® 스페이스의 역사는 은하계 탐험을 위해 우주 비행을 떠나고 다양한 외계 생명체와 맞닥뜨리는 우주 비행사 이야기가 주를 이룬다. 2011년 지구를 처음 방문한 외계 생명체는 우호적이지 않았고, 비행접시와 트라이포드가 전 세계를 휩쓸면서 지구 방위대A.D.U.만이 지구를 구할 수 있었다.

탈착이 가능한 탈출용 비행선

7051 트라이포드 침략자 (2011)

클링어와 에일리언 트루퍼

겁에 질린 민간인

지구를 걸어 다니며 정복하다

다리가 3개 달린 트라이포드 침략자는 관절이 구부러지는 다리, 회전하는 기관포, 포로로 잡은 인간을 가두는 감옥용 포드, '우리는 지구에 다녀왔다'라고 적힌 범퍼 스티커를 갖고 있다. 외계 침략자는 민간인의 머리카락을 없앤 뒤 에일리언 클링어를 머리 위에 붙여 그의 지능을 파괴하고 마음대로 조종하려 한다.

7065 에일리언 모함 (2011)

모함

Hypaxxus-8은 클링어, 플루비와 함께 비행접시를 감독한다. 모함의 바깥쪽 고리(곡선 선로 엘리먼트로 제작)를 회전시키면 괴상한 전자음이 발생한다. 고리에는 기자를 낚아챌 수 있는 갈고리도 붙어 있다.

취재 기자가 취재 대상에 너무 바짝 다가갔는지도 모른다.

지나치게 민감한 반응을 보이는 에일리언 조종사

투명한 네온 녹색의 엘리먼트

인간의 지능으로 비행선을 작동시키는 연료 기술

이 외계인 사령관은 금색 어깨 견장, 훈장으로 뒤덮인 몸통, 속이 다 들여다 보이는 투명한 뇌를 가진 과대망상증 환자다. 그의 황후는 레고 미니피겨의 여덟 번째 시리즈에서 에일리언 빌러니스(Villainess, 여자 악당을 의미한다_옮긴이)로 출시되었다.

Hypaxxus-8

7052 UFO 납치 (2011)

미니피겨를 납치하기 위해 미니피겨 위로 착륙이 가능한 UFO

침략자

촉수가 있는 사령관 Hypaxxus-8이 지휘하는 외계인 침략 함대에는 우둔한 에일리언 트루퍼, 지나치게 민감한 에일리언 조종사, 인공 두뇌를 가진 에일리언 안드로이드가 속해 있다. 그들은 인간을 납치하고 우주선 연료로 사용할 인간의 지능을 훔치기 위해 지구를 침략했다.

이 우주 왕복선 스티커에는 'nnenn'이라는 단어가 적혀 있는데, 한때 레고 팬이자 빌더로 활동하다 고인이 된 한 인물에게 경의를 표하기 위해 그의 별명을 넣은 것이다.

발사대에 놓인 요격용 우주 왕복선

외계인 지구 방위대

지구를 지키는 수호자는 바로 최신 장비를 사용해 외계 침략자에게 반격을 가하는 외계인 정예부대인 지구 방위대Alien Defense Unit(A.D.U.)다. 그들의 기지는 전면의 로켓 발사대와 후면의 이동식 시험실을 갖춘 대형 장갑차인 지구 방위 본부다. 장갑 수송차를 탄탄하게 만들기 위해 장갑차의 연결 부분을 서로 맞춰 채울 수 있다.

지구 방위 본부의 시험실 트레일러에는 포로로 잡은 외계인을 연구하고 클링어에게 잡혀 있는 포로를 구출하기 위한 장비와 레이더 안테나인 스캐너가 함께 실려 있다. 외계인 공격을 탐지할 수 있는 위성 안테나를 젖혀놓기 위해 트레일러 측면에 달린 판을 펼칠 수 있다.

들것이 준비된 구조 차량

미니 UFO

7066 지구 방위 본부 (2011)

외계인을 격리 수용하기 위한 포드

우리의 영웅들

지구 방위대에는 머리가 희끗희끗한 냉정, 당당스러운 군인, 똑똑한 컴퓨터 전문가, 괴짜 과학자 (흰색 복장의 미니피겨), 열정적이기는 하지만 불운한 루키가 속해 있다. 지구 방위대 대부분이 새로운 색조의 파란색 군복을 입고 있고 2연발식 우주총을 갖고 다닌다.

큰 입과 작은 뇌를 가진 에일리언 트루퍼

7049 에일리언 스트라이커 (2011)

정복 실패

(일시적으로나마) 정복에 실패한 외계 침략자의 이야기는 2011년 11월호의 <레고 클럽 매거진>에서 절정에 달했다. 그 이야기는 레고 에일리언 컨퀘스트 테마를 레고® 아틀란티스, 레고® 파라오 퀘스트, 레고® 디노 테마와 하나로 묶어주었다.

컴퓨터 전문가가 모는 소형 정찰 차량은 외계인이 공중에서 조종하는 미니 호버 바이크와 승부를 겨룬다.

7050 에일리언 디펜더 (2011)

포로로 잡힌 외계인들을 제트콥터의 탈착형 포드에 가둘 수 있다.

하늘을 나는 수호자

제트콥터는 비행체가 하나에서 둘로 나뉘는 UFO가 아닌 이상 날아가는 비행접시도 따라잡을 수 있을 만큼 속도가 빠른 유일무이한 항공기다.

날개 끝에 달린 기관포

7067 에일리언 추격선 (2011)

레고® 갤럭시 스쿼드

레고® 스페이스가 외계 곤충의 침략을 받은 2013년, 레고 시스템에는 곤충으로 가득했다. 사람과 로봇이 네 가지 색으로 나뉜 팀을 구성해 임무를 수행하는 갤럭시 스쿼드 특공대만이 곤충 떼의 습격을 막을 수 있었다. 그들은 인류를 지키기 위해 지구와 곤충 버고이드 사이에 서 있었다.

70707 CLS-89 살충 머신 (2013)

70702 와프 스팅어 (2013)

강력하게 맞서다

갤럭시 스쿼드 특공대의 오렌지 팀은 강력한 살충 머신을 타고 앱덕토이드 벌들과 전투를 벌인다. 살충 머신의 오른팔에는 플릭 미사일 5개가 장전되어 있고, 왼팔에는 레이저 기관포가 달려 있다. 조종석은 분리가 가능해 폭탄 투하가 가능한 소형 제트기로 변신할 수 있고, 날개 밑으로 플릭 미사일 2개가 더 달려 있다.

2013년에 새로 출시한 코쿤 누에고치 부품은 불운한 미니피겨를 가둬 고정할 수 있도록 만들었으며, 버고이드 몸통 뒷부분에 붙일 수 있다.

꼬리에 달린 발사 기능

레드 팀은 무시무시한 와프 스팅어를 만나면서 곤경에 처한다. 버고이드 전함은 끝이 뾰족하고 긴 주둥이, 발사 가능한 무기, 갤럭시 스쿼드 특공대 미니피겨를 잡아 가둘 수 있는 코쿤 누에고치를 갖고 있다. 한편, 레드 팀 리더인 빌리 스타빔과 그의 로봇 대원이 와프 스팅어에 맞서 싸우는 데 사용할 수 있는 것이라고는 기지와 소형 스피더바이크뿐이다!

입으로 물어뜯는 곤충

작은 크기의 갤럭시 스쿼드 세트에 들어 있는 곤충마저 실제보다 크기가 크다. 무시무시하게 생긴 분화구 크리퍼는 플릭 미사일과 고무줄로 움직이는 집게발을 이용해 무엇이든 잡아 삼킬 수 있는 거대한 입이 있다. 그린 팀 리더인 척 스톤브레이커는 소형 호버크라프트의 플릭 미사일을 발사하며 분화구 크리퍼를 물리치는 임무를 홀로 수행한다. (정확히 말하면 호버를 타고 싸운다)!

벌레가 가득한 가장 큰 세트

1,012피스로 구성된 은하계 타이탄은 갤럭시 스쿼드 제품군과 레고 스페이스 테마 전체를 통틀어 가장 큰 세트다. 블루 팀에 걸맞은 이름인 은하계 타이탄은 단일 추적 차량으로 움직이거나 우주선과 탱크로 분리해 움직일 수 있다. 은하계 타이탄 세트에는 애벌레 모양 외계 곤충, 버고이드 벌집 탑, 알총을 쏘는 곤충 로봇, 코쿤 누에고치 감옥도 함께 들어 있다. 블루 팀은 악당 버고이드에게 잡힌 팀원을 구출할 수 있을까?

기억할 만한 레고 세트

493 스페이스 커맨드 센터 (1978)

305 2 크레이터 플레이츠 (1979)

6954 레니게이드 (1987)

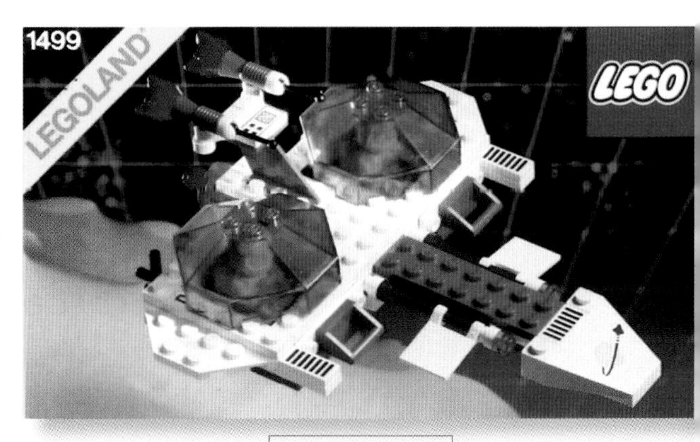

1499 트윈 스타파이어 (1987)

454 랜딩 플레이츠 (1979)

483 알파-1 로켓 기지 (1979)

6781 SP-스트라이커 (1989)

6930 스페이스 서플라이 스테이션 (1983)

6989 메가 코어 마그네타이저 (1990)

6877 벡터 디텍터 (1990)

6887 얼라이드 어벤저 (1991)

1793 우주 정거장 제논 (1995)

6982 익스플로리언 스타십 (1996)

6991 모노레일 수송 기지 (1994)

6975 에일리언 어벤저 (1997)

6907 소닉 스팅어 (1998)

7315 솔라 익스플로러 (2001)

7697 MT-51 클로탱크 습격 (2007)

8399 K-9 봇 (2009)

5972 우주 트럭 탈출 (2009)

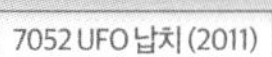
7052 UFO 납치 (2011)

70701 특공대 전투기 (2013)

레고® 해적

'요호호!' 1989년 최초의 레고® 해적 시리즈가 갈고리 손과 의족을 착용한 대담한 해적, 사다리꼴 모양 돛을 단 범선, 뜨거운 공해에서 추격전을 벌이는 제국 병사, 숨겨진 보물로 가득한 열대 섬 등을 갖추고 세상에 나왔다. 30년간 바다를 신나게 누빈 이 견고한 레고 선박은 해적 선원들이 약탈하고, 싸우고, 액션 넘치는 즐거운 시간을 보낼 수 있게 해주었다.

6285 카리브의 해적선 (1989)

카리브의 해적선

레고 팬들이 가장 좋아하는 카리브의 해적선은 많은 사람이 최고의 레고 클래식 해적선으로 꼽는 모델이다. 레드비어드 선장이 지휘하는 카리브의 해적선은 대포 4문, 비밀 걱실 5칸이 있으며 해적 선원 7명, 앵무새, 원숭이를 태우고 7대양을 항해한다.

6286 카리브의 해적선 2 (1993)

카리브의 해적선 2

카리브의 해적선보다 훨씬 크고 돛이 3개나 달린 이 해적선은 좌우로 움직이는 갑판 대포 4문을 뽐내고 있어 옆에서 나란히 항해하기에는 위험한 적이라 할 수 있다.

천으로 만든 돛

6274 카리브 순찰선 (1989)

제국의 병사들

1989년 레고 해적이 처음 출항할 때 그들은 청색 제복을 입은 제국 병사의 감시를 받았다. 브로드사이드 총독이 제국 병사들을 지휘했고, 그의 카리브 순찰선은 영국에서 시호크Sea Hawk라는 다른 이름으로 출시되었다.

6240 크라켄의 공격 (2009)

2001년에 출시된 3세트를 제외하고 12년이라는 긴 공백 끝에 2009년 미니피겨 스케일의 레고 해적 세트가 완전히 새로운 시리즈와 해적 선장을 선보이며 세상에 다시 나왔다.

7070 캐터펄트 래프트 (2004)

2004년에는 4세 이상 어린이를 위한 레고 해적 시리즈로 더 큰 피겨와 더 쉽고 빠르게 조립할 수 있는 모델을 선보였다.

병사와 해적

1989년의 레고 해적 테마에서는 2개의 점으로 된 눈과 웃는 표정의 전통적 미니피겨가 아닌 안대, 수염, 꾀죄죄한 모습 등 새로운 특징을 더한 미니피겨가 처음 등장했다.

스트라이프 셔츠를 입은 해적 (1989)

제국 선원 (1989)

여자 해적 (1989)

안대를 한 해적 (1989)

제국 근위대 (1992)

해적 선원 (2009)

브릭비어드 선장 (2009)

해적 요리사 (2015)

대포 발사

6245 하버 센트리 (1989)

용수철이 들어 있어 브릭을 발사할 수 있는 대포가 이 작은 세트의 대표적 특징이며, 제국 장교인 마르티네 중위가 함께 들어 있다.

1992년 우드하우스 제독이 이끄는 붉은 제복을 입은 제국 근위대가 제국 병사들을 대신하기 위해 나타났다. 그들의 기함은 실제로 움직이는 선박의 키와 나침반이 특징이다.

6271 카리브 탐험선 (1992)

70413 해적선 (2015)

웅장한 갈레온

레고 해적은 6년의 공백기를 거쳐 2015년 신제품을 선보였다. 해적 시리즈를 대표하는 세트는 745피스로 구성된 이 해적선이었다. 뱃전의 판자, 뱃머리에 달린 해골 선수상, 대포가 들어 있다.

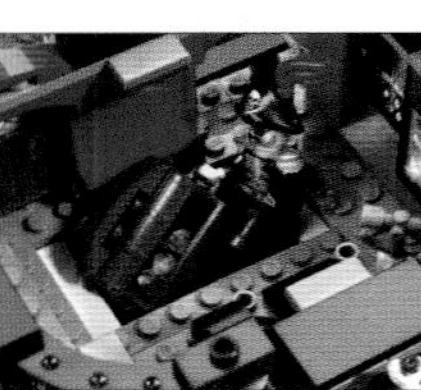

갑판 아래에 보물이 있다! 훔친 보물 상자는 선창에서 찾아볼 수 있다.

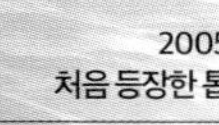

2005년에 처음 등장한 톱상어

실제로 작동하는 닻과 윈치

스터드 총이 장착된 노로 젓는 배

보물섬

약탈한 보물을 숨길 곳이 없다면 그게 다 무슨 소용 있겠는가? 레고® 해적들이 누비는 세상은 이국적인 무인도, 해적의 은신처, 전초기지, 요새, 감옥 등이다. 레고 해적 테마에는 심지어 열대 섬에 살고 있는 주민까지 등장했다. 열대 섬 원주민은 아름다운 해변을 마구 파헤치는 새 이웃에게는 별 관심을 보이지 않았다.

레드비어드 선장

레드비어드 선장은 본래 레고 해적을 이끄는 리더였다. 일부 국가에서는 로저 선장으로 알려진 그는 갈고리 손과 의족을 착용한 최초의 미니피겨로, 앵무새 팝시와 함께 다녔다.

6270 해적 요새 (1989)

섬이 그려진 바닥판 위에 세운 해적 은신처에는 주위를 살피기 위한 망루 탑이 있다. 은신처 건물 바닥에는 침입한 병사를 밑으로 떨어뜨리기 위한 작은 문이 나 있다.

브로드사이드 총독

6276 해양경비요새 (1989)

총독을 만나다

좀처럼 만나기 어려운 브로드사이드 총독이 유일하게 들어 있는 두 세트 중 하나인 이 튼튼한 요새는 충성스러운 제국 병사로 가득하다. 모든 병사가 총독의 보물에 눈독을 들이는 무모한 해적들을 잡아 가둘 만반의 준비를 하고 있다.

대포의 용수철 손잡이를 당겼다 놓으면 발사되는 '포탄'

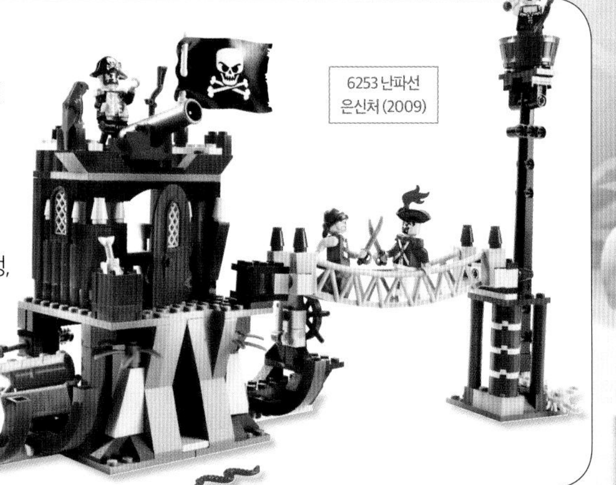

난파선

먼 옛날 해적왕의 배가 미지의 섬에 좌초했고, 브릭비어드 선장이 그 난파선 안에 은신처를 마련했다. 은신처에 침입한 병사들은 무너져 내리는 다리, 검으로 만든 함정, 해골 발사대를 통과해야 했다.

6253 난파선 은신처 (2009)

새로운 적들

2009년 테마의 병사들은 1992년에 등장한 제국 근위대처럼 붉은 코트를 입었지만 공식적인 이름은 따로 없었다. 그러나 그들에게는 요새가 있었다. 바다 위에 지은 요새 감옥으로 안에는 정부군을 이끄는 새로운 제독 미니피겨, 브릭비어드 선장의 지명수배 전단, 원숭이가 보초를 서고 있어 해적 죄수가 바나나 뇌물을 줄지도 모를 감방이 있었다.

실제로 작동하는 윈치로 보석 상자를 싣고 내릴 수 있는 크레인

6242 정부군 요새(2009)

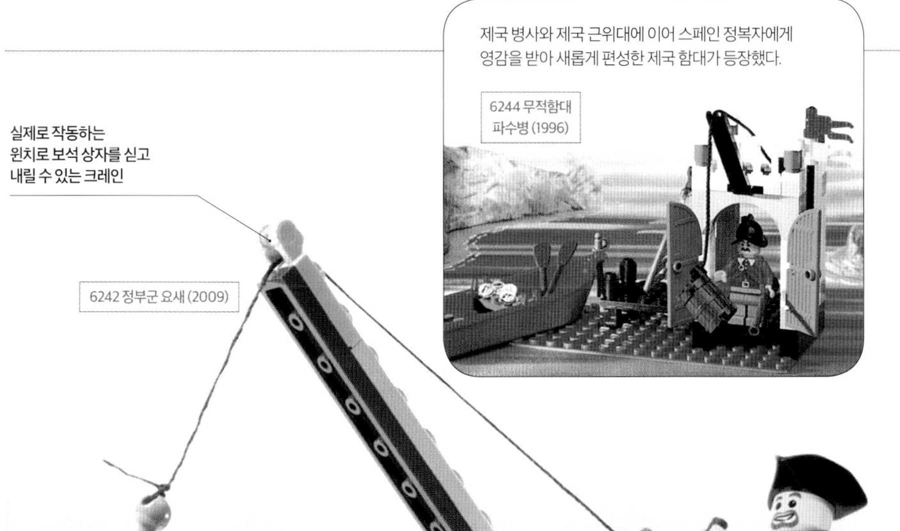
제국 병사와 제국 근위대에 이어 스페인 정복자에게 영감을 받아 새롭게 편성한 제국 함대가 등장했다.

6244 무적함대 파수병(1996)

6278 아마존의 보물섬(1994)

1994년 해적들이 섬에 사는 원주민을 만났다. 태평양 제도의 영향을 받아 카후카 왕이 이끄는 부족은 섬에 무단 침입한 해적에게 친절하지 않았다.

아이언후크 선장

두 번째 레고 해적 선장은 1992년에 등장한 아이언후크 선장으로 1993년 출시된 레니게이드 러너 세트(6268)에서 해적단을 이끌었다. 남루한 모습의 아이언후크 선장은 왕실 근위대와 섬 원주민과 싸움을 벌였고, 가끔 의족을 잃어버렸다. 아이언후크 선장은 1996년에 출시된 레드비어드 러너(6289) 세트에서 마지막으로 목격되었다.

청색 제복을 입은 병사들은 2015년에 출시된 7세트에 모두 등장하며, 그중 하나가 레고 해적 체스 세트(40158)다.

70411 보물섬(2015)

보물 사냥꾼

2015년 청색 제복을 입은 병사들은 해적들이 호시탐탐 노리는 총독의 보물을 지키기 위해 다시 돌아왔다. 보물섬(70411)에서는 약탈한 물품을 비밀의 동굴 속에 숨겨놓았다. 야자나무를 젖히면 해골 출입문이 열려 도난당한 보물을 되찾을 수 있다.

턱과 꼬리가 움직이는 짙은 녹색 악어

임페리얼 전함

레고® 해적이 바다를 지배하던 2010년, 제국 해군이 레고의 가장 큰 범선을 타고 반격을 시작했다. 길이 75cm에 가장 큰 돛대의 높이가 60cm에 달하는 거대한 임페리얼 전함은 총 1,664피스로 만들었다.

해적 추격전

"조심하시오, 브릭비어드 선장!" 임페리얼 전함에는 선장, 병사 4명, 중위 1명, 요리사, 선장의 딸이 타고 있다. 브릭비어드 해적 선장이 결국 전함의 구금실에 갇혀 쇠고랑을 차게 되리라는 것은 예상했지만, 과연 그가 무사히 빠져나와 임페리얼 전함 선장의 금을 훔쳐 도망칠 수 있을까?

임페리얼 전함에는 발사 가능한 바퀴 달린 대포 4문과 대포문 8개(한쪽에 4개씩)가 있고 탄약이 가득 실려 있다.

선장의 딸은 앞뒤 양면에 얼굴을 그려 표정을 바꿀 수 있다. 다리가 짧은 요리사는 큰 칼을 지니고 있다.

10210 임페리얼 전함 (2010)

전함의 깃발은 클래식 임페리얼 근위대의 깃발과 비슷하다. 레고 특별판인 이 임페리얼 전함 세트가 지금으로서는 레고 해적 테마에서 가장 마지막으로 출시된 제품이다.

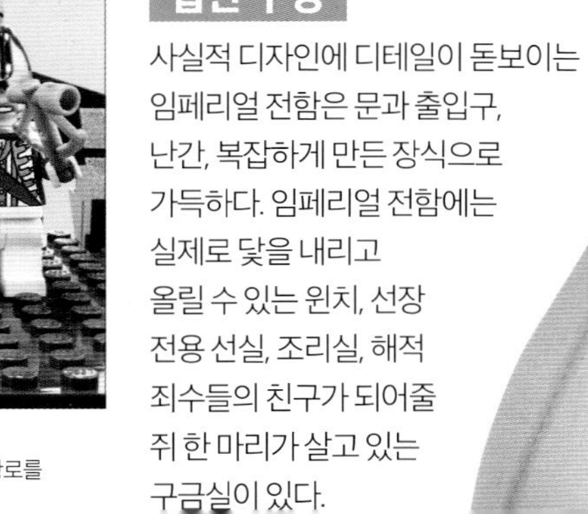

갑판 구경

사실적 디자인에 디테일이 돋보이는 임페리얼 전함은 문과 출입구, 난간, 복잡하게 만든 장식으로 가득하다. 임페리얼 전함에는 실제로 닻을 내리고 올릴 수 있는 윈치, 선장 전용 선실, 조리실, 해적 죄수들의 친구가 되어줄 쥐 한 마리가 살고 있는 구금실이 있다.

전함의 타륜 밑부분에 달린 클립에는 황금색 망원경과 파도를 가로지르는 안전한 항로를 찾기 위한 육분의가 달려 있다.

조리실에서 요리사가 칠면조 다리를 굽고 당근을 잘게 썰고 있다. 상자에 담긴 생선은 디저트임이 분명하다.

선장의 선실

선장이 묵는 선실에는 여닫이 창문, 보물 상자, 타일 위에 그린 항해 지도, 스탠드에 설치된 망원경, 독이 든 신비로운 약병, 긴 항해 기간 동안 선장이 연주할 수 있는 파이프오르간이 비치되어 있다.

갑판을 분리할 수 있어 전함의 내부 공간을 훤히 들여다볼 수 있다. 가이드 레일은 아래에 있는 대포가 일직선으로 똑바로 발사될 수 있도록 해준다.

기억할 만한 레고 세트

6235 베리드 트레저 (1989)

1696 망보는 해적 (1992)

6268 레니게이드 러너 (1993)

6285 카리브의 해적선 (1989)

6256 아일런더 카타마란 (1994)

6262 카후카 왕의 왕좌 (1994)

6236 카후카 왕 (1994)

6273 해적본부 (1991)

6267 라군 록업 (1991)

6252 씨 메이츠 (1993)

6237 해적의 약탈품 (1993)

6279 해적 비밀기지 (1995)

6280 스페인 무적함대 (1996)

6232 해골 해적 단원 (1996)

6248 화산섬 (1996)

6296 쉽렉 아일랜드 (1996)

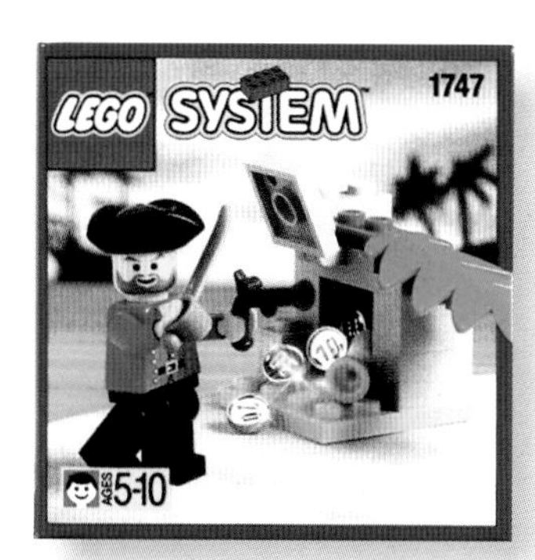

1747 해적 보물 서프라이즈 (1996)

6204 해적 (1997)

6249 해적 기습 공격 (1997)

6290 해적선 / 레드비어드 러너 (2001)

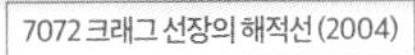
7072 크래그 선장의 해적선 (2004)

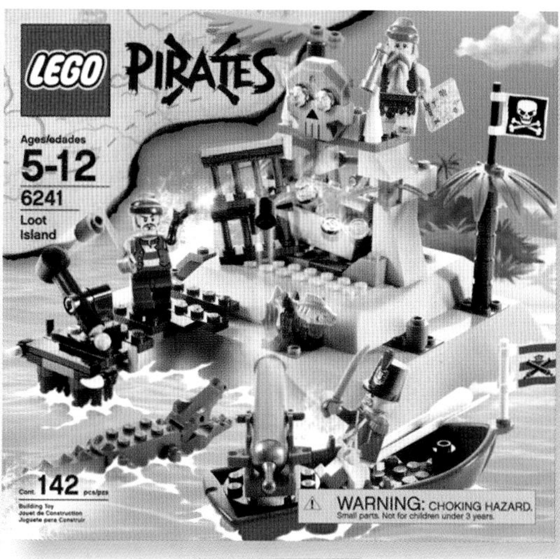

6241 해적 보물섬 (2009)

8397 살아남은 해적 (2009)

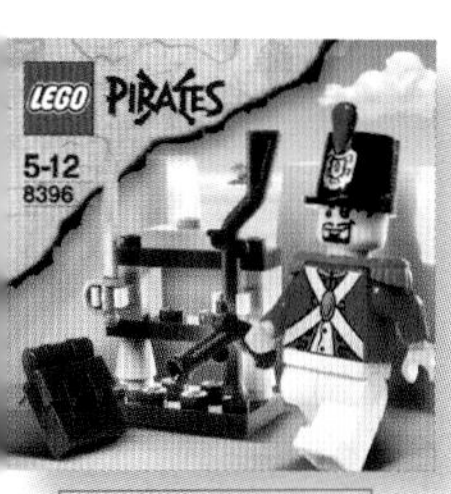

8396 병사의 무기 (2009)

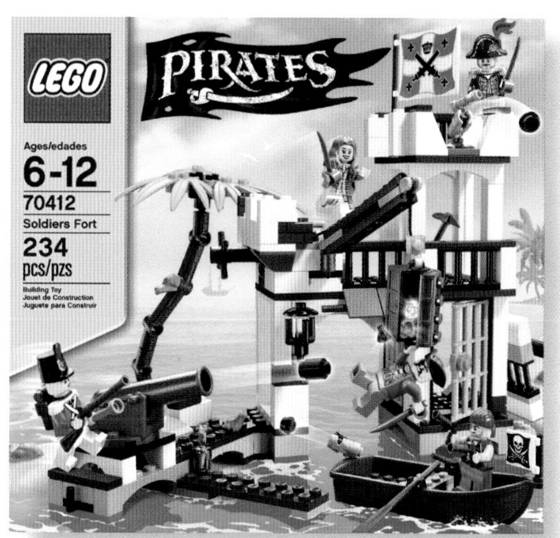

70412 전투요새 (2015)

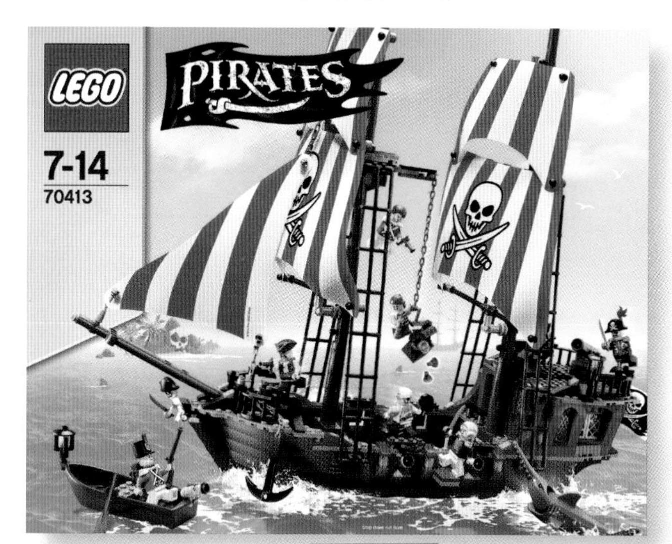

70413 해적선 (2015)

레고® 무비™

모든 것이 완벽하다! 레고 그룹이 극장에서 개봉한 첫 장편영화 레고® 무비™는 로드 비즈니스의 사악한 세력으로부터 세상을 구하기 위해 모험을 계속하는 평범한 미니피겨 에밋의 이야기를 다룬다. 구름 속 왕국에서 서부 개척 시대, 해적선, 날아다니는 경찰차까지 흥행에 성공한 레고 무비는 새로운 세트, 캐릭터, 그리고 그에 걸맞은 멋진 주제가를 선보였다.

70816 베니의 우주선(2014)

우주선!

레고 무비 테마에서 두 번째로 큰 세트(940피스)인 베니의 꿈의 우주선은 확장 가능한 날개, 스프링 달린 레이저 대포, 분리 가능한 윙 플라이어를 갖췄다. 로드 비즈니스의 사악한 로봇 경찰 요격기를 따돌릴 수 있는 우주선이다.

베니가 운전석을 차지하고 있다. 이 우주선에는 우주복을 입은 와일드스타일, 아스트로 키티라고도 알려진 유니키티, 로봇으로 변장한 에밋이 들어 있다

건축 로봇

에밋의 뛰어난 건축 로봇은 높이가 36cm에 달하며 개방형 조종석과 자세를 바꿀 수 있는 팔다리가 있다. 영화에서 에밋은 로드 비즈니스와 싸우기 위해 이 건축 로봇을 사용한다. 이 세트에는 볼을 휘둘러 장애물을 파괴할 수 있는 쌍둥이 레킹 볼과 굴착기 버킷, 회전 롤러가 들어 있어 재미를 더한다.

레킹 볼

지게차 차대 조종석

게이지 타일

회전 롤러

굴착기 버킷

자세를 바꿀 수 있는 다리

해골 로봇 스켈레트론

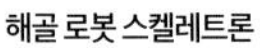

유니키티 공주는 화가 나면 앵그리 키티로 변한다. 유니키티 공주는 레고 무비 테마로 출시된 유니키티 피겨 9개 중 하나다. 다른 유니키티로는 아스트로 키티, 슈퍼 앵그리 키티, 퀴지 키티 등이 있다.

70814 에밋의 컨스트럭트 머신(2014)

70803 뻐꾸기 궁전(2014)

영화 제작

레고 무비는 디지털 방식으로 제작했지만
팬 커뮤니티가 만든 레고 영화에서 영감을 받아
스톱모션 애니메이션처럼 보이도록 만들었다.
레고 그룹은 캐릭터, 배경, 영화에 등장할 가장 중요한
모델들을 개발하기 위해 영화감독과 협력했다.
영화 속 모든 부품은 실제 브릭을 하나하나 본떠
디지털 3D로 재현해낸 결과물이다. 미니피겨 캐릭터는
긁힌 자국이나 이빨 자국까지 그대로 있었다!

무지개를 찾아서

구름 뻐꾸기 나라는 브릭으로 만든
레고 세상에서 가장 다채롭고 창의성이
돋보이는 곳이다. 이 뻐꾸기 궁전 세트에는
귀여운 달팽이, 어지러워 보일 정도로
화려한 회전 디스크, 행복한 구름 뻐꾸기
나라에 거주하면서 언제나 행복해
보이는 유니키티가 들어 있다.
빌더들은 구름 속에 숨어 있는
로드 비즈니스의 부하인 사악한
엑세큐트론이 에밋을 잡지 못하도록
그에게 꽃을 발사할 수 있다.

배기관에서 뿜어져 나오는 불꽃

기동대 차량에서 발사된 플릭 미사일

지붕 분리가 가능한 로봇 경찰 특수 기동대 차량

70808 수퍼 사이클 추격전(2014)

로봇 경찰 미니피겨

드랙스터를 막기 위해 펼쳐놓은 스파이크 스트립

초고속 추격전

레고 무비의 한 장면에서 와일드스타일과
에밋이 로봇 경찰 특수 기동대를 따돌리기
위해 와일드스타일의 드랙스터를 타고
거리로 나선다. 이 세트에서 빌더들은 플릭
미사일을 발사하고, 달리는 드랙스터를 막기
위해 장애물을 사용할 수 있다.

대포와 탄약이 있는 갑판에 접근하기 위해 제거가 가능한 굴뚝

날개 달린 소 모양 선수상

70810 메탈비어드의 함선(2014)

사악한 악당의 소굴

옥탄 타워 안에서 로드 비즈니스는 싱크탱크로
마스터 빌더들의 창의성을 빼내고 브릭스버그
전체를 파괴하겠다고 위협한다. 로드 비즈니스
본부에는 미니피겨 6개, TV 스튜디오,
바닥의 끝을 알 수 없는 레일식 함정,
초강력 무기 크래글이 들어 있다!

70809 로드 비즈니스 본부(2014)

바닷소가 나타났다

,741피스로 구성된 레고 무비 테마의 가장 큰 세트, 에밋과 그의 친구들을
바다에서 구해낸 메탈비어드의 함선을 재현했다. 클래식 레고® 해적 세트를
향해 인사를 건넬 날개 달린 소가 달린 이 메탈비어드의 함선에는
닻과 발사 가능한 대포, 메탈비어드 함선에 딸린 보물 상자가 들어 있다.

세계 곳곳으로 떠나는 모험

탐험가들이 없다면 모험을 즐길 수 없다! 1998년부터 2003년까지 레고® 어드벤처러는 새로운 곳과 위험한 곳을 찾아 세계를 여행하며 많은 것을 발견했다. 조니 썬더의 친구들과 적의 이름이 자주 바뀌기는 했지만 그와 친구들이 가는 곳마다 신나는 모험이 뒤따를 것임을 알고 있었다.

이 열기구는 2003년에 출시된 오리엔트 익스페디션 시리즈에서 탐험대를 히말라야산맥으로 실어 날랐다.

모험을 위한 도구

7415 열기구 (2003)

레고® 어드벤처러

1998년 새로운 영웅이 레고 세상에 등장했다. 호주 출신의 멋진 탐험가 조니 썬더가 지혜로운 킬로이 박사와 용감한 기자인 미스 피핀 리드와 함께 탐험에 나섰다. 그들은 5년에 걸쳐 출시된 네 가지 레고 시리즈에서 레고 탐험대로 활약했고, 1920년대의 흥미진진한 모험 속으로 여행을 떠나 세계 곳곳을 누볐다.

이집트 모험

모험가들 주인공인 첫 번째 시리즈는 고고학의 황금기를 맞은 이집트를 배경으로 한다. 조니 썬더와 그의 친구들은 조종사 친구인 해리 케인과 함께 무덤, 사원, 피라미드를 탐험하고 그 과정에서 미라, 해골, 전갈, 흉악한 범죄자들과 마주친다.

5988 파라오의 비밀 (1998)

아마존

1999년 탐험대가 아마존 정글 속으로 탐험 여행을 떠나기 위해 다시 나타났다. 그들은 악당 세뇨르 팔로마와 루도 빌라노가 눈독 들이는 보물을 손에 넣기 전에 먼저 그 보물을 찾기 위해 다양한 부족 전사들과 위험한 상황을 접하면서 용감하게 대처한다. 적어도 피핀은 이번 여행에서 <월드> 매거진에 실을 좋은 기사를 얻었다!

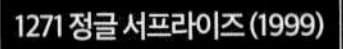

1271 정글 서프라이즈 (1999)

5934 트랙 마스터/디노 익스플로러 (2000)

디노 아일랜드

2000년에 조니 썬더와 그의 친구들은 공룡들이 사는 잃어버린 섬을 찾아가 그곳에 연구소를 짓고 시니스터 경과 그의 측근들이 공룡들을 빼돌리지 못하도록 했다.

오리엔트 익스페디션

마지막 레고 어드벤처러 테마에서 조니 썬더와 그의 친구들은 탐험가 마르코 폴로의 잃어버린 보물을 찾아 인도, 중국, 티베트를 여행한다. 그 과정에서 폭군 마하라자, 무자비한 황제, 야생의 예티, 그들의 오랜 숙적인 샘 시니스터 경을 만난다.

불꽃놀이

탐험대는 황금 용을 찾기 위해 무자비한 중국 황제의 드래곤 요새에서 함정과 삼엄한 경비를 뚫어야 했다.

시니스터 경

돌을 쌓아올린 모습이 그려진 바닥판

7419 드래곤 요새 (2003)

7414 카라반 코끼리 (2003)

탐험대의 새 친구 바블루와 그의 코끼리 기리

모험가의 별칭

레고 어드벤처러의 모험가는 나라마다 다른 이름으로 불렸다. 조니 썬더는 샘 그랜트와 조 프리만으로, 킬로이 박사는 찰스 라이트닝과 아티쿠스 교수로, 피핀 리드는 게일 스톰과 린다 러블리로 불렸다. 심지어 한 나라에서조차 다른 이름으로 불렸다. 처음에 등장한 샘 시니스터는 나중에 슬라이부츠로, 두 번째 버전의 시니스터 경은 배런 남작, 샘 새니스터, 이블 아이, 미스터 헤이츠 등으로 불렸다!

사악한 미라들이 하늘 위를 날 것이라고는 생각지 못했을 것이다. 영혼의 다이아몬드를 찾아 나선 제이크 레인즈는 다름 아닌 하늘에서 그들을 만나게 된다.

7307 미라의 공중 여택 (2011)

아주 오래된 보물

각 보물은 황금 창처럼 암셋-라에게 각기 다른 힘을 부여하고, 그렇게 되면 그의 미라 전사의 힘이 커진다. 암셋-라가 보물 6점을 모두 모으면 파라오를 더 이상 막을 수 없는 상태가 될 것이다. 그렇기에 불운한 맥이 먼저 그 보물을 찾아야 한다!

7306 황금 창의 수호자들 (2011)

파라오의 퀘스트

모험가들의 정신은 2011년에 출시된 파라오 퀘스트 테마에 그대로 살아 있다. 파라오 퀘스트 테마에서 시대의 모험 영웅으로 구성된 새로운 팀은 미라 전사와 살아 움직이는 스톤 몬스터로 구성된 군대와 함께 부활한 고대 이집트 왕에게 대항한다. 새로운 영웅의 임무는 고대 보물 6점을 찾아내고 파라오 암셋-라의 세계 정복을 막는 것이다.

조니 썬더, 게일 스톰, 라이트닝 교수와 마찬가지로 제이크 레인즈, 맥 맥클라우드, 헤일 교수, 헬레나 스크발링 역시 모두 날씨를 연상시키는 이름을 가지고 있다.

7327 스콜피온 피라미드 (2011)

미라

암셋-라의 군단에는 미라 전사, 날개를 달고 팔콘 헬멧을 쓴 채 날아다니는 미라, 뱀 곡예사 미라 피라미드를 지키는 자칼 머리를 한 아누비스 근위대가 있다. 순서상 먼저 언급한 유형의 힘이 더 세다.

7306 황금 창의 수호자들(2011)에 들어 있는 미라 전사

석상의 부활

7326 스핑크스의 부활 (2011)

파라오의 전사보다 훨씬 위험한 존재는 파라오의 보물을 지키는 고대 수호자로, 암셋-라의 적을 공격하기 위해 갑자기 깨어나기 전까지는 그저 평범한 석상처럼 보이는 거대한 짐승들이다. 그중 하나가 황금 검이 숨겨진 아누비스 신전 위에 쪼그리고 앉아 있는 거대한 스핑크스다.

6497 트위스티드 타임 트레인 (1997)

모험의 세계

서부 개척 시대를 대표하는 카우보이부터 2010년의 위험한 세계까지, 괴짜 사이버 박사의 시간 여행부터 현대 정글에서 벌어지는 공룡과의 전투에 이르기까지. 레고® 어드벤처를 조립할 때 발휘하는 상상력은 여러분을 어디로든 데려다준다. 심지어 과거, 현재, 미래에 상관없이 원하는 그 '시간'으로….

시간 여행

1996년 사이버 박사와 그의 조수 팀, 그리고 그들의 원숭이 친구는 바퀴가 굴러가면 부품이 움직이고 회전하는 익살스럽고 특이한 기계 장치를 타고 세기를 넘나들며 여행하는 레고® 타임 크루저의 대담한 모험가였다. 1997년에는 그들의 경쟁 상대이자 유물을 훔치러 다니는 타임 트위스터로 알려진 토니 트위스터와 밀레니엄 교수가 등장했다.

서부 개척 시대

1996년부터 1997년까지 레고® 서부 테마는 빌더들을 1800년대 미국 서부 개척지의 변경과 범죄자 소탕, 최후의 결전, 가축 절도 등이 빈번하던 시절로 데려다놓았다. 카우보이를 주제로 한 미니피겨, 배경, 액세서리로 가득한 서부 시리즈 모델에는 아이들이 서부 개척 시대의 흥미진진했던 시절을 배경으로 모험 이야기를 지어낼 수 있었다.

6755 보안관 본부 (1996)

악명 높은 무법자 플랫풋 톰슨

용감한 보안관과 그의 충직한 말

카드 게임 야바위꾼 듀이 치텀

Z-1 키네틱 발사 장치

7476 아이언 프레데터 vs. T-렉스 (2005)

레고® 디노 어택

머지않아 선사시대의 돌연변이 괴물이 갑자기 나타나 전 세계 도시를 초토화할 것이다. 과학자, 모험가, 사악한 악당 파충류와 맞서 싸우며 범죄를 근절한 임무를 맡은 병사로 구성된 오합지졸에 불과한 팀일지라도 레고® 디노 어택 팀과 함께하자.

레고® 디노 2010

2010년 마침내 과학이 멸종된 공룡을 되살려냈다. 공룡이 탈출해 정글로 도망을 갔고, 그 거대한 생명체가 말썽을 부리며 세상에 해를 끼치기 전에 용감한 사냥꾼이 그들을 추적해 다시 포획해야 했다.

불이 켜지는 눈과 입

7297 공룡 운송 차량 (2005)

회전하는 트레드

2005년 테마는 두 버전 모두 기본적으로 같은 모델이지만 제품 구성에서 차이를 보였다. 일부 국가에서는 공상과학 무기와 발사형 무기를 장착한 차량이 포함된 디노 어택Dino Attack이 출시되었다. 다른 국가에서는 좀 더 비폭력적인 그물, 우리, 포획 장비 등을 갖춘 차량이 포함된 디노 2010 Dino 2010이 출시되었다.

레고 디노

2012년(레고 디노 2010이 출시되고 7년 후) 공룡이 정글에 또다시 나타나 인근 도시를 위협했다. 강력한 마취용 무기와 전천후 기갑 전투 차량으로 무장한 또 다른 무리의 대담한 공룡 사냥꾼들이 공룡을 진압하고 포획 후 조사하기 위해 파견되었다.

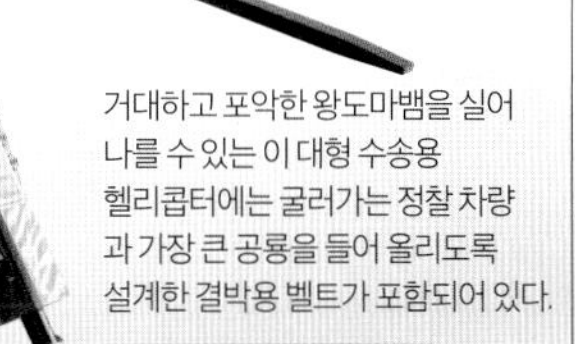

거대하고 포악한 왕도마뱀을 실어 나를 수 있는 이 대형 수송용 헬리콥터에는 굴러가는 정찰 차량과 가장 큰 공룡을 들어 올리도록 설계한 결박용 벨트가 포함되어 있다.

5886 T-렉스 사냥꾼 (2012)

조니 썬더의 후예인 조시 썬더가 지휘하는 레고 디노 팀의 공룡 방어 본부는 가장 포악한 T-렉스도 잡아 가둘 수 있도록 지었다. 공룡 방어 본부 세트에는 열고 닫을 수 있는 출입구, 포획망이 달린 크레인, 통신 센터, 실험실, 차량 2대, 사나운 공룡 3종이 들어 있다.

5887 공룡 방어 본부 (2012)

정글 추격전

공룡을 포획하는 데 마취총만으로는 부족할 때가 있다. 오프로드 차량 팀은 칠면조 다리 구이를 미끼로 사용하는 저차원적 기술로 굶주린 랩터를 유인해야 한다. 유인한 공룡을 올가미 밧줄로 잡아채 어떻게든 다시 본부로 끌고 가면 된다.

5884 랩터 추격전 (2012)

5885 트리케라톱스 사냥꾼 (2012)

뿔이 3개 달린 골칫거리

튼튼한 트럭 범퍼에 달린 뾰족한 스파이크는 성난 트리케라톱스의 뿔과는 상대조차 되지 않는다. 그렇기에 마취용 플릭 미사일 세트를 트럭 전면에 달고 다니며, 운전석 뒤로는 보강한 우리가 설치되어 있다. 디노 팀원인 '트레이서' 탑스 'Tracer' Tops가 바로 이 트리케라톱스 사냥 임무를 맡은 미니피겨다.

공룡은 어디에서 왔으며 왜 이곳에 나타났을까? <레고® 클럽 매거진>을 보면 그 답을 알 수 있다. 모든 것이 에일리언 컨퀘스트 테마에 등장하는 사령관 Hypaxxus-8의 음모였다!

5883 프테라노돈 타워 (2012)

바닷속

레고® 세상의 광활한 바다는 탐사가 필요한 신비한 것, 어디에서 어떻게 직면하게 될지 모르는 위험한 것, 새로 발견되기만을 기다리는 놀라운 것으로 가득하다. 우주 공간은 잊어라. 용감한 다이버에게 깊고 푸른 심해는 그들이 최선을 다해 지켜야 할 마지막 보루다.

6160 바다 전갈 (1998)

레고® 아쿠아존

1995년부터 1998년까지 출시된 레고® 아쿠아존 테마는 크리스털을 찾고 조사하는 해저 탐사원, 해저 탐사대를 위협하는 상어, 아쿠아 레이더, 심해 잠수함 승무원, 무시무시한 가오리가 포함되어 있었다.

6180 하이드로 탐사 잠수함 (1998)

레고® 아쿠아 레이더

2007년 아쿠아 레이더가 신비로운 버뮤다 삼각지대의 위험한 바닷속으로 뛰어들면서 레고 해저 테마가 다시 출시되었다. 최첨단 잠수함과 해저 차량을 조종하는 용감한 탐험대가 오랫동안 바닷속에 가라앉은 보물을 찾기 위해 해저 동굴과 해저 암석 구석구석을 조사한다.

딱딱 소리가 나는 집게발, 가시털이 난 다리, 튼튼한 등딱지를 가진 이 거대한 랍스터는 공격적인 갑각류 동물 중 하나다.

아쿠아 레이더 해저 탐사 로봇이 굴러가는 트레드, 로봇 팔, 톱날이 달린 드릴을 사용해 랍스터의 공격에 맞선다.

7772 랍스터의 공격 (2007)

7773 타이거 상어의 공격 (2007)

쓰러진 돛대

자석 클램프

7776 난파선 (2007)

회전식 터빈

강하게 요동치는 꼬리와 우적거리는 턱을 가진 타이거 상어가 함께 들어 있는 전투 잠수함보다 한 수 위의 공격력을 자랑한다.

심해 생물

과거의 많은 해저 탐사대와 달리 새로운 세대의 아쿠아 레이더는 다른 미니피겨와 싸우지 않았다. 대신 그들은 날카로운 송곳니를 지닌 심해 아귀부터 속이 들여다보이는 위 속에 해골을 담고 있는 대왕오징어에 이르기까지 공격적인 해양 생물 전체에 맞서 싸웠다.

7774 크랩 크러셔 (2007)

8077 아틀란티스 탐사 본부 (2010)

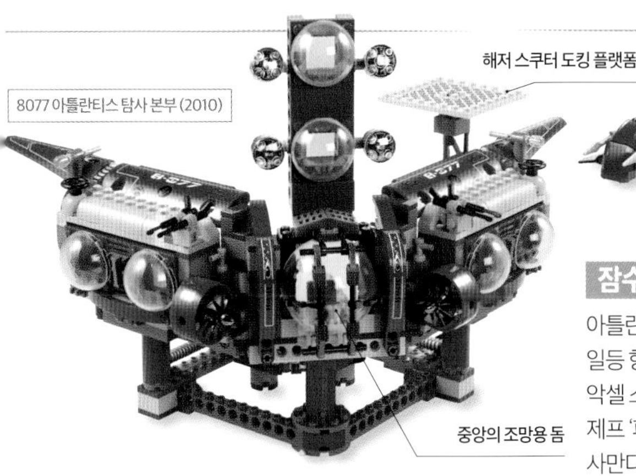

잠수함 승무원

아틀란티스 탐사대에는 함장인 에이스 스피드맨, 일등 항해사인 랜스 스피어스, 기술 전문가인 악셀 스톰, 수습생인 바비 부이, 해양 생물학자인 제프 '피시' 피셔 박사, 아틀란티스 전문가인 사만다 (샘) 로즈 교수가 속해 있다.

아틀란티스 테마를 출시한 지 2년째 되는 해에는 발굴 전문가인 레고® 파워 마이너의 브레인즈 박사가 탐사대에 합류했다. 또 탐사대가 이용하는 새로운 탈것의 부품이 네온 그린에서 노란색으로 바뀌었다.

7984 심해의 레이더 (2011)

보물 열쇠는 아틀란티스 모델에서 특별한 기능을 실행하는 데 사용할 수 있다. 이 모델의 경우 보물 열쇠로 문열 열면 잃어버린 도시 아틀란티스의 통치자인 전설의 황금 왕이 모습을 드러낸다.

7985 잃어버린 도시 아틀란티스 (2011)

8079 쉐도우 몬스터 (2010)

쉐도우 몬스터는 스파이크가 박힌 등딱지와 거대한 발톱을 지닌 대형 거북이다. 작은 전투 잠수함, 잠수부, 보물 열쇠로 구성된 한정판 세트에 들어 있다.

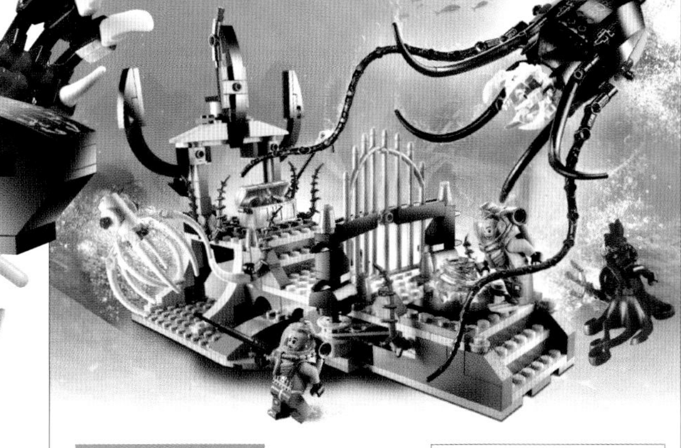

8061 대왕오징어의 비밀 요새 (2010)

레고® 아틀란티스

2010년 레고® 아틀란티스 테마에서는 대담한 인양 전문 잠수 팀이 바닷속에 가라앉은 유명한 도시 아틀란티스의 정확한 위치를 찾아내는 임무를 맡았다. 그들은 미래형 해저 차량을 타고 그들을 가로막는 물고기 인간과 괴물 같은 바다 짐승과 싸워가며 보물 열쇠를 찾기 위해 바닷속을 샅샅이 훑었다.

아틀란티스 유적

대왕오징어의 비밀 요새는 잠수 팀이 첫 번째로 찾아낸 유적지다. 잠수부들은 비밀 요새의 출입구 위로 헤엄치거나 보물 열쇠로 출입구를 열 수 있다. 어느 쪽을 택하든 잠수 팀은 대왕오징어의 회전하는 입과 오징어 전사의 문어 감옥을 잘 피해야 한다.

화려한 아틀란티스의 문 세트에는 열고 닫히는 상어 입 모양 문, 탈착 가능한 상어 조각상, 황제 미니피겨, 문을 열 수 있는 5개의 보물 열쇠가 들어 있다.

8078 아틀란티스의 문 (2010)

8060 타이푼 터보 잠수함 (2010)

전사들과 수호자들

아틀란티스 탐사대는 큰가오리 전사, 상어 전사, 오징어 전사와 같은 포악한 해저 휴머노이드 로봇, 2011년에 등장한 사악한 어둠의 수호자, 심해의 수호자로 알려진 거대한 블랙 상어, 빛나는 아틀란티스 문자가 새겨진 거대한 해양 생물에 맞선다. 레고 아틀란티스 이야기 초반부는 30분 TV 특집 방송을 통해 방영되었고, 그 이후로는 잡지의 만화와 온라인게임에서 볼 수 있었다.

슬라이더 장치를 이용하면 타이푼 터보 잠수함의 프로펠러가 뒤집혀 보물을 잡아챌 수 있는 집게발과 발사할 수 있는 어뢰가 나타난다. 노란색 아틀란티스 보물 열쇠를 지키는 상어 전사와 싸우려면 집게발과 어뢰가 필요하다.

거칠고 강인한 영웅들

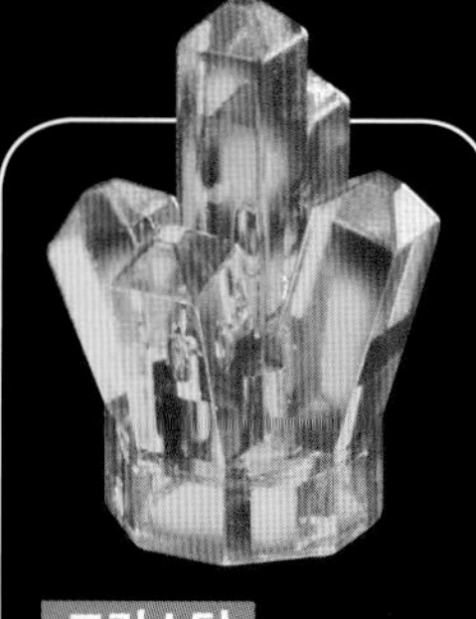

크리스털

해저, 지하 또는 우주 공간에서 레고 탐험가들은 에너지 크리스털을 접하게 된다. 에너지 크리스털은 강력한 힘을 지녔다. 바위 몬스터가 에너지 크리스털을 삼킨다면, 흔들릴 정도로 요란한 소리가 날 것이다.

우주 깊은 곳에서 에너지 크리스털을 채굴하든, 지구 중심부에서 사악한 괴물들과 싸우든, 지구상에서 가장 위험하고 적이 들끓는 시역을 가로질러 가든 열심히 일하는 영웅들은 위험을 무릅쓰고 몸을 뒹굴리며 먼지를 뒤집어쓰는 일에 전혀 개의치 않는다. 가장 거칠고 강인한 레고® 미니피겨들이 활약하고 있는 팀 중 한 팀에 속해 있다면 그 모든 일은 아주 일상적이고 평범한 일의 일부분일 뿐이다.

이단 기어 회전 드릴

조정 가능한 시추 지지대

팀 리더 독

튼튼한 스파이크

레고® 파워 마이너

2009년 지하 깊은 곳에서 들려오는 기이한 소음은 지상 세계가 뒤흔들려 산산조각 날 수도 있다는 징조였다. 그 문제를 해결하기 위해 용감한 광부들이 빛나는 크리스털과 짓궂은 바위 몬스터로 가득한 지하 왕국으로 내려가는 터널을 뚫었다. 크리스털을 채굴하고 몬스터를 저지하며 지구를 지키는 것은 용감한 광부인 파워 마이너의 임무였다.

레고® 락 레이더

파워 마이너가 임무를 수행하기 10년 전, 우주 여행을 하는 레고® 락 레이더는 은하계를 가로질러 먼 행성으로 날아가 그곳에서 에너지 크리스털을 찾아 채굴하고 외계 암석 생명체와 싸웠다. 레고® 락 레이더의 모험은 책과 비디오게임에 연대순으로 기록되어 있다.

4970 지하특수탐사차 (1999)

괴물들

파워 마이너의 지하 세계는 각양각색의 괴물로 가득 차 있다. 아주 작은 바위 괴물과 성급한 멜트록스에서부터 바위를 던지며 상대를 괴롭히는 지오릭스, 트레모록스, 아주 거대한 크리스털 킹, 용해된 지구 핵의 통치자 이럽터에 이르기까지 괴물들은 하나같이 말썽을 일으키기 딱 좋은 성격을 지녔다.

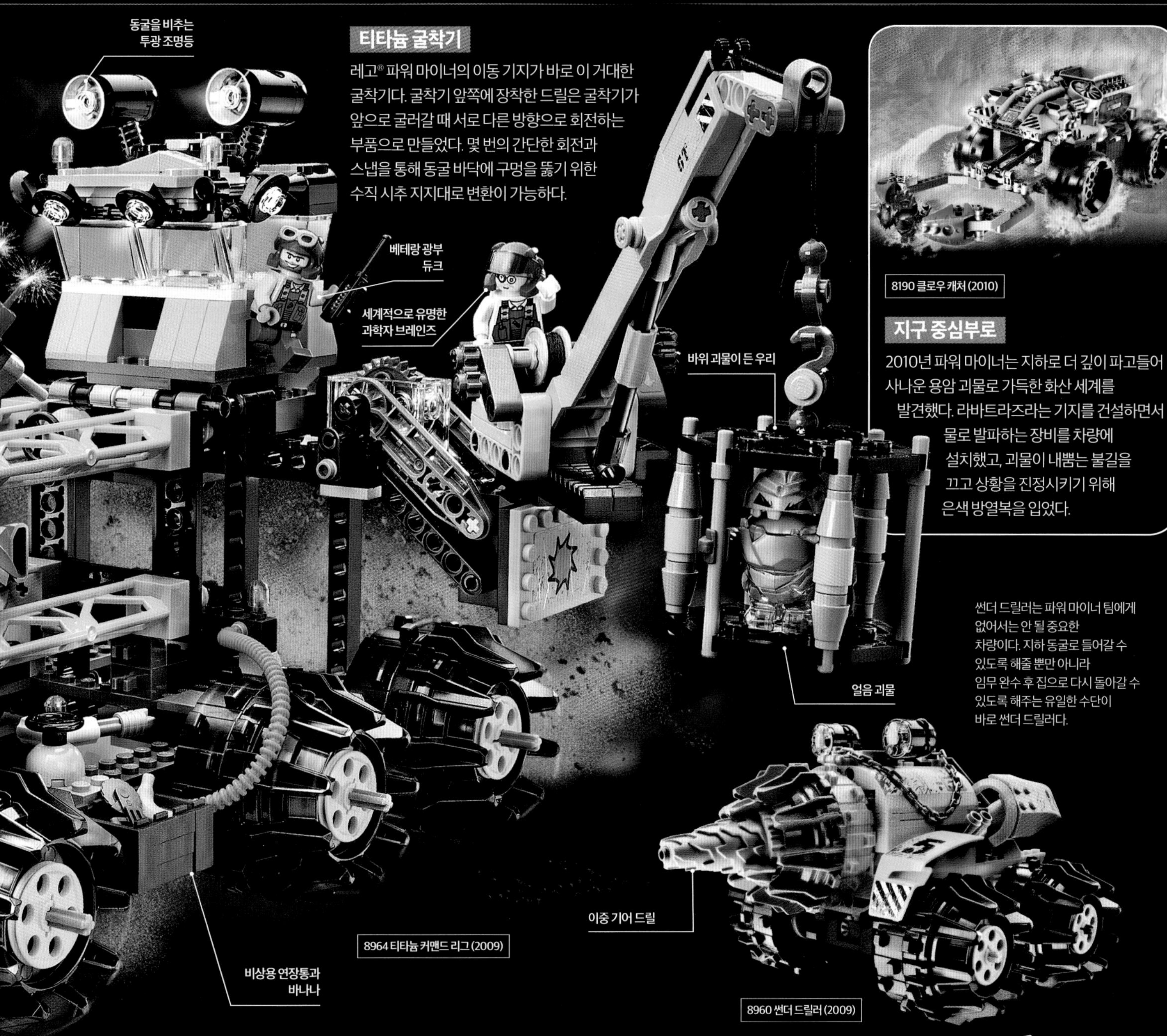

티타늄 굴착기

레고® 파워 마이너의 이동 기지가 바로 이 거대한 굴착기다. 굴착기 앞쪽에 장착한 드릴은 굴착기가 앞으로 굴러갈 때 서로 다른 방향으로 회전하는 부품으로 만들었다. 몇 번의 간단한 회전과 스냅을 통해 동굴 바닥에 구멍을 뚫기 위한 수직 시추 지지대로 변환이 가능하다.

8964 티타늄 커맨드 리그(2009)

8190 클로우 캐처(2010)

지구 중심부로

2010년 파워 마이너는 지하로 더 깊이 파고들어 사나운 용암 괴물로 가득한 화산 세계를 발견했다. 라바트라즈라는 기지를 건설하면서 물로 발파하는 장비를 차량에 설치했고, 괴물이 내뿜는 불길을 끄고 상황을 진정시키기 위해 은색 방열복을 입었다.

썬더 드릴러는 파워 마이너 팀에게 없어서는 안 될 중요한 차량이다. 지하 동굴로 들어갈 수 있도록 해줄 뿐만 아니라 임무 완수 후 집으로 다시 돌아갈 수 있도록 해주는 유일한 수단이 바로 썬더 드릴러다.

8960 썬더 드릴러(2009)

레고® 월드 레이서

2010년의 월드 레이서 테마에서는 두려움을 모르는 팀 익스트림 데어데블스가 비열하게 부정행위를 하는 팀 백야드 블래스터스와 다양한 차량을 타고 전 세계 곳곳에서 열린 고속 주행 자동차 경주 대회에서 승부를 다퉜다. 뱀의 협곡, 잔해로 뒤덮인 도로, 바다 위 경주와 같은 세트 이름만 봐도 레이서들이 얼마나 진지하게 경주에 임하는지 알 수 있다.

8864 파괴의 사막(2010)

월드 레이서의 자동차 경주 규칙상 미사일, 작살, 동력 사슬톱, 지뢰, 다이너마이트, 물고기 미사일 발사대, 공을 발사하는 대포 모두 사용이 가능하다.

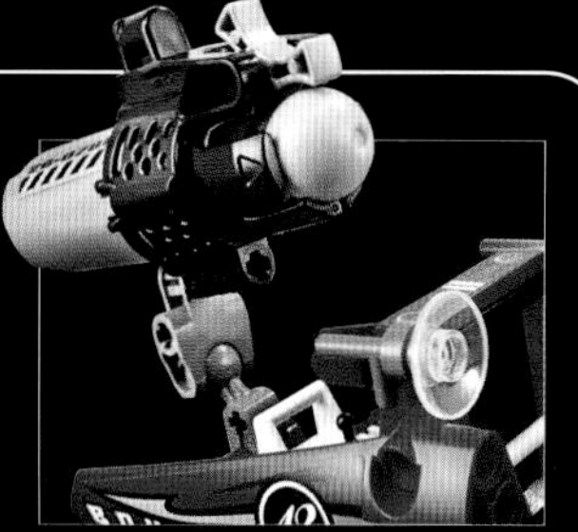

렉스-트림, 덱스-트림, 맥스-트림은 세계 자동차 선수권 대회에서 바트 블래스터, 빌리 밥 블래스터, 부바 블래스터와 맞붙는다.

4791 알파 팀 해저 스쿠터(2002)

2002년 심해 미션mission deep sea에서는 용감무쌍한 레고 알파 팀이 깊은 바닷속으로 출동했고, 그곳에서 갈고리 손을 가진 오겔은 자신의 명령을 따를 돌연변이 해양 생명체로 구성된 부대를 만들었다.

익스트림 액션

사악한 범죄를 기획하고 지휘하는 사람들이 음모를 꾸밀 때, 대형 로봇이 거리를 활보할 때, 정신 나간 과학자들이 세계를 장악하려는 음모를 꾸밀 때, 바로 이 레고® 테마가 세상에 나왔다! 전투 기능 모델과 전설적 영웅으로 가득 찬 테마에서는 새로운 사건 속으로 신나는 모험을 떠난다.

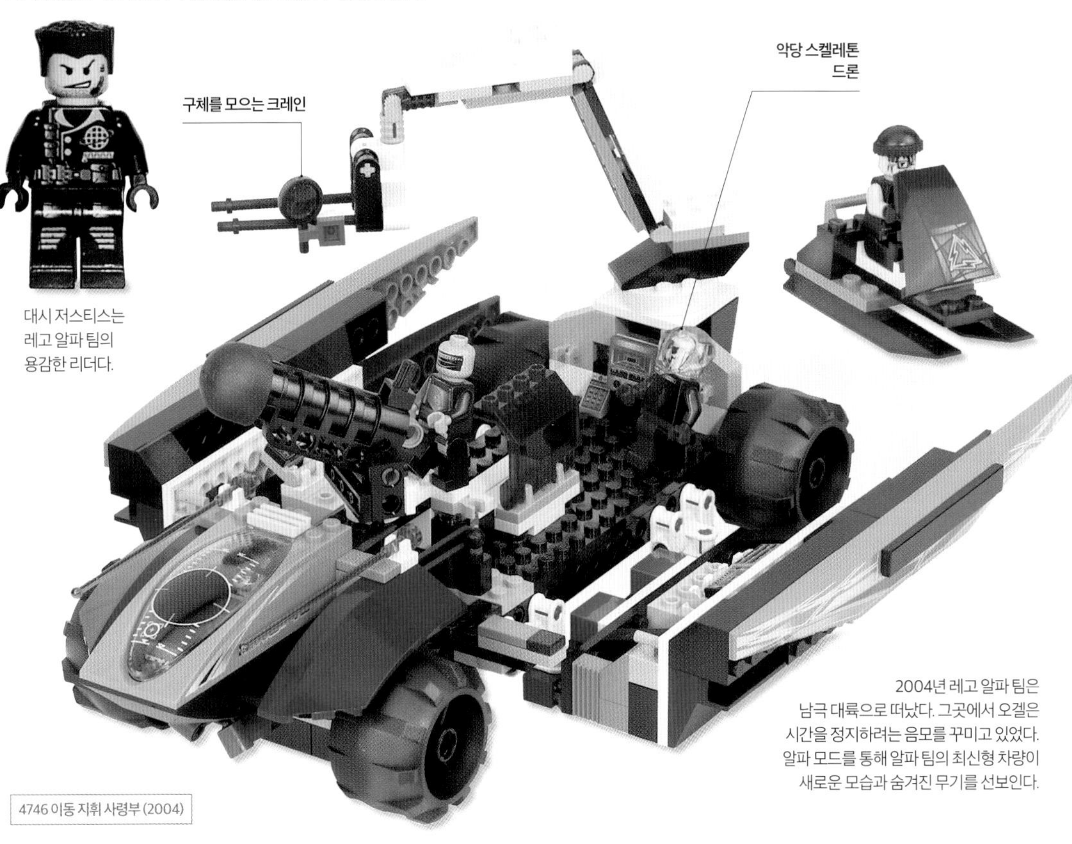

대시 저스티스는 레고 알파 팀의 용감한 리더다.

2004년 레고 알파 팀은 남극 대륙으로 떠났다. 그곳에서 오겔은 시간을 정지하려는 음모를 꾸미고 있었다. 알파 모드를 통해 알파 팀의 최신형 차량이 새로운 모습과 숨겨진 무기를 선보인다.

4746 이동 지휘 사령부(2004)

레고® 알파 팀

지상이든, 공중이든, 바다 밑바닥이든 대시 저스티스와 레고® 알파 팀은 오겔(오겔OGEL을 거꾸로 읽으면 레고LEGO)이 지구를 정복하려는 음모나 그의 마인드 컨트롤 방식의 구체 자가 파괴 프로그램 가동을 저지할 준비가 늘 되어 있다.

알파 모드

스피더를 조종하는 알파 팀 요원 플렉스는 오겔의 아이스 구체를 찾고 있는 팀을 돕기 위해 고속 스피더를 얼음 위를 달릴 수 있는 스노모빌에서 전천후 워커로 전환할 수 있다.

4742 스피더(2004)

레고® 에이전트

정신이 나간 듯한 인페르노 박사가 공격하는 곳이라면 어디든 레고® 에이전트가 나타난다. 특수 훈련을 받은 최정예 정보 요원이 최첨단 차량과 무기를 가지고 인페르노 박사와 그의 인공두뇌 부하들을 상대로 격전을 벌인다. 요원들은 눈 덮인 산꼭대기에서 제트팩 추격전을 벌이거나 비밀 은신처에서 탈출 작전을 벌이는 등 다양한 임무를 수행한다.

은색으로 코팅한 희귀 엘리먼트

팝업 레이저 블래스터

터보 파워

체이스 요원이 인페르노 박사의 음모가 담긴 훔친 노트북을 한 손에 들고 터보카를 운전한다! 스파이 클롭스는 요원들이 맞서 싸우는 악당 중 한 명이다. 요원들은 브레이크 조, 골드 투스, 스마일 페이스 같은 악당들을 우연히 만나기도 한다.

8634 터보카 체이스(2008)

관절로 이어져 있는 로봇 다리

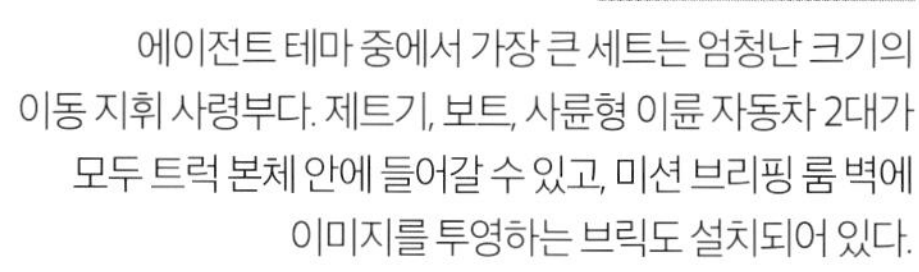

기지 중의 기지

에이전트 테마 중에서 가장 큰 세트는 엄청난 크기의 이동 지휘 사령부다. 제트기, 보트, 사륜형 이륜 자동차 2대가 모두 트럭 본체 안에 들어갈 수 있고, 미션 브리핑 룸 벽에 이미지를 투영하는 브릭도 설치되어 있다.

스텔스 제트기

브리핑 룸

탈착이 가능한 운전석

사륜형 이륜 자동차

트럭 측면에 실리는 보트

8635 이동 지휘 사령부 (2008)

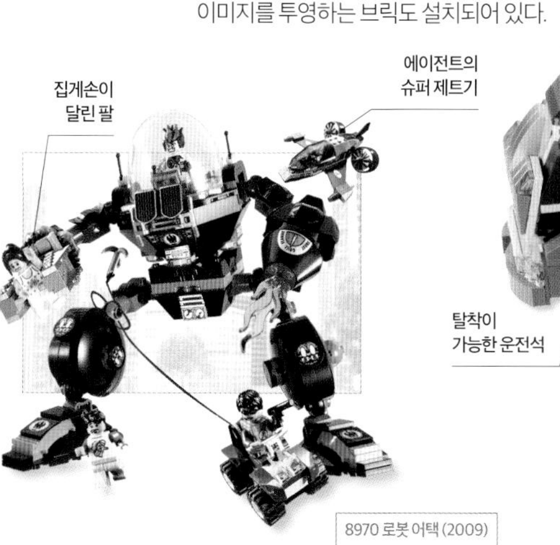

8970 로봇 어택 (2009)

기술력이 향상된 인페르노

2009년 레고 에이전트 세트에는 영웅과 악당의 향상된 기술력을 나타내기 위한 '에이전트 2.0'이라는 라벨이 붙었다. 에이전트 요원들은 새로운 방탄복을 얻었고, 인페르노 박사는 대형 로봇 수트를 얻어 적들을 더 쉽게 공격할 수 있게 되었다.

레고® 울트라 에이전트

2014년 레고® 울트라 에이전트가 6년의 공백을 깨고 에이전트 콘셉트로 다시 출시되었다. 이 새로운 테마에서는 솔로몬 블레이즈(레고® 스페이스 갤럭시 스쿼드 세트에도 등장한 미니피겨다)와 그의 울트라 에이전트 팀이 아스터 시티에서 악당 안티매터, 슈퍼 악당들과 맞서 싸운다. 울트라 에이전트 세트에서는 2개의 앱을 통해 만화까지 함께 즐길 수 있고, 일부 제품군에는 탄소 성분이 함유된 브릭이 들어 있어 스마트폰이나 태블릿 화면에 갖다 대면 앱 기능이 실행되었다.

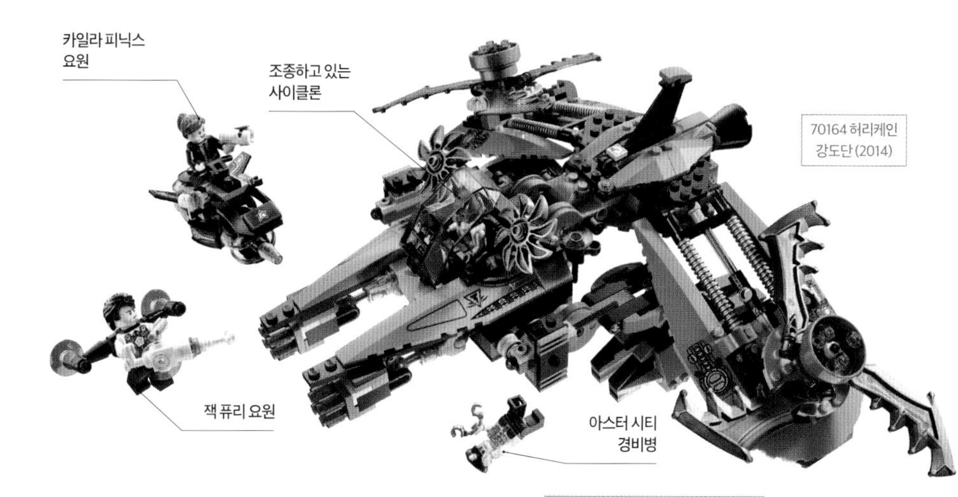

70164 허리케인 강도단 (2014)

아스터 시티의 대혼란

슈퍼 악당 사이클론이 엄청난 회오리바람을 일으키고 있다! 사이클론이 타고 있는 이 미래형 플라이어는 공중에서 아스터 시티를 위협할 수 있는 거대한 회전 날개를 갖췄으며, 순식간에 로봇으로 변신해 거대한 두 발로 걸어다닐 수 있다. 울트라 에이전트 요원인 잭 퓨리와 카일라 피닉스는 제트팩과 하늘을 나는 오토바이만으로 아스터 시티를 구할 수 있을까? 물론이다!

일렉트로 플라이어

제트팩을 착용한 카일라 피닉스 요원

EMP 폭탄

작살

회전식 함교

쾌속정 사용 시 측면 개방 가능

쾌속정 스터드 속사포

70173 울트라 에이전트 해상 본부 (2015)

해상 본부

울트라 에이전트는 이전의 레고 에이전트와 마찬가지로 이동식 트럭 기지를 드나들 수 있었지만, '울트라'라는 이름에 걸맞은 훨씬 더 큰 해상 본부를 구축해 전보다 더 나은 기지를 갖게 되었다. 스터드 속사포 2개와 작살 발사포, 접이식 대포, 회전식 함교를 갖춘 해상 본부는 일렉트로 플라이어를 타고 다니는 사악한 악당 일렉트롤라이저를 막을 준비가 되어 있었다.

괴물같이 생긴 등장인물

1990년 최초의 유령 미니피겨가, 1995년 해골 미니피겨가 세상에 선보인 이후 으스스한 등장인물은 레고® 유니버스에서 큰 부분을 차지했다. 2012년에는 뱀파이어, 미라, 좀비가 레고® 몬스터 파이터즈 테마 속 주인공을 맡았다. 모습과 직업이 다양한 미니 몬스터들이 2014년 레고® 믹셀™과 함께 출시되었다.

레고® 몬스터 파이터즈

뱀파이어 캐슬

뱀파이어 경이 문스톤 6개를 모아 자기 성탑 창문에 달린 발동기에 달아놓고 돌리면 달이 태양을 가리고 세상에는 영원한 어둠이 내려앉는다. 그렇게 되면 모든 몬스터가 무한한 자유를 누리게 될 것이다. 로드니 래스본 박사, 퀸톤 스틸 소령, 잭 맥해머, 앤 리, 프랭크 록이 속한 몬스터 파이터즈가 뱀파이어 경의 사악한 음모를 밝혀내야 한다.

9468 뱀파이어 캐슬 (2012)

시동 걸고 달리기

뱀파이어 경이 자체 개조한 영구차는 앞쪽에 송곳니 한 쌍이 달려 있고, 보닛에는 빨간색 문스톤으로 작동하는 뼈로 만든 6기통 엔진을 장착했다. 레버를 돌리면 뱀파이어 경이 영구차 지붕을 열고 관과 함께 툭 튀어 나와 적에게 기습 공격을 가한다.

레버를 돌리면 튀어나오는 관

좀비 운전사

9464 뱀파이어 트럭 (2012)

물고기 괴물

레고 몬스터 파이터즈 세트에는 영웅들이 찾고 있는 문스톤이 들어 있으며, 모두 투명한 재질에 그림 장식이 되어 있다. 양서류인 늪지 괴물은 늪지용 보트를 탄 프랭크 록에 맞서 문스톤을 지킨다. 늪지 괴물의 마스크를 벗기면 인쇄된 얼굴을 볼 수 있고, 조그맣게 분할된 해저 지형에는 한밤중에 간식으로 먹기 위해 클립으로 고정해둔 생선이 놓여 있다.

창

레고 개구리

9461 늪속의 괴물 (2012)

레고® 믹셀™

서로 합체하는 믹셀

2014년 레고 그룹과 카툰 네트워크는 레고 믹셀을 출시했고 수집용 미니 몬스터 모델, 애니메이션 TV 프로그램, 앱을 통해 세상에 선보였다. 2014년 테마에서는 문제를 해결하기 위해 다른 믹셀과 합체하는 평화적인 믹셀을 소개했다. 특히 믹셀들은 세계를 위협하는 파괴적 천적인 닉셀과 맞서기 위해 서로 합체했다. 믹셀들은 더 큰 '맥스' 믹셀을 만들거나 다른 부족과 유용한 '믹스' 믹셀을 만들어내기 위해 동료들과 합체한다.

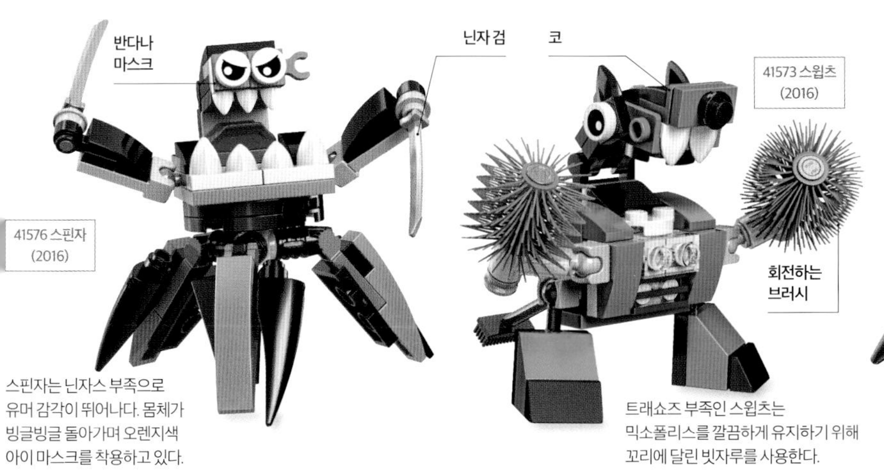

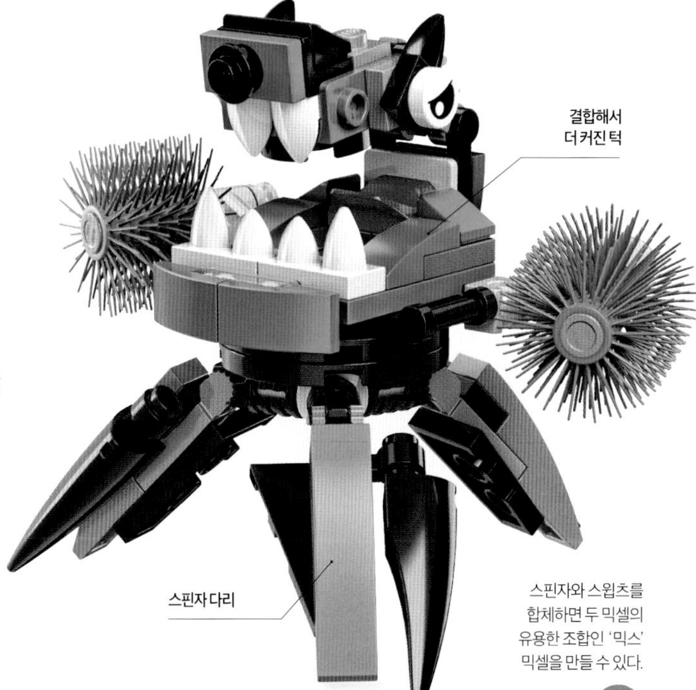

레고® 엑소 포스™ 유니버스

일본 만화와 애니메이션에서 영감을 받아 제작한 레고® 엑소 포스™ 테마는 2006년에 대형 로봇 액션의 새로운 세계를 선보였다. 용기, 기술, 뾰족뾰족한 머리카락을 지닌 인간 조종사들이 배틀 머신을 타고 사는 산을 차지하기 위해 사악한 로봇 군단과 전투를 벌인다.

엑소 포스 만화는 일본 대중 만화의 영향을 많이 받았다. 오른쪽 그림에 다케시(왼쪽)와 히카루(오른쪽)가 그려져 있다.

뭔가 이상해. 골든 시티로 돌아가야 해!

파워 업

레고 엑소 포스 이야기는 책, TV 미니 에피소드, LEGO.com 웹사이트에 연재된 만화 시리즈 등을 통해 접할 수 있었다. 40화에 달하는 만화 이야기로 센타이산을 두고 벌이는 전투 이야기를 전 세계 독자에게 생생하게 들려줄 3년간의 영웅 모험담이 만들어졌다.

많은 엑소 포스 세트에 대체 모델이나 결합 모델을 만드는 방법이 담긴 조립 설명서가 들어 있다. 거대한 마운틴 워리어는 스텔스 헌터와 그랜드 타이탄의 배틀 머신 부품으로 조립할 수 있다.

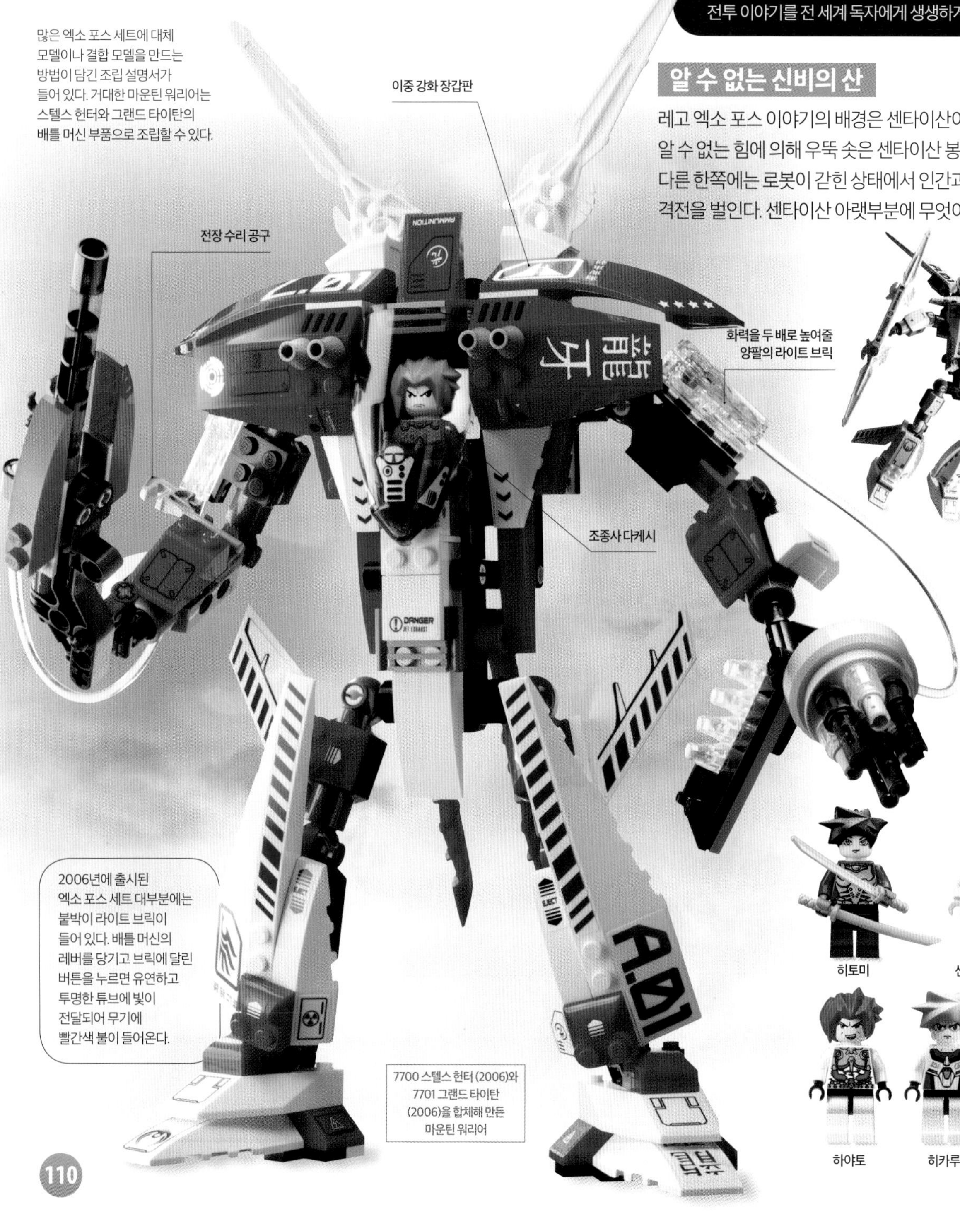

이중 강화 장갑판

전장 수리 공구

화력을 두 배로 높여줄 양팔의 라이트 브릭

조종사 다케시

2006년에 출시된 엑소 포스 세트 대부분에는 붙박이 라이트 브릭이 들어 있다. 배틀 머신의 레버를 당기고 브릭에 달린 버튼을 누르면 유연하고 투명한 튜브에 빛이 전달되어 무기에 빨간색 불이 들어온다.

7700 스텔스 헌터(2006)와 7701 그랜드 타이탄(2006)을 합체해 만든 마운틴 워리어

알 수 없는 신비의 산

레고 엑소 포스 이야기의 배경은 센타이산이다. 로봇들이 처음 반란을 일으켰을 때, 알 수 없는 힘에 의해 우뚝 솟은 센타이산 봉우리가 반으로 갈라졌다. 한쪽에는 인간이, 다른 한쪽에는 로봇이 갇힌 상태에서 인간과 로봇이 배틀 머신을 타고 비좁은 다리에서 격전을 벌인다. 센타이산 아랫부분에 무엇이 있는지는 밝혀지지 않았다.

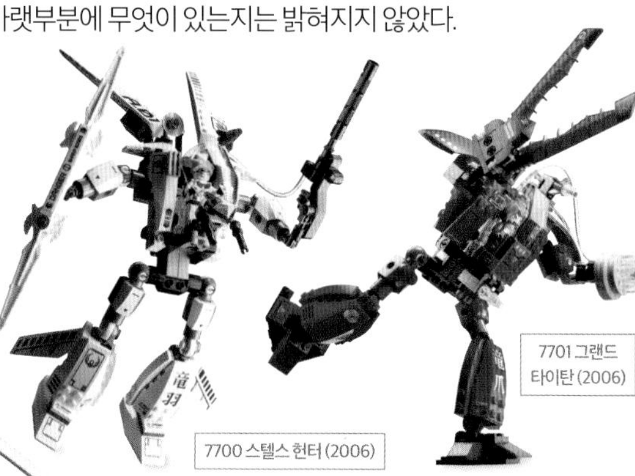

7700 스텔스 헌터(2006)

7701 그랜드 타이탄(2006)

엑소 포스를 테마로 한 모델에는 차량과 건물도 들어 있지만, 세트 대부분이 조종을 통해 걷고 달리고 육탄전을 벌이고 가끔 날아다니기도 하는 전투 로봇인 배틀 머신이다. 인간과 로봇이 전투를 벌이면서 양측 모두 강력한 배틀 머신을 만들기 위해 애를 쓴다.

엑소 포스 영웅들

레고 엑소 포스 팀에 속한 영웅을 소개하면 냉철한 명사수 히카루, 저돌적인 전사 다케시, 괴짜 발명가 료, 명랑한 조종사 하야토가 있다. 검을 휘두르는 무인이자 센세이 게이켄의 자랑스러운 손녀인 히토미도 그들과 함께한다. 센세이 게이켄은 엑소 포스 팀을 이끄는 현명한 리더이자 스승이다.

히토미

센세이 게이켄

하야토

히카루

료

다케시

엑소 포스 조종사

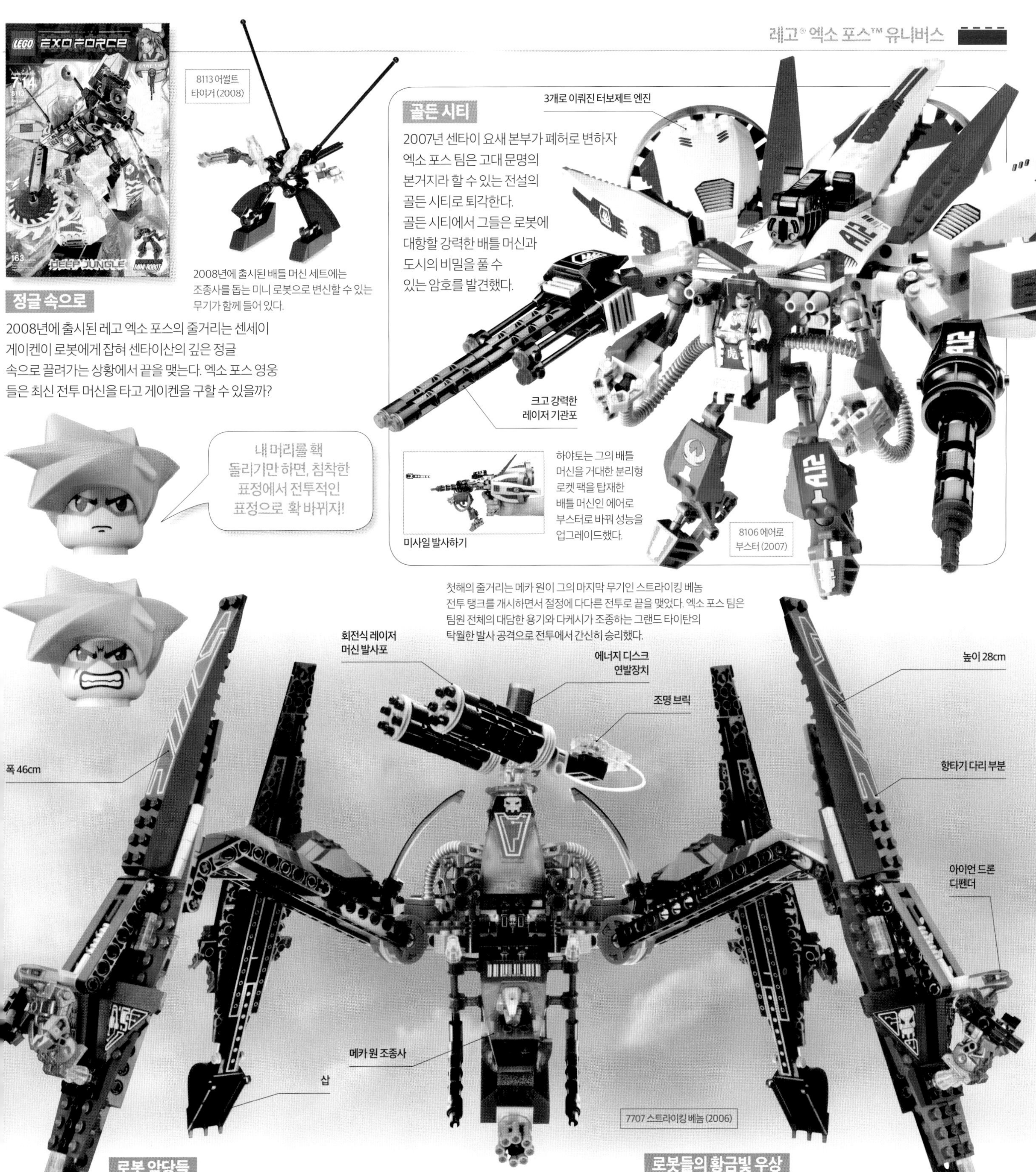

8113 어썰트 타이거 (2008)

2008년에 출시된 배틀 머신 세트에는 조종사를 돕는 미니 로봇으로 변신할 수 있는 무기가 함께 들어 있다.

정글 속으로

2008년에 출시된 레고 엑소 포스의 줄거리는 센세이 게이켄이 로봇에게 잡혀 센타이산의 깊은 정글 속으로 끌려가는 상황에서 끝을 맺는다. 엑소 포스 영웅들은 최신 전투 머신을 타고 게이켄을 구할 수 있을까?

골든 시티

2007년 센타이 요새 본부가 폐허로 변하자 엑소 포스 팀은 고대 문명의 본거지라 할 수 있는 전설의 골든 시티로 퇴각한다. 골든 시티에서 그들은 로봇에 대항할 강력한 배틀 머신과 도시의 비밀을 풀 수 있는 암호를 발견했다.

하야토는 그의 배틀 머신을 거대한 분리형 로켓 팩을 탑재한 배틀 머신인 에어로 부스터로 바꿔 성능을 업그레이드했다.

8106 에어로 부스터 (2007)

첫해의 줄거리는 메카 원이 그의 마지막 무기인 스트라이킹 베놈 전투 탱크를 개시하면서 절정에 다다른 전투로 끝을 맺었다. 엑소 포스 팀은 팀원 전체의 대담한 용기와 다케시가 조종하는 그랜드 타이탄의 탁월한 발사 공격으로 전투에서 간신히 승리했다.

7707 스트라이킹 베놈 (2006)

로봇 악당들

로봇은 크게 세 가지 유형으로 나뉜다. 대량생산된 구리색 아이언 드론, 지능적 지휘관인 은색 데바스테이터(몇 가지 다른 2차 색이 함께 사용되기도 함), 로봇 군단을 이끄는 리더인 황금색 메카 원이다.

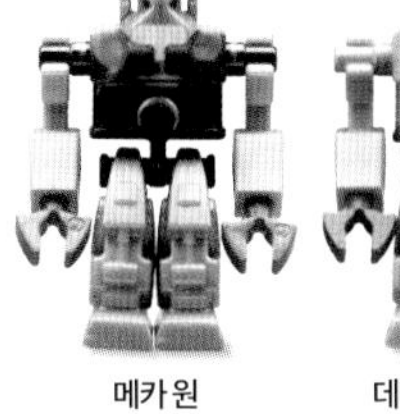

메카 원

데바스테이터

아이언 드론

로봇들의 황금빛 우상

간단한 굴착기로 만든 메카 원은 의식을 갖게 되었고, 프로그래밍을 재설정해 동료 로봇들이 반란을 일으키도록 했다. 센타이산에서 로봇이 차지하고 있는 영역에서 인간을 몰아내는 데 만족하지 못한 폭군 메카 원은 레고 엑소 포스를 완전히 무너뜨리기 위해 배틀 머신을 계속 다리 건너편으로 보냈다.

레고® 키마의 전설™

2013년 레고® 키마의 전설™과 함께 새로운 환상의 세계가 탄생했다. 동물 부족들의 전쟁을 바탕으로 한 이 테마에서는 소립용 장애물 코스, 스피도즈™, 에너지원인 키가 들어 있는 세트로 사교적이면서도 경쟁적인 놀이 요소를 강조했다. 동물에게 영감을 받아 제작한 이 멋진 제품군과 함께 TV 시리즈, 비디오게임, 멀티플레이어 온라인게임도 출시되었다.

키

전쟁을 벌이는 동물 부족의 에너지원인 키는 레고® 세트에서 푸른색이나 황금색 크리스털 모양이다. 키마의 줄거리에 따르면 만물이 힘을 얻으려면 키가 필요하기에 키 엘리먼트를 전투 차량이나 스피도즈에 장착할 수 있도록 만들었고, 미니피겨 가슴에도 키를 장착할 수 있는 장치가 달려 있다.

이리스

라발

로좀

워리츠

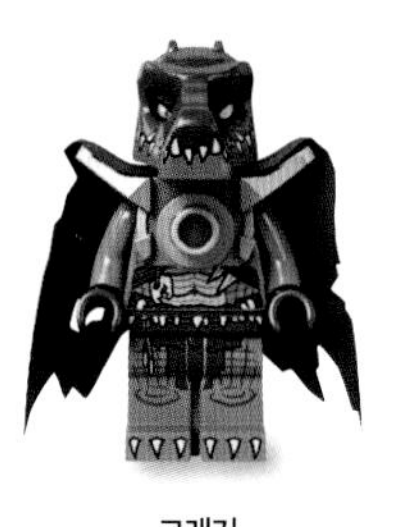

크래거

키마 부족

레고 키마의 전설은 마법의 동물 부족들이 키라고 불리는 천연 에너지원을 두고 공방을 벌이는 울창한 자연 세계를 배경으로 펼쳐진다. 처음 출시된 키마 제품군에서는 선한 부족인 사자와 독수리 부족과 악한 부족인 악어·까마귀·늑대 부족을 선보였다. 부족은 저마다 특별한 프린팅 문양, 무기, 액세서리가 있다.

70226 매머드의 얼음 기지 (2015)

아이스 헌터

2015년 키마는 역사 속으로 사라졌다가 전갈 부족에 의해 깨어난 고대 부족인 아이스 헌터의 공격을 받아 새로운 위기를 맞게 되었다. 아이스 헌터 부족은 매머드의 얼음 기지 세트에 포함된 매머드 부족, 세이부투스 호랑이 부족, 독수리 부족, 아이스 베어 부족을 포함한다. 아이스 헌터 세트에는 시원한 느낌의 투명한 담청색 엘리먼트가 들어 있다.

레전드 비스트 등에 탄 미니피겨

이리스의 글락소 도끼

70124 레전드 비스트 독수리 (2014)

레전드 비스트

2014년에는 레전드 비스트 사자, 악어, 독수리, 늑대, 고릴라 등 총 5개 제품이 출시되었다. 레전드 비스트는 사람처럼 걷거나 말하는 동물로 진화하지 않고 동물의 본성을 그대로 유지하는 동물이다. 전갈 부족의 왕인 스콤은 레전드 비스트를 잡아들여 부족들이 단결해 그들을 구출해 내기 전까지 아웃랜드에 가두었다.

맞물려 닫히는 문

악어 부족의 왕궁은 불청객이 침입하면 위에서 뚝 떨어져 닫히는 악어 입 모양 문이 있는 늪지대의 은신처다. 크로미너스 왕과 그의 악어 부족은 사자 부족인 레오니다스를 납치해 공중에 매달린 감옥에 가두고 황금 키를 빼앗았다. 레녹스가 은신처에 갇힌 레오니다스를 구출하고 함께 탈출하는 임무를 맡았다.

70014 악어의 늪지 은신처 (2013)

파워 업!

동물 전사들이 키 구슬을 가슴판에 장착하면 몸집이 커지고 힘이 세진다. 그러한 동물 전사들과 겨루기 위해 빌더들은 가장 좋아하는 캐릭터를 자유자재로 조립할 수 있는 피겨를 찾을지도 모른다. '키' 고르잔은 스파이크가 달린 철퇴와 관절을 구부려 꽉 쥘 수 있는 거대한 주먹으로 고릴라 부족을 보호한다.

독거미의 거미줄

키마의 전설 테마 출시 2년 차인 2014년에는 동물 부족이 키마를 지배하기 위해 싸운 사악한 전갈, 박쥐, 거미 부족에게 잡힌 레전드 비스트를 구하기 위해 키마를 떠나 아웃랜드로 간다. 거미 부족의 독거미는 강력한 다리와 이중 거미줄 플릭 미사일을 가지고 있다.

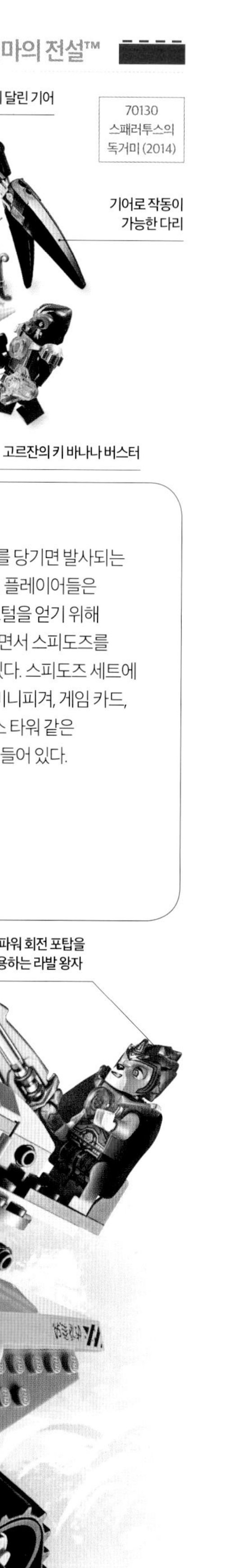

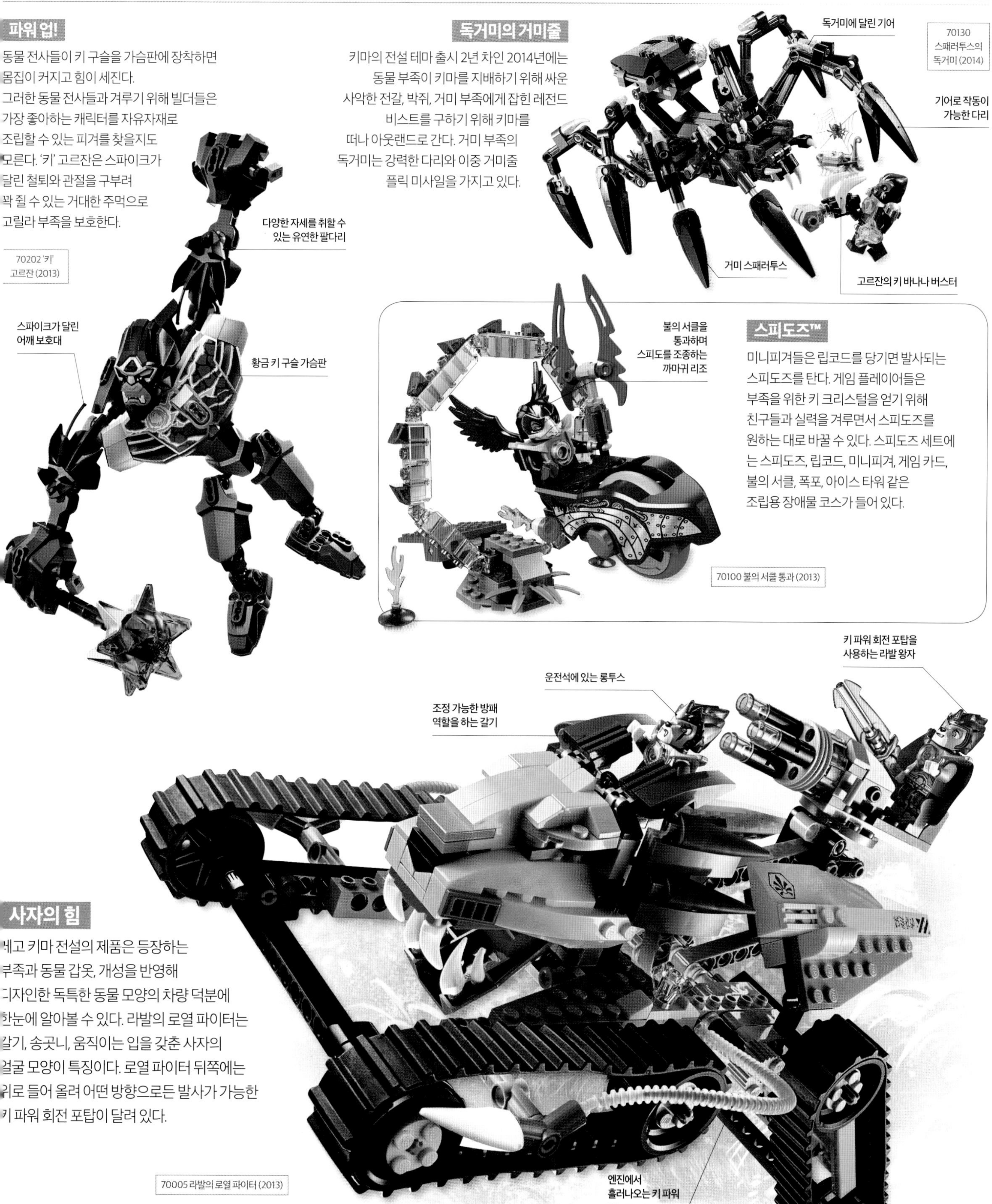

70130 스패러투스의 독거미 (2014)

70202 '키' 고르잔 (2013)

70100 불의 서클 통과 (2013)

70005 라발의 로열 파이터 (2013)

스피도즈™

미니피겨들은 립코드를 당기면 발사되는 스피도즈를 탄다. 게임 플레이어들은 부족을 위한 키 크리스털을 얻기 위해 친구들과 실력을 겨루면서 스피도즈를 원하는 대로 바꿀 수 있다. 스피도즈 세트에는 스피도즈, 립코드, 미니피겨, 게임 카드, 불의 서클, 폭포, 아이스 타워 같은 조립용 장애물 코스가 들어 있다.

사자의 힘

레고 키마 전설의 제품은 등장하는 부족과 동물 갑옷, 개성을 반영해 디자인한 독특한 동물 모양의 차량 덕분에 한눈에 알아볼 수 있다. 라발의 로열 파이터는 갈기, 송곳니, 움직이는 입을 갖춘 사자의 얼굴 모양이 특징이다. 로열 파이터 뒤쪽에는 뒤로 들어 올려 어떤 방향으로든 발사가 가능한 키 파워 회전 포탑이 달려 있다.

레고® 닌자고®

먼 옛날, 지진의 낫, 번개 쌍절곤, 얼음의 수리검, 불의 검 등 네 가지 황금 무기를 사용한 최조의 스핀짓주 마스터에 의해 신비로운 닌자고 세상이 탄생했다. 2011년 TV 프로그램 방영과 동시에 출시된 레고® 닌자고® 테마에서는 기존의 클래식 레고 닌자 미니피겨 대신 완전히 새로운 미니피겨를 선보였다.

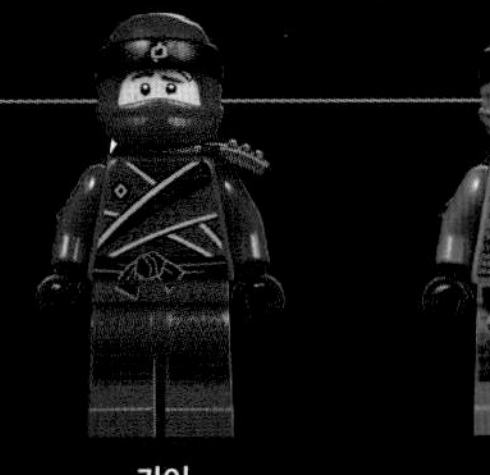

카이

제이

콜

쟌 니야 로이드

마스터 우

닌자고 영웅들

지혜로운 마스터 우가 양성한 6명의 용감한 닌자는 사악한 존재로부터 닌자고 세상을 지키기 위해 힘을 합쳐 싸워왔다. 닌자 미니피겨들은 자신을 대표하는 색상의 도복을 입고 있다. 2018년 닌자들은 불(카이), 번개(제이), 흙(콜), 얼음(쟌), 물(니야), 에너지(로이드) 등 원소의 힘을 바탕으로 새롭게 디자인한 두건과 복면을 갖춘 도복을 입게 되었다.

스피너

일반적 레고 조립 세트뿐 아니라 닌자나 그들의 적인 해골 군단도 팽이처럼 생긴 스피너와 함께 개별적으로 판매했다. 스피너 배틀 게임의 규칙은 "닌자 고Ninja GO!"를 외치면서 서로를 향해 미니피겨를 팽이를 돌리듯 내려놓으면 된다. 계속 빙글빙글 돌아가는 닌자를 가진 게임 플레이어가 대결에서 이기는 게임이다. 2018년에는 미니피겨 캡슐, 조립식 레고 브릭 손잡이 립코드로 구성한 새로운 스핀짓주 마스터 세트가 출시되었다.

70637 콜―스핀짓주 마스터 (2018)

2111 카이 (2011)

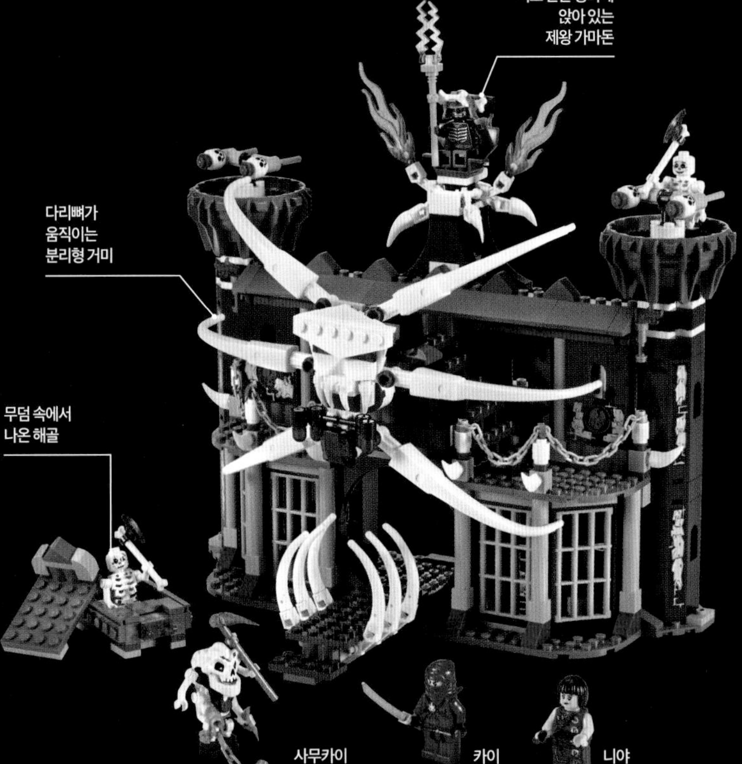

제왕 가마돈

닌자고 테마가 처음 출시된 해에 마스터 우의 사악한 형인 제왕 가마돈은 해골 장군들이 이끄는 해골 군단을 지휘했다. 제왕 가마돈의 다크 포레스트 제품에는 팔이 4개인 해골 왕 사무카이 닌자 카이, 카이의 여동생 니야 등 미니피겨 6개가 들어 있다. 요새 출입구 위에 달린 두개골을 분리하면 침입자를 공격할 수 있는 거대한 거미로 변한다.

2505 가마돈의 다크 포레스트 (2011)

해골 장군들

닌자 팀의 숙적이나 다름없는 제왕 가마돈을 위해 싸우는 더 크고 투박한 해골 장군을 포함한 해골 군단도 스피너를 가지고 조립할 수 있다. 스피너 세트에는 좀 더 도전적인 대결 모드로 전환하는 데 사용할 수 있는 다양한 무기, 카드, 브릭이 함께 들어 있다.

2173 너클 (2011)

뱀 부족의 공격

2012년 닌자들은 뱀 부족의 고대 뱀 인간을 마주하게 되었다. 뱀 부족은 독사를 풀어주는 데 필요한 베노마리 송곳니 블레이드를 찾고 있었다. 먼저 송곳니 블레이드를 찾아내고 그것을 잘 지켜내는 일이 닌자들의 임무였다. 닌자 콜은 송곳니 블레이드를 초고속 바이트 사이클에 싣고 탈출하는 베노마리 부족원인 라샤를 막아야 했다. 2012년에 출시된 뱀 모양 바이트 사이클에는 TV 시리즈 에피소드에 등장하는 바이트 사이클처럼 플릭 미사일과 격렬하게 움직이며 공격할 수 있는 꼬리가 달려 있다.

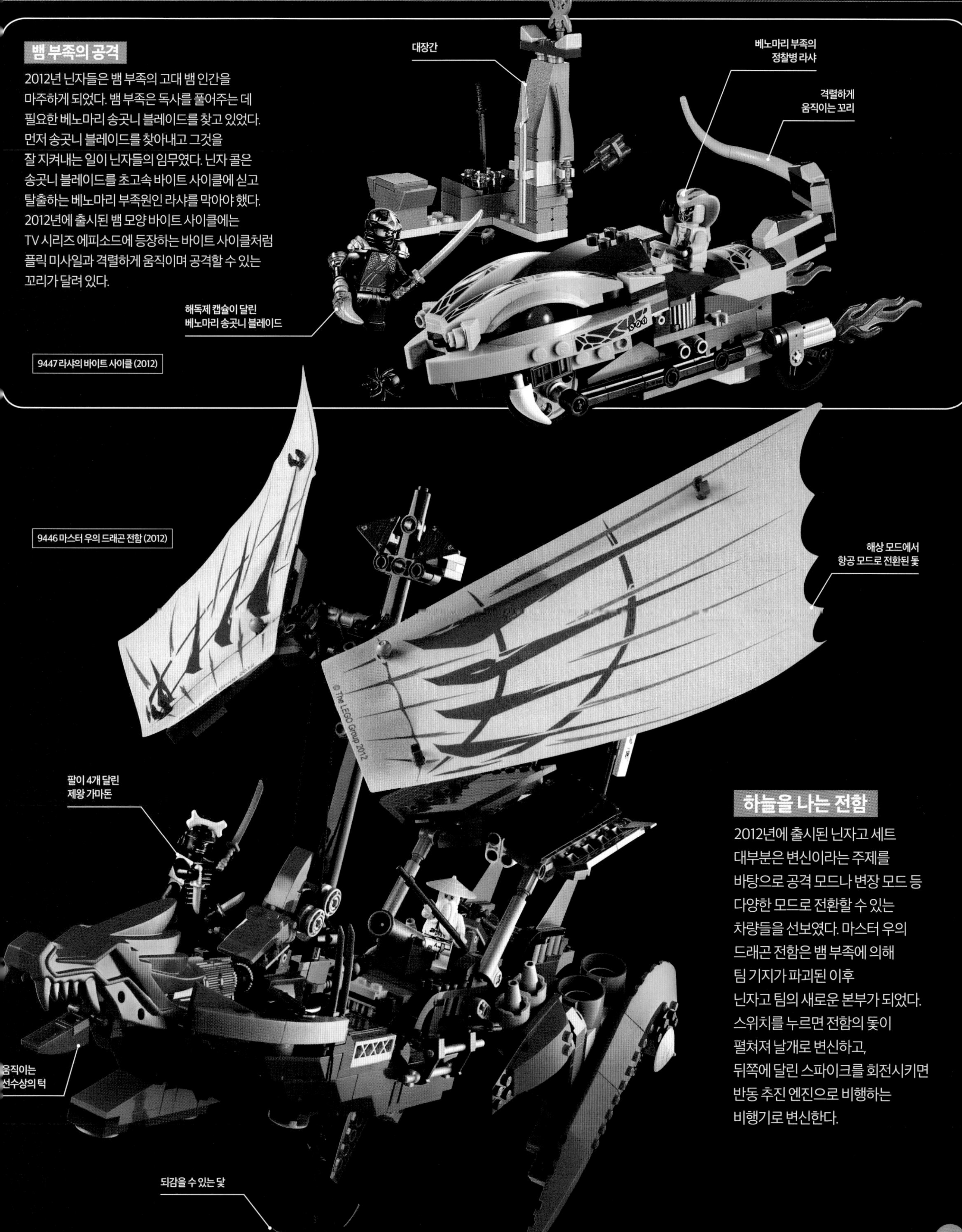

9447 라샤의 바이트 사이클 (2012)

9446 마스터 우의 드래곤 전함 (2012)

하늘을 나는 전함

2012년에 출시된 닌자고 세트 대부분은 변신이라는 주제를 바탕으로 공격 모드나 변장 모드 등 다양한 모드로 전환할 수 있는 차량들을 선보였다. 마스터 우의 드래곤 전함은 뱀 부족에 의해 팀 기지가 파괴된 이후 닌자고 팀의 새로운 본부가 되었다. 스위치를 누르면 전함의 돛이 펼쳐져 날개로 변신하고, 뒤쪽에 달린 스파이크를 회전시키면 반동 추진 엔진으로 비행하는 비행기로 변신한다.

무시무시한 기계

360도 회전식 사령부, 차량 전방에 달린 칼날, 강력한 기계 팔, 방패가 특징인 디스트럭토이드는 무시할 수 없는 엄청난 차량이다! 로봇 닌자인 잔은 기계를 차량으로 바꿔주는 테크노 블레이드를 빼앗기지 않기 위해 휴머노이드 로봇이 모는 무시무시한 차량에 맞서야 했다.

70726 디스트럭토이드 (2014)

서사적 전투

닌자고 TV 시리즈 시즌 3에서 닌자들은 새 닌자고 시티를 차지하려는 사악한 오버로드에 맞서 싸웠다. 닌자들은 닌자고 신전을 시작으로 한 자신들의 본부를 방어할 준비가 되어 있었다. 닌자고 시티의 전투 세트에는 닌자들이 전투에서 승리할 수 있도록 도와줄 회전 벽, 집라인, 다양한 보급품, 디스크 슈터 같은 숨겨진 무기 등이 들어 있다.

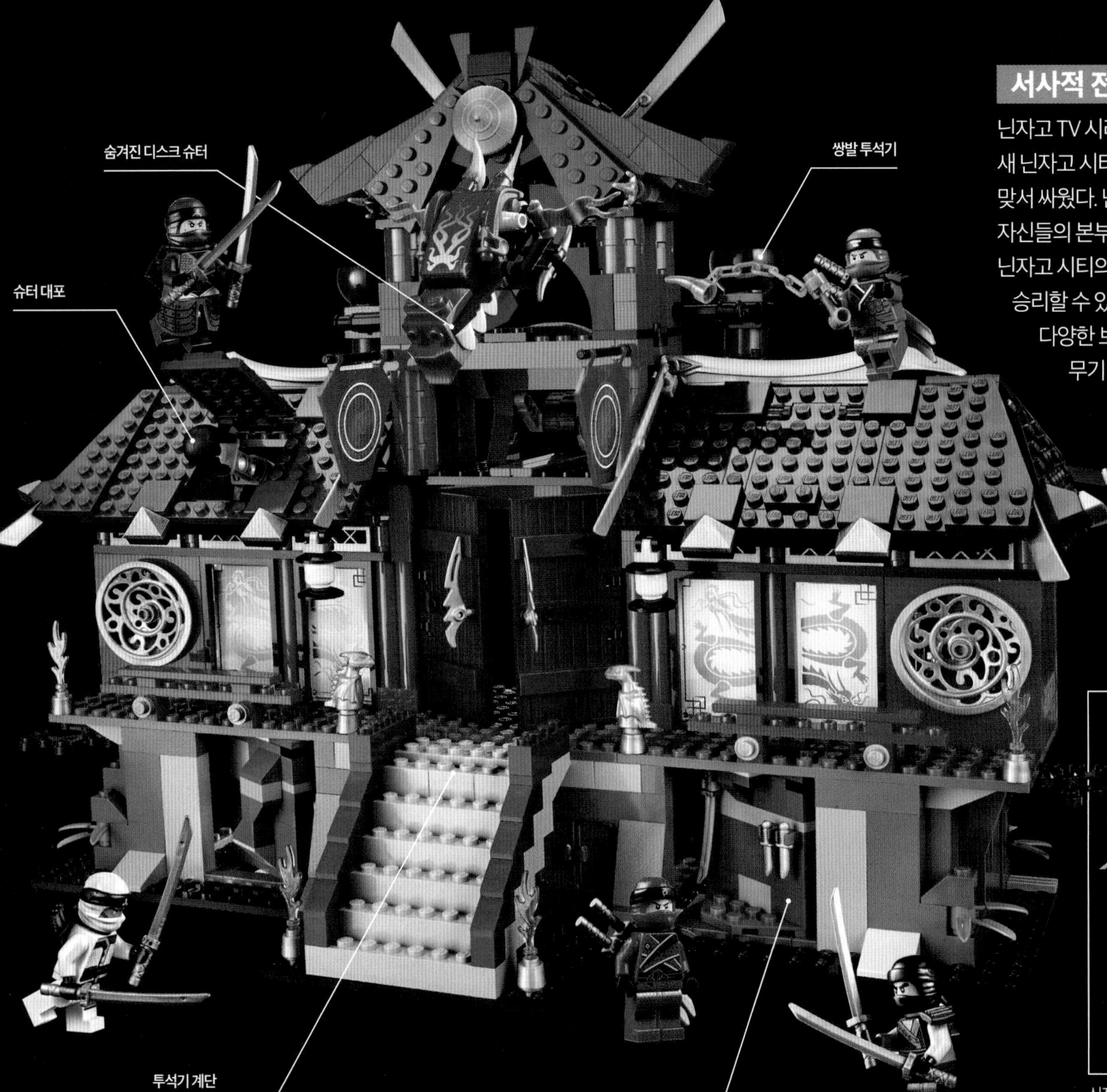

70728 닌자고 시티의 전투 (2014)

신전 내부에는 닌자들이 잠잘 수 있는 숙소, 컴퓨터가 있는 지휘 본부, 그릴과 소시지가 있는 주방, 닌자들이 적을 가둘 수 있는 감옥 등 다양한 공간이 있다.

신전과 마을

2,028피스로 구성된 에어짓주 신전 세트에는 닌자들이 하늘을 날 수 있도록 해주는 무술인 에어짓주를 배우는 닌자고 TV 시리즈 시즌 5 내용을 반영했다. 정교한 에어짓주 신전은 닌자고 사상 최초로 닌자 팀 전원을 한곳에서 만나볼 수 있는 세트다. 에어짓주 신전 세트에는 마을의 여러 건물, 다리, 황홀한 그림자 극장을 만들기 위한 조명용 브릭 엘리먼트가 들어 있다.

70751 에어짓주 신전 (2015)

유령들의 공격

2015년 닌자들은 모로라는 사악한 유령 전사가 타고 있는 웅장한 드래곤의 공격에 맞서 최초의 스핀짓주 마스터의 무덤을 지켜야 했다. 무덤을 지키기 위해 새로운 에어짓주 기술과 닌자 제트 보드를 사용한 카이와 제이는 몰려고 달려드는 모로 드래곤, 스크리머로 알려진 유령, 모로의 동료 유령 전사들의 공격을 성공적으로 막아냈다.

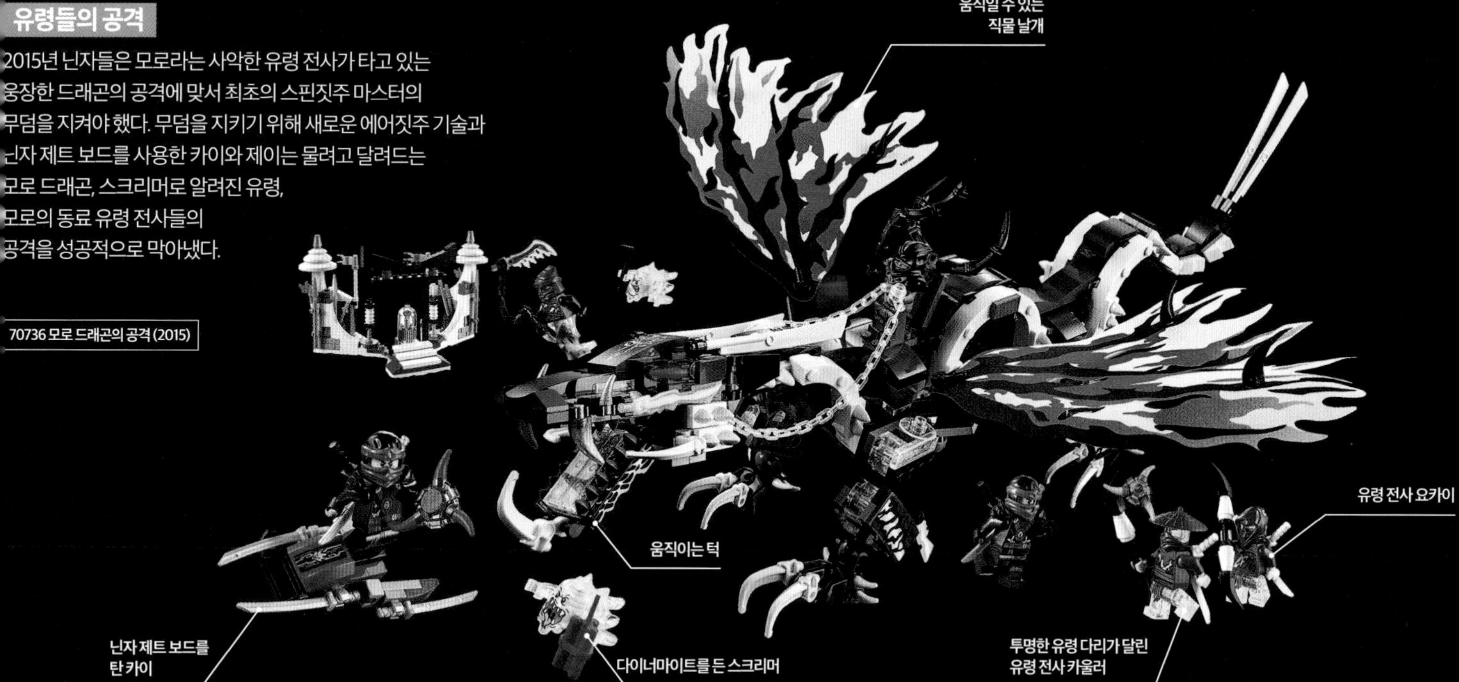

70736 모로 드래곤의 공격 (2015)

열기구 해적 비행선

2016년 닌자들 앞에 악랄한 더블룬과 그의 스카이 해적이 등장하면서 그들은 새로운 비행선에 맞서 싸우게 되었다. 스카이 해적의 비행선인 해적 비행선은 대포, 함정 문 장치, 디스크 슈터 등 전투에 필요한 장비가 잘 갖춰져 있었다. 닌자 쟌은 플라이어를 탄 채 강력히 맞서 싸웠고, 사악한 해적단을 물리치기 위해 투명한 청색 아이스 스터드를 발사했다.

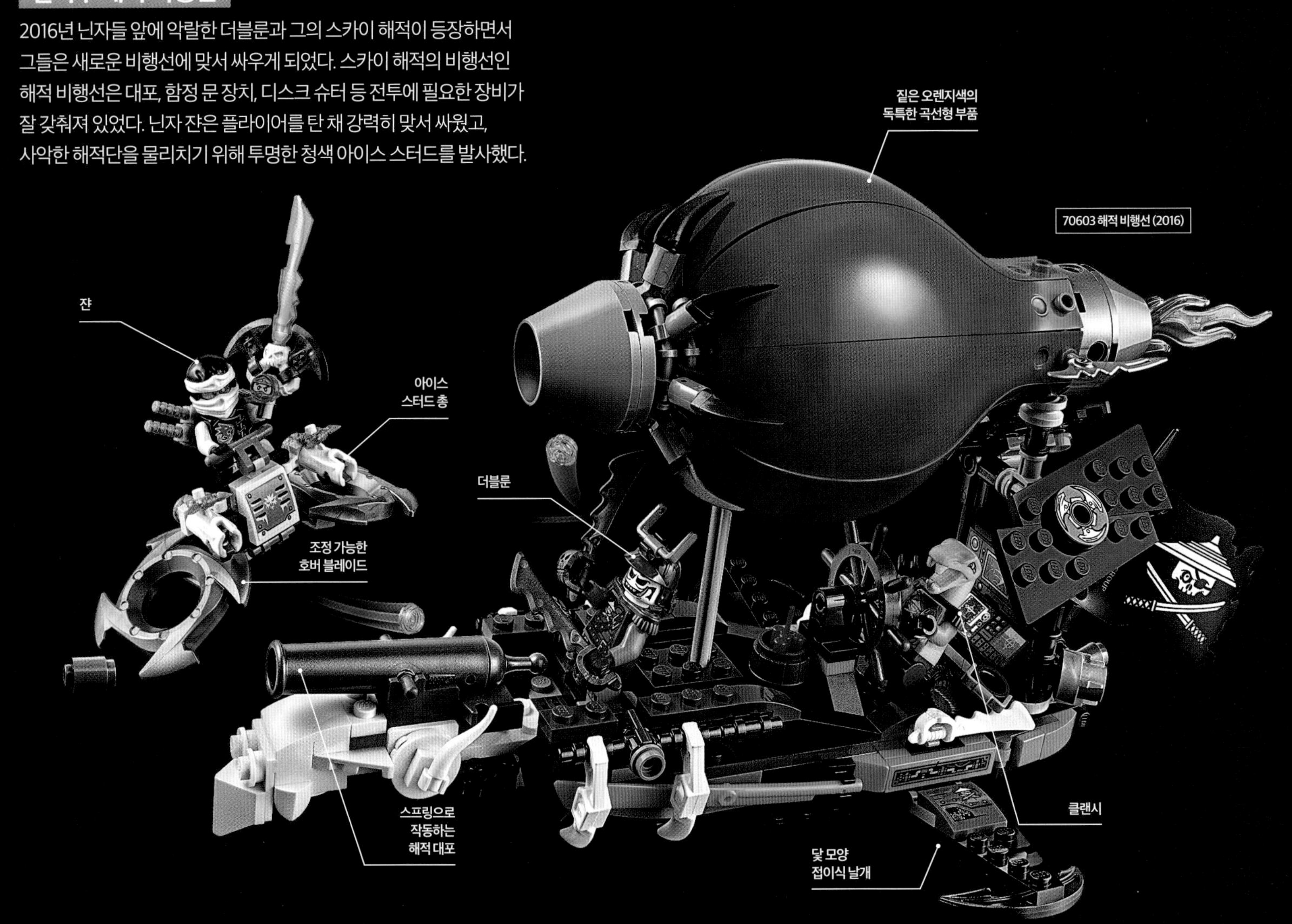

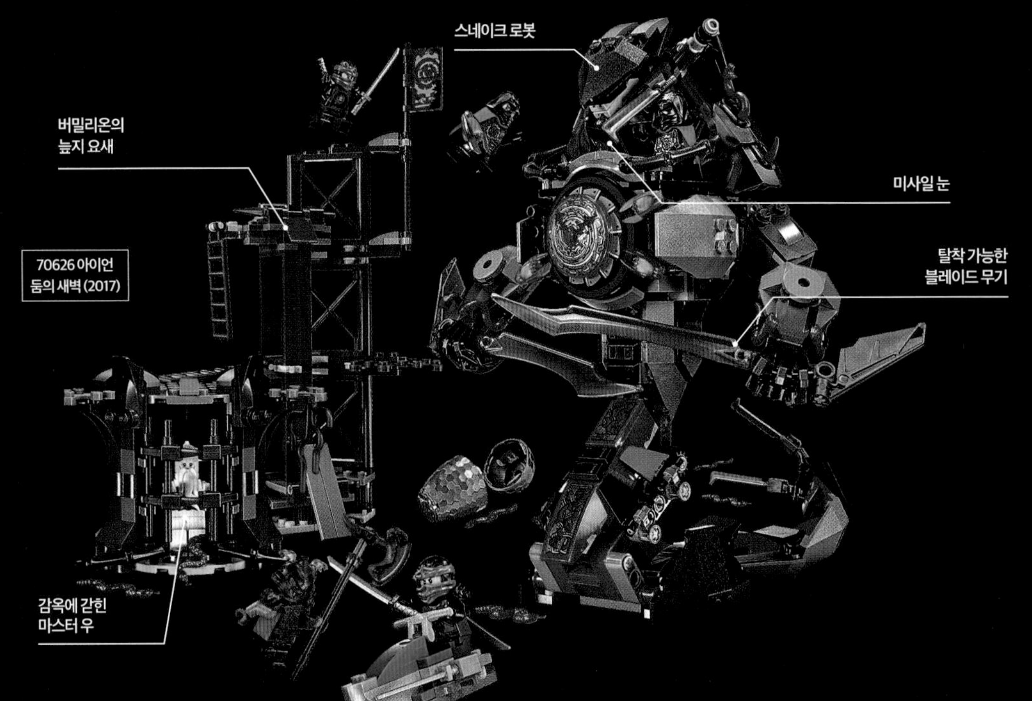

시간 여행 쌍둥이

여러 해에 걸쳐 닌자들은 개방형 조종석과 무기를 들 수 있는 팔을 가진 대형 로봇처럼 생긴 차량 같은 기계를 사용하는 무시무시한 적을 많이 만났다. 2017년 닌자들은 마스터 우를 잡아 가두고 아이언 둠 스네이크 로봇을 타고 싸우는 시간 여행 쌍둥이와 맞서게 되었다. 스네이크 로봇은 다리 대신 자유로이 움직일 수 있는 꼬리가 달려 있다.

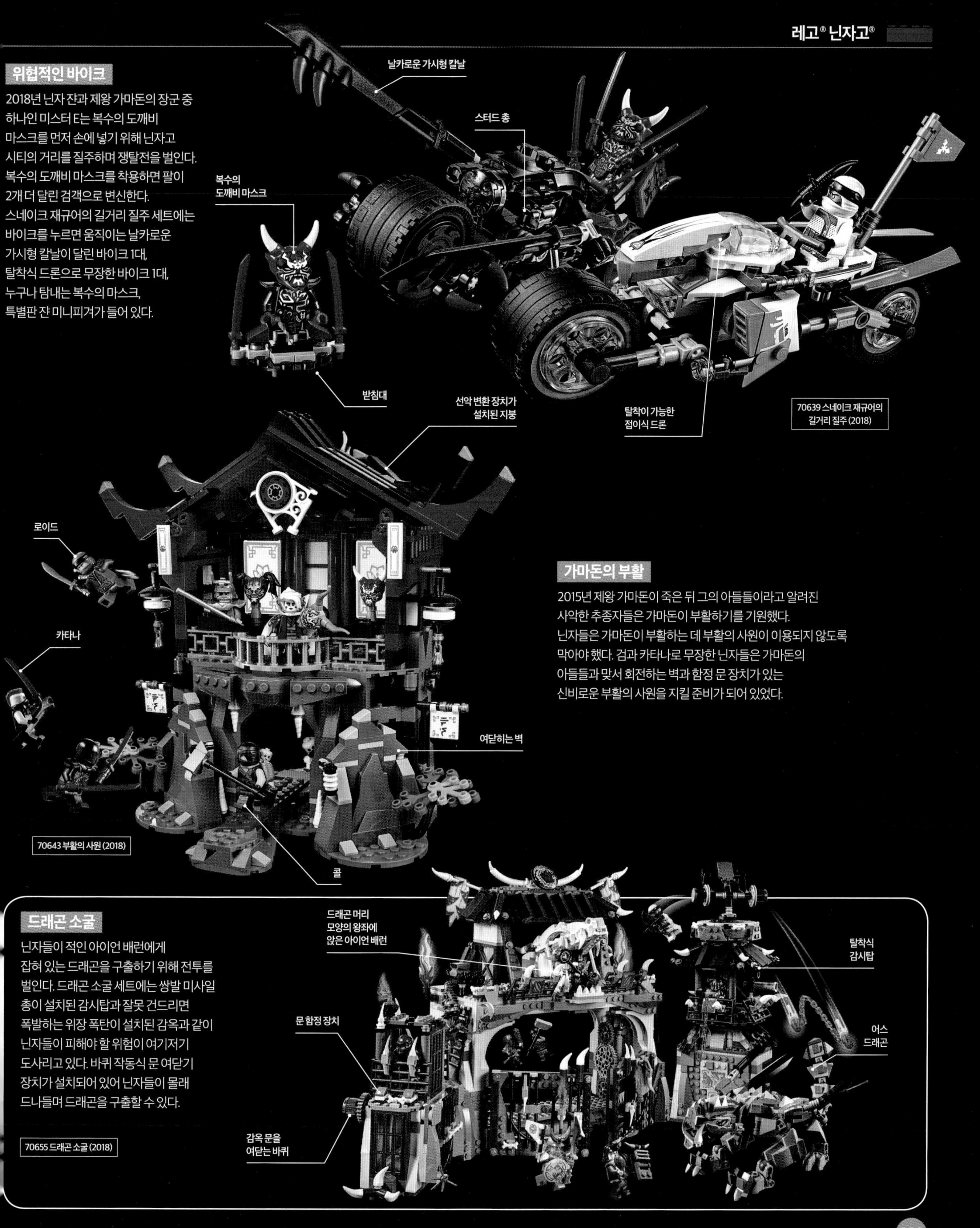

위협적인 바이크

2018년 닌자 잔과 제왕 가마돈의 장군 중 하나인 미스터 E는 복수의 도깨비 마스크를 먼저 손에 넣기 위해 닌자고 시티의 거리를 질주하며 쟁탈전을 벌인다. 복수의 도깨비 마스크를 착용하면 팔이 2개 더 달린 검객으로 변신한다. 스네이크 재규어의 길거리 질주 세트에는 바이크를 누르면 움직이는 날카로운 가시형 칼날이 달린 바이크 1대, 탈착식 드론으로 무장한 바이크 1대, 누구나 탐내는 복수의 마스크, 특별판 잔 미니피겨가 들어 있다.

가마돈의 부활

2015년 제왕 가마돈이 죽은 뒤 그의 아들들이라고 알려진 사악한 추종자들은 가마돈이 부활하기를 기원했다. 닌자들은 가마돈이 부활하는 데 부활의 사원이 이용되지 않도록 막아야 했다. 검과 카타나로 무장한 닌자들은 가마돈의 아들들과 맞서 회전하는 벽과 함정 문 장치가 있는 신비로운 부활의 사원을 지킬 준비가 되어 있었다.

드래곤 소굴

닌자들이 적인 아이언 배런에게 잡혀 있는 드래곤을 구출하기 위해 전투를 벌인다. 드래곤 소굴 세트에는 쌍발 미사일 총이 설치된 감시탑과 잘못 건드리면 폭발하는 위장 폭탄이 설치된 감옥과 같이 닌자들이 피해야 할 위험이 여기저기 도사리고 있다. 바퀴 작동식 문 여닫기 장치가 설치되어 있어 닌자들이 몰래 드나들며 드래곤을 구출할 수 있다.

레고® 닌자고® 무비™

레고 그룹이 레고® 닌자고 테마를 출시한 지 7년쯤 되었을 때 한창 인기를 누리던 닌자들은 블록버스터 영화에 출연하게 되었다. 2017년 20개가 넘는 세트 출시와 함께 개봉한 닌자고 무비에서는 새로운 버전의 닌자고 세상을 선보였지만, 많은 사랑을 받고 있던 영웅들은 변함없는 모습으로 영화에 출연했다.

드래곤 전함에 승선할 미니피겨는 총 7개다. 즉 마스터 우와 비밀 닌자 부대인 로이드 가마돈(그린 닌자이자 닌자들의 리더), 카이(불의 닌자), 카이의 여동생 니야(물의 닌자), 제이(번개의 닌자), 쟌(얼음의 닌자), 콜(흙의 닌자)이다.

전원 승선 완료

이 비행 전함은 닌자들이 존경하는 스승 마스터 우의 이동식 훈련 기지다. 2015년에 출시된 레고® 닌자고® 버전의 전함 세트(70738)보다 부품 수가 1,000개 정도 더 많다. 영화 버전 세트는 세 가지 모듈로 구성된 전함과 훈련 도장, 욕실, 마스터 우의 침실 등 다양한 객실로 구성되었다. 또 드래곤 전함은 감아 올리고 내릴 수 있는 닻 2개와 영화 속 장면을 재현한 인상적인 무기고도 있다.

70618 드래곤 전함 (2017)

빨간색 드래곤 문양으로 장식한 돛

드래곤 눈으로 사용된 하얀색 컵케이크 부품

낚싯대

새로운 배경

닌자고 무비에는 닌자고 TV 시리즈의 배경과는 전혀 다른 새로운 배경이 담겨 있다. 실제로 촬영한 현실 속 배경과 컴퓨터 애니메이션 레고 엘리먼트가 한데 섞여 실제 액션 무술 영화 같은 분위기를 자아낸다.

탈착식 지팡이

전투 훈련장

가마돈 전투 마네킹

새로운 모습

레고 닌자고 세트와 TV 시리즈에 등장한 닌자 캐릭터가 레고® 닌자고® 무비™ 세트에도 그대로 들어가지만 파격적이고 새로운 변화를 거쳤다. 닌자들의 새 복장에는 카이의 빨간색 반다나나 어깨 갑옷같이 멋진 디테일을 더해 영화 속 모습을 그대로 재현했다.

70606 스핀짓주 훈련 (2017)

가마돈의 광기

사악한 제왕 가마돈은 상어 군대를 이용해 닌자고 시티를 차지하려 한다. 그는 출입구가 자신의 머리 모양인 화산 속 은신처에서 음모를 꾸미고 계획을 세운다. 가마돈의 화산 속 은신처 세트에는 화산 꼭대기의 미니피겨 발사 장치, 컴퓨터 연구소, 회전식 크레인이 설치된 로봇 제작 구역, 수족관이 있는 가마돈의 집전실이 들어 있다.

70631 가마돈의 화산 속 은신처 (2017)

70612 그린 닌자
로봇 드래곤 (2017)

그린 닌자의 로봇

닌자들은 가마돈과 그의 상어 부대가 접근하지 못하도록 로봇을 사용한다. 로이드가 조종하는 60cm 길이의 드래곤 로봇은 휠을 돌려 휙휙 휘두를 수 있는 꼬리, 스터드 총 2개, 숨겨진 팝업식 추진기, 관절형 턱이 있다. 그린 닌자 로봇 드래곤 세트에는 가마돈의 레이저 포인터인 '절대 무기'도 들어 있다.

상어 로봇의 공격!

제왕 가마돈은 닌자에게 맞서기 위해 자신이 올라타고 상어 부대를 지휘할 무시무시한 상어 로봇을 마련한다. 상어 로봇은 방아쇠를 당기면 덥석 물어 공격하는 턱이 있고, 뒤쪽에 탄환이 발사되는 대포 2개가 달려 있다. 또 이 세트에는 미니피겨 6개와 조립식 핫도그 지붕으로 만든 핫도그 판매대가 들어 있다.

70656 가마돈, 가마돈, 가마돈! (2017)

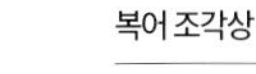

도시 생활

2017년 닌자고 테마 세트 중 규모가 가장 큰 닌자고 시티 세트에서는 빌더들이 수산 시장을 둘러보거나 상점에 들르고, 초밥집에서 저녁을 먹고, 로이드의 아파트에서 시간을 보낼 수 있도록 정교한 도시 경관을 선보인다. 닌자고 시티의 3층 건물은 엘리베이터로 연결되며 현금을 인출하는 ATM, 바꿔 끼울 수 있는 영화 포스터 4개, 전통 낚싯배, 닌자고 영화에 등장하는 미니피겨 16개 등 멋진 구성품이 들어 있다.

70620 닌자고 시티 (2017)

닌자고 시티 세트에 들어 있는 미니피겨는 다양한 저녁 메뉴를 즐길 수 있다. 그들은 게를 구울 수 있는 장치가 갖춰진 게 요리 음식점에서 식사를 하거나, 스시 컨베이어 벨트에 실려 나오는 조립된 스시를 먹을 수 있는 현대식 옥상 스시 바에서 멋진 도시 경관을 감상할 수 있다.

기억할 만한 레고 세트

6195 해저탐사기지 (1995)

6190 수중해적본부 (1996)

6769 포트 레고레도 (1996)

6494 매직 마운틴 타임 랩 (1996)

5978 스핑크스 시크릿 서프라이즈 (1998)

5956 익스페디션 벌룬 (1999)

4980 지하구조 헬리콥터 (1999)

6776 오겔 컨트롤 센터 (2001)

4797 오겔 뮤턴트 킬러 웨일 (2002)

7419 드래곤 요새 (2003)

7475 파이어 해머 vs 뮤턴트 리저드 (2005)

7298 공룡 추적 헬리콥터 (2005)

7713 브리지 워커와 화이트 라이트닝 (2006)

7775 아쿠아베이스 침략 (2007)

8634 미션 5: 터보카 체이스 (2008)

8970 로봇 어택 (2009)

8191 라바트래즈 감옥 (2010)

7327 스콜피온 피라미드 (2011)

7985 잃어버린 도시 아틀란티스 (2011)

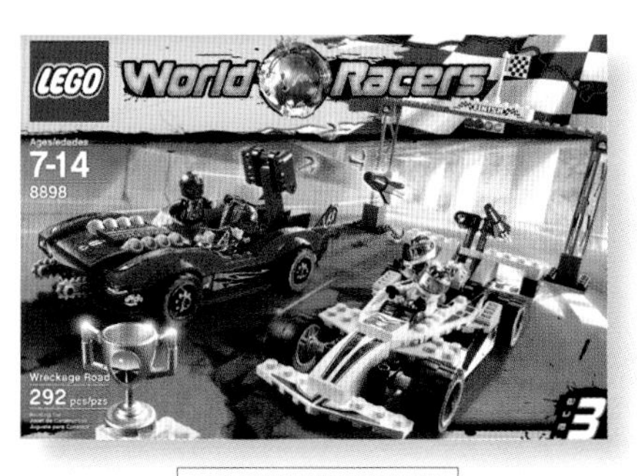

8898 잔해로 뒤덮인 도로 (2010)

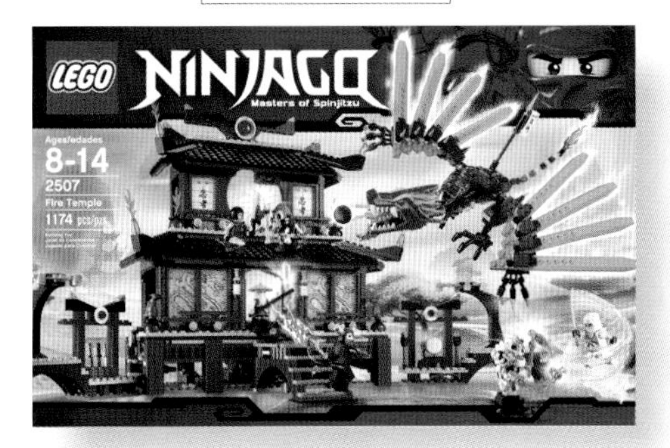

2507 불의 신전 (2011)

9464 뱀파이어 트럭 (2012)

70813 초강력 구조대 (2014)

70656 가마돈, 가마돈, 가마돈! (2017)

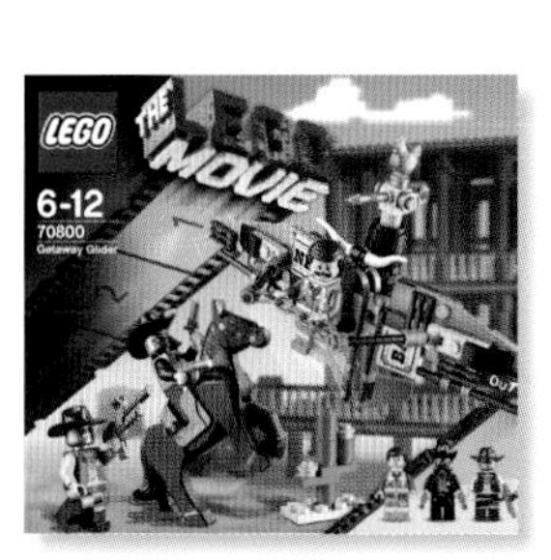

70800 글라이더 탈출작전 (2014)

70224 타이거의 이동식 지휘차 (2015)

레고® 레이싱

레고 자동차 경주는 1975년 포뮬러 원 자동차 모델과 1980년대 자동차 경주를 테마로 한 타운 시리즈와 함께 시작되었다. 2001년 레고® 레이서가 출시되면서 조립식 자동차와 트럭은 실제 자동차 속도와 자동차 경주를 염두에 두고 제작했다. 타이니 터보부터 파워 레이서, 미니피겨 크기에 맞는 스피드 챔피언까지 레고 레이싱은 발전을 거듭하고 있다.

질주를 위해 만들었다!

4584 핫스코쳐(2002)

드롬 레이서

2015년을 배경으로 한 드롬 레이서 영웅과 악당들은 신비에 싸인 드로물루스와 그의 반려동물인 로봇 원숭이 몽쿨루스가 운영하는 위험한 미래 도시 드롬에서 부와 명예를 얻기 위해 경쟁했다. 비디오게임과 만화에는 풀백 모터가 달린 경주용 자동차에 대한 이야기를 담았다.

R/C 레이싱

적외선 리모컨과 133피스로 구성된 RC 레이서 세트에는 4×4 오프로드 차량을 만드는 방법이 담긴 설명서가 들어 있다. 다양한 지면을 달리고 속도를 내기 위해 다른 레고 레이서 제품의 바퀴로 교체해도 된다.

4589 RC-니트로 플래시(2002)

리모컨에 있는 세 가지 적외선 채널로 아무런 전파 방해 없이 3명이 동시에 자동차 경주를 할 수 있다.

과격한 레이서

최초의 레고 레이서 세트는 그 모습이 달랐다. 시레드, 서퍼, 스파이키, 더스터와 경쟁 상대인 이빨 달린 괴물이 타고 다니는 8피스짜리 자동차는 충격을 받으면 운전자를 밖으로 날려 보낸다.

각 세트마다 자동차에 충격을 가할 수 있는 고속 충격기로도 사용이 가능한 자동차 보관 용기가 들어 있었다.

4570 시레드(2001)

타이니 터보

레고 레이서의 하위 테마인 타이니 터보는 2005년에 출시되었다. 다른 소형 경주 자동차 장난감과 크기가 비슷한 이 초소형 자동차와 트럭은 타이어 모양 상자에 넣을 수 있다. 손으로 밀거나 경사로에서 굴리면 최대 속력을 낼 수 있도록 타이어가 부드럽게 굴러간다. 출시된 제품으로는 레고 클래식 머슬 카, 폴리스 크루저, 양광 엘리먼트가 포함된 시티 스트리트 레이서 등이 있다.

6111 꼬마 스포츠 카(2006)

서로 다른 접이식 경주 트랙 여러 개를 한데 합치면 훨씬 크고 멋진 경주로를 만들 수 있다!

조립식 자동차 경주 트랙

2009년 출시한 타이니 터보 시리즈는 펼치면 T자 모양 경주 트랙으로 변하는 보관 용기에 차량 2개가 포함된 구성이다. 아이스 랠리, 울퉁불퉁한 사막 도로, 개조한 경주로 등 여러 배경을 테마로 한 트랙을 만들기 위한 레고 브릭과 경주용 표지판이 세트에 들어 있다.

8124 아이스 랠리(2009)

8146 니트로 머슬 (2007)

뒤쪽에 있는 니트로 부스터를 돌리면 앞바퀴 타이어가 움직인다.

차 내부를 자세히 살펴보기 위해 차체를 위로 열 수 있다.

머슬 마니아

아주 큰 뒷바퀴, 노출 엔진, 금속성 레이싱 스티커를 지닌 니트로 머슬은 레고 레이서 세트 중 가장 선명한 색의 차량일 것이다. 가속 자동차 경주용인 이 머슬 마니아는 길이가 약 38cm로, 주로 레고® 테크닉 빔과 곡선 차체 플레이트로 제작한다.

솟아오른 차량 후드와 엔진

루프등

떨어져 나온 차체

9094 스타 스트라이커 (2012)

자동차가 충돌하면 미니피겨 운전자가 밖으로 튕겨 나가는 구형 몬스터 트럭 모델들이 2012년에 재출시되었다.

파워 레이서

레고® 파워 레이서 모델의 경우 여러 기능을 갖춘 경주용 차량을 만들기 위해 일반 레고 브릭과 레고 테크닉 부품을 함께 사용한다. 일부 모델은 풀백 모터나 충격 발사 장치가 있고, 어떤 모델은 플립아웃 글라이더 날개가 있거나 램프가 달려 있다. 오프로드 파워와 같은 픽업트럭은 충돌용 차량으로 만든 것이 특징이다.

스턴트 액션 범퍼

오프로드용 대형 고무 타이어

8141 오프로드 파워 (2007)

실제 모델인 슈퍼 카를 최대한 정확하게 본떠 자동차 내부를 만들었다.

람보르기니

2009년 레고 레이서에 람보르기니 라이선스 테마가 새로 합류했다. 1:17의 비율로 축소해 만든 람보르기니 갈라르도 LP560-4는 쿠페형 자동차나 스파이더 모델로 조립이 가능하다. 여닫을 수 있는 자동차 문과 덮개, 정교한 엔진, 접이식 지붕, 람보르기니만의 커스텀 휠이 이 모델의 특징이다.

8169 람보르기니 갈라르도 LP560-4 (2009)

스턴트 액션

다양한 곡예 운전을 선보이기 위해 만든 모델 중 하나인 액션 휠리에는 손으로 당겼다 놓으면 앞바퀴가 들린 상태에서 앞으로 빠르게 나아갈 수 있도록 해주는 대형 스포일러가 뒤쪽에 달려 있다. 다른 스턴트 레이서 차량은 점프하거나 회전하고 사이드 휠로 달리기도 한다.

8667 액션 휠리 (2006)

스피드 챔피언

2015년 출시한 스피드 챔피언은 경주용 자동차를 미니피겨에 맞는 크기로 재현했다. 레고 그룹은 실제 모델을 본뜬 자동차 제작은 물론 미니피겨가 그 차량을 운전할 수 있도록 맥라렌, 아우디, 메르세데스 같은 자동차 제조업체와 제휴를 맺었다.

승리를 향한 질주

경주용 자동차를 모델로 한 아우디 R8 LMS 울트라 세트에는 아우디 로고, 바꿔 끼울 수 있는 바퀴, 자동차 경주 선수 미니피겨, 시상대가 들어 있다.

75873 아우디 R8 LMS 울트라 (2016)

커스텀 자동차

실제 모델을 본뜬 레고 메르세데스 AMG는 탈착식 스플리터와 탈착식 리어 윙으로 앞뒤를 개조해 경주용이나 도로 주행용으로 용도를 변경할 수 있다.

75877 메르세데스 AMG GT3 (2017)

레고® 페라리

2004년 이탈리아의 스포츠 카 제조업체인 페라리 S.p.A.가 레고® 레이서 팀에 합류해 페라리의 유명한 포뮬러 원 경주용 자동차, 고급 스포츠 카, 자동차 품질과 속도에 대한 국제적 명성을 레고에 안겨주었다. 새빨간 자동차가 들어 있는 페라리 세트는 새로 나온 레이싱 장난감 컬렉션과 다양한 크기로 정교하게 복제한 제품이 점점 많아지고 영·유아를 위한 레고® 듀플로® 세트까지 출시하면서 순식간에 아동 팬과 성인 팬 모두 좋아하는 레고 라이선스 테마가 되었다.

8375 페라리 F1 정비 세트(2004)

미니피겨의 얼굴색이 클래식 레고의 피부색인 노란색인 것을 보면 스쿠데리아 페라리 자동차 경주 팀원이 실제 사람을 본떠 제작하지 않았다는 것을 알 수 있다.

8142 페라리 F1 1:24 (2007)

특별 제작된 레이싱 타이어

페라리 F1 1:24 세트에는 차량을 들어 올리는 잭과 중앙에 고정한 엔진이 들어 있다.

8143 페라리 F430 챌린지(2007)

승리의 색

공기역학적 효율성을 지닌 페라리 F430을 본뜬 레고 모델에는 일반 스포츠 카 버전인 노란색 제품과 경주용 버전인 빨간색 F430 챌린지 제품 중 하나를 선택해 조립할 수 있도록 부품이 들어 있다. 각 버전을 위한 스폰서 로고와 바퀴도 함께 들어 있다.

페라리 포뮬러 원

2004년과 2007년에 출시된 페라리 시리즈에서는 풀백 모터를 장착하고 1:24 비율로 축소한 페라리의 포뮬러 원 경주용 자동차를 선보였다. 2007년에 출시된 세트에는 실제 차량과 레고 페라리의 모습이 일치하도록 업데이트한 부품과 스폰서십 스티커 등이 들어 있다. 페라리에 비해 너무 큰 미니피겨는 들어 있지 않다. 대신 선수의 머리와 헬멧을 운전석에 직접 부착할 수 있도록 했다.

레이싱 팀

근면 성실하게 일하는 스쿠데리아 페라리 정비 팀이 여러 세트를 통해 마침내 공로를 인정받게 되었다. 페라리 F1 팀 세트에는 정비 팀 전원과 연장, 장비가 들어 있다. 누구가는 계속 경주용 자동차를 정비하고 기록을 깰 수 있도록 만반의 준비를 해야 한다.

이 세트에는 페라리 F1 경주용 자동차 2대, 연장과 장비가 갖춰진 정비소, 급유소, 정비 서비스용 바이크도 함께 들어 있다.

8144 페라리 F1 팀(2007)

8155 페라리 F1 피트(2008)

더 작아진 속도광

2008년에는 레고 레이서 타이니 터보와 같은 크기로 초소형 페라리 F1 경주용 자동차가 정비소, 급유소, 트럭과 함께 세트로 출시된다.

4693 페라리 F1 레이스 카(2004)

레고 듀플로 페라리

3~6세를 위한 페라리 자동차로 공식 허가받은 이 제품은 완성품이지만 어린 빌더들이 리어 스포일러에 브릭을 쌓거나 시상대를 조립할 수 있다. 또 유치원 챔피언전에서 우승하면 트로피를 시상대 위에 쌓아 올릴 수 있다. 레고 듀플로 페라리 F1 레이싱 팀(4694) 세트 역시 같은 해 출시되었으며, 그 세트 안에는 자동차, 트럭, 정비공, 경주용 피트 등이 들어 있다.

피트 스톱

레고® 페라리 테마가 세상에 나온 첫해 출시한 이 세트에는 자동차 정비소, 도로 플레이트, 정비공 6명, 경주 도중 교체할 수 있는 스페어타이어, 응급 수리에 필요한 연장, 페라리 F1 스타팅 그리드를 다시 조립하는 방법이 담긴 조립 설명서가 들어 있다.

8375 페라리 F1 정비 세트(2004)

2556 페라리 포뮬러 1 레이싱 카(1997)

첫 페라리

최초의 레고 페라리 세트다! 조립하는 데 능숙한 빌더를 위한 이 모델 팀 경주용 자동차(위)는 특별 프로모션 제품으로 쉘 주유소에서 구입할 수 있다.

레고 테크닉 차체 프레임

운전석과 조수석

그랜드 투어링 카

페라리의 2인승 그란 투리스모 쿠페를 본뜬 이 모델은 자동차의 굴곡을 재현하기 위해 레고® 테크닉 막대 엘리먼트를 이용했다. 1,340피스의 이 세트는 길이 46cm로, 앞바퀴 조종 장치와 피스톤이 장착된 V12 엔진이 있다.

8145 페라리 599 GTB 피오라노(2007)

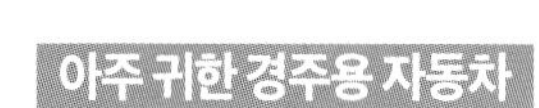

아주 귀한 경주용 자동차

실제로 달리는 페라리 FXX 경주용 자동차는 현재까지 총 30대밖에 생산되지 않았다. 여닫는 뒤쪽 엔진 커버와 전면 트렁크, 위로 열리는 양쪽 문이 달린 레고 버전의 페라리 FXX 경주용 자동차는 훨씬 쉽게 구할 수 있다.

8156 페라리 FXX 1:17(2008)

과감한 두 영웅

2009년 출시한 레고 페라리 시리즈에는 스쿠데리아 페라리 레이싱 팀의 신인 자동차 경주 선수들이 출연했다. 키미 라이코넨은 2007년 세계 선수권 대회에서 우승했고, 펠리페 마사는 2008년 2위를 차지해 스쿠데리아 페라리는 가장 꺾기 힘든 레이싱 팀이 되었다.

8168 페라리 빅토리(2009)

페라리를 경험할 수 있는 최고 기회

2018년 출시한 이 스피드 챔피언 세트는 페라리 자동차를 상징하는 페라리 250 GTO, 페라리 488 GTE, 클래식 페라리 312 T4를 선보인다. 세트에는 경주 트랙, 작업장, 박물관, 미니피겨 7개가 들어 있다. 다양한 놀이 경험을 선사하기 위해 1979년 세계 선수권 대회에서 우승을 차지한 페라리 312 T4가 당시 다운포스에 변화를 주기 위해 사용한 것과 똑같은 교체식 날개를 추가로 제공한다.

75889 페라리 박물관(2018)

레고® 스포츠

운동경기와 브릭 조립은 생각보다 잘 어울린다. 2000년부터 2006년까지 레고 그룹은 실제 스포츠에 기반을 둔 여러 모델 시리즈를 제작했다. 이 라이선스 테마는 독특한 미니피겨와 기능을 선보여 빌더들이 실력을 마음껏 뽐낼 수 있었다.

레고® 농구 미니피겨는 다리에 스프링이 내장되어 있으며, 농구공을 잡고 던지고 덩크슛을 넣을 수 있도록 특수 설계한 팔이 달려 있다.

3427 NBA 슬램 덩크 (2003)

레고® 사커

레고® 사커 또는 레고® 풋볼로 출시한 이 테마는 레고® 스포츠 테마 중 가장 큰 규모로 오랫동안 사랑받았다. 2000년부터 2006년까지 25개의 레고 사커 세트가 출시되었고, 그 세트에는 국제 경기 출전 선수팀 전용 버스, 훈련소, 방향 조준을 하기 위해 회전시키고 공을 '차기' 위해 손가락으로 두드릴 수 있는 미니피겨 받침대가 설치된 축구 경기장 등이 들어 있다.

3569 테이블 축구 세트 (2006)

길이 55cm, 폭 35cm인 **축구 경기장**

3432 NBA 챌린지 (2003)

레고® 농구

2003년 출시한 NBA 라이선스 테마의 레고 농구 모델은 빌더들이 가장 좋아하는 농구 동작을 재현하게 해준다. 레고 농구 세트에는 레버로 작동하는 덩크슛 기능을 갖춘 길거리 농구, 양팀 전체가 나와 있는 농구 코트 등이 들어 있다.

3544 게임 세트 (2003)

레고® 하키

2003년 NHL과 NHLPA 라이선스 테마로 처음 출시된 레고® 하키 세트는 강인한 로봇 플레이어를 조립하기 위해 바이오니클® 방식의 엘리먼트를 사용한다. 스틱으로 빙판 위를 치는 슬랩 샷, 플립 샷, 패스를 포함한 여러 하키 동작을 실행할 수 있다.

농구 테마에서 실제 유명 스포츠 선수를 본떠 만든 미니피겨들이 최초로 제작되었다.

유명 스포츠 선수 피겨

레고 농구 세트에 포함된 팀원들은 얼굴이 노란색이지만 레고 그룹은 실제 NBA 농구 선수들의 모습을 토대로 새로운 제작 방식을 시도했다. 그러한 시도는 얼마 지나지 않아 라이선스 테마를 위한 미니피겨 제작 방식의 표준이 되었다.

샤킬 오닐 (2003)

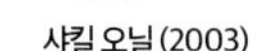

폴 피어스 (2003)

레고 하키 퍽

레고 하키 2기

레고 하키 테마 제품은 2년 차가 되던 해부터 더 작은 크기로 출시되었다. 2004년 출시한 레고 하키 세트는 빌더들이 베이스에서 경쟁 상대를 제어할 수 있도록 했다. 실제 팀이나 선수를 기반으로 제작할 수 있는 라이선스는 체결하지 않았고, 아이스하키 피겨들은 NHL 로고만 새긴 유니폼을 입었다.

3578 NHL 챔피언 시합(2004)

긴 막대로 하키 피겨들의 베이스를 움직이고 플리퍼를 작동시켜 하키 퍽을 패스하거나 슛을 날린다.

플리퍼가 달린 슬라이딩 베이스

도심 속 마지막 결전

2004년 새로운 버전으로 제작한 레고 하키 세트는 아이스 링크와 2개의 4인조 피겨 팀이 딸린 NHL 챔피언 시합(3578)과 평범한 도시의 길거리에서 일대일로 대결하기를 좋아하는 빌더들을 위한 길거리 NHL 하키(3579) 단 2개뿐이었다.

3579 길거리 NHL 하키(2004)

길거리 하키 세트 역시 NHL 라이선스 테마 세트다.

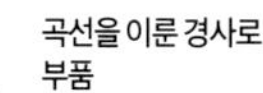

곡선을 이룬 경사로 부품

3537 버트 파크 스케이트보드 챌린지(2003)

중력 게임

레고 스포츠는 익스트림 스포츠인 중력 게임의 여름 특별판으로 맞춤형 수직 경사로와 난간이 있는 스케이트보드장을 출시했다. 버트 파크 스케이트보드 챌린지 세트에는 공중 묘기와 곡예를 연출할 수 있도록 스케이트보더 미니피겨에 장착하는 '스턴트 스틱'이 들어 있다.

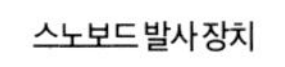

여러 세트를 합치면 더 큰 스케이트보드장을 만들 수 있다.

모듈식 디자인

스노보드 발사 장치

3538 스노보드 보더크로스 경주(2003)

동계 경기

동계 중력 게임을 위해 제작한 이 스노보드 세트에는 보드를 탄 두 미니피겨를 위한 발사 장치가 달린 눈 덮인 경사면이 들어 있다. 미니피겨가 경사면을 따라 바닥 쪽에 있는 결승선을 향해 미끄러져 내려가도록 놓아주면, 경사면에 내장된 장애물과 곡예 경사로 때문에 공중으로 날거나 튕겨 나가게 된다.

공중에 떠 있는 스노보더

스노보드는 미니피겨가 똑바로 서서 경사면 아래로 미끄러져 내려갈 수 있도록 무게를 실어준다.

미니피겨가 무작위로 하나씩 들어 있어 (시리즈마다 포장용 패키지의 색이 다르다) 뜯어보기 전에는 어떤 미니피겨인지 알지 못한다.

수집용 미니피겨

30년이 넘는 시간 동안 형형색색의 미니피겨들이 레고® 테마 곳곳을 채워왔다. 어린이와 성인 팬 모두 미니피겨를 대단히 좋아한다. 그들에게 더 많은 미니피겨를 선보이면 어떨까? 2010년부터 출시되기 시작한 레고® 미니피겨 컬렉션은 16개의 수집용 미니피겨를 한 번에 선보임으로써 브릭으로 지은 레고 세상의 인구를 늘리는 데 앞장서고 있다.

각 미니피겨는 전시용 조립판과 시그너처 액세서리가 있다. 액세서리 중 일부는 클래식 레고 엘리먼트이고, 또 다른 일부는 완전히 새롭게 특별 제작되기도 한다.

8683 레고® 미니피겨(2010)

시리즈 1

2010년 5월에 출시한 첫 번째 레고 미니피겨 시리즈는 독창적인 슈퍼 레슬러, 서커스 광대, 좀비 미니피겨와 함께 시티, 캐슬, 스페이스, 웨스턴 같은 레고 클래식 테마를 위한 새로운 레고 시민을 선보였다. 여러 시리즈에 공통으로 들어가는 테마는 스포츠, 몬스터, 공상과학, 역사와 관련한 전사 등이 있다.

8684 레고® 미니피겨 시리즈 2 (2010)

시리즈 2

2010년 9월에는 멕시코 모자인 솜브레로를 쓴 마라카스 맨, 표정이 다른 머리 2개가 추가로 들어 있는 마임, 스파르타 전사, 팝스타, 복고풍 디스코 댄서가 미니피겨 시리즈에 합류했다.

8803 레고® 미니피겨 시리즈 3 (2011)

시리즈 3

미니피겨 시리즈 3에서 인기를 얻은 미니피겨로는 훌라 댄서, 엘프, 블랙트론 II 로고가 새겨진 우주 악당, 야구 선수, 고릴라 옷을 입은 남자 등이 있다.

시리즈 4

수집용 미니피겨의 특징을 알리기 위한 자기소개 페이지가 레고 웹사이트에 마련되었다. 미니피겨 시리즈 4에서는 어렵고 고된 일을 하는 유독 물질 처리반, 눈에 보이는 모든 것을 닥치는 대로 그리는 미술가, 일본의 전통 시 하이쿠를 좋아하는 게이샤, 브릭을 쌓는 사람들에게 도움을 주려는 몬스터 등을 선보였다.

8804 레고® 미니피겨 시리즈 4 (2011)

시리즈 5

2011년 출시한 미니피겨 시리즈 5에는 어릿광대의 크림 파이와 중절모, 도마뱀 인간의 탈착식 마스크와 꼬리, 검투사의 헬멧과 검, 탐정의 사냥 모자, 여닫을 수 있는 갱스터의 바이올린 케이스, 사육사의 침팬지 등 새로운 레고 부품이 추가되었다.

8805 레고® 미니피겨 시리즈 5 (2011)

우주인

레이저 건

시리즈 6

미니피겨 시리즈 6은 더욱 흥미로운 품목으로 채워졌다. 시리즈 6에서는 황금 단지를 든 레프리콘, 태엽을 감는 키가 달린 태엽 로봇, 태양계를 구해낸 우주 소녀, 잠옷 차림의 잠꾸러기, 연기 모양 꼬리가 달린 지니, 횃불 든 자유의 여신상 등을 선보였다.

8827 레고® 미니피겨 시즌 6 (2012)

지니는 마법 램프를 들고 있거나 그 위에 설 수 있다.

베일을 고정해주는 탈착식 티아라

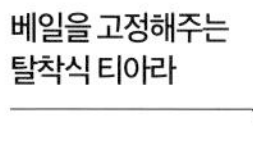

시리즈 7

시리즈 7에서 특히 눈에 띄는 미니피겨로는 용맹한 아즈텍 전사, 킬트를 입은 백파이프 연주자, 노트북을 든 컴퓨터 프로그래머, 베일을 쓰고 부케를 든 신부, 중무장한 은하계 순찰대, 수수께끼 같은 토끼 옷을 입은 남자 등이 있다.

8831 레고® 미니피겨 시즌 7 (2012)

8833 레고® 미니피겨 시즌 8 (2012)

시리즈 8

2012년에 출시된 미니피겨 시리즈 8에는 은하계를 침략해 정복하려는 여자 외계인 악당, 큰 자루를 든 산타, 못된 로봇, 해변가에서 여가를 즐기는 흡혈박쥐가 포함되었다. 새로 제작한 엘리먼트로는 프레첼, 올가미 밧줄, 시티 파이낸셜 뉴스 신문 등이 있다.

71000 레고® 미니피겨 시즌 9 (2013)

시리즈 9

시공간을 가로지르는 피겨로 구성된 미니피겨 시리즈 9에는 두루마리를 들고 다니는 로마 황제, 상을 받은 할리우드 여배우, 작업복을 입은 배관공 등이 들어 있다.

새로운 페인트 롤러 엘리먼트

5,000개 한정 수량으로 제작한 미스터 골드

노인 신문

71001 레고® 미니피겨 시즌 10 (2013)

시리즈 10

미니피겨 시리즈 10에는 한정판으로 나온 17번째 미니피겨 미스터 골드가 들어 있었다. 또 멋쟁이의 치와와, 글러브를 낀 야구 선수의 손, 선장의 갈매기 등이 있었다.

나무로 만든 티키 마스크

수정된 진저브레드 맨 머리

새로운 색소폰 엘리먼트

71002 레고® 미니피겨 시즌 11 (2013)

시리즈 11

2013년 세 번째 컬렉션인 시리즈 11에는 새끼 고양이를 안은 할머니, 진저브레드 맨, 홀리데이 엘프가 들어 있다. 또 시리즈 6의 태엽 로봇 친구인 숙녀 로봇과 시리즈 8의 멜빵 반바지를 입은 프레첼 맨과 프레첼 걸도 들어 있다.

시리즈 12

검을 휘두르는 스와시버클러부터 피자 배달 직원까지 다양한 미니피겨가 시리즈 12에 포함되었다. 시리즈 12에서는 시리즈 6에서 지니의 경쟁 상대였던 지니 걸, 개구리에게 키스하는 동화 속 공주, 근육질 인명 구조원, 핑크색 돼지 옷을 입은 피기가이도 찾아볼 수 있었다.

71007 레고® 미니피겨 시즌 12 (2014)

나무 느낌이
나는 타일

희귀한 낫칼

71008 레고® 미니피겨 시즌 13 (2015)

시리즈 13

미니피겨 시리즈 13에서는 디스코 디바, 뱀 다루는 사람, 다른 시리즈와 마찬가지로 어김없이 코스튬을 입고 등장한 미니피겨인 핫도그 맨을 선보였다.

호박 초롱 양동이

71010 레고® 미니피겨 시즌 14 (2015)

시리즈 14

이전 시리즈에도 소름 끼치는 생물이 등장했지만, 2015년에 처음으로 16개의 미니 몬스터 시리즈가 출시되었다. 미니피겨 시리즈 14에는 식물 몬스터와 좀비 치어리더가 들어 있다.

시리즈 15

미니피겨 시리즈 15에서는 돼지 한 마리를 몰고 있는 유기 동물 관리사, 레고 최초의 스컹크, 도망 중인 상어 옷을 입은 남자, 파우누스까지 만날 수 있었다. 또 우아한 발레리나, 대걸레로 청소하는 청소부, 바나나를 밟고 넘어진 것처럼 보이는 남자도 선보였다.

71011 레고® 미니피겨 시즌 15 (2016)

시리즈 16

미니피겨 시리즈 16에는 펭귄 소년과 바나나 가이가 포함되어 있다. 또 아이를 안고 있는 베이비시터, 쾌활한 하이킹족, 콧수염을 기른 마리아치 등도 들어 있다.

71013 레고® 미니피겨 시즌 16 (2016)

어쿠스틱 기타

새로운 흰색 테리어

시리즈 17

미술 감정가의 프렌치 불독, 수의사의 복슬복슬한 흰토끼, 옥수수빵 남자를 선보인 미니피겨 시리즈 17은 우리를 실망시키지 않았다. 이 컬렉션에는 수수께끼 캐릭터인(스포일러 주의!) 노상강도도 들어 있다.

71018 레고® 미니피겨 시즌 17 (2017)

특별판 미니피겨 컬렉션

미니 레드 카펫을 펼쳐라! 레고® 미니피겨 컬렉션이 시리즈 1부터 8까지 큰 인기를 누리자 레고 그룹은 2012년부터 여러 특별판 시리즈를 선보였다. 독일 국가 대표 선수부터 심슨, 레고 무비 스타, 기념일 컬렉션까지 많은 스타가 레고 세상을 가득 메운 적도 없었다.

무비 스타

레고® 무비™는 특별 미니피겨 컬렉션에 완벽하게 담아낼 흥미진진하고 새로운 캐릭터를 대거 선보였다. 레고 무비 시리즈에는 팬더가이와 그의 미니 팬더 테디, '조립하느냐… 마느냐'라고 적힌 두루마리를 든 윌리엄 셰익스피어, 바지를 들고 있는 "내 바지 어디 갔어?" 출연자가 들어 있다.

71004 레고® 미니피겨 - 레고 무비 시리즈 (2014)

팬더 가이

나초가 담긴 그릇

독특한 보라색 꼬리 디자인

웰컴 투 스프링필드

대망의 미니피겨 심슨 컬렉션은 이 만화 영화 시리즈의 25주년을 기념하기 위해 최초의 레고® 심슨™ 세트인 심슨의 집(71006)과 레고 심슨 퀵키마트(71016)와 함께 출시되었다. 심슨의 첫 번째 미니피겨 컬렉션에는 미스터 번즈와 심슨 가족, 네드 플랜더스, 광대 크러스티, 그 외 여러 친숙한 스프링필터 주민들이 들어 있다.

이치의 곤봉

'구름에 대고 호통치는 노인'이라는 헤드라인이 실린 신문

네드 플랜더스 연장통

71005 레고® 미니피겨 심슨™ 시리즈 (2014)

심슨 시리즈 2

<심슨 가족>에 등장하는 캐릭터가 너무 많아 심슨 시리즈 하나로는 턱없이 부족했다. 심슨 가족은 이모 패티와 셀마, 학교 관리인 윌리, 스미더, '에브리맨' 만화책을 들고 다니는 코믹 북 가이와 함께 새로운 모습으로 돌아왔다.

71009 레고® 미니피겨 심슨™ 시리즈 2 (2015)

패티의 보라색 파마 머리

스노볼 2세

독일 축구 대표팀

2016년 유럽 전역의 축구 국가 대표팀이 UEFA 유럽 축구 선수권 대회에 참가하기 위해 프랑스에서 만났다. 각각 축구공을 가진 선수 15명과 요하임 뢰브 감독으로 구성된 독일의 2016년 대표 팀은 미니피겨 형태로 영원히 남게 되었다.

공식 아디아스 DFB 축구 유니폼

71014 DFB — 만샤프트 (2016)

전술판을 들고 있는 요하임 뢰브 감독

71017 레고® 배트맨 무비 (2017)

레고® 배트맨 무비

2017년 팬들은 마침내 글램 메탈 배트맨과 요정 배트맨을 포함한 배트맨 미니피겨 5종을 손에 넣을 수 있었다. 배트맨은 고든 경찰청장, 조커, 할리 퀸 간호사 같은 친구와 적 15명과 함께했다.

미니 닌자

레고® 닌자고® 무비™와 동시에 출시한 이 특별 컬렉션에는 두 가지 버전의 로이드와 세 가지 버전의 가마돈이 포함되어 있다. 또 징 소리와 기타의 록 가수, 칼과 마키롤을 든 스시 요리사, 분홍색 테디를 든 깜찍한 N-팝 소녀가 들어 있다.

71019 레고® 닌자고® 무비™ (2017)

아파치 추장

클록 킹

배트맨 리턴즈

캐릭터가 너무 많아 2018년에 벌써 두 번째 레고® 배트맨 시리즈가 출시되었다는 사실은 놀랄 일도 아니다. 팬들은 바캉스 배트맨, 배트맨 팬 클럽 옷을 입은 배트-머크 배트걸, 그 외 다른 영웅과 악당 미니피겨 18개를 손에 넣을 수 있게 되었다. 미니피겨는 각각 배트맨™ 로고가 새겨진 전시용 조립판과 함께 출시되었다.

71020 레고® 배트맨 무비 시리즈 2 (2018)

파티 타임!

레고 미니피겨 파티 시리즈로 레고 미니피겨 탄생 40주년을 기념하자. 이 특별 시리즈에는 케이크에서 튀어나온 케이크 남자, 레고 브릭 복장의 남자와 레고 브릭 복장의 소녀, 풍선 동물을 든 파티 어릿광대 등 재미있는 미니피겨들이 등장한다. 또 이 시리즈에는 희귀하고 인기가 많은 모델을 복제한 미니피겨가 들어 있는데, 레고에서 최초로 생산한 미니피겨 중 하나인 1978 경찰관이다.

71021 레고® 미니피겨 시즌 18 (2018)

레고® 프렌즈

2012년 출시한 레고® 프렌즈 테마는 빌더들에게 하트레이크 시티를 소개했는데, 일상생활과 평범한 캐릭터, 특히 5명의 영원한 절친인 올리비아, 에마, 안드레아, 스테파니, 미아에게 초점을 맞춰 조립을 체험하고 즐길 수 있도록 했다. 레고 프렌즈 세트에 미니돌 피겨가 처음 등장했고, 레고 프렌즈 세트는 TV 애니메이션 시리즈와 함께 출시되었다.

3061 시티 파크 카페 (2012)

카페에 모여 즐기기

레고 프렌즈 세트에는 디테일을 강조한 클래식 레고 건물이 등장하고 새로운 엘리먼트, 액세서리가 가득하다. 시티 파크 카페는 소녀들이 가장 좋아하는 모임 장소로 다채로운 조리 기구와 컵케이크 홀더 같은 음식과 관련한 새로운 액세서리를 선보인다.

카페에서는 햄버거부터 갓 구운 컵케이크와 파이까지 다양한 메뉴를 제공한다.

3933 발명 여왕 올리비아 (2012)

발명 작업실

레고 프렌즈 5명 모두 성격과 취미가 제각각이다. 올리비아는 과학, 자연, 발명을 좋아해 그녀의 작업실에는 공구와 실험용 병이 가득하고 맞춤 제작한 로봇에 현미경까지 구비했다.

레고 프렌즈 미니돌은 움직이는 머리, 어깨, 앉고 서는 것이 가능한 일체형 다리가 있다.

3187 버터플라이 뷰티샵 (2012)

뷰티 숍

하트레이크 시티 시내에 있는 이 미용실은 미니돌 머리에 붙일 수 있는 다양한 리본과 머리핀, 립스틱, 선글라스, 헤어드라이어를 갖췄다. 미용실에는 아름다운 변신을 위한 가발을 씌워놓은 패션 헤드 디스플레이까지 있다.

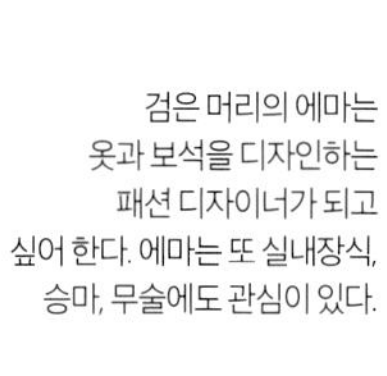

검은 머리의 에마는 옷과 보석을 디자인하는 패션 디자이너가 되고 싶어 한다. 에마는 또 실내장식, 승마, 무술에도 관심이 있다.

올리비아 하우스

발명 작업실과 나무 위 오두막을 가진 올리비아가 레고 프렌즈 테마 출시 첫해의 가장 큰 세트에도 등장했다. 올리비아가 부모님, 반려 고양이와 함께 사는 집이다. 주방, 욕실, 거실, 침실 그리고 옥상 테라스까지 완비된 이 집에는 올리비아의 엄마 안나와 최초의 남성 미니돌인 아빠 피터도 들어 있다.

올리비아의 집은 구획으로 나뉘어 쉽게 분리해 다시 배열할 수 있다. 빌더가 원하는 집을 만들며 즐길 수 있다.

3315 올리비아의 집 (2012)

앞마당에는 우편함, 텃밭, 잔디 깎는 기계, 그네 세트, 친구나 가족들과 바비큐를 즐길 수 있는 야외용 그릴이 있다.

3932 안드레아의 음악 발표회 (2012)

싱어송라이터인 안드레아는 이미 스타의 길을 걷고 있다. 안드레아는 음악 발표회 무대 위 마이크 스탠드, 피아노, 붐박스, 다양한 색상의 '조명등'이 달린 무대 입구 덕분에 완벽한 공연을 할 수 있다.

자동차 여행

스테파니의 멋진 자동차는 반려견 코코, 가로등, 수도꼭지와 양동이로 구성된 세차 세트, 레고 타일에 인쇄된 작은 MP3 플레이어와 함께 출시되었다. 다른 세트에 등장하는 스테파니는 동물 구조용 순찰차와 피자 배달 오토바이는 물론 수상 비행기까지 타고 다닌다.

3183 스테파니의 멋진 오픈카 (2012)

3942 하트레이크 애견 콘테스트 (2012)

펫 퍼레이드

하트레이크 애견 콘테스트 세트에는 런웨이, 시상대, 시소와 허들로 만든 장애물 코스, 대기실, 우승한 강아지에게 줄 트로피 등이 들어 있다. 또 뼈다귀가 담긴 그릇과 잘 훈련된 강아지들의 사진을 찍어줄 카메라도 세트에 포함되어 있다.

미아는 동물을 훈련시킬 때도, 아파서 치료를 해줄 때도 그들을 언제나 아끼고 사랑한다.

정글 속으로

2014년 레고 프렌즈 소녀들은 하트레이크 시티에서 멀리 떨어진 곳으로 모험을 떠난다. 동물 구조와 보호가 목적인 모험에서 다섯 소녀는 판다, 호랑이 새끼, 아기 곰을 구한다. 커다란 미끄럼틀과 집라인이 설치된 감시 플랫폼이 들어 있는 정글 구조대 캠프 세트를 포함한 정글 세트 7개가 출시되었다. 와!

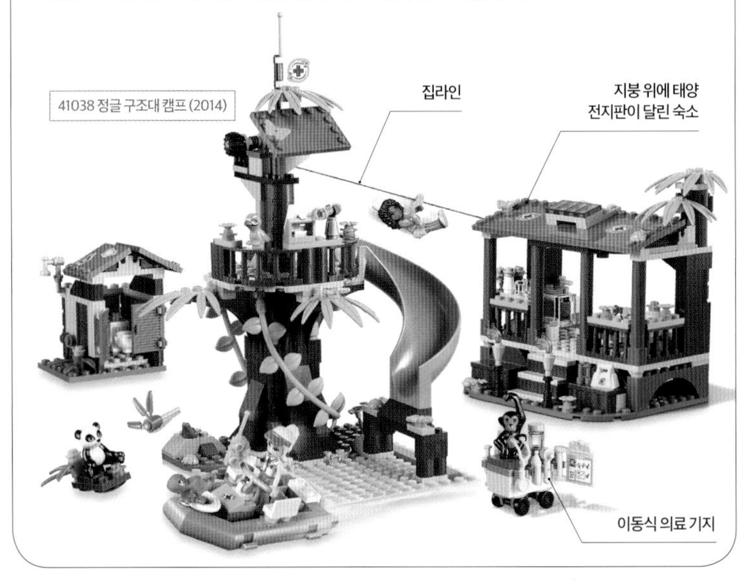

41038 정글 구조대 캠프 (2014)

최고급 호텔

41101 하트레이크 그랜드 호텔 (2015)

1,552피스로 구성된 하트레이크 그랜드 호텔은 지금까지 출시된 레고 프렌즈 중 가장 큰 세트다. 소녀들은 회전문을 통과해 들어가 엘리베이터를 타고 올라간 뒤 호화로운 밤을 보낼 수 있다. 옥상에는 수영장도 있다!

강아지 사랑

동물들은 레고 프렌즈 테마와 소녀들의 삶 속에서 큰 부분을 차지한다. 레고 프렌즈 테마는 하트레이크 강아지 유치원(41124)처럼 큰 세트부터 퍼피 훈련소처럼 아담한 세트까지 많은 동물 피겨를 어린 빌더들이 돌볼 수 있도록 새롭게 선보였다.

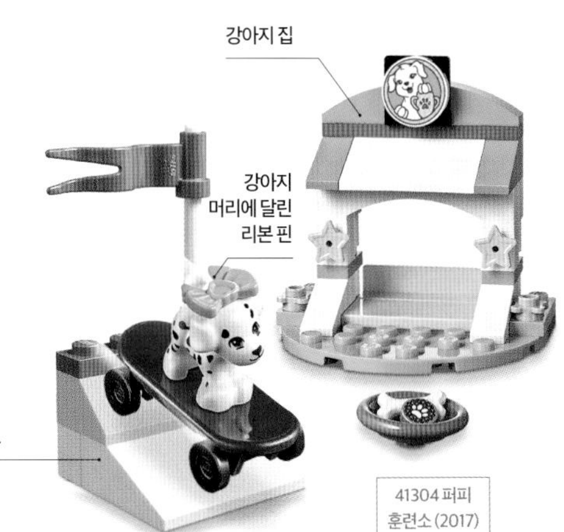

41304 퍼피 훈련소 (2017)

캠핑 체험

2016년 하트레이크 소녀들은 캠프를 떠나 한 번 더 야외 활동을 하게 되었다. 미아가 활쏘기 체험을 하고(세트 41120) 에마와 스테파니가 트리 하우스에서 모험을 즐기는 동안(세트 41122) 안드레아와 올리비아는 급류를 따라 래프팅에 도전한다. 프렌즈 캠프 래프팅 세트에는 쓰러지는 나무가 들어 있어 래프팅 경주를 더욱 흥미진진하게 한다.

41121 프렌즈 캠프 래프팅 (2016)

41105 팝스타 콘서트 스테이지 (2015)

팝 스타

2015년 출시한 세트 8개는 레고 프렌즈 애니메이션 TV 시리즈의 한 에피소드와 연계된 제품으로, 소녀들은 세계적 팝 스타 리비가 심사하는 공개 오디션에 참가한다. 톱스타가 등장하는 무대 기능을 갖춘 팝스타 콘서트 스테이지 세트를 포함한 리비 테마 세트에서는 레고 프렌즈 소녀들이 아이돌의 생활 방식을 직접 경험해볼 수 있는 기회를 얻게 된다.

신나는 스노우 리조트

레고 프렌즈 소녀들은 매우 활동적이다. 2017년 출시한 7개의 스노우 리조트 세트에서는 소녀들이 스키 리프트를 타고 산꼭대기로 향한다. 스노우 리조트 스키장 세트에서 미아와 올리비아는 윈치로 작동하는 스키 리프트를 타고 산꼭대기에 올라 미끄럼 장치를 이용한 스키를 타고 신나게 슬로프를 내려온다.

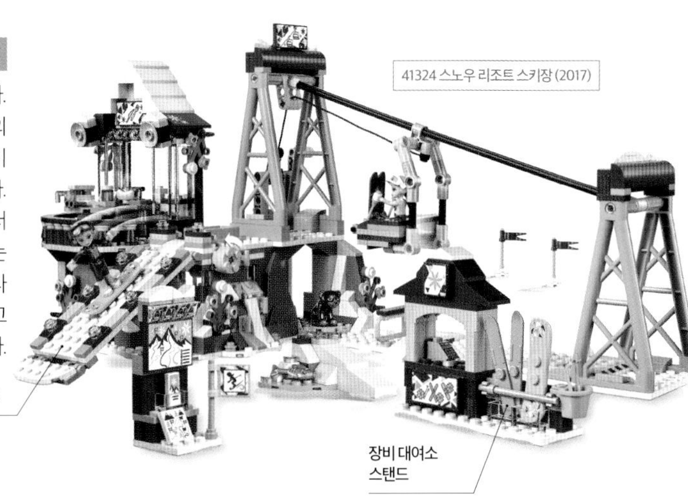

41324 스노우 리조트 스키장 (2017)

놀이공원

2016년 출시한 놀이공원 세트는 레고 프렌즈 팬에게 방대한 테마파크를 조립할 기회를 선사했다. 놀이공원의 꽃이라 할 수 있는 롤러코스터는 놀이공원 아케이드(세트 41127)와 놀이공원 스페이스 라이드(세트 41128)를 포함한 세트 5개와 결합해 최고의 놀이공원을 만들 수 있다.

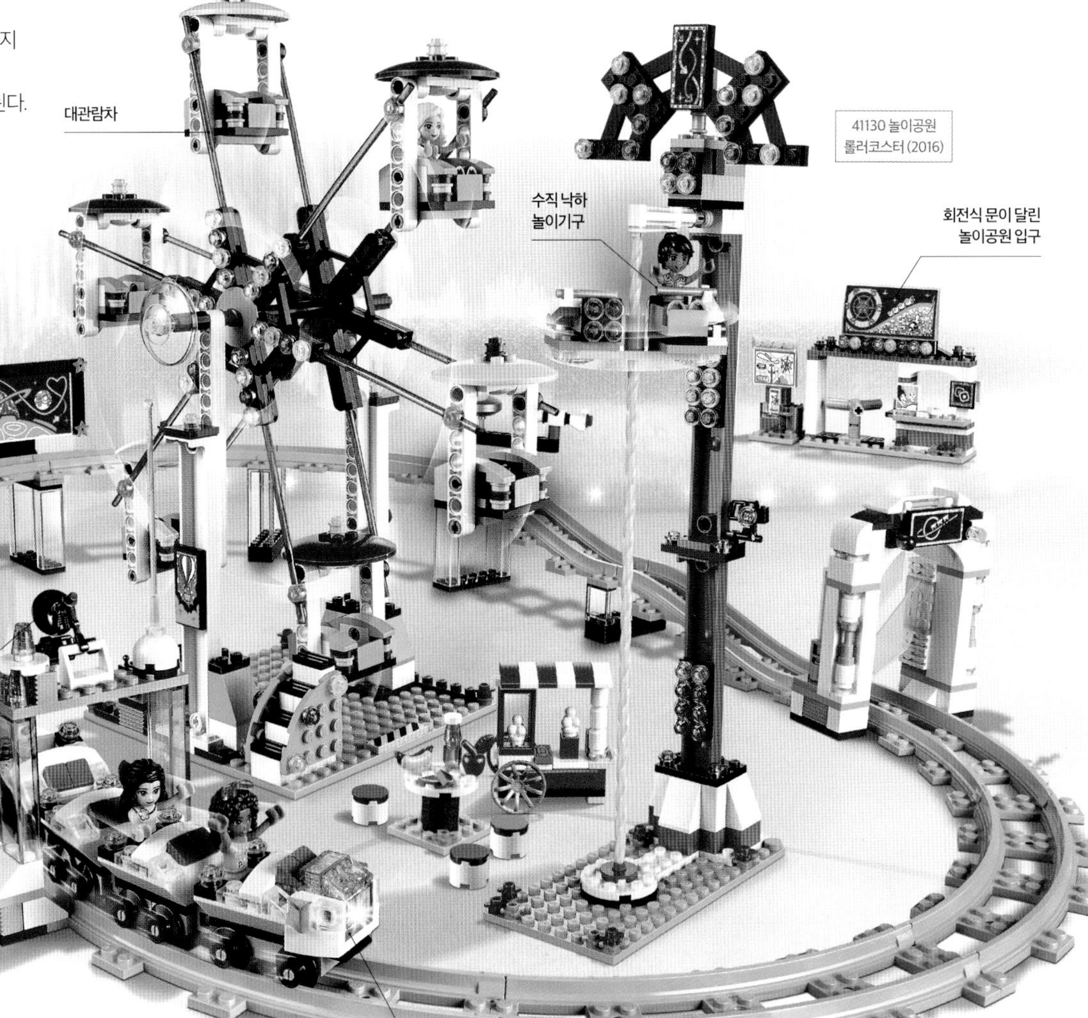

41130 놀이공원 롤러코스터 (2016)

41339 미아의 캠퍼밴 (2018)

집 밖의 집

2018년 레고 프렌즈 5명은 업데이트된 모습과 프로필을 갖게 되었지만, 지금까지 그래왔듯이 여전히 모험을 떠나고 싶어 한다. 미아와 스테파니의 캠핑용 자동차에는 욕실, 주방, 접이식 캐노피, 취침 구역이 있고, 별 아래에서 잠들고 싶을 때를 대비해 텐트까지 준비했다.

레고® 엘프

2015년 에밀리라는 한 평범한 소녀가 레고® 엘프라는 기이한 세상으로 예상치 못한 여행을 떠나게 되었다. 이 판타지 테마는 디즈니 채널의 TV 스페셜 프로그램과 함께 출시되었고, 레고 엘프 세트에는 엘프와 인간의 멋진 미니돌 피겨, 우아한 드래곤, 그늘진 고블린, 엘프를 공격하는 박쥐 등이 포함되었다.

41075 엘프의 은신처 (2015)

에밀리가 빠져나온 소용돌이치는 포털

숲속의 집

엘프의 은신처 세트에 등장하는 에밀리 존스는 엘프들의 모험심 강한 인간 친구다. 에밀리는 할머니의 정원에서 발견한 마법 포털에 들어갔다가 엘븐데일에 도착해 있는 자신을 발견한다. 이 화려한 엘프의 은신처는 바로 흙의 엘프 파란의 집이다.

엘븐데일에는 아기 표범 엥키(사진), 여우 플레이미, 아기 거북이 칼립소 등과 같이 몸에 독특한 패턴이 인쇄된 판타지 생물이 많이 살고 있다.

던전과 드래곤

2016년 레고 엘프 TV 스페셜의 <드래곤 구하기Dragons to Save>에서 사악한 엘프 마녀 라가나가 여왕 드래곤 엘란드라를 잡아 가둔다. 퀸 드래곤 구출작전 세트에는 2016년 제품군에 등장하는 대형 드래곤 모델 5개 중 하나인 엘란드라와 엘란드라가 갇혀 있는 2층짜리 성이 들어 있다.

독특한 날개 디자인

레버로 여닫을 수 있는 던전 입구

41179 퀸 드래곤 구출작전 (2016)

바다로 떠나는 모험

빌더들은 물의 엘프 나이다, 바람의 엘프 아이라와 진주 조개 안에 숨겨져 있는 물의 열쇠를 찾기 위해 함께 출항한다. 배의 타륜을 조종하면 돛이 돌아가며, 배에는 간단한 음식을 만들 수 있는 조리실까지 마련되어 있다.

41073 나이다의 위대한 모험 (2015)

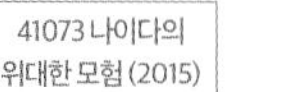

아기 드래곤

레고 엘프 테마에 껍질이 열리도록 제작된 알에서 부화한 아기 드래곤이 세상에 나왔다. 에밀리 존스와 아기 윈드 드래곤 세트에서 에밀리는 드래곤 체리를 따다 아기 윈드 드래곤 플레지와 마주친다.

41171 에밀리 존스와 아기 윈드 드래곤 (2016)

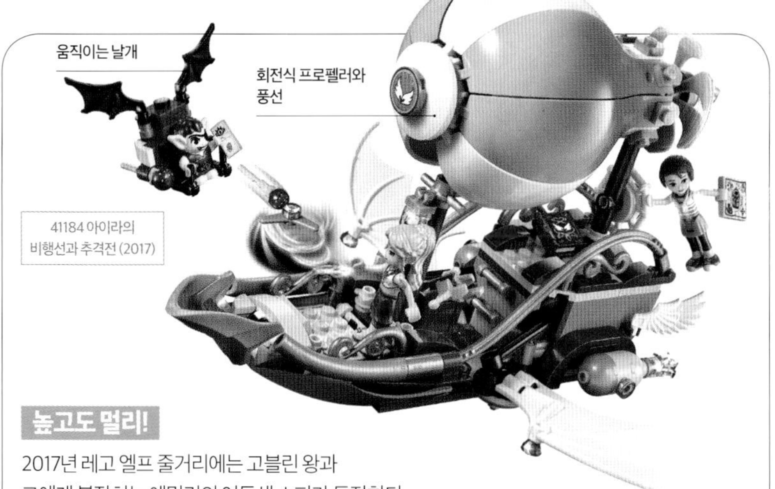

41184 아이라의 비행선과 추격전 (2017)

높고도 멀리!

2017년 레고 엘프 줄거리에는 고블린 왕과 그에게 붙잡히는 에밀리의 여동생 소피가 등장한다. 아이라의 비행선과 추격전 세트에는 사악한 씨앗 발사기를 들고 고블린 글라이더를 탄 듀클린이 들어 있다.

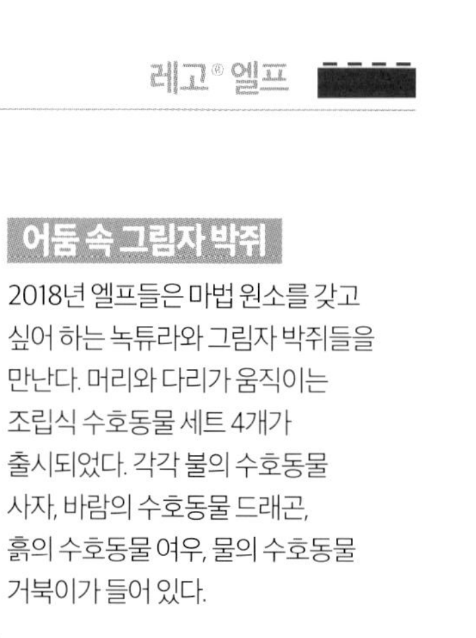

41191 나이다와 물거북이 매복 작전 (2018)

어둠 속 그림자 박쥐

2018년 엘프들은 마법 원소를 갖고 싶어 하는 녹튜라와 그림자 박쥐들을 만난다. 머리와 다리가 움직이는 조립식 수호동물 세트 4개가 출시되었다. 각각 불의 수호동물 사자, 바람의 수호동물 드래곤, 흙의 수호동물 여우, 물의 수호동물 거북이가 들어 있다.

여동생 구출 작전

용감한 에밀리 존스는 여동생을 구하기 위해 고블린 왕의 요새를 침략한다. 고블린 왕의 요새 탈출 세트에는 식인 식물 위를 맴도는 철창 우리, 투석기, 여닫을 수 있는 포털, 움직이는 방향키가 달린 에밀리의 뗏목 등이 들어 있다.

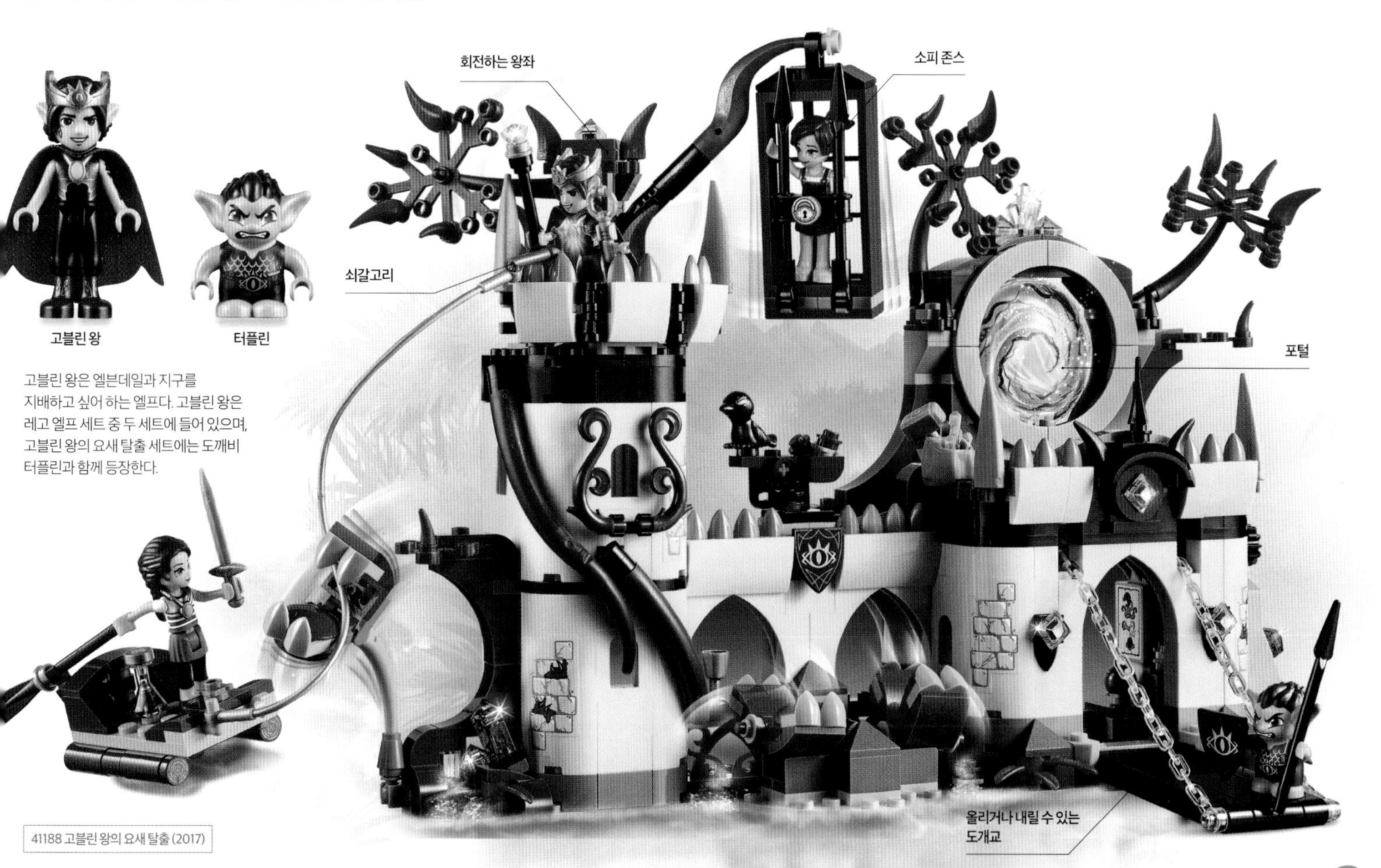

고블린 왕은 엘븐데일과 지구를 지배하고 싶어 하는 엘프다. 고블린 왕은 레고 엘프 세트 중 두 세트에 들어 있으며, 고블린 왕의 요새 탈출 세트에는 도깨비 터플린과 함께 등장한다.

41188 고블린 왕의 요새 탈출 (2017)

시즌 세트

1999년부터 크리스마스를 테마로 한 작은 세트는 레고® 캘린더에서 익숙하게 볼 수 있는 고정 제품으로 자리 잡았다. 부활절, 추수감사절, 핼러윈, 밸런타인데이를 테마로 한 제품이 그 뒤를 이었다. 가장 최근 출시된 세트는 중국 최대 명절 춘절과 계절의 변화 등을 기념해 제작됐다. 시즌용 레고 세트는 장식용이나 선물용으로 적합하다. 게다가 시즌 세트는 언제든 다시 조립할 수 있기 때문에 시간이 지나도 싫증 나지 않는다.

3개의 산타 세트에서 볼 수 있는 브릭에 인쇄된 얼굴

스키 폴로 사용된 레고 캐슬의 긴 창 부품

1128 스키 타는 산타 (1999)

단일 부품으로 제작된 스키

빠르고 날렵한 산타

산타클로스는 1970년대부터 20개가 넘는 레고 세트에 등장했고, 때에 따라 미니피겨와 브릭으로 조립해 만드는 형태로 세상에 나왔다. 1999년에는 순록의 등 위에 누워 있는 산타클로스와 스키 실력을 뽐내는 산타클로스의 모습이 담긴 세트 2개가 출시되기도 했다.

40236 로맨틱 밸런타인 피크닉 (2017)

40057 가을날의 풍경 (2013)

다른 레고 부품으로 장식이 가능한 크리스마스트리의 나뭇가지

'눈송이'를 감싸줄 투명 용기 제작에 사용한 커다란 부품 5개

눈 내리는 크리스마스

2016년 레고 스토어나 shop.LEGO.com에서 일정 금액 이상 구매하면 사은품으로 증정하던 이 크리스마스 장식품은 투명한 공간 안에서 브릭들이 사방으로 휘날리도록 조립된 특별한 제품이다. 레고 스노우글로브를 흔들면 둥글고 새하얀 '눈송이' 부품이 산타클로스와 크리스마스트리 위로 떨어져 내린다!

40223 레고 스노우글로브 (2016)

비밀 서랍이 내장되어 있는 아랫부분

40271 부활절 토끼 (2018)

40260 할로윈 유령 (2017)

40207 2016년 원숭이의 해 세트 (2016)

40270 발렌타인 꿀벌 (2018)

40091 추수감사절 칠면조 (2014)

41326 크리스마스 캘린더 (2017)

크리스마스 스웨터를 입은 스테파니

24일간의 모험

크리스마스 카운트다운 제품은 최초의 레고 재림절 달력이 발매된 2000년대 초반 이후 훨씬 흥미진진해졌다. 레고® 시티, 레고® 스타워즈™, 레고® 프렌즈를 포함한 여러 크리스마스 테마 캘린더에는 특별한 크리스마스 장면을 연출할 수 있는 24개의 미니 조립 모델이 들어 있다.

40203 레고 드라큘라와 박쥐 (2016)

40235 개의 해 (2018)

30478 쾌활한 산타 (2017)

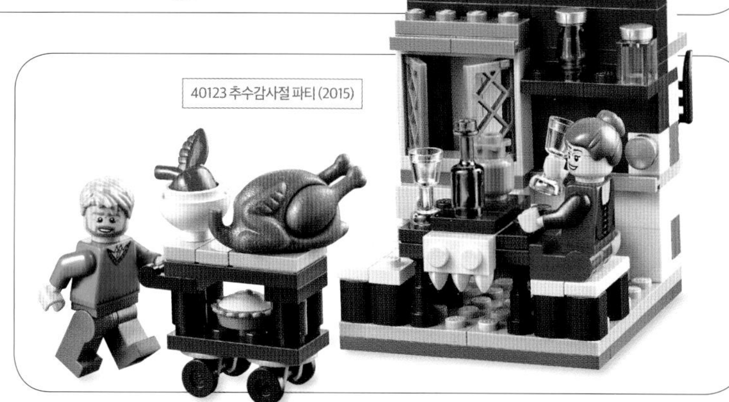

40123 추수감사절 파티 (2015)

레고® 듀플로® 세상이다!

영·유아 빌더들을 위한 레고® 조립 시스템으로 잘 알려져 있고, 오랫동안 사랑받아온 레고® 듀플로® 세트는 어린아이들이 작은 손으로 쉽게 조립하고 분해할 수 있는 더 큰 부품으로 구성되어 있다. 생후 18개월에서 6세 사이의 영·유아를 위해 제작한 레고 듀플로 세트는 40년 이상 미취학 아동의 창의력을 북돋우며 아이들이 조기에 운동 기술을 개발할 수 있도록 도와왔다.

2940 소방차(1992)

기본 2×4 레고 시스템 브릭

레고 듀플로 브릭

레고 듀플로 브릭은 레고 브릭보다 높이, 길이, 폭이 2 배 더 크다. 1969년에 생산된 초창기 듀플로 엘리먼트는 좀 더 짧은 스터드를 가지고 있었고, 밑면의 연결 부분이 약간 다르기는 했지만 오늘날 듀플로 브릭과 마찬가지로 표준 규격의 레고 부품과 호환이 가능했다.

어린아이들을 위한 공구

미취학 아동을 위한 1990년대 듀플로 툴 세트 제품군에는 노란색 연결 부위가 달린 차량이 들어 있다. 차량에 달린 연결 부위는 돌릴 때 찰칵하는 경쾌한 소리를 내는 놀이용 도구로 고정하거나 분리할 수 있었다. 2009년 안전한 드라이버와 렌치가 포함된 새로운 세트가 재출시되면서 전과 같은 조립 방식으로 즐길 수 있었다.

상상의 나래를 펼쳐라…

특별한 모양, 색상, 프린트 장식을 가진 듀플로 부품은 어린아이들이 건물에서부터 동물, 물에 뜨고 땅 위를 달리고 하늘을 나는 차량에 이르기까지 그들이 상상할 수 있는 모든 것을 조립할 수 있도록 해준다.

로고(1978)

듀플로 로고

레고 듀플로 토끼는 1979년 포장용 상자에 처음 사용되었다. 1997년 듀플로 로고 토끼는 프리모의 코끼리 로고와 어울리는 친근한 모습으로 바뀌었다. 듀플로 토끼는 2002년 듀플로가 레고® 익스플로어 테마에 통합되면서 사라졌다 2004년 듀플로라는 이름이 재등장하면서 다시 돌아왔다.

로고(1997)

두 번째 듀플로 토끼 로고는 귀엽고 선명하며 보는 사람과 눈이 마주치도록 디자인했다.

최초의 듀플로 피겨

듀플로라는 이름이 1970년대 출시된 영·유아 빌더를 위한 제품 포장 상자에 늘 등장하지는 않았다. 이 세트는 미취학 연령대의 사람과 동물 피겨를 최초로 선보인 세트로 피겨들이 장식으로 꾸민 얼굴과 간단한 일체형 몸체를 가지고 있었다.

537 메리의 집(1977)

지붕 위 TV 안테나

1980년대 중반에는 앉거나 물건을 잡을 수 있는 듀플로 피겨가 두 가지 크기로 출시되었다. 그러나 새 듀플로 피겨가 출시된 이후에도 약 10년간 원래 듀플로 피겨가 계속 세트에 포함되었다.

2770 퍼니시드 플레이하우스 (1986)

미닫이문이 달린 단일 벽 부품

레고 듀플로 플레이하우스

1986년 새로 조립할 집의 내부를 조립할 때 사용할 수 있는 여러 가족 구성원 피겨와 가구가 들어 있는 듀플로 플레이하우스 조립 세트가 출시되었다. 별도로 출시된 액세서리 세트에는 욕실, 주방, 거실을 위한 부품과 추가로 조립할 수 있는 벽과 지붕 부품이 들어 있었다.

굿모닝!

2015년에 출시된 이 플레이하우스는 어린아이들에게 하루 일과에 대해 알려주고, 역할극과 스토리텔링을 할 수 있게 한다. 브릭은 아침 식사, 양치질, 미끄럼 타기같이 유아기의 중요한 순간을 특징으로 제작됐다.

미끄럼틀은 브릭 2개와 결합할 수 있는 단일 부품으로 되어 있다.

10616 듀플로® 나의 첫 가정집 (2015)

몸을 뻗고 누워 있는 이 강아지는 브릭만 담고 있는 게 아니다. 강아지가 차고 있는 목걸이에도 브릭을 끼울 수 있다!

5503 레고® 듀플로® 강아지 (2005)

브릭 컬렉션

아이들이 성장함에 따라 듀플로 브릭 컬렉션의 범위도 넓어졌다. 부모들은 양동이 모양의 튼튼한 플라스틱 버킷부터 브릭 32개가 든 친근한 닥스훈트 모양의 원통형 투명 저장 튜브까지 다양하고 편리한 저장 용기에 담긴 부품을 추가로 구입할 수 있다.

하나, 둘, 셋…

형형색색의 이 묵직한 열차는 0~9까지 숫자가 적힌 브릭을 가지고 있어 아이들이 놀이를 통해 숫자를 세고 익히는 데 안성맞춤이다. 이 듀플로 세트에는 즐거운 역할극을 할 수 있게 해줄 최신 소년, 소녀, 고양이 피겨도 함께 들어 있다. 이제 듀플로 피겨는 손가락이 달린 손, 회전하며 움직이는 어깨와 머리, 작고 동그랗게 튀어나온 코, 머리에 완전히 고정된 모자나 머리카락이 있다.

10847 듀플로 숫자와 기차 놀이 (2017)

듀플로 피겨는 아이(사진 속 피겨), 성인, 아기 등 총 세 가지 크기로 나온다.

조립판

운반용 손잡이

안전한 고무 브릭 스쿠퍼

5359 블록 악어 (2004)

부품 정리하기

이 저장 용기는 블록을 정리해두는 도구다. 이 블록 악어는 바닥 여기저기 널린 듀플로 부품을 집어삼켜 부모들의 고민을 해결해준다. 또 블록 악어 세트에는 브릭이 한가득 들어 있고 용기 윗면에 스터드 플레이트가 있어 조립판으로 사용할 수도 있다.

농가의 위층에는 피곤한 친구들이 함께 모여 밤샘 파티를 할 때 사용할 수 있는 침실과 욕실이 있다.

브릭에 인쇄된 창가의 화단

줄을 당기면 위아래로 움직이는 종

10869 듀플로 농장 어드벤처 (2018)

농장에서

레고® 듀플로® 타운 세트는 어린 빌더들에게 재미있고 일상적인 장면을 선사한다. 어린아이들은 듀플로 농장 어드벤처 세트를 가지고 놀면서 실제 농장에서 동물들을 돌보는 법을 배우고, 가장 잘 흉내낼 수 있는 동물 소리를 연습할 수 있다.

선사 시대 놀이

공룡과 원시인이 함께 논다고? 듀플로 디노 계곡에서나 가능한 일이다. 이 행복한 석기 시대 가족은 비늘로 뒤덮인 공룡 친구들, 동굴 벽화 브릭, 직물로 만든 옷, 카누, 커다란 물고기, 구운 고기가 있는 동굴에서 산다. 모든 브릭에 조립에 필요한 스터드가 달려 있다.

5598 디노 계곡 (2008)

목욕 놀이에 제격, 해적선

몇 년 동안 레고® 해적 세트가 단 한 개도 출시되지 않던 시기에도 미취학 아동들은 듀플로 해적을 가지고 즐겁게 놀았다. 이 듀플로 대형 해적선은 물에 뜰 뿐 아니라 바퀴가 있어 바닥 위를 굴러가기도 한다. 삭구에 매달려 있는 원숭이, 돛을 휘두를 수 있는 윈치, 발사용 대포, 보물 상자, 감옥, 풋내기 선원을 욕조에 풍덩 빠뜨릴 수 있는 널빤지 등이 포함된 이 해적선을 본 초등학생들이 레고 해적 세트를 애타게 원했다.

7880 듀플로® 대형 해적선 (2006)

3515 아프리카 어드벤처 (2003)

동물 조립하기

동물 조립 세트에는 유연한 목과 몸통을 위한 아코디언 경첩, 벌어지는 입이 달린 머리, 당길 수 있는 줄로 만든 꼬리 등 독특한 부품과 어린아이들의 신체 발달에 도움 되도록 디자인된 제품이 들어 있다. 여러 브릭이 추가로 들어 있어(일부 브릭에는 동물의 눈이 그려져 있다) 아이들이 포장 상자 사진에 있는 동물보다 훨씬 다양한 동물을 만들 수 있다.

생후 18개월 이상 영·유아를 위한 테마인 레고 익스플로어인 익스플로어 이매지네이션의 하위 테마로 출시된 이 세트는 출시 2년 차에 듀플로가 재출시되면서 2~5세를 위한 제품으로 새롭게 단장해 출시되었다.

분류하고 조립하기

이 튼튼한 브릭 상자에는 퍼즐 놀이를 할 수 있는 파란색, 노란색, 빨간색 플레이트가 들어 있으며 플레이트는 브릭 상자 뚜껑으로 사용할 수 있다. 어린 빌더들은 코끼리, 기린, 앵무새 모델을 만드는 데 필요한 브릭을 색상별로 분류하기 위해 플레이트를 사용할 수 있고, 그 모델들을 조립하는 방법을 사진을 통해 확인할 수도 있다.

6784 동물 학습 버킷 (2012)

5506 레고® 듀플로® 라지 블록 박스 (2010)

기본 듀플로 브릭 박스는 레고 컬렉션에 새로운 가능성을 부여하거나 상상의 나래를 펼치며 창의적인 놀이를 할 수 있게 해준다. 브릭 박스 제품 대부분에 창의력을 자극하는 조립 설명서가 들어 있다.

레고® 빌

레고® 빌 슈퍼마켓 세트는 아이들이 조립한 창작물을 여러 방식으로 갖고 놀 수 있는 제품이다. 아이들은 과일, 채소, 그 외 다양한 음식을 골라 담은 쇼핑 카트를 끌고 가 점원이 금전 등록기에 물품을 입력하게 할 수 있다.

5604 슈퍼마켓 (2008)

시장이나 슈퍼마켓과 같이 일상에서 쉽게 접할 수 있는 장소를 배경으로 한 레고 빌 세트는 이후 레고 듀플로 타운 세트로 대체되었다.

5683 시장 (2011)

즐거운 제빵 놀이

머랭, 머핀, 양초 브릭을 포함한 다채로운 듀플로 부품 55개가 들어 있는 이 세트는 어린이 제빵사들이 각양각색의 먹음직스러운 조립식 디저트의 향연을 즐길 수 있도록 해준다. 상자 뚜껑은 쟁반으로도 사용할 수 있다.

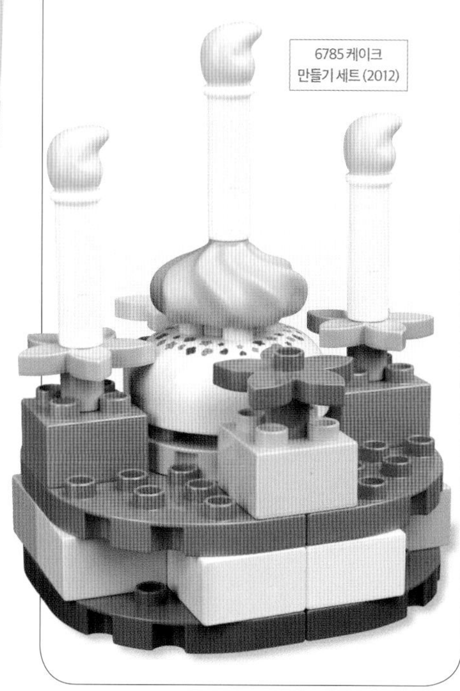

6785 케이크 만들기 세트 (2012)

불을 내뿜는 이 드래곤은 어때?

4776 드래곤 타워 (2004)

움직이는 날개와 턱이 달린 드래곤

드래곤 입에 딱 맞는 불길 부품

레고® 듀플로® 캐슬

듀플로 캐슬 시리즈는 드래곤, 기사, 함정 문, 보물 등으로 가득 찬 요새를 조립할 수 있게 해준다. 가장 인상적인 캐슬 세트는 386피스의 특대형 부품으로 구성된 블랙 캐슬(세트 4785)로 듀플로 세트를 통틀어 가장 크다. 블랙 캐슬 세트에는 170cm 높이의 탑을 조립하는 방법을 보여주는 사진이 들어 있다.

레고® 주니어

2014년부터 선보인 레고® 주니어 세트는 듀플로 다음 단계로 시작하기 좋은 시리즈다. 4~7세 어린이를 위한 레고 주니어 세트에는 레고의 기본 브릭과 조립하기 쉬운 모델이 들어 있다. 이 시리즈는 레고® 시티, 레고® 프렌즈 같은 클래식 테마는 물론, 레고® DC 코믹스 슈퍼히어로와 레고® 디즈니 프린세스™를 포함한 라이선스 테마도 선보인다.

10679 주니어 해적 보물 찾기 (2015)

세트에 벽, 플레임, 보트와 같이 초보자를 위한 대형 부품이 들어 있어 어린아이들에게 조립에 대한 자신감을 심어준다.

흥미진진한 액션으로 가득 찬 이 레고 시티 세트에는 조립하기 쉬운 헬리콥터와 경찰서가 딸려 있다.

10751 숲속 경찰 추격전 (2018)

기억할 만한 레고 세트

514 프리스쿨 조립 세트 (1972)

010 조립 세트 (1973)

524 레고빌 세트 (1977)

534 패신저 보트 (1978)

2623 배달 트럭 (1980)

2705 플레이 트레인 (1983)

2355 '자동차' 기본 세트 (1984)

2629 트랙터와 농기구 (1985)

2770 퍼니시드 플레이하우스 (1986)

2666 미니 동물원 (1990)

1583 어릿광대 버킷 (1992)

2679 듀플로 공항 (1993)

2338 키티 고양이 조립 세트(1995)

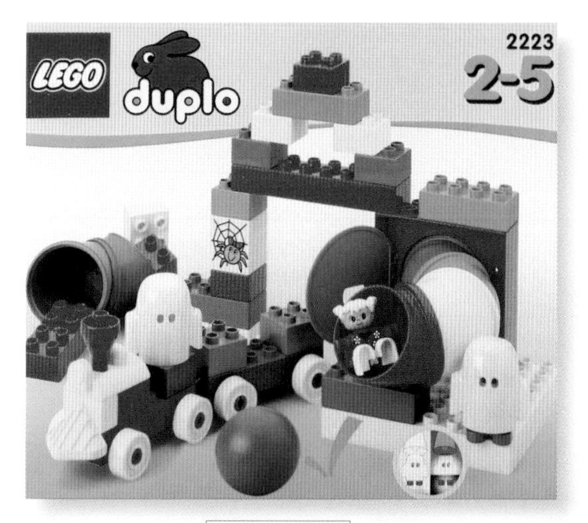

2223 유령의 집(1998)

2281 길놀이 마을 세트(1999)

2952 마리(2001)

2400 신나는 자동차 놀이(2000)

1403 레이싱 레오퍼드(2001)

4691 경찰서(2004)

4683 조랑말과 수레(2004)

4973 추수 기계(2007)

4864 듀플로 성(2008)

5604 슈퍼마켓(2008)

5655 캠핑카(2010)

6158 동물 병원(2012)

10850 듀플로 나의 첫 케이크(2017)

10840 듀플로 놀이공원(2017)

2024 딸랑이 (1983)

아기용 브릭

영·유아부터 레고® 듀플로® 브릭을 조립할 수 있는 미취학 아동에 이르기까지 어린아이를 위해 제작된 레고® 제품이 많이 나와 있다. 아기들이 갖고 놀기에 안전한 이 제품 중 일부는 세상에 나왔다가 금방 사라지는 실험적 제품이 있는가 하면, 어떤 제품은 몇 번이고 이름과 색상을 바꿔가며 재출시될 만큼 인기가 높다. 아주 어린 아기 빌더들이 수년간 갖고 놀면서 창의력을 개발하는 데 일조한 레고 아이템을 살펴보자.

흔들고 물어뜯는 딸랑이

이 오리 딸랑이는 아기들이 어떻게 놀고 배우는지 여러 해 동안 연구한 끝에 나왔다. 유아들은 눈을 보면 본능적으로 반응한다. 오리 딸랑이를 흔들면 오리 눈이 위아래로 흔들리고, 중앙의 공이 돌아가면서 소리를 낸다. 엄마들로 구성된 자문단의 조언으로 딸랑이에 손잡이 2개를 추가했다. 윗면에는 스터드가 달려 있고 밑면에는 구멍이 나 있어 듀플로나 레고 브릭과 함께 조립할 수 있다.

레고® 프리모와 레고® 베이비

1995년 레고 그룹은 생후 6~24개월 아기들을 위해 크고 입에 넣어도 안전한 조립용 장난감으로 구성된 레고® 프리모를 선보였다. 1997년 레고 프리모는 코끼리 로고와 모양 맞추기, 멜로디가 나오는 보트, 조립용 쥐, 그 외 조립용 부품 등으로 구성된 여러 세트와 함께 레고의 자체 브랜드로 자리매김했다. 프리모는 2000년에 레고® 베이비로 이름이 바뀌었고, 2002년에는 레고® 익스플로어에 통합되었다. 그후 2004년에 테디 베어 로고와 함께 레고 베이비로 재출시되었다가 2006년에 공식적으로 단종되었다.

베이비 브릭

다채로운 색상의 레고 프리오와 레고 베이비 부품은 안전하고 튼튼하며 아기들이 쉽게 조립하고 분해할 수 있도록 만들어졌다.

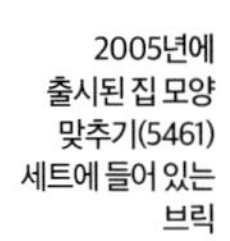

2005년에 출시된 집 모양 맞추기(5461) 세트에 들어 있는 브릭

2503 멜로디 사과 (2000)

사과 속 벌레를 누르면 튀어 나오면서 멜로디가 나온다.

꿈틀거리는 벌레

생후 6~8개월 아기들이 좋아하는 애벌레는 눌렀다가 놓으면 쫙 펴졌다가 튀어 오르면서 아기들을 까르르 웃게 만든다. 이 애벌레는 바닥을 굴러다닐 수 있으며, 등의 튀어나온 부분에 끼워 쌓아 올릴 수 있는 벌레 친구들이 세트에 함께 들어 있다.

1997년에는 애벌레가 레고 프리모 제품으로 출시되었다. 2001년에는 레고 베이비 제품으로, 2002년에는 레고 익스플로어 제품으로 출시되었다.

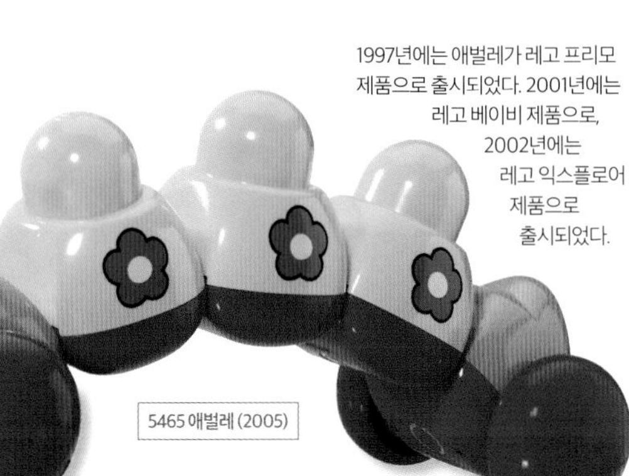

5465 애벌레 (2005)

5443 꼽슬이 딸랑이 (2003)

신생아용 장난감

이 레고 익스플로어 딸랑이는 직물, 끈, 플라스틱 부품으로 만들었으며, 아기 침대 등에 달 수 있다. 딸랑이는 '익스플로어 빙 미Explore Being Me'라는 라벨이 붙은 신생아를 위한 제품이다.

5470 쿼트로 피겨 세트 (2006)

2004~2006년 출시된 쿼트로 세트는 12종류밖에 되지 않았고, 이 세트에 든 피겨가 최초인 동시에 단 하나뿐인 쿼트로 피겨였다.

레고® 쿼트로™

듀플로 브릭의 다음 단계가 시스템 브릭이라면 듀플로 브릭의 전 단계는 바로 레고® 쿼트로™라 할 수 있다. 1~3세 어린이를 위해 만든 레고 쿼트로 부품은 듀플로 버전보다 더 둥글고 길이, 폭, 높이 모두 2배 더 크다. 본래 프리모 코끼리 로고의 파란색 버전 로고가 선명한 쿼트로 세트는 모델을 조립하기보다는 자유로운 형식으로 브릭을 쌓아 올리기 좋은 브릭 컬렉션이 대부분이었다.

멜로디가 나오는 낙타와 그의 친구

생후 2세 미만의 아기를 위한 레고 프리모 세트인 이 장난감은 낙타 몸통을 돌렸다 놓으면 멜로디가 흘러나오는 오르골이다. 낙타 발을 프리모 부품에 부착할 수 있으며, 낙타 등의 스터드는 낙타의 친구 프리모 피겨를 포함한 나른 엘리먼트와 호환이 가능해 낙타 등에 부품을 쌓을 수 있다.

2007 멜로디 아기 낙타 (1998)

모양과 색상

프리모 브랜드가 듀플로 1에서 분리되면서 처음 출시된 이 세트는 생후 8~24개월 아기들이 어떤 브릭이 어떤 정육면체에 들어맞는지 찾아내는 과정에서 사물의 모양과 색상을 배울 수 있게 해준다. 이 세트의 정육면체 부품은 녹색 바닥판뿐 아니라 다른 정육면체 부품 위에도 쌓아 올릴 수 있다. 녹색 바닥판은 제품 포장 상자의 뚜껑으로도 사용된다.

2099 모양 맞추기 (1997)

다른 부품을 쌓아 올릴 수 있도록 스터드가 달린 차량

2974 놀이 기차 (2001)

아기들을 위한 놀이 기차

생후 6개월 이상 아기를 위한 부품 7개로 구성된 이 기차 장난감은 애벌레 장난감과 마찬가지로 2000~2005년 여러 색상의 레고 베이비 제품으로 제작되었다. 이 놀이 기차의 굴뚝을 누르면 소리가 난다.

레고® 패뷸랜드™

레고® 패뷸랜드™는 1979년 제품을 처음 세상에 선보일 때부터 색다르고 특별했다. 레고 패뷸랜드의 조립하기 쉬운 모델과 친근하고 재미있는 동물 머리 모양 피겨는 레고® 듀플로® 놀이와 레고 시스템 사이에 갖고 놀기 좋았고, 소년과 소녀 모두에게 인기 있었다. 패뷸랜드는 아동용 이야기책, 의류, 애니메이션 TV 시리즈까지 포함된 최초의 레고 테마였다.

이 튼튼한 외륜선의 선장은 바다코끼리 윌프레드다. 원숭이 마이크가 갑판을 쓸면 또 다른 원숭이 선원은 엔진을 손본다.

3673 증기선 (1985)

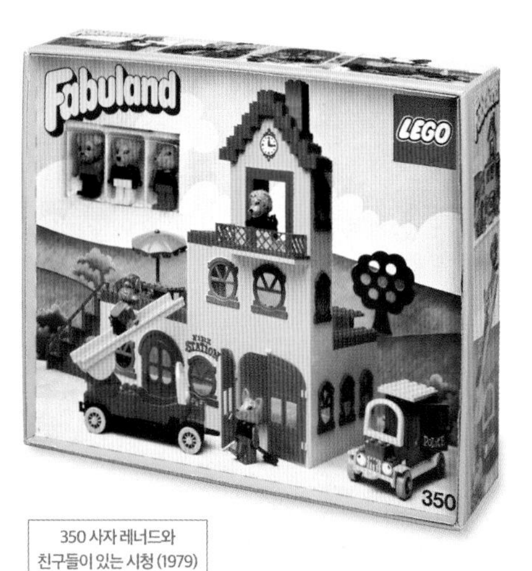

350 사자 레너드와 친구들이 있는 시청 (1979)

환상의 세계

레고 패뷸랜드는 아이들에게 완벽한 테마였다. 매력적인 건물과 차량에는 손쉽게 조립할 수 있는 커다란 부품이 사용되었고, 집은 피겨들이 내부로 들어가 놀 수 있을 만큼 방이 컸다.

사자 라이오넬(레너드)은 패뷸랜드의 시장이었다. 라이오넬의 시청 세트에는 그의 친구들인 불독 소방관 버스터와 말썽꾸러기지만 마음씨 좋은 여우 프레디가 함께 등장한다.

3660 어부의 오두막(1985)에 들어 있는 보트

특이한 조합의 친구들

미니피겨와 듀플로 피겨의 중간 크기인 패뷸랜드의 등장인물들은 각자 자신만의 이름, 액세서리, 직업과 관련된 모자와 유니폼을 가지고 있었다. 코끼리 에드워드는 1985년에 노로 젓는 보트, 어부의 오두막 등과 함께 등장했고, 고양이 찰리가 마을을 떠나 낚시 여행을 즐기는 에드워드 곁에 딱 붙어다녔다.

어서 오세요, 하마 양!

3662 버스 (1987)

곰 버나드는 주유기와 자동차 정비 장비가 있는 곰 빌리의 주유소에 들른다.

3670 주유소 (1984)

이야기와 함께 하는 조립

3세 이상 아이들은 패뷸랜드 세트로 집, 보트, 놀이공원의 놀이 기구, 경찰서와 소방서 등을 만들 수 있다. 대형 패뷸랜드 세트에는 따라 하기 쉬운 조립 설명서와 함께 아이들이 조립하는 동안 부모들이 소리내어 읽어줄 수 있는 이야기가 들어 있다.

그림책

"패뷸랜드 시장인 사자 라이오넬은 모든 친구를 파티에 초대했다. 초대장을 받은 친구들은 신이 났다. 파티에서는 베스트 드레서를 뽑을 예정이었다. '나는 자동차 코스튬을 하고 갈 거야'라고 맥스가 말했다. 그는 오래된 판지 상자를 구해 옆면에 자동차 바퀴를 그렸다." 이 이야기는 많은 패뷸랜드 이야기책 중 하나에서 계속된다!

나는 모든 친구들을 돕고 싶어. 친구들이 부탁하지 않는다 해도 말이야!

움직이는 머리, 팔, 다리를 가진 패뷸랜드 시민으로는 공상가인 코끼리 에드워드, 다정한 토끼 보니, 모험을 즐기는 쥐 맥스, 꽃가게 주인인 하마 한나, 서투른 악어 클라이브, 간호사인 양 루시 등이 있다.

토끼 보니 / 쥐 맥스 / 원숭이 마이크

환상의 나라 패뷸랜드

1989년 10년간 즐거운 상상과 놀이를 뒤로한 채 패뷸랜드 테마는 막을 내린다. 마지막으로 출시된 세트로는 교실, 회전목마, 미끄럼틀과 그네가 있는 공원 등이 있었다. 패뷸랜드 테마는 단종되었지만 하늘을 높이 나는 까마귀 조, 그리고 그의 친구들과 함께 성장한 아이들은 패뷸랜드 친구들을 기억하고 있으며, 레고 패뷸랜드의 행복한 세상은 오늘날에도 여전히 많은 팬과 수집가에게 사랑받고 있다.

3671 공항(1984)에 들어 있는 비행기

어떻게 패뷸랜드에 가지?
"멀지 않아. 북쪽으로 가다가 왼쪽으로 조금만 움직이거나 남쪽으로 가다가 오른쪽으로 조금만 움직이면 돼. 그곳에서 코끼리 에드워드와 그의 친구들이 살고 있지."

바이오니클®

2001년에 출시해 큰 호응을 얻은 '생물 연대기Biological Chronicle'는 만화, 소설, 영화, 온라인게임, 애니메이션에 나오는 이야기를 바탕으로 조립식 영웅, 생물, 악당으로 가득한 세계를 만들기 위해 기계와 신화를 접목했다. 이 테마의 배경은 기계 생명체인 주민들이 마쿠타라는 악의 세력이 조종하는 사나운 생물체의 공격을 받고 있는 신비한 열대섬 마타 누이였다. 악의 세력에 완전히 패한 것처럼 보일 때, 어둠으로부터 세계를 구하기로 한 영웅 6명이 마타 누이에 도착했다.

마타 누이섬

섬주민들이 섬기는 잠든 신의 이름을 딴 마타 누이섬에는 빙원, 암석 사막, 지하 묘지, 울창한 정글, 거대한 호수, 화산이 있다. 또 이 섬에는 카노히라 불리는 가면을 쓴 살아 있는 기계 생명체들이 살고 있다.

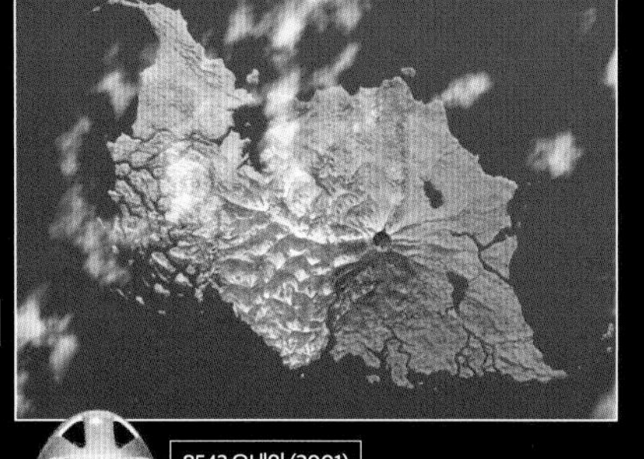

8540 바카마(2001)

8544 누주(2001)

8543 노카마(2001)

8542 오네와(2001)

8545 웨누아(2001)

8541 마타우(2001)

투라가들은 마타 누이섬의 장로들로 섬의 많은 비밀을 지키고 있다. 투라가 장난감은 레버를 밀면 지팡이를 치켜들고, 노블 카노히를 쓰면 투명해지는 능력, 마인드 컨트롤, 염력 같은 힘을 얻는다.

마타 누이섬 원주민

마타 누이섬 각 마을은 섬의 원소 속성을 하나씩 가지고 있다. 원래 토훈가인 원주민의 이름은 섬을 침략한 보록을 물리친 마타 누이를 기리기 위해 마토란으로 개칭되었다.

8595 타쿠아와 퓨쿠(2003)

한때 크로니클러라고 불렸던 타쿠아는 후에 빛의 가면을 쓰고 일곱 번째 토아인 타카누바로 변신한다.

토아

여섯 토아는 캐니스터(토아 제품 포장 상자와 비슷하게 생겼다)에 담겨 마타 누이섬으로 발사되었지만 광활한 바다에 불시착해 나중에 섬으로 떠밀려왔다. 원소 에너지를 가득 채우고 그레이트 카노히를 쓴 6명의 토아는 섬주민들에게는 전설과도 같은 인물들이었다. 그들은 토아들이 마타 누이 신을 잠에서 깨우고 마쿠타의 악으로부터 세계를 구해낼 운명을 짊어지고 있다고 믿었다.

8568 포라투 누바(2002)

8567 레와 누바(2002)

8566 오누아 누바(2002)

각 토아 누바가 가지고 있는 도구는 이중 기능을 갖췄다. 불의 토아인 타후 누바의 마그마 검을 발에 장착하면 용암 서핑 보드가 된다.

토아는 마쿠타, 라히, 섬을 위협하는
여러 세력과 맞서 싸웠다.
바이오니클 테마 2년 차가 되던 해에
토아는 토아 누바(아래 사진)가 되어 새로운
갑옷, 도구, 강화된 가면의 힘을 얻었다.

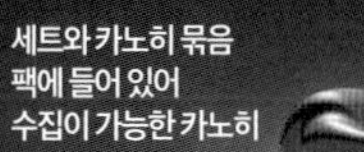

세트와 카노히 묶음
팩에 들어 있어
수집이 가능한 카노히

8538 무아카 카네라 (2001)

라히

모기처럼 생긴 누이 라마부터 황소를 닮은 카네라까지 바이오니클® 세계의 야수들을 라히라고 총칭한다. 바이오니클 테마 출시 첫해에 두 팩으로 구성된 라히 세트 5개가 판매되었고, 각 제품에는 부품을 합체해 새로운 생명체를 만드는 방법을 설명하는 조립 설명서가 들어 있다. 라히 세트의 모델들은 상대방의 가면을 벗겨 토아와 맞서 싸우거나 모델끼리 서로 싸우는 레고® 테크닉 액션 기능을 갖췄다.

스키로 변환되는 아이스 블레이드

8571 코파카 누바 (2002)

8570 갈리 누바 (2002)

잠수용 발갈퀴로 변환되는 아쿠아 도끼

마쿠타

어둠의 영혼인 마쿠타는 토아들이 마타 누이섬에 도착하기 몇 세기 전부터 그 섬의 원주민들을 지배하려고 애써왔다. 마쿠타는 제멋대로 구는 라히를 통제하기 위해 감염된 가면을 사용했고, 보록들을 마타 누이섬에 풀어놓았으며, 빛의 토아를 찾지 못하도록 락시들을 보내 막았다.

8593 마쿠타 (2003)

떼를 지어 다니는 보록

여섯 종류의 보록은 최초의 바이오니클 악당 세트였다. 그들은 굴러 다닐 수 있으며, 플라스틱 용기 안에서 동면에 들거나 크라나라고 하는 보록의 '뇌'를 이용해 공격할 수 있다. 보록은 공격으로 토아의 카노히를 떨어뜨린 뒤 크라나를 붙여 영웅들을 조종한다.

8562 가로크 (2002)

새로운 섬, 새로운 모험

2003년 출시된 영화 <바이오니클®: 빛의 가면> 마지막에 마타 누이의 영웅들은 지하 깊은 곳에서 두 번째 섬을 발견한다. 처음으로 바이오니클® 이야기가 주 무대였던 마타 누이섬을 벗어나게 되었고, 최첨단 도시 메트루 누이의 고대 이야기에서 시작해 그다음에는 위태로운 보야 누이섬에서 침몰한 마리 누이로 이어지는 서사적 탐색을 통해 마침내 바이오니클 세계관의 핵심이라 할 수 있는 카르다 누이에 다다르게 되는 새로운 모험이 펼쳐졌다.

8605 토아 마타우 (2004)

토아 메트루

메트루 누이를 재발견하면서 투라가는 자신들이 고대 섬 도시를 수호하는 토아 메트루였던 1,000년 전 일을 회상하며 이야기를 들려준다. 토아 누바와 마찬가지로 토아 메트루 세트의 도구들 역시 이동 수단으로 변경이 가능했고, 토아 메트루 액션 피겨들은 관절로 연결된 팔꿈치, 무릎, 머리를 가진 최초의 바이오니클 영웅들이었다.

비소락의 공격

토아 메트루가 포악하게 돌변하고, 토아 호디카로 바뀌고, 비소락과 싸우는 이야기로 옮겨가면서 회상은 계속 이어졌다. 메트루 누이 연대기는 만화영화 <바이오니클® 2: 메트루 누이의 전설>(2004)과 <바이오니클® 3: 보이지 않는 함정>(2005)으로 제작되었다.

토아 호디카들의 친구인 여섯 라하가(2005)

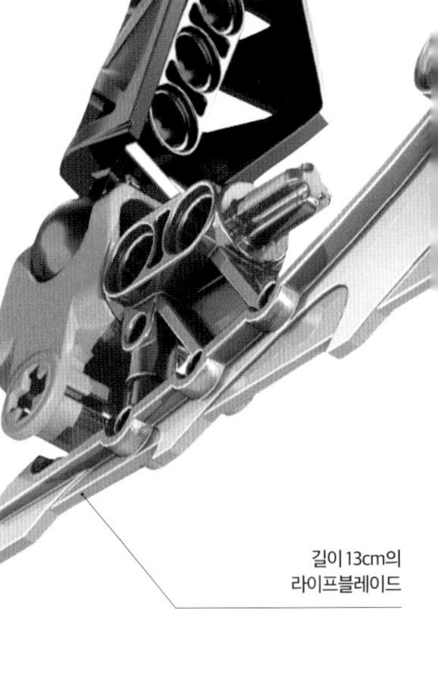
길이 13cm의 라이프블레이드

액손의 도끼는 돌을 자르고 불의 에너지를 내뿜을 수 있으며 던지면 다시 그의 손으로 되돌아온다.

8733 액손 (2006)

점화장치

2006년 바이오니클 이야기는 여섯 마토란이 보야 누이로 가서 토아 이니카가 되면서 현재 시점으로 돌아온다. 토아 이니카는 생명의 가면을 지키기 위해 절도 등을 저지르는 피라카에 맞선다. 바이오니클 피겨는 레고® 테크닉 방식의 기어 장치 대신 다양한 자세를 취할 수 있는 기능에 초점을 맞췄다.

토아 이니카의 친구인 액손은 손가락까지 연접식으로 연결되어 있다.

간수 로봇 막실로스로 몰래 변장한 사악한 마쿠타

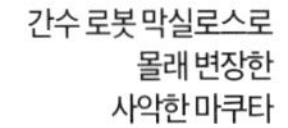
8924 막실로스와 스피낙스 (2007)

깊은 바닷속으로

2007년 토아 이니카는 바다로 들어가 물과 관련된 토아 마리로 변한 뒤 흡혈 오징어를 발사하는 바라키들의 공격에서 수중 도시를 방어했다. 토아 이니카 세트에는 공기 호스, 잠수용 가면, 연발식 코르닥 블래스터가 포함됐다. 2007년 말 토아 마토로가 마타 누이를 구하기 위해 자신을 희생했지만 이야기는 아직 끝나지 않았다.

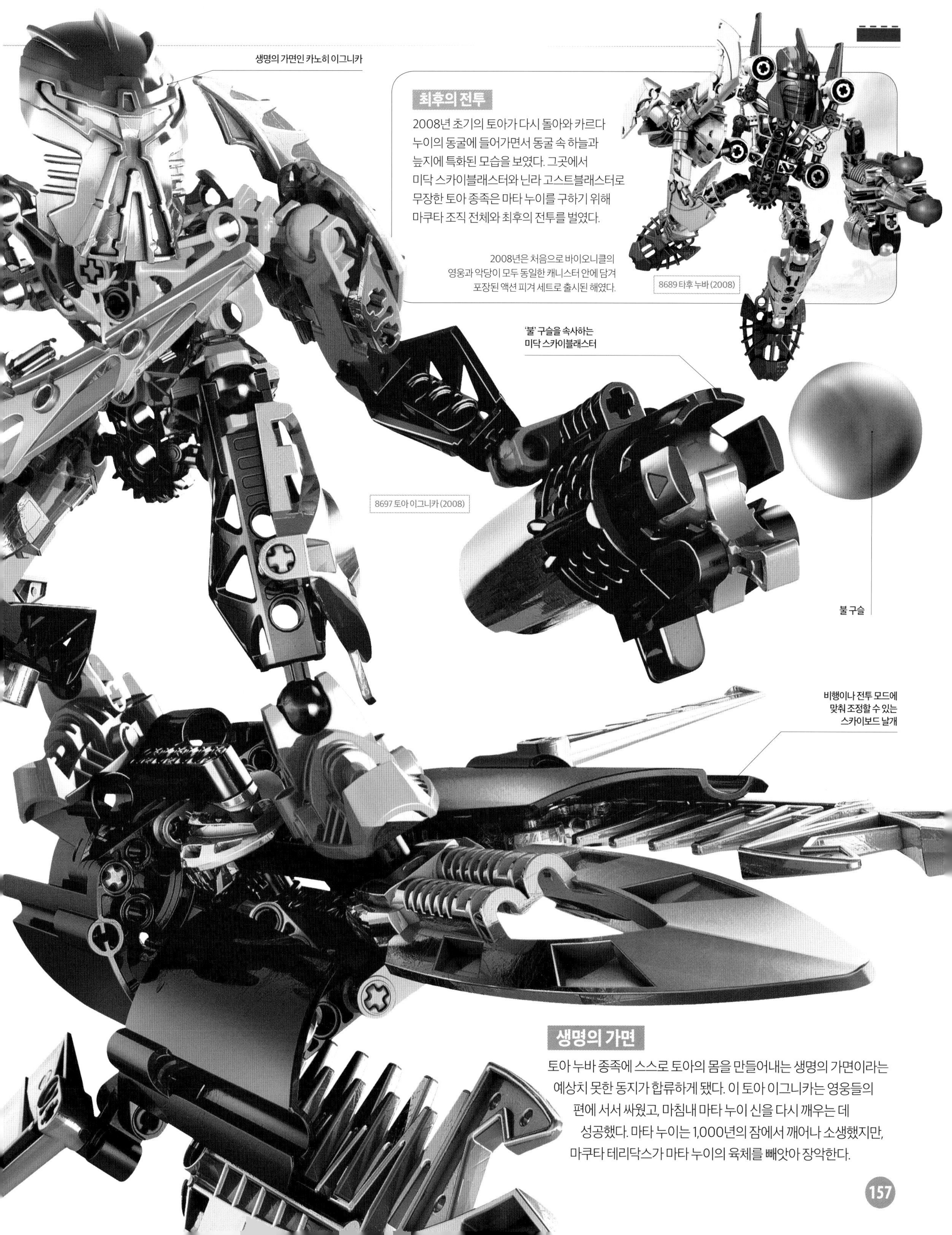

최후의 전투

2008년 초기의 토아가 다시 돌아와 카르다 누이의 동굴에 들어가면서 동굴 속 하늘과 늪지에 특화된 모습을 보였다. 그곳에서 미닥 스카이블래스터와 닌라 고스트블래스터로 무장한 토아 종족은 마타 누이를 구하기 위해 마쿠타 조직 전체와 최후의 전투를 벌였다.

2008년은 처음으로 바이오니클의 영웅과 악당이 모두 동일한 캐니스터 안에 담겨 포장된 액션 피겨 세트로 출시된 해였다.

생명의 가면

토아 누바 종족에 스스로 토아의 몸을 만들어내는 생명의 가면이라는 예상치 못한 동지가 합류하게 됐다. 이 토아 이그니카는 영웅들의 편에 서서 싸웠고, 마침내 마타 누이 신을 다시 깨우는 데 성공했다. 마타 누이는 1,000년의 잠에서 깨어나 소생했지만, 마쿠타 테리닥스가 마타 누이의 육체를 빼앗아 장악한다.

8978 스크랠 (2009)

끝과 시작

8년간 신비에 싸여 있던 바이오니클® 세계의 가장 큰 비밀이 마침내 밝혀졌다. 위대한 영혼 마타 누이는 1만2,300km 높이의 우주여행 로봇이었고, 바이오니클 이야기에 등장하는 섬과 도시는 모두 그의 거대한 몸의 일부였다. 2009년 마타 누이는 자신만의 모험을 감행했다.

새로운 행성

고대의 쪼개진 행성 바라 마그나에는 아고리 부족, 강력한 글라토리안 전사들, 유목민 본 헌터들, 사나운 짐승들이 살고 있다. 바라 마그나에서 가장 위험한 존재는 아마도 호전적인 스크랠 부족일 것이다. 그들은 싸움을 벌이고 바라 마그나 행성을 정복하기 위해 살아가는 돌 부족의 대담한 전사들이다.

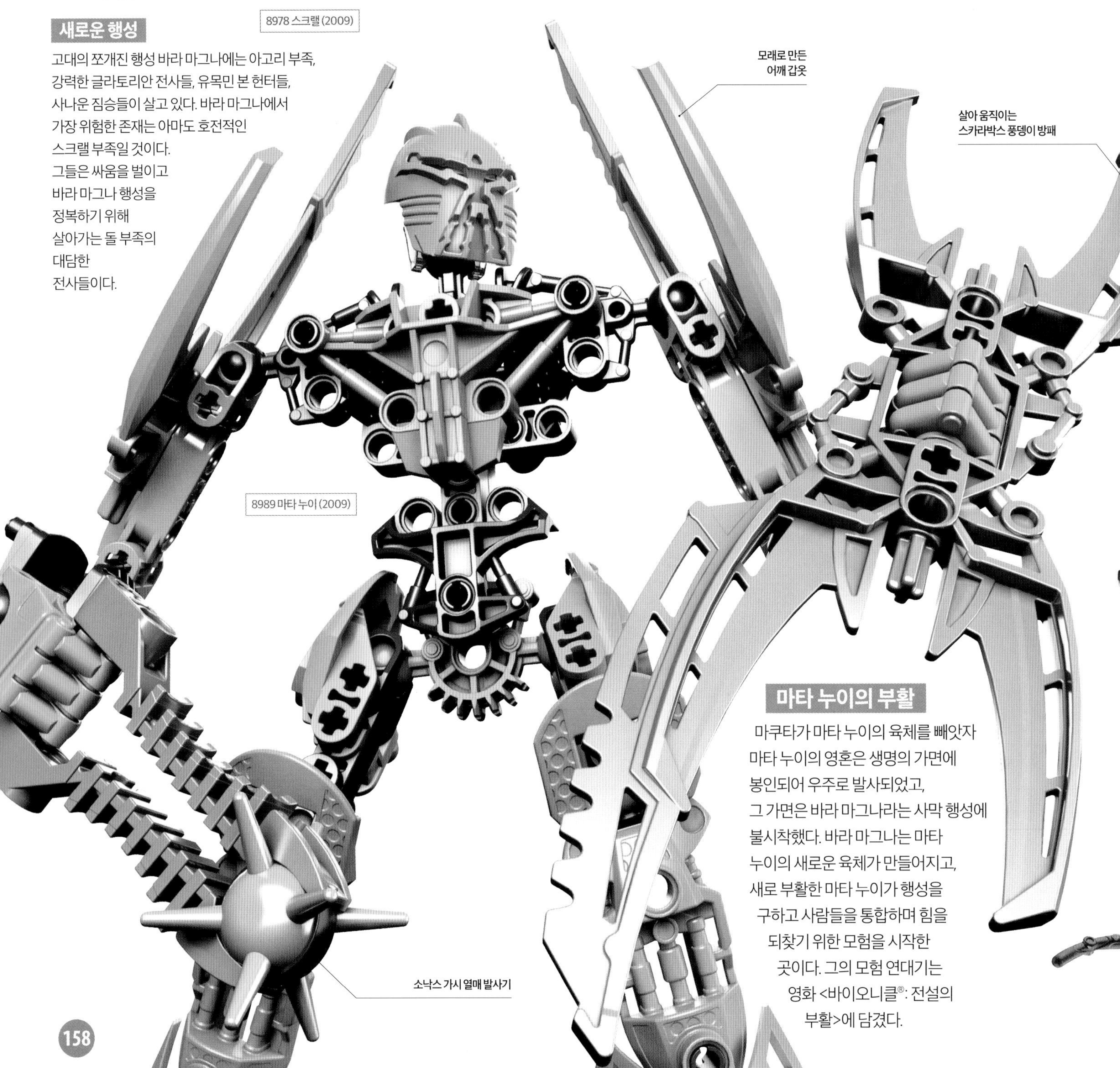

8989 마타 누이 (2009)

마타 누이의 부활

마쿠타가 마타 누이의 육체를 빼앗자 마타 누이의 영혼은 생명의 가면에 봉인되어 우주로 발사되었고, 그 가면은 바라 마그나라는 사막 행성에 불시착했다. 바라 마그나는 마타 누이의 새로운 육체가 만들어지고, 새로 부활한 마타 누이가 행성을 구하고 사람들을 통합하며 힘을 되찾기 위한 모험을 시작한 곳이다. 그의 모험 연대기는 영화 <바이오니클®: 전설의 부활>에 담겼다.

8979 맬룸(2009)

배틀 휠

글라토리안과 2009년의 다른 대형 세트에는 액션 피겨 게임을 위한 라이프 카운터 휠과 소낙스 볼이 들어 있다. 피겨, 차량, 캐니스터에 볼을 발사하면 게임 상대의 라이프 카운터 점수가 낮아지고, 먼저 해골 표시가 나타나는 사람이 지는 게임이다.

글라토리안

바라 마그나에서는 부족 간의 전면전을 피하기 위해 아레나에서 열리는 경기를 통해 영토 분쟁을 해결했다. 각 부족은 글라토리안이라 불리는 전사를 내보내 그들 대신 결투를 벌이도록 했다. 성미가 급한 맬룸은 경기장의 규칙을 어겨 황무지로 추방되기 전까지는 불의 부족을 대표하는 검투사다.

바이오니클 세계는 보록을 공격하는 복서에서부터 초창기 바이오니클 테마의 엑소-토아 전투 갑옷, 카르다 누이의 로켓 추진 플라이어, 바라 마그나의 고철로 만든 데저트 롤러까지 액션 피겨를 태우고 외계에서 날아온 창의적인 탈것으로 가득 차 있다.

8993 칵시움 V3(2009)

작은 영웅, 거대한 전투

대형 액션 피겨들이 등장하는 세트로는 전투 장면 전체를 연출하기가 쉽지 않지만, 미니피겨 크기의 소형 바이오니클 세트는 빌더들이 메트루 누이, 보야 누이, 마리 누이의 모험 이야기에 나오는 대형 차량, 거대한 몬스터, 요새, 전투 장면 등을 조립할 수 있게 해준다.

8927 토아 티레인 크롤러(2007)

바이오니클® 리턴즈

5년의 공백 끝에, 2015년 신화 속 오코토섬을 배경으로 한 새로운 이야기로 바이오니클® 테마가 돌아왔다. 원소 에너지로 활동하는 여섯 토아가 돌아와 오코토섬을 지키기 위해 힘을 합쳐야 했다. 토아 전사들은 그림자 영역이라 불리는 악의 평행 우주에서 온 침입자를 물리치기 위해 동맹군과 연합해 힘을 모았다.

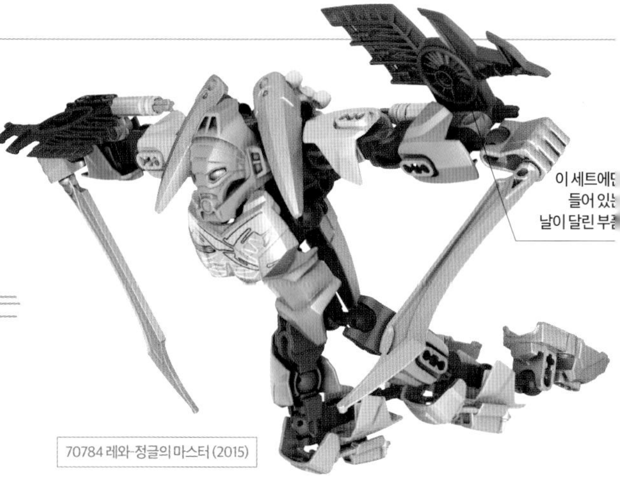

70784 레와-정글의 마스터 (2015)

정글의 마스터

2015년 토아의 임무는 스컬 스파이더 군단과 싸울 수 있는 힘을 줄 황금 가면을 찾는 것이었다. 황금 가면을 모두 찾은 토아들은 스컬 스파이더 군단의 리더를 물리친다. 2015년에 출시된 토아들은 자유자재로 자세를 바꿀 수 있고, 등에 있는 크랭크를 돌리면 팔이 움직이는 레와와 같이 전투 기능을 갖췄다.

수호자의 힘의 가면

엘리멘탈 샌드스톰 블래스터

수호자

오코토섬에는 6개 지역을 다스리는 장로로 구성된 정글, 돌, 물, 흙, 얼음, 불의 수호자들이 있다. 그들은 섬을 위협하는 스컬 스파이더 군단의 공격을 막기 위해 여섯 토아를 오코토섬으로 불러들인다. 수호자들의 가면은 모두 똑같은 모양이지만 각기 고유한 색을 지녔다. 빌더들은 레고 웹사이트에서 제공하는 조립 설명서를 보고 수호자들을 각 속성에 맞는 토아들과 합체할 수 있다.

70779 돌의 수호자 (2015)

71300 정글의 크리처 욱사르 (2016)

욱사르 등에 달린 기어를 돌리면 펄럭거리는 날개

탈착이 가능한 가면

2013년 처음 등장한 투명한 불꽃 부품

기어를 돌리면 앞으로 나오는 보조 블레이드

71308 불의 유나이터 타후 (2016)

이 세트에만 들어 있는 정강이 부품

활활 타오르는 불꽃

2016년 토아들은 새로운 무기, 갑옷, 목표를 갖게 되었다. 이제 유나이터라고 이름 붙은 토아들은 각자 엘리멘탈 크리처를 찾아내 합체해야 한다. 각 유나이터는 관절로 연결된 연접식 허리가 있다. 또 똑같은 모양의 가슴 부품이 달려 있지만 각기 다른 색상에 고유한 프린트가 있다.

크리처의 동식물

각 토아의 등에 달린 결합 장치를 사용해 엘리멘탈 크리처 정글의 크리처 욱사르와 같은 엘리멘탈 크리처와 토아를 합체해 전능한 토아로 만들 수 있다. 엘리멘탈 크리처를 테마로 한 세트에는 엘리멘탈 크리처가 피해야 하는 살아 움직이는 덫이 포함되어 있다.

71316 디스트로이어 우마라크(2016)

가면은 바이오니클 세계에서 여전히 큰 부분을 차지했다. 타락의 비스트 가면과 같은 일부 가면에는 탈착식 트리거가 있어 액션 놀이를 하면서 상대편의 가면을 벗길 수 있다.

통제하기

토아만 엘리멘탈 크리처를 찾고 있는 게 아니다. 사악한 가면 제작공 마쿠타가 사냥꾼 우마라크와 그의 살아 움직이는 덫에게 영웅들을 몰래 쫓아다니면서 강력한 엘리멘탈 크리처들을 찾아오라고 명령한다. 일단 우마라크가 엘리멘탈 크리처들을 손에 넣으면 그 힘을 빨아들일 수 있다. 키가 26cm가 넘는 우마라크는 바이오니클 리부트 제품군에서 가장 큰 피겨 중 하나다. 또 우마라크와 그의 세 비스트를 합체하면 훨씬 큰 괴물을 만들 수 있다!

71314 스톰 비스트(2016)

덫에서 비스트로로

통제의 가면을 움켜쥔 사냥꾼 우마라크는 그의 살아 움직이는 덫을 치명적인 비스트로 변신시킬 수 있다. 워터 트랩은 스톰 비스트가 되어 번갯불을 발사하고 해일을 일으킬 수 있다. 스톰 비스트는 코파카의 유니티 가면을 빼앗아 자신의 꼬리로 감싸쥐고 있으며, 꼬리를 구부리면 팔이 움직인다.

살아 있는 전설

에키무는 마쿠타의 형으로 둘 다 가면 제작공이다. 그러나 마쿠타가 에키무를 배신하면서 형제가 서로 싸우고, 오코토섬은 초토화된다. 둘은 깊은 잠에 빠진다. 토아들이 에키무를 깨우고, 에키무는 토아들과 힘을 합쳐 악에 맞서 싸운다. 에키무의 등에 달린 기어를 돌리면 그의 강력한 크리스털 해머가 들썩거리며 움직인다.

71312 마스크 메이커 에키무(2016)

레고® 히어로 팩토리

2010년 바이오니클® 테마가 충분한 활약한 뒤 휴식기에 들어가면서 레고® 히어로 팩토리가 그 뒤를 이어 활동하기 시작했다. 레고 히어로는 위험한 악당들로부터 은하계를 지키는 로봇 히어로들을 만들어내는 미래형 도시 마쿠히어로 시티의 거대한 공장에 대한 이야기가 주를 이루는 테마다. 로봇 히어로들은 테마 출시 후 4년 동안 대대적 탈옥 사건, 생각을 통제하고 조종하는 브레인 공격, 지하 세계의 습격 등을 겪는다.

7164 프레스톤 스토머 (2010)

'더 프로The Pro'라고도 알려진 프레스톤 스토머는 노련한 히어로이자 알파 1팀의 리더다. 2010년의 핵심 히어로로 6개 모두 이름을 가지고 있으며 손과 팔에 큰 무기를 가지고 다닌다.

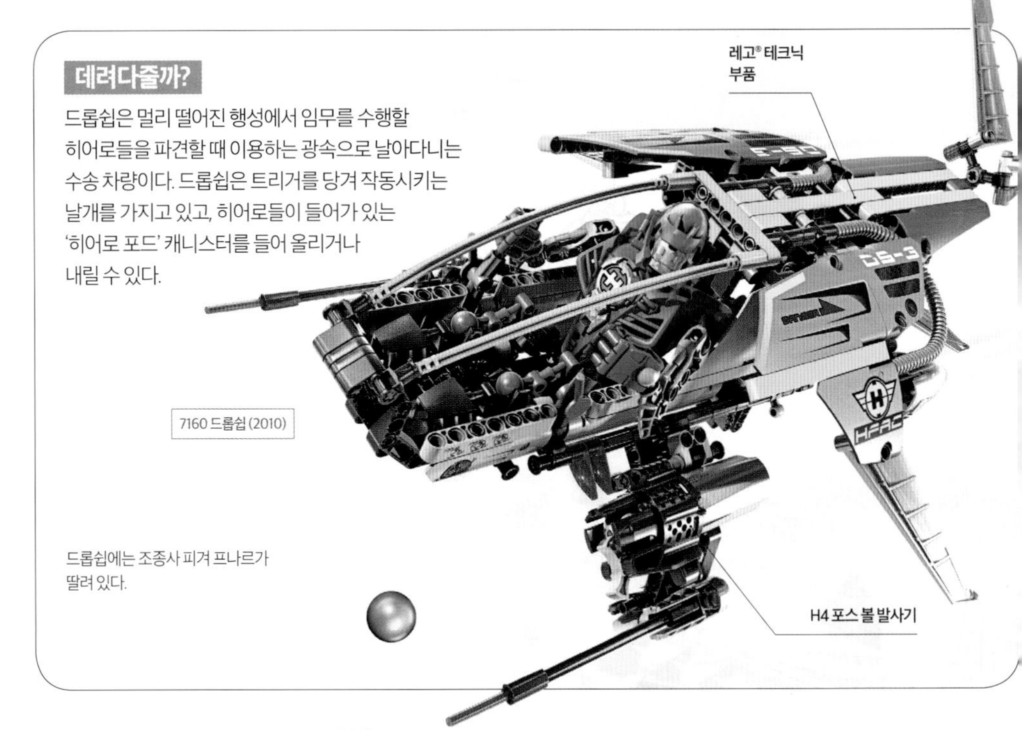

데려다줄까?

드롭쉽은 멀리 떨어진 행성에서 임무를 수행할 히어로들을 파견할 때 이용하는 광속으로 날아다니는 수송 차량이다. 드롭쉽은 트리거를 당겨 작동시키는 날개를 가지고 있고, 히어로들이 들어가 있는 '히어로 포드' 캐니스터를 들어 올리거나 내릴 수 있다.

7160 드롭쉽 (2010)

드롭쉽에는 조종사 피겨 프나르가 딸려 있다.

1.0 세대

첫 번째 히어로 팩토리 속 히어로들은 전통적인 바이오니클 토아보다 작지만 스냅식 갑옷과 관절로 연결된 머리, 어깨, 손목, 엉덩이, 발목으로 바이오니클의 주역들을 만들던 방식과 똑같이 조립하면 된다. 팩토리 히어로들의 가슴 중앙에는 각 로봇의 개성과 힘을 부여하는 히어로 코어가 있다.

2.0 업그레이드 버전

2011년 히어로들이 업그레이드되면서 강화된 갑옷과 능력을 갖게 되었다. 신참 히어로인 퓨노, 서지, 브리즈에게는 새로운 동료인 기술 전문가 넥스와 무기 전문가 에보가 생겼다. 신참 히어로 넥스와 에보가 팀에 새로 합류해 강력한 파이어 로드가 지휘하는 변절자 채굴 로봇에 맞서 싸우는 데 도움이 되었다.

2068 넥스 2.0 (2011) | 2067 에보 2.0 (2011) | 2141 써지 2.0 (2011) | 2142 브리즈 2.0 (2011)

2.0 버전으로 디자인이 업그레이드된 히어로 피겨들은 더 크고 새로워졌다. 또 2.0 버전 피겨에는 레고 테크닉 커넥터 대신 공 모양의 볼 관절로 연결하는 팔꿈치와 무릎 관절, 갑옷이 추가되었다.

6203 브랙 팬텀 (2012)

블랙 팬텀은 사브르 스트라이커 한 쌍, 날카로운 사브르와 철퇴가 달린 창, 거미 모양의 아라크닉스 드론으로 무장하고 있다.

독을 내뿜는 적

히어로와 악당이 각각 짝을 이뤄 싸운다. 에보는 독성 폐기물을 내뿜는 팔로 무엇이든 오염시킬 수 있는 톡식 리퍼에 맞서 싸울 임무를 띠고 파견된다. 온라인 조립 설명서에 에보와 톡식 리퍼 두 세트를 하나로 합체하는 방법이 설명되어 있다.

톡식 리퍼는 제트차야 행성에서 왔다. 그는 제트차야에 있는 유충들을 감염시켜 사악한 곤충 군단을 만들려는 음모를 꾸미고 있다. 에보는 톡식 리퍼가 일을 꾸미기 전에 붙잡아야 한다.

6201 톡식 리퍼 (2012)

폴리백 로봇

2012년부터는 히어로 팩토리의 새로운 영웅과 악당 중 다수가 내구성이 좋고 여닫을 수 있는 폴리백에 담겨 출시되었다. 폴리백 제품은 두 가지 크기로 출시되었고, 블랙 팬텀과 같은 일부 제품은 여전히 기존의 레고 상자에 담겨 출시되었다.

히어로 팩토리

로봇 시민 100만 명이 살고 있는 마쿠히어로 시티의 건물 위로 은빛 상어의 지느러미처럼 우뚝 솟아 있는 히어로 팩토리의 조립 타워는 우주에서 가장 오래된 로봇으로 알려진 아키야마 마쿠로가 만들어낸 작품이다. 현실 세계에서 아이들은 히어로 팩토리 FM 팟캐스트를 들을 수 있고, 심지어 히어로와 관련된 문제를 보고하기 위해 전화를 걸 수도 있다.

날카로운 칼날 스파이크

플라스마 볼 발사기

히어로 코어 제거기

레이더가 탐지하기 어려운 갑철판

6222 코어 헌터 (2012)

코어 헌터는 포식 동물이 된 듯 맹렬히 추격하면서 플라스마 발사기, 눈이 6개 달린 멀티비전 마스크, 날카로운 칼날 스파이크로 덮인 갑옷을 사용하지만, 가장 위협적인 도구는 바로 그의 왼팔에 달려 있는 히어로 코어 제거기다.

코어 수집가

히어로 팩토리의 전 정보원이었던 잔인한 코어 헌터는 한때 동료였던 히어로들에게 반격을 가하기 위해 오랜 시간을 기다렸다. 은하계에서 가장 위험한 악당들이 히어로 팩토리 감옥을 빠져나왔을 때, 코어 헌터는 자신이 가장 좋아하는 취미 활동을 다시 시작할 수 있는 기회를 얻게 되었다. 그 취미 활동은 바로 히어로들을 몰래 쫓아다니면서 히어로 코어를 훔치고 모으는 것이었다.

게임 포인트

2012년에 출시된 세트에는 뒷면에 고유 코드가 적힌 히어로 코어가 들어 있다. 히어로 팩토리 온라인게임에 접속해 코드를 입력하면 브레이크아웃 게임에서 플레이어가 히어로 캐릭터를 업그레이드하는 데 사용할 수 있는 게임 포인트를 얻을 수 있다.

나탈리 브리즈는 자연을 사랑하는 에이스 전투 조종사다. 육각 방패의 날을 옆으로 돌리면 로켓 부츠의 조종 날개로 사용할 수 있다.

6227 브리즈 (2012)

기억할 만한 레고 세트

8548 뉴이자가(2001)

8534 타후(2001)

8557 엑소 토아(2002)

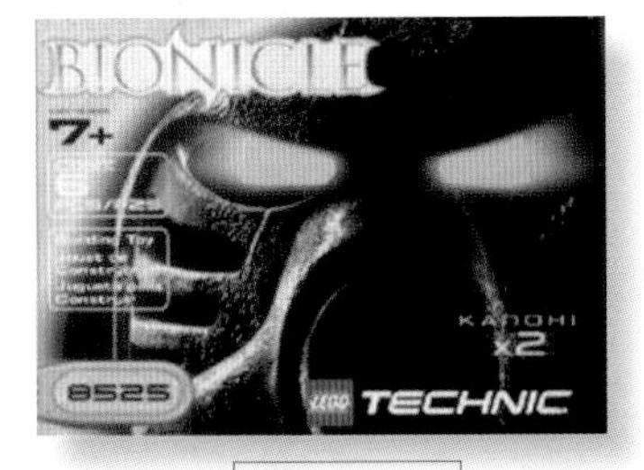

8525 마스크(2001)

8568 포하투 누바(2002)

8596 타카누바(2003)

8811 토아 리칸과 키카날로(2004)

8759 메트루 누이의 전투(2005)

8918 카라파(2007)

8755 키통구(2005)

8764 베존과 펜락(2006)

8723 피룩(2006)

8943 액사라라 T9 (2008)

8692 뱀프라 (2008)

8998 토아 마타 누이 (2009)

8991 투마 (2009)

7164 프레스톤 스토머 (2010)

7116 타후 (2010)

2183 스트링거 3.0 (2011)

2282 로카 XL (2012)

6283 볼틱스 (2012)

70783 불의 수호자 (2015)

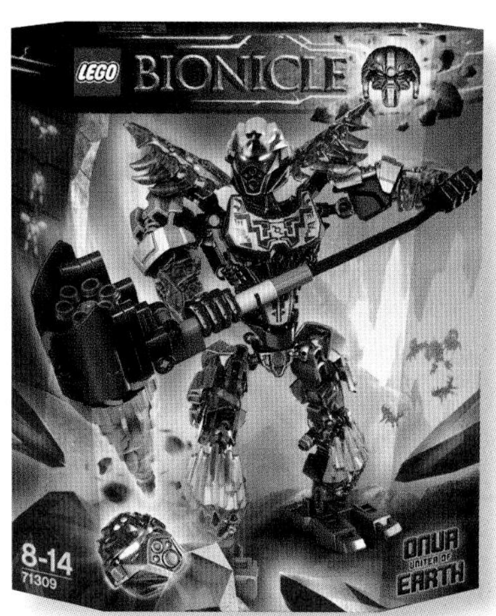

71309 흙의 유나이터 오누아 (2016)

레고® 크리에이터

테마나 캐릭터, 줄거리도 없이 한 상자 가득한 브릭만으로 무엇을 만들 수 있을까? 거의 모든 것을 다 만들 수 있다! 이렇게 다양하게 창작할 수 있는 세트들은 수년간 레고® 크리에이터, 레고® 디자이너 세트, 레고® 인벤터로 불려왔고, 귀여운 생물체, 훌륭한 건물, 멋진 자동차 등 다양한 모델을 선보여왔다. 그 세트들은 한 가지 공통점이 있다. 바로 어떤 규칙이나 제한도 없는 클래식한 레고 모델이라는 점이다.

징그러운 벌레들

동생에게 겁주며 놀리는 것을 좋아한다면 레고 크리에이터 세트가 제격이다. 레고 크리에이터 세트로 뾰족한 송곳니를 가진 거대한 거미, 큰 벌레, 코브라 등을 조립할 수 있다.

4994 무서운 동물들 (2008)

강렬한 빨간색과 검은색의 색채 조합이 무시무시한 모델에 생동감을 더한다.

불꽃을 내뿜으며 나는 용

이 세트에는 아시아 용이나 거인으로 다시 조립하는 방법이 담긴 설명서가 들어 있다. 2006년 출시된 신화 속 생물(4894) 세트와 비슷하지만, 브릭의 색이 녹색인 것과 총 8개 모델을 만드는 설명서가 들어 있는 것이 다르다.

6751 불꽃을 내뿜는 용 (2009)

힘센 공룡

디노 팬들은 2017년에 출시된 화석 친구들을 선택할 수 있다. 이 레고 크리에이터 3-in-1 세트에는 티라노사우루스, 트리케라톱스, 익룡을 조립할 수 있는 브릭 174피스가 들어 있다. 티라노사우루스는 강력한 뒷다리, 발톱, 날카로운 이빨의 움직이는 입이 달려 있다. 티라노사우루스의 먹잇감으로는 조립해 만들 수 있는 동물의 갈비뼈가 들어 있다.

익룡은 폭이 25cm나 되는 날개와 밝은 오렌지색 눈을 가지고 있다.

초식동물인 트리케라톱스는 튼튼한 다리로 땅 가까이에 서 있지만 위협적인 뿔과 뼈로 만든 장식이 여전히 사나운 인상을 풍긴다.

31058 힘센 공룡 (2017)

31004 용맹한 독수리 (2013)

땅에 내려앉은 독수리

2013년에 출시된 용맹한 독수리 세트는 세 가지 놀라운 동물 조립 모델을 선보였다. 사실적인 모습의 대머리 독수리는 퍼덕거리는 강력한 날개, 자유로이 움직이는 꼬리 깃털, 관절로 연결된 갈고리발톱을 가지고 있다. 대머리 독수리를 정확하게 재현해낸 색채 조합은 다른 두 모델에서도 빛을 발한다. 움직이는 다리와 꼬리를 가진 독이 있는 전갈이나 뻐드렁니와 크고 파란 눈을 가진 귀여운 비버를 만들 수 있다.

전갈은 관절로 연결된 꼬리를 가졌고, 꼬리 끝에는 독침이 달려 있다.

비버는 움직이는 팔, 발, 꼬리를 가지고 있다.

형형색색의 동식물

이 3-in-1 세트로는 열대우림을 주제로 한 모델을 다섯 가지나 만들 수 있다. 빌더들은 앵무새, 개구리, 파리를 만들고, 다시 분해해 통방울눈의 카멜레온이나 지느러미 달린 열대어를 만들 수 있다.

경첩 플레이트 덕분에 조립한 모델들이 실제 모습과 같은 자세를 취할 수 있다. 앵무새는 머리를 들어 올려 1×1 원형 타일을 먹을 수 있다. 앵무새 꼬리를 들면 먹이로 준 원형 타일이 새똥이 되어 나온다.

31031 열대림의 동물들 (2015)

이빨을 다 드러낸 웃음

416피스 구성으로 2010년 출시된 이 세트의 주제는 포악한 육식동물. 대표 모델은 꼬리와 턱을 가진 45cm 길이의 악어로 레버를 움직이면 턱이 열렸다 닫힌다. 악어 모델을 분해해 다른 육식동물인 공룡과 심해 물고기로 재조립할 수 있다.

등에 돌기가 있는 이 공룡은 작은 팔을 높이 들고 튼튼한 두 다리로 딛고 서서 포효한다.

5868 사나운 동물들 (2010)

이 물고기는 날카로운 이빨이 입안 한가득! 이 심해 물고기는 관절로 연결된 몸통 덕분에 먹이를 향해 헤엄쳐 갈 수 있다.

공룡의 괴력

4958 괴물 공룡 (2007)

이 모델에는 파워 펑션 모터, 적외선 리모컨, 수신기가 포함되어 공룡이 움직일 수 있다. 또 사운드 브릭을 내장해 포효하는 소리까지 낼 수 있다. 이 모델은 리모컨으로 조종이 가능한 거미나 악어로도 재조립할 수 있다.

새집으로 바꾸기

집을 완전히 새롭게 바꿔보고 싶을 때가 있는가? 레고 브릭만 있다면 가능하다. 2013년에 출시된 이 세트는 오픈 플랜식 거실과 유리로 된 외관을 갖춘 세련된 집이다. 이 세트에는 문이 열리는 차고와 마을을 돌아다닐 수 있는 노란색 자동차도 함께 포함되어 있다. 이 세트로는 수영장과 이중 미닫이문이 딸린 지중해풍 빌라나 배달용 트럭이 딸린 공장을 조립할 수도 있다.

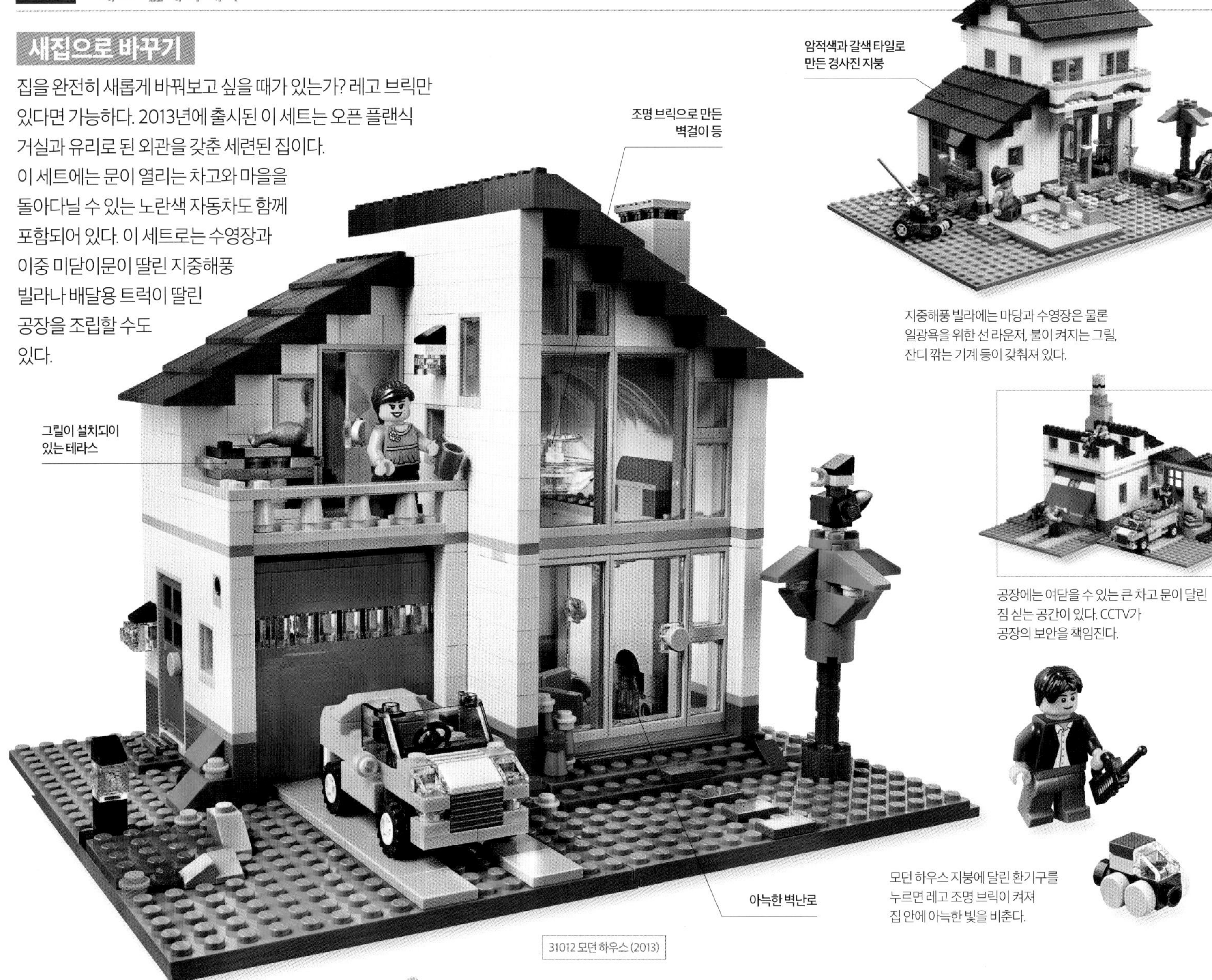

지중해풍 빌라에는 마당과 수영장은 물론 일광욕을 위한 선 라운저, 불이 켜지는 그릴, 잔디 깎는 기계 등이 갖춰져 있다.

공장에는 여닫을 수 있는 큰 차고 문이 달린 짐 싣는 공간이 있다. CCTV가 공장의 보안을 책임진다.

모던 하우스 지붕에 달린 환기구를 누르면 레고 조명 브릭이 켜져 집 안에 아늑한 빛을 비춘다.

31012 모던 하우스 (2013)

달콤한 간식

케이크 가게 세트에는 회전하는 케이크 진열대, 빵으로 장식한 간판, 현금을 인출하는 고객을 위한 ATM 등 레고 제과점을 여는 데 필요한 모든 것이 들어 있다. 빌더들은 다양한 조립식 모듈을 섞거나 결합해 자신만의 맞춤형 케이크 가게를 만들 수 있다.

이 세트로는 야외 좌석을 갖춘 푸드 코너, 카페(사진), 수영장이 딸린 집도 만들 수 있다.

31077 모듈러 꿀맛 가게 (2018)

이 세트로 만들 수 있는 다른 두 모델로는 해적선과
더 창의적으로 즐길 수 있는 해골 동굴이 있다.

31078 나무 위 집과 보물 상자 (2018)

못이 박힌 널빤지 모양으로
인쇄된 타일

위층 은신처를
오르내릴 때 사용하는
사다리

타이어 그네

보물 지도

보물 상자
은닉처

완벽한 해적 은신처

2018년 출시한 이 세트에는 육지에서 해적 모험을 즐기기 위한 3층짜리 해적선 나무집이 포함되어 있다. 2013년 출시한 인기 제품인 나무 위의 집(세트 31010)과 비슷하지만, 이 세트는 배의 조타륜, 보물 상자와 은닉처, 주위를 감시하기 위한 망루 등 해적과 관련된 재미있는 특징이 많다.

4996 비치하우스 (2008)

재조립이 가능한 건물들

이 크리에이터 비치하우스 세트는 출시 당시 엄청난 인기를 누렸다. 이 세트에는 테라스용 가구, 화단, 우편함, 위성 접시 안테나, 실내의 계단, 벽난로, 여닫을 수 있는 천창 등 디테일이 돋보이는 부품뿐 아니라 아파트나 카페로 바꿔 조립할 수 있는 방법이 담긴 조립 설명서가 들어 있다.

3층짜리 아파트

5766 통나무집 (2011)

통나무로 지은 집

미니피겨가 들어 있는 최초의 크리에이터 세트인 통나무집은 패들링 모험을 즐기기 위한 카약이 있는 최고의 산림 휴양지다. 이 세트에는 쇠꼬챙이에 끼운 닭고기 바비큐와 불을 지핀 모닥불이 포함되어 있다. 355피스로 구성된 이 3-in-1 세트로 개울과 다리가 있는 강가 오두막집이나 오리가 노니는 연못, 시골 별장을 조립할 수 있다.

지붕을 누르면 불이
켜지는 조명 브릭

5770 등대 섬 (2011)

이 세트로 조립할 수 있는 다른 모델로는
불이 켜지는 그릴이 있는 해산물
음식점(사진)과 보트 창고가 있다.

어둠 속의 빛

이 세트로는 작은 섬에 줄무늬 등대와 등대지기의 집을 만들 수 있다. 등대 옆면의 크랭크로 반사경을 돌리면 지나가는 배들이 해안가를 비켜가도록 주의를 준다. 세트에는 조립할 수 있는 갈매기도 함께 들어 있다!

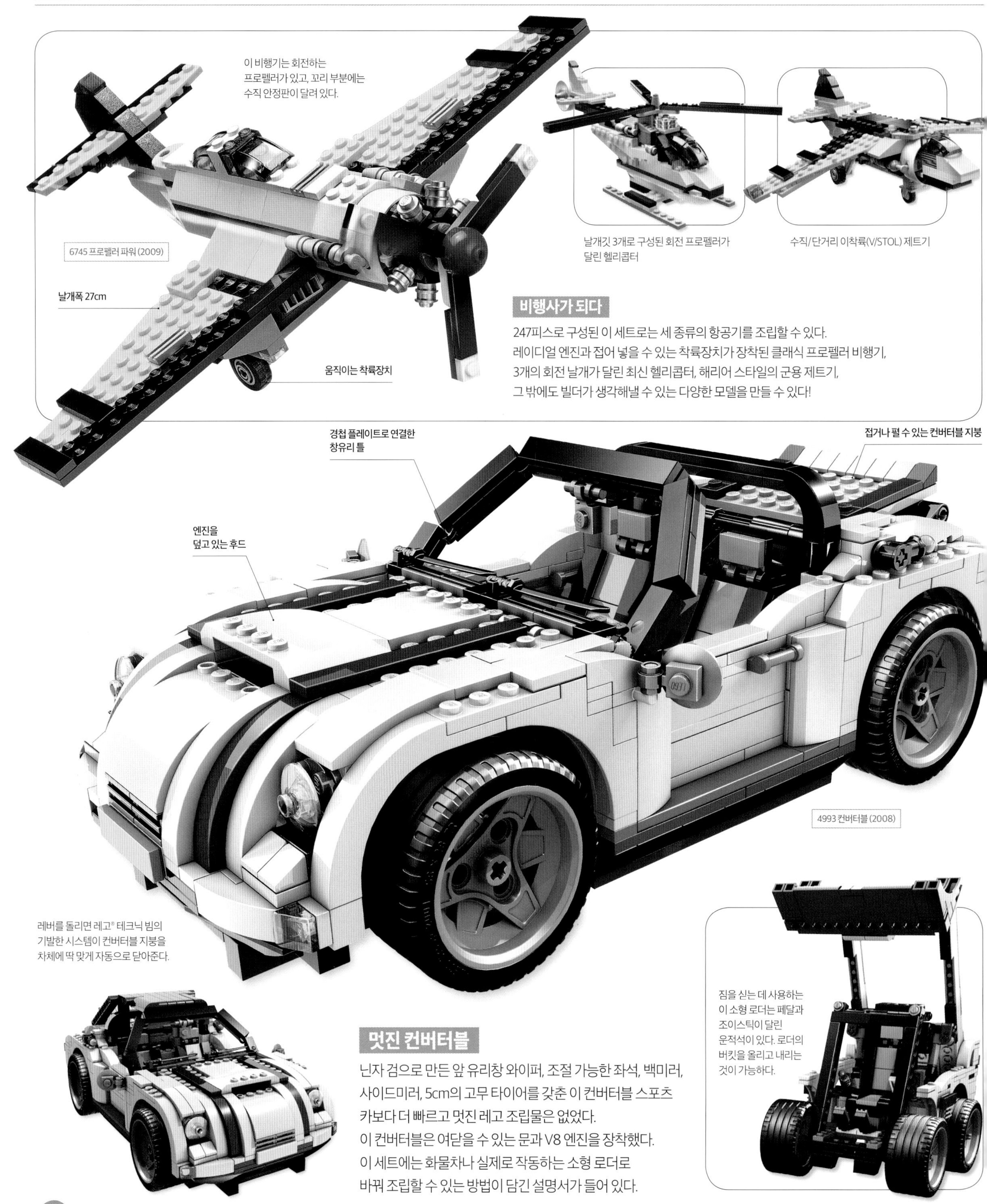

비행사가 되다

247피스로 구성된 이 세트로는 세 종류의 항공기를 조립할 수 있다. 레이디얼 엔진과 접어 넣을 수 있는 착륙장치가 장착된 클래식 프로펠러 비행기, 3개의 회전 날개가 달린 최신 헬리콥터, 해리어 스타일의 군용 제트기, 그 밖에도 빌더가 생각해낼 수 있는 다양한 모델을 만들 수 있다!

멋진 컨버터블

닌자 검으로 만든 앞 유리창 와이퍼, 조절 가능한 좌석, 백미러, 사이드미러, 5cm의 고무 타이어를 갖춘 이 컨버터블 스포츠카보다 더 빠르고 멋진 레고 조립물은 없었다. 이 컨버터블은 여닫을 수 있는 문과 V8 엔진을 장착했다. 이 세트에는 화물차나 실제로 작동하는 소형 로더로 바꿔 조립할 수 있는 방법이 담긴 설명서가 들어 있다.

초음속 제트기

이 3 in 1 크리에이터 세트의 대표 모델은 최신 초음속 제트기다. 이 초음속 제트기 날개 플랩과 꼬리 부분의 수직 안정판은 공중 기동용으로 조정하는 기능이 있지만, 이 모델의 가장 훌륭한 기능은 불이 들어오는 반동 추진 엔진이다. 제트기 상단의 레버를 당기면 마치 하늘을 향해 치솟을 것처럼 반동 추진형 리어 엔진 양쪽에 불이 들어온다.

제트기 조종석의 투명한 덮개

이 세트의 두 번째 조립 설명서에는 불이 들어오는 엔진과 프로펠러가 쌍으로 달린 비행기를 조립하는 방법이 적혀 있다.

조립 설명서에는 회전형 선미 프로펠러 한 쌍과 어두운 바다를 밝히기 위한 조명이 달린 쾌속정을 만드는 방법이 적혀 있다.

5892 소닉 붐(2010)

불이 들어오는 제트기 반동 추진 엔진

경첩이 달린 날개 플랩

특징과 기능

이 레고 크리에이터 세트는 실제로 작동하는 차량 조종 장치와 서스펜션, 저절로 태엽이 감기는 윈치, 여닫을 수 있는 운전석 문과 트럭 적재칸 뒷문 등 레고 테크닉 방식의 기능이 적용된 제품이다. 이 오프로드 파워 세트의 트럭 본체는 브릭 여러 개를 사용해 차대를 안정시키는 조립 방식으로 만든다. 본체가 완성되면 브릭을 떼어내 트레일러를 제작하는 데 사용하면 된다.

차 지붕에 달린 등

연접식 트레일러

5893 오프로드 파워(2010)

31066 우주 왕복선 익스플로러(2017)

인공위성과 로봇 팔이 들어 있는 개폐식 화물칸

스페이스 미션

빌더들은 2017년 출시한 이 멋진 세트의 모델을 타고 먼 우주로 날아갈 수 있다. 이 세트의 대표 모델인 우주 왕복선 익스플로러는 실물과 똑같은 색채 조합, 로봇 팔, 접이식 날개가 달린 인공위성이 탑재돼 있다. 우주 왕복선을 스페이스 로버나 내부 시설이 갖춰진 달 기지로 바꿔 조립할 수도 있다.

스페이스 로버는 여닫을 수 있는 조종석과 드릴 팔을 갖춘 완벽한 달 탐사용 차량이다.

스페이스 로버의 바퀴로 사용된 우주 왕복선의 로켓 엔진

몬스터 트럭 묘기

빌더들은 이 세트로 스턴트 쇼를 연출할 수 있다. 대표 모델인 몬스터 트럭은 짐칸이 노출된 대형 수송 트럭으로 투광 조명등과 접이식 화물 적재용 경사로가 달려 있다. 개조한 픽업트럭이나 경주용 자동차 한 쌍도 조립해 만들 수 있다.

31085 이동식 스턴트 쇼(2018)

미니빌드

레고의 대형 모델 못지않게 소형 모델 역시 고유한 매력을 지녔다. 레고® 크리에이터 세트는 크기와 상관없이 창의적인 놀이를 경험할 수 있게 해주는 기발하고 독창적인 레고 모델이다. 같은 부품으로 모델을 1개 이상 만들 수 있는 미니빌드 조립은 소량의 레고 브릭으로 다채롭고 멋진 창작물을 손쉽게 조립할 수 있는 방식 중 하나다. 시중에 나와 있는 동물, 탈것, 일상 용품을 포함한 미니빌드 제품 몇 가지를 함께 살펴보자.

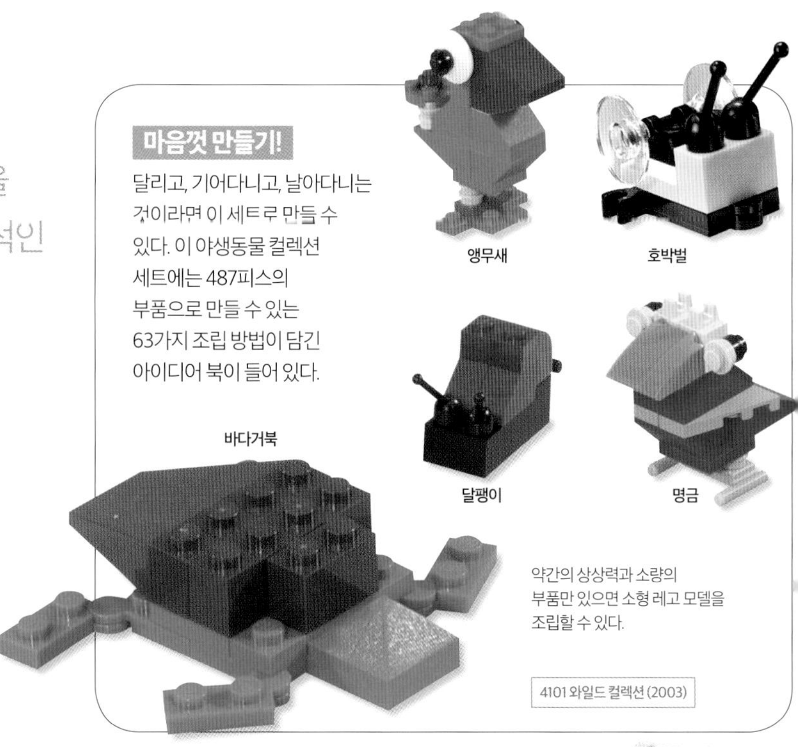

마음껏 만들기!

달리고, 기어다니고, 날아다니는 것이라면 이 세트로 만들 수 있다. 이 야생동물 컬렉션 세트에는 487피스의 부품으로 만들 수 있는 63가지 조립 방법이 담긴 아이디어 북이 들어 있다.

약간의 상상력과 소량의 부품만 있으면 소형 레고 모델을 조립할 수 있다.

4101 와일드 컬렉션 (2003)

승차 완료, 출발!

이 미니 증기기관차는 1,085피스로 만든 레고® 기차 에메랄드 나이트(세트 10194) 모델의 영향을 받았다. 부품 56개로 조립할 수 있는 이 미니 증기기관차는 로켓 기차나 객차로 바꿔 조립할 수도 있다. 어떤 팬들은 긴 기차를 만들기 위해 세 세트를 구입해 세 모델을 하나로 연결하기도 한다.

31015 에메랄드 익스프레스 (2014)

6911 미니 소방 구조대 (2012)

30188 귀여운 고양이 (2014)

30475 오프로더 (2017)

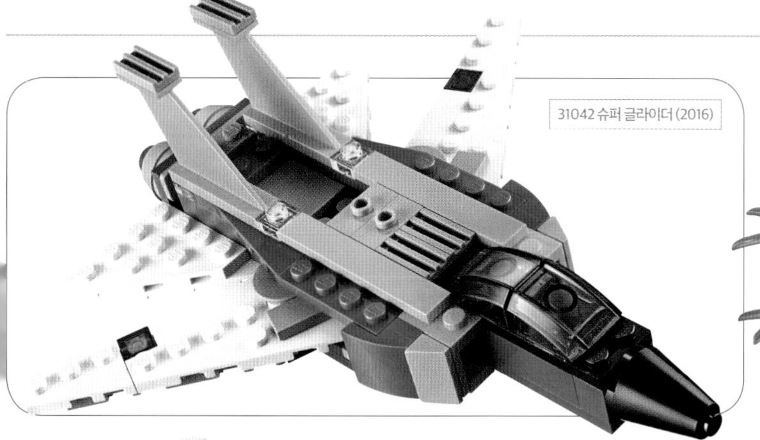

31042 슈퍼 글라이더 (2016)

40073 판다 (2013)

30471 헬리콥터 (2016)

40025 뉴욕 택시 (2012)

귀여운 강아지

황갈색과 검은색 브릭 한 줌만 있으면 소화전 곁에 있는 장난스러운 강아지, 코알라, 작은 칠면조를 만들 수 있다. 이 강아지 퍼그 세트에는 각 동물의 사랑스러운 표정을 완성해줄 눈 모양 타일 2개가 들어 있다.

30542 강아지 퍼그 (2018)

30185 작은 독수리 (2013)

30284 트랙터 (2015)

40078 핫도그 카트 (2013)

30476 행복한 거북이 (2017)

30023 등대 (2011)

31054 블루 익스프레스 (2017)

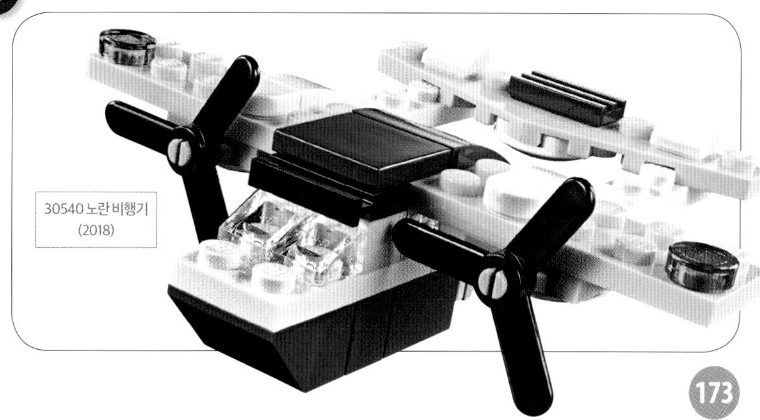

30540 노란 비행기 (2018)

놀이공원

2014년 처음 레고® 크리에이터 엑스퍼트 테마가 세상에 나오면서 놀이동산 세품군이 출시되자 능숙한 빌더들은 새로운 보넬에 도전하기 시작했다. 놀이공원을 주제로 한 이 정교한 세트는 전시용은 물론 놀이용으로도 훌륭한 제품이다. 놀이공원 세트에는 친근한 놀이기구를 실제로 구동할 수 있는 장치를 탑재했다.

여닫을 수 있는 문과 미니피겨 4개가 한 번에 들어 갈 수 있는 곤돌라

10247 대관람차 (2015)

돌고 또 돌고

약 60cm 높이의 크리에이터 엑스퍼트 대관람차는 후면에 있는 크랭크로 작동한다. 레고 파워 펑션 부품을 사용해 구동할 수도 있다. 레고 세트에서 흔히 볼 수 없는 모양과 각도를 구현하기 위해 경첩과 레고 테크닉 부품을 사용하며, 대관람차 중심부를 장식한 투명한 노란색과 오렌지색 부품이 햇살처럼 눈부시게 빛난다.

뒤로 돌리면 행복한 표정으로 바뀌는 겁먹은 표정의 미니피겨 얼굴

다시 또 돌고

크리에이터 엑스퍼트 회전목마 세트의 원형 조립물은 새로운 방식으로 회전한다. 지붕을 덮은 캐노피는 다양한 곡선의 집합체이며, 회전목마의 바닥판을 동심원으로 만들기 위해 다양한 조립법이 사용된다. 동물 모양 회전목마 기구에는 코끼리, 플라밍고, 백조, 호랑이, 개구리가 포함되어 있다!

10257 회전목마 (2017)

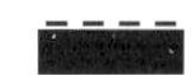

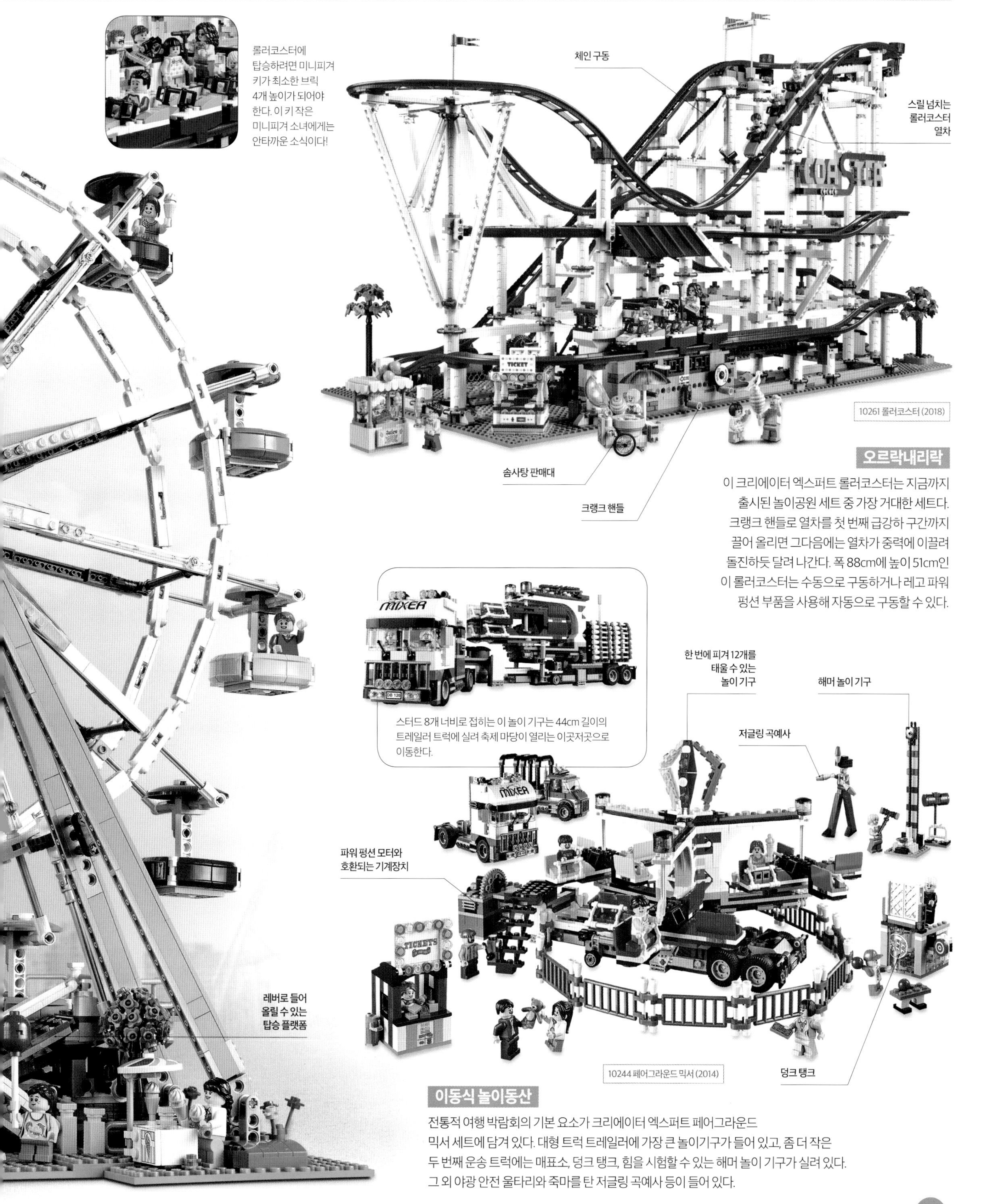

롤러코스터에 탑승하려면 미니피겨 키가 최소한 브릭 4개 높이가 되어야 한다. 이 키 작은 미니피겨 소녀에게는 안타까운 소식이다!

10261 롤러코스터 (2018)

오르락내리락

이 크리에이터 엑스퍼트 롤러코스터는 지금까지 출시된 놀이공원 세트 중 가장 거대한 세트다. 크랭크 핸들로 열차를 첫 번째 급강하 구간까지 끌어 올리면 그다음에는 열차가 중력에 이끌려 돌진하듯 달려 나간다. 폭 88cm에 높이 51cm인 이 롤러코스터는 수동으로 구동하거나 레고 파워 펑션 부품을 사용해 자동으로 구동할 수 있다.

스터드 8개 너비로 접히는 이 놀이 기구는 44cm 길이의 트레일러 트럭에 실려 축제 마당이 열리는 이곳저곳으로 이동한다.

10244 페어그라운드 믹서 (2014)

이동식 놀이동산

전통적 여행 박람회의 기본 요소가 크리에이터 엑스퍼트 페어그라운드 믹서 세트에 담겨 있다. 대형 트럭 트레일러에 가장 큰 놀이기구가 들어 있고, 좀 더 작은 두 번째 운송 트럭에는 매표소, 덩크 탱크, 힘을 시험할 수 있는 해머 놀이 기구가 실려 있다. 그 외 야광 안전 울타리와 죽마를 탄 저글링 곡예사 등이 들어 있다.

레고® 랜드마크

레고® 크리에이터 엑스퍼트 세트는 빌더들에게 세계적으로 유명한 건축물을 조립할 수 있는 기회를 준다. 이 정교한 랜드마크 테마 제품군에는 지금까지 제작한 레고 세트 중 가장 큰 모델 일부가 포함된다. 랜드마크를 테마로 한 세트에는 정교한 부품을 포함한 많은 수의 브릭이 들어 있다.

브릭으로 만든 독립선언서

횃불을 든 여신상

미국의 유명한 '자유의 여신상'은 최초의 고급용 조립 세트였다. 높이가 84cm인 자유의 여신상은 브릭 2,882개로 조립할 수 있다. 세트의 부품 색상 중 하나인 샌드그린색은 자유의 여신상을 위해 특별히 만들었다. 어떤 레고 세트에서도 이렇게 많은 샌드그린색 브릭을 찾아보기 어렵다.

3450 자유의 여신상 (2000)

여닫을 수 있는 도개교

인도의 상징

세계적으로 유명한 '인도의 보석'을 정교하게 재현한 이 세트는 5,922피스라는 놀라운 브릭 수와 함께 레고 세트 역사상 두 번째로 큰 규모를 자랑한다. 타지마할의 복잡한 건축양식과 장식은 고난도 조립 기술과 희귀하고 특이한 부품을 필요로 한다. 타지마할 모델은 다른 새로운 세트에 자리를 내어주며 잠시 생산이 중단되기도 했으나, 꾸준히 인기를 얻으면서 2017년 세트 10256으로 재출시되었다.

10189 타지마할 (2008)

파리의 자랑거리

실제보다 300배 작은 축소판이기는 하지만 여전히 인상적인 높이를 자랑하는 에펠탑은 높이가 108cm로 3,428피스로 조립할 수 있다. 이 모델은 2013년에 출시된 레고® 아키텍처 버전(세트 21019)보다 3배 더 크고, 파리의 실제 에펠탑 설계 도면에 따라 디자인했다.

10181 에펠탑 (2007)

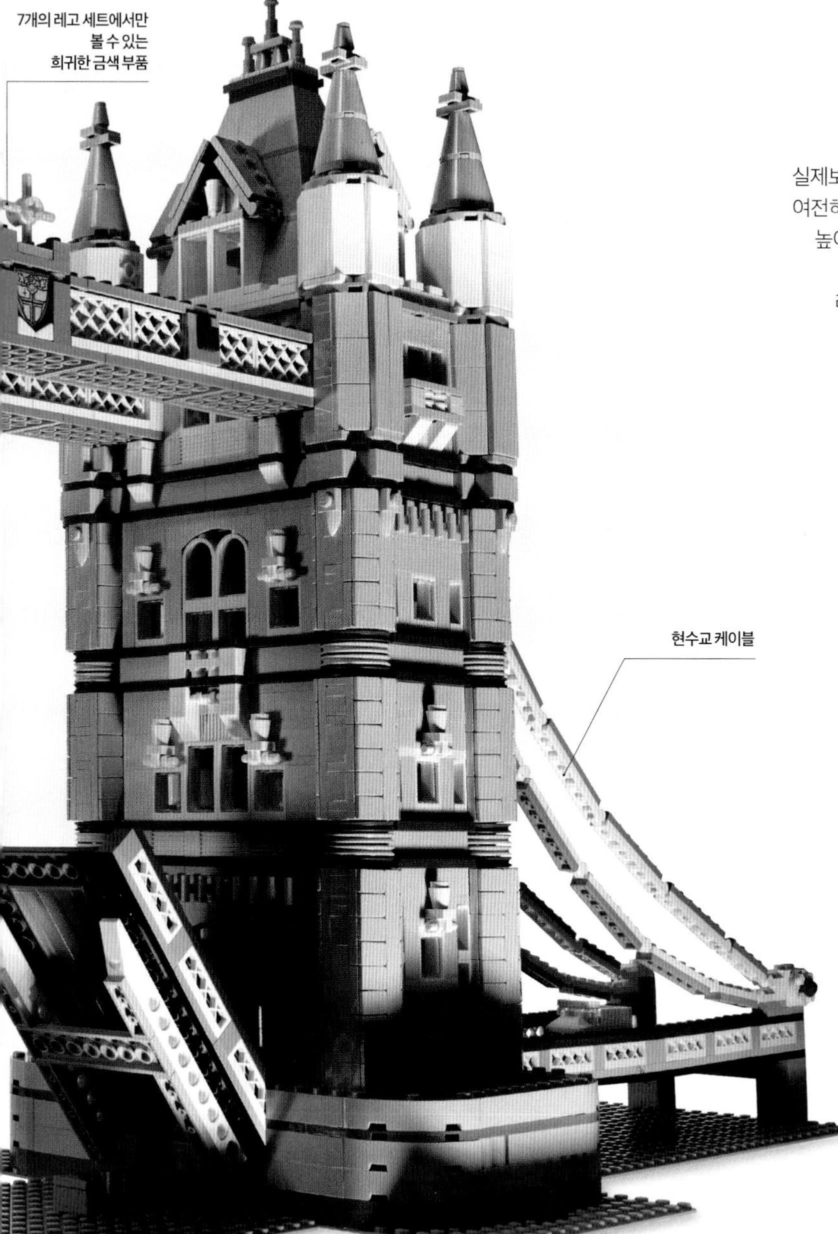

10214 타워 브리지 (2010)

벽돌로 만든 다리

인기가 많은 이 모델은 런던의 역사적 명소에 바탕을 두고 있으며 총 브릭 수 4,287피스, 길이 102cm, 폭 45cm로 가장 큰 레고 세트 중 하나다. 이 타워 브리지 세트에는 황갈색 아치형 부품과 같은 희귀한 색상의 브릭과 엘리먼트가 들어 있고, 창문이 80개 이상 포함되어 있으며, 실제 장면을 연출하기 위한 차량 4대가 들어 있다.

모듈러 빌딩 시리즈

레고® 모듈러 빌딩 시리즈는 숙련된 레고 팬에게 고난도 기술을 사용하는 전문 디자이너가 만든 정교하고 사실적인 건물을 조립할 수 있는 기회를 제공한다. 손쉬운 변경과 내부 접근을 위해 분리가 가능한 층별로 구성되어 있으며, 모델을 서로 연결해 미니피겨 주민들이 분주히 오가는 거리 풍경을 연출할 수 있다.

10190 마켓 스트리트 (2007)

4층짜리 타운하우스

10185 그린 그로서 (2008)

10182 카페 코너 (2007)

초기 모듈러 빌딩 시리즈

모듈러 빌딩 시리즈는 2007년 2,056피스로 조립한 호텔과 카페 코너 세트 출시와 함께 시작되었다. 이어서 성인 레고 팬인 에릭 브록이 직접 설계한 레고® 팩토리 특별판인 마켓 스트리트 세트가 출시되었다. 그다음으로 출시된 제품은 그린 그로서 세트다.

10255 어셈블리 스퀘어 (2017)

댄스 스튜디어 채광창

악기점 창문 근처에 놓인 드럼 세트

바리스타

어셈블리 스퀘어

이 세트는 레고 모듈러 빌딩 10주년 기념판으로 출시되었다. 4,002피스로 구성된 이 모델은 역대 가장 큰 모듈러 빌딩 세트다. 3층으로 된 이 레고 건물은 정교한 내부에 접근할 수 있도록 쉽게 분리할 수 있는 부품으로 만들었다. 1층에 있는 가게들, 2층에 있는 치과, 3층에 있는 아파트와 댄스 스튜디오 등에는 슬라이딩 선반이 달린 오븐, 조절 가능한 빈티지 카메라 같은 깜짝 놀랄 만한 요소가 곳곳에 숨어 있고, 레고 팬이 사는 아파트에는 미니어처 세트로 가득 채웠다!

작은 미니어처 타운

2012년 한정 기간에 레고 스토어 VIP 프로그램 회원에게만 제공된 이 미니 모듈러 세트에는 미니어처 버전의 레고 모듈러 빌딩 시리즈 5개가 들어 있다.

1,356피스로 조립

10230 미니 모듈러 컬렉션 (2012)

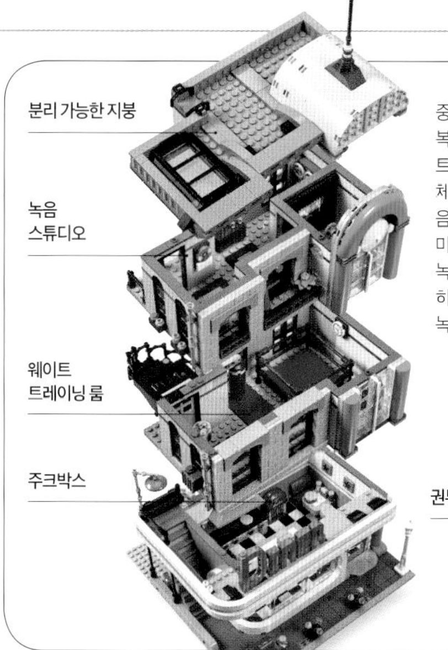

분리 가능한 지붕

녹음 스튜디오

웨이트 트레이닝 룸

주크박스

중간 층에는 복싱 링과 웨이트 트레이닝 룸을 갖춘 체육관이 있다. 음악을 좋아하는 미니피겨들은 맨 위층의 녹음 스튜디오에서 히트곡을 녹음할 수 있다.

권투 선수

10260 다운타운 레스토랑 (2018)

복고풍 레스토랑

이 1950년대식 식당은 곡선을 이루는 커다란 전면 유리창과 눈에 띄는 간판을 자랑한다. 식당 내부에는 클래식한 빨간색 칸막이 자리와 의자, 커피 머신이 있는 개방형 주방, 탄산음료 디스펜서, 사탕 기계, 주크박스 등이 있다. 이 다운타운 레스토랑은 모듈러 빌딩 테마 중 다양한 표정의 미니피겨들이 최초로 포함된 세트다.

이 세트에는 식당 건물과 어울리는 1950년대식 분홍색 컨버터블이 들어 있다.

레고 팬이 사는 아파트

치과

레고 카페 코너 세트를 들고 가는 치과 의사

맨 위층의 지붕을 열어 들여다볼 수 있는 예술가의 스튜디오

파리의 고급 레스토랑

정교하게 제작한 이 식당 세트에는 지붕의 테라스, 각종 주방용 집기가 완비된 주방, 2층의 아파트, 뒤뜰의 쓰레기통과 쥐 등이 들어 있다. 정교한 건물 외관과 발코니가 외벽에 달린 조명등이나 주변의 꽃들이 어우러져 파리의 분위기가 물씬 느껴진다.

10243 파리의 레스토랑 (2014)

새로운 샌드 그린색 창틀

은행

이 네 번째 건물에는 보기 드문 샌드블루색과 암녹색 브릭이 들어 있다. 은행 내부에는 무늬가 있는 바닥, 화려한 샹들리에, 동전 계수기 등이 있다. 은행 옆에 붙어 있는 빨래방에는 세탁기 4대가 설치되어 있고, 미니피겨들이 '돈세탁'을 해야 할 경우를 대비해 빨래방이 은행 금고와 비밀스럽게 연결되어 있다.

10251 브릭 뱅크 (2016)

고성능 탈것

난도가 높은 레고® 탈것을 조립하는 과정은 모델을 완성하는 것만큼이나 즐겁다. 여러 해에 걸쳐 조립의 즐거움을 선사하는 수많은 모델이 출시되었으며, 2013년부터는 크리에이터 엑스퍼트 마크를 달고 세상을 누볐다.

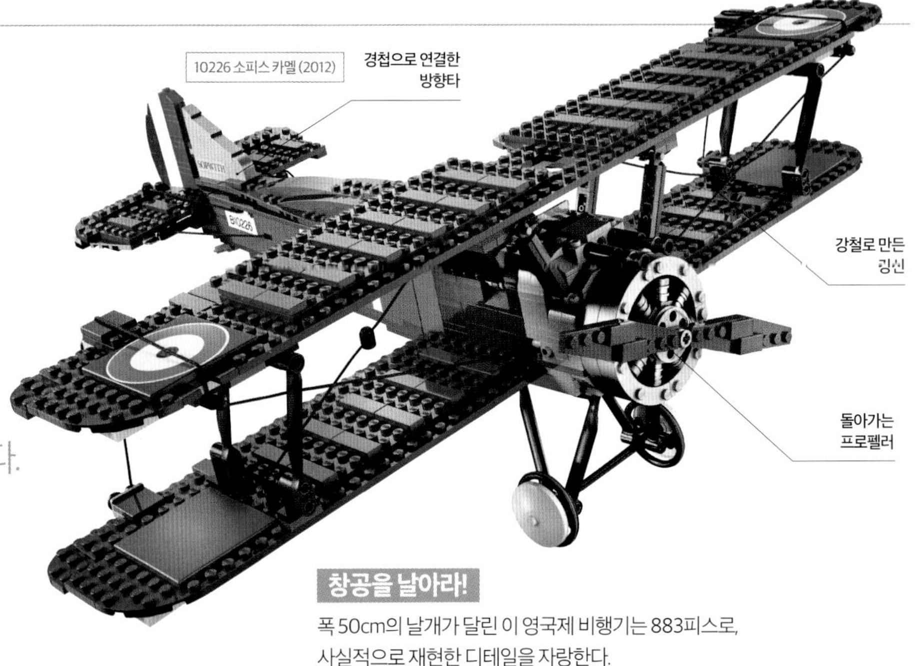

창공을 날아라!

폭 50cm의 날개가 달린 이 영국제 비행기는 883피스로, 사실적으로 재현한 디테일을 자랑한다. 프로펠러를 돌리면 엔진 실린더가 실제로 돌아가며, 조종석에 있는 조이스틱으로 날개와 테일 플랩을 조정할 수 있다.

선로를 달리는 보석

엔진, 탄수차, 식당차를 포함한 멋진 스타일이 특징인 에메랄드 나이트는 길이가 68cm로 총 1,085피스로 구성했다. 에메랄드 나이트는 1920년대와 1930년대의 클래스 A3 슈퍼 퍼시픽 증기기관차에서 영감을 받아 레고 팬 빌더들과 협의해 설계했다. 레고 파워 펑션 부품을 사용해 구동이 가능하고 조명에 불이 켜지게 할 수 있다.

첫 폭스바겐 비틀

레고® 어드밴스드 모델 제품 중 첫 클래식 자동차인 이 폭스바겐 비틀은 2018년에 출시되었다. 조작이 가능한 수동 변속기, 여닫을 수 있는 후드, 트렁크, 글러브 박스 등이 특징이다. 두 번째 비틀은 2016년에 크리에이터 엑스퍼트 세트로 재출시되었다.

세상에서 가장 큰 배

머스크 라인 트리플-E가 처음 항해할 당시 전 세계에서 가장 큰 컨테이너선이었기에 그 배를 그대로 재현한 레고 세트 역시 거대한 크기를 자랑한다! 정교한 디테일은 물론, 전통에 따라 머스크 라인 트리플-E의 돛대 아래에 부착해 행운을 기원하는 황금 동전 부품이 들어 있다.

모두 승차해주세요!

1,686피스의 런던 버스에는 여닫을 수 있는 후드, 정교한 운전석, 버스 광고 포스터(런던 관광이나 '고급 비스킷'을 홍보하는 광고) 등이 포함된다. 버스 지붕과 위층 바닥을 들어 올려 버스 내부를 살펴보면 쓰레기, 누군가가 두고 내린 우산 등 다양한 구성품을 확인할 수 있다.

한계란 없다

레고 보잉 787 드림라이너는 첫 출시 이후 10년이 넘는 시간 동안 레고 역사상 가장 큰 비행기로 남아 있다. 전체 길이 66cm에 날개폭이 69cm인 이 여객기는 실제 보잉 787 드림라이너보다 약 100배 작은 축소판으로 제작했다.

거치대에 올려 조립할 수 있는 밑면

항공등 역할을 하는 원형 플레이트

10177 보잉 787 드림라이너™ (2006)

하비 세트

1970년대 하비 세트Hobby Set의 제품군(일부 국가에서는 엑스퍼트 세트라고 불린다)은 오늘날 크리에이터 엑스퍼트 테마의 전신이었다. 할리 데이비슨 오토바이, 롤스로이스 자동차, 대처 퍼킨스 기관차와 같이 크기가 더욱 커진 하비 세트 모델은 실제 클래식 차량을 본떠 제작했다.

396 대처 퍼킨스 기관차 (1976)

라이선스 제품

이 모델의 이름은 DB5다. 더 정확히는 애스턴 마틴 DB5다. 이 크리에이터 엑스퍼트 모델은 가상의 영국 첩보원 제임스 본드 덕분에 유명해진 본드 카인 애스턴 마틴 DB5를 그대로 재현했다. 애스턴 마틴 DB5 제품에는 뒷유리 방탄 쉴드, 바퀴에 달린 타이어 절단기, 실제로 작동하는 사출 시트 등 영화에 등장하는 여러 슈퍼 스파이 장치를 탑재했다.

뒤쪽 범퍼를 뒤로 당기면 사출 시트가 작동한다.

여닫을 수 있는 문

타이어 절단기

회전식 번호판

10262 제임스 본드™ 애스턴 마틴 DB5 (2018)

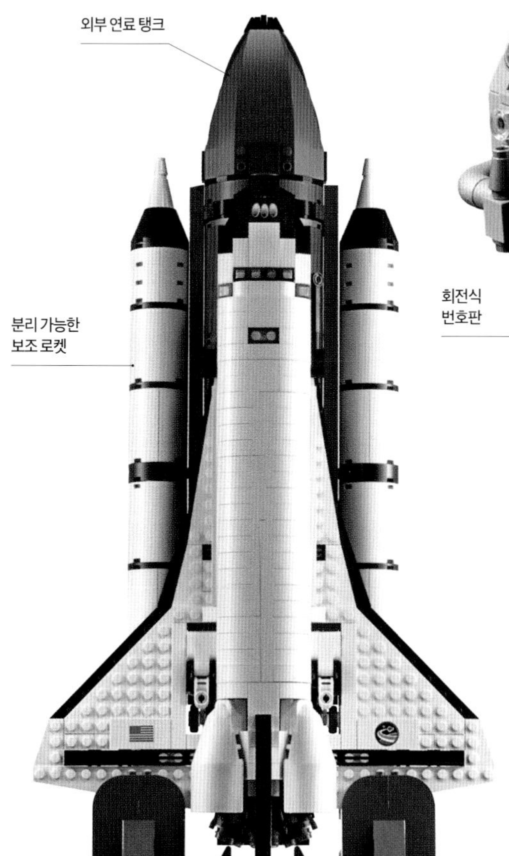

외부 연료 탱크

분리 가능한 보조 로켓

최고의 우주 왕복선

미니피겨 우주 비행사 둘이 들어갈 수 있는 조종석이 있는 2011년의 셔플 익스페디션 세트는 실제 기능과 비슷한 특징으로 가득하다. 보조 로켓이 연료 탱크에서 분리되고, 연료 탱크는 우주 왕복선에서 분리된다. 또 우주 왕복선의 화물실을 열어 관절로 연결된 크레인 팔로 접이식 인공위성을 배치할 수도 있다.

10231 셔틀 익스페디션 (2011)

고양이 후드 장식

5571 자이언트 트럭 (1996)

레고 모델 팀

1986년 출시한 레고® 모델 팀Model Team 테마에서는 그에 앞서 10년간 출시되어온 하비 세트 테마의 정신을 한 단계 끌어올렸다. 1,743피스의 이 거대한 트럭은 자이언트 트럭이라 불리며 오늘날의 크리에이터 엑스퍼트 세트들과 어깨를 나란히 한다.

윈터 빌리지

연휴가 다가오고 있다! 2009년부터 레고® 윈터 빌리지 세트가 매해 크리스마스 시즌마다 출시되어 LEGO.com과 레고 스토어에서 독점 판매되어왔다. 레고 수집가들은 시즌마다 출시되는 모델 10개로 눈, 장식, 선물, 크리스마스 시즌용 미니피겨로 가득 찬 크리스마스 연휴의 마을 풍경을 연출할 수 있다.

10222 눈 덮인 마을 우체국 (2011)

크리스마스카드가 도착하다

모든 선물과 카드를 우편으로 발송해줄 세 번째 시즌 제품은 우편물 트럭과 우체국 직원들, 크리스마스 음악을 연주하는 음악가들을 위한 임시 건물인 파빌리온, 공원 벤치가 있는 작은 마을의 우체국이다. 이 세트에는 크리스마스 축제에 어울리는 빛을 밝혀줄 레고 조명 브릭, 우체국 직원, 믿음직스러운 배달견이 들어 있다.

장난감의 계절

처음으로 출시된 윈터 빌리지 세트는 바로 이 목가적인 장난감 가게였다. 커다란 크리스마스트리, 찬송가를 부르는 사람, 크리스마스 장식과 함께 어우러진 이 장난감 가게는 미니피겨들이 크리스마스 쇼핑을 하기에 완벽한 분위기다. 눈 덮인 장난감 가게 세트는 2015년 더 많은 선물이 추가된 새로운 버전(세트 10249)으로 재출시될 만큼 인기가 높았다.

10199 눈 덮인 장난감 가게 (2009)

10245 산타의 작업장 (2014)

크리스마스 본부

산타와 그의 요정들을 위한 작업장이 빠진 겨울 동화의 나라가 과연 존재할 수 있을까? 장난감 만드는 기계, 마법의 썰매, 순록 팀만 있다면 선물을 제 시간에 모두 배달할 수 있다. 이 사랑스러운 산타의 작업장에는 직접 구운 쿠키가 담긴 쟁반을 들고 있는 산타 할머니, 브릭으로 만든 사탕 지팡이, 북극 표지판 등이 들어 있다.

크리스마스 선물이 담긴 짐칸

승강장에 쌓인 눈

크리스마스를 맞아 집으로 돌아가기

이 윈터 빌리지 기차역은 2016년에 출시된 윈터 홀리데이 트레인 세트와 완벽한 조화를 이룬다. 미니피겨들은 승차권을 사고 눈 덮인 승강장에서 다음 기차를 기다릴 수 있다. 이 세트에는 승객들을 태우러 갈 버스, 철도 건널목, 시계탑, 크리스마스카드를 보낼 수 있는 우체통, 따뜻한 음료로 몸을 녹일 수 있는 카페 등이 있다.

10259 윈터 빌리지 기차역 (2017)

크리스마스 급행열차

한 바퀴를 돌아올 수 있는 기차 선로가 들어 있는 이 기차 세트는 윈터 빌리지 컬렉션 중에서도 눈길을 끄는 제품이다. 멋지게 장식한 증기기관차는 파워 펑션 부품으로 구동할 수 있으며, 선물을 운송하기 위한 평상형 화차와 승객을 태우기 위한 아늑한 빨간색 차량이 기관차에 딸려 있다. 이 세트에는 미니피겨 5개, 벤치와 가로등이 있는 승차 플랫폼이 들어 있다.

10254 윈터 홀리데이 트레인 (2016)

레고® 아키텍처

레고 그룹이 1960년대에 건축물 세트에 잠시 손대기도 했지만, 건축가이자 레고 팬인 애덤 리드 터커와 함께 작업한 것은 그로부터 한참 뒤인 2008년에 출시된 레고® 아키텍처 테마를 통해서였다. 아키텍처 테마는 세계에서 가장 상징적 건물의 축소판 모델이 특징이다.

뾰족한 탑 꼭대기를 연출해주는 안테나 부품

매끄러운 외관을 연출해주는 측면 타일

21001 존 핸콕 센터(2008)

21002 엠파이어 스테이트 빌딩(2009)

탁상용 모델

처음 출시된 레고 아키텍처 세트 6개에는 존 핸콕 센터(세트 21001), 엠파이어 스테이트 빌딩(세트 21002), 구겐하임 미술관(세트 21004) 등이 포함되었다. 라이선스 모델을 모방한 이 미니어처 모형 세트에는 실제 건물과 건물의 역사에 대한 자세한 정보가 담긴 안내서가 들어 있다. 시카고의 존 핸콕 센터는 69피스로 18단계 과정만 거치면 조립이 가능하며, 엠파이어 스테이트 빌딩은 레고 부품 77피스만으로 재현이 가능하다.

우뚝 선 마천루

2016년 출시한 부르즈 할리파 세트는 333피스로 구성된 제품으로, 아랍에미리트 두바이에 있는 세계에서 가장 높은 고층 건물 부르즈 할리파를 복제했다. 강철, 유리, 강화 콘크리트로 지은 실제 탑의 높이는 무려 828m에 달한다. 이 미니어처 버전은 높이가 26.9cm를 조금 넘지만, 현재까지 출시된 레고 아키텍처 세트 중 가장 높다. 이 제품은 두 번째로 출시된 부르즈 할리파 모델이며, 208피스로 구성된 첫 번째 모델은 2011년에 출시되었다.

Burj Khalifa

21031 부르즈 할리파(2016)

21020 트레비 분수(2014)

소원을 빌다

로마 바로크 양식의 걸작을 본떠 제작한 이 14cm 높이의 모델은 세계적 분수와 궁전의 웅장함을 표현했다. 흰색 미니어처 피겨로 조각상을 표현했고, 히포캄푸스(해마) 조각상은 반아치형 브릭과 클립 부품으로 재현했다.

아름다운 도시 베니스

2016년 베를린, 뉴욕 시티, 베니스를 포함한 첫 '스카이라인' 시리즈 세트가 출시되었다. 미니어처 크기의 리알토 다리, 산마르코 대성당, 산마르코 종탑, 산테오도르와 산마르코 기념비, 탄식의 다리 모두를 212피스로 구성된 이 베니스 세트로 조립할 수 있다.

21026 베니스 (2016)

산마르코 대성당

날개가 달린 사자 브릭

산테오도르 기념비

Venice

전망대를 만들기 위한 팔각형 부품

겹겹이 붙어 있는 플레이트와 타일

프랑스의 상징

파리에서 가장 높은 랜드마크가 2014년 레고 아키텍처 시리즈로 세상에 나왔다. 연철 구조물 1만8,038개와 리벳 250만 개로 만든 실제 에펠탑의 세련된 디자인은 레고 부품으로 조립할 때 훨씬 더 만들기 쉽다. 정확히 말해, 부품 321개만 조립하면 에펠탑이 완성된다.

21019 에펠탑 (2013)

연성이 있는 아치형 구조물

꼭대기에 원뿔이 달린 경사진 부품으로 만든 지붕

런던의 명소

엘리자베스 타워는 런던에서 가장 잘 알려진 건물 중 하나다. 2017년에 출시된 런던 스카이라인 모델(세트 21034)에도 넬슨 기념비, 런던아이, 타워 브리지, 내셔널 갤러리와 함께 엘리자베스 타워가 포함되어 있다. 사실 '빅벤'은 시계나 엘리자베스 타워가 아닌 타워 안의 거대한 종에 붙여진 이름이다. 이 레고 타워의 고딕풍 외관은 창살 타일 32개를 사용해 만들었다.

원뿔형 작은 첨탑

21013 빅벤 (2012)

Big Ben

녹색 플레이트로 만든 스피커스 그린

대통령 관저

빌더들은 미국 대통령이 거주하는 6층짜리 관저를 부품 560피스만으로 재현할 수 있다. 하얀색 기둥, 굴뚝, 기둥을 받쳐 만든 현관 지붕, 옥상 난간 등이 포함되며, 백악관 잔디밭을 표현할 작은 부품도 들어 있다.

1×1 브릭으로 만든 굴뚝

미니어처 깃발

21006 백악관 (2010)

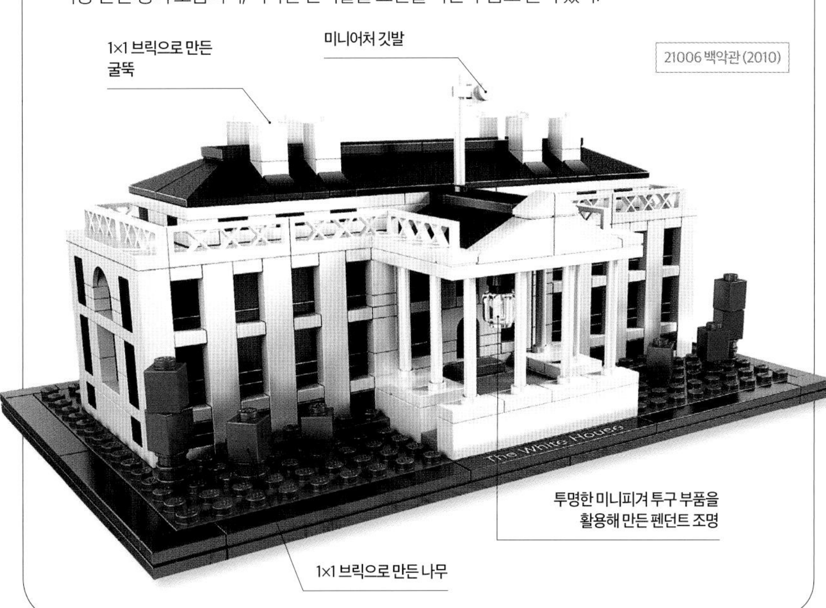

투명한 미니피겨 투구 부품을 활용해 만든 펜던트 조명

1×1 브릭으로 만든 나무

레고® 테크닉

1970년대 특수 기어 세트와 엑스퍼트 빌더 시리즈가 발전한 레고® 테크닉은 레고 모델이 기계적으로 움직일 수 있게 해준다. 기어, 액슬, 모터로 조립하는 빌더들은 크레인 붐, 핸들과 연결된 차량 조종 장치, 조절 가능한 서스펜션, 그 외 여러 기능을 사용해 레고 창작물에 활기를 불어넣는다.

8300 경주차 선수들 (2000)

레고 테크닉 피겨

1986년부터 2001년 사이에 출시된 여러 레고 테크닉 세트에는 대형 차량을 운전하기 위한, 팔다리가 자유자재로 움직이는 피겨가 들어 있다. 레고 미니피겨 고유의 노란색 손과 얼굴을 지녔지만, 기존의 미니피겨보다 훨씬 더 크고 움직임이 자유롭다. 레고 조립 방식에 맞춰 제작한 테크닉 피겨는 브릭이나 레고 테크닉 부품에도 부착이 가능하다.

같은 외관과 다른 기능

사이드카가 달린 이 오토바이는 1980년대에 출시된 모델 팀 세트의 브릭으로 조립한 오토바이와 다를 게 없지만 레고 테크닉 모델의 기능을 갖췄다. 이 오토바이는 아주 작은 연결 부품 26개로 조립한 큰 고무 바퀴, 앞바퀴 조종 장치, 체인 구동식 엔진 등을 탑재했다.

857 오토바이 (1979)

멋진 초대형 크레인

6휠 조종장치와 공기압 실린더 구동장치를 장착한 모바일 크레인(세트 8421) 출시 8년 만에 레고 그룹은 700피스가 넘는 부품을 추가해 업그레이드를 거친 모바일 크레인 MK II를 선보였다. 이 멋진 기중기는 8휠 조종장치, 파워 펑션 모터를 장착했으며, 컨테이너 적재 트럭으로도 재조립할 수 있다.

42009 모바일 크레인 MK II (2013)

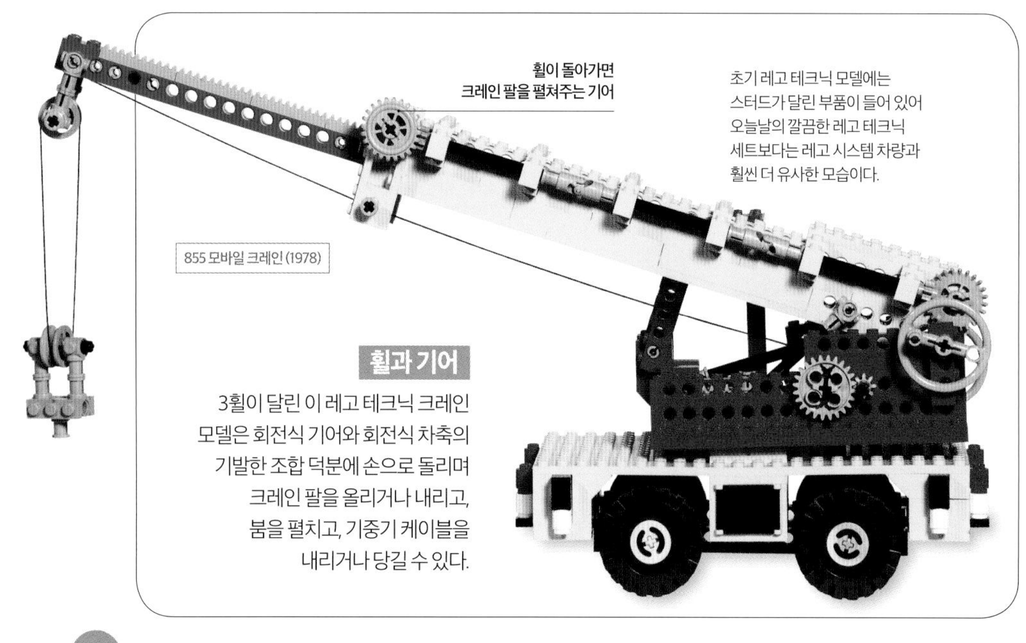

휠이 돌아가면 크레인 팔을 펼쳐주는 기어

초기 레고 테크닉 모델에는 스터드가 달린 부품이 들어 있어 오늘날의 깔끔한 레고 테크닉 세트보다는 레고 시스템 차량과 훨씬 더 유사한 모습이다.

855 모바일 크레인 (1978)

휠과 기어

3휠이 달린 이 레고 테크닉 크레인 모델은 회전식 기어와 회전식 차축의 기발한 조합 덕분에 손으로 돌리며 크레인 팔을 올리거나 내리고, 붐을 펼치고, 기중기 케이블을 내리거나 당길 수 있다.

힘과 명성

2,793피스의 이 모델에는 빌더가 모터로 구동되는 여러 기능을 완벽하게 제어할 수 있도록 해줄 대형 파워 펑션 모터와 공압 시스템이 들어 있다. 메르세데스-벤츠 Arocs 3245는 실제로 움직이는 크레인 팔에서부터 연장 가능한 아웃리거, 여닫을 수 있는 그래버, 올리고 내릴 수 있는 덤프 트럭 차체에 이르는 모든 것을 갖췄다.

42043 메르세데스-벤츠 Arocs 3245 (2015)

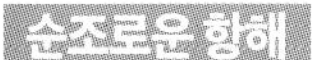

순조로운 항해

최신 레고 테크닉 세트 대부분은 모델 내부에 들어가는 기어 장치와 다양한 기능, 스터드가 달리지 않은 매끄러운 서포트 빔, 각진 장식 패널 등을 결합해 조립한다. 브릭을 거의 사용하지 않는 이러한 조립 방식 덕분에 레고 테크닉 세트로는 더 사실적인 형태를 갖춘 창작물을 만들 수 있다. 레이싱 요트는 실제로 작동하는 배의 키, 조타륜, 윈치가 있으며, 윈치를 돌리며 돛대를 조정할 수 있다.

42074 레이싱 요트 (2018)

도로의 왕

길이 66cm에 1,877피스로 구성된 이 대형 레고 테크닉 견인 트럭 세트에는 실제로 작동하는 톱니바퀴식 조종장치, 움직이는 피스톤과 회전식 냉각 장치 팬이 달린 V6 엔진, 금속 마감된 브릭과 맞춤 스티커, 넣었다 뺐다 할 수 있고 래칫으로 조절 가능한 윈치가 달린 견인 크레인 등이 들어 있다.

8285 견인 트럭 (2006)

이 견인 트럭은 크레인을 올리고 붐을 펼칠 수 있으며 운전석 측면 패널에 숨겨진 제어장치로 금속 갈고리를 내릴 수 있다. 또 효율적으로 활용할 수 있는 공압 기중기가 달린 견인 플랫폼과 무거운 하중을 견디기 위한 뒤쪽 보조 바퀴가 있다.

굴착기의 변신

2016년 출시한 이 광산 굴착기는 3,929피스로 구성된 제품으로 레고 테크닉 세트 중 역대 가장 큰 크기를 자랑한다. 이 거대한 차량은 움직이는 컨베이어 벨트, 조이스틱으로 조종하는 회전식 상부 구조, 회전식 버킷 휠을 장착했다. 또 이 버킷 휠 엑스케베이터 세트는 2-in-1 제품으로 이동식 골재 처리 공장으로 바꿔 조립할 수 있다.

움직이는 컨베이어 벨트

오르내리는 버킷 휠

42055 버킷 휠 엑스케베이터 (2016)

광물 엘리먼트가 담긴 광산 트럭

난간이 설치된 통로

이 세트에는 다양한 전동 기능을 구동할 수 있는 파워 펑션 모터가 포함되어 있다.

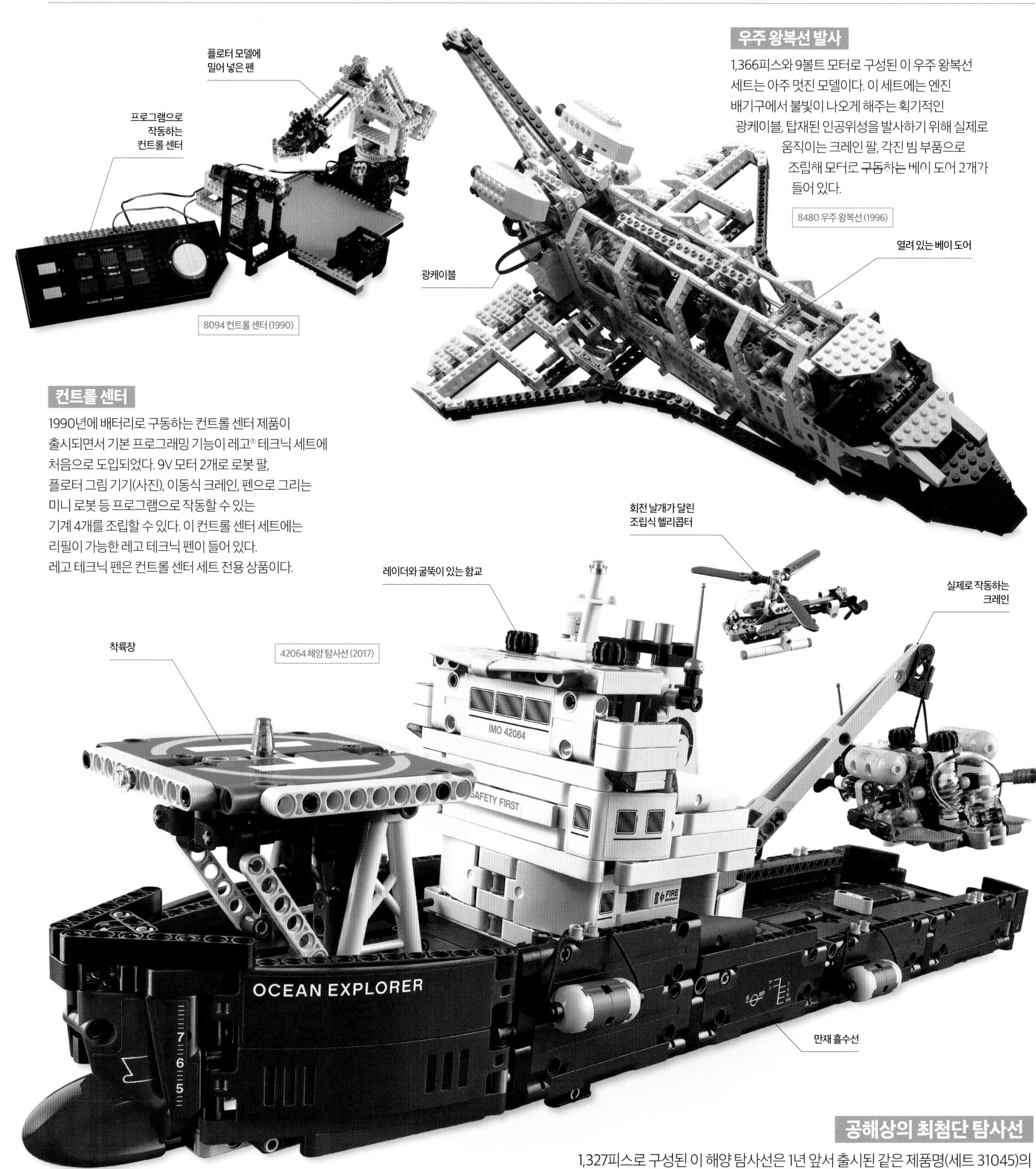

8094 컨트롤 센터 (1990)

8480 우주 왕복선 (1996)

42064 해양 탐사선 (2017)

우주 왕복선 발사

1,366피스와 9볼트 모터로 구성된 이 우주 왕복선 세트는 아주 멋진 모델이다. 이 세트에는 엔진 배기구에서 불빛이 나오게 해주는 획기적인 광케이블, 탑재된 인공위성을 발사하기 위해 실제로 움직이는 크레인 팔, 각진 빔 부품으로 조립해 모터로 구동하는 베이 도어 2개가 들어 있다.

컨트롤 센터

1990년에 배터리로 구동하는 컨트롤 센터 제품이 출시되면서 기본 프로그래밍 기능이 레고® 테크닉 세트에 처음으로 도입되었다. 9V 모터 2개로 로봇 팔, 플로터 그림 기기(사진), 이동식 크레인, 펜으로 그리는 미니 로봇 등 프로그램으로 작동할 수 있는 기계 4개를 조립할 수 있다. 이 컨트롤 센터 세트에는 리필이 가능한 레고 테크닉 펜이 들어 있다. 레고 테크닉 펜은 컨트롤 센터 세트 전용 상품이다.

공해상의 최첨단 탐사선

1,327피스로 구성된 이 해양 탐사선은 1년 앞서 출시된 같은 제품명(세트 31045)의 레고® 크리에이터 모델보다 213피스 더 많은 부품이 포함된 업그레이드 모델이다. 이 레고 테크닉 모델에는 조립식 헬리콥터와 잠수함이 딸려 있으며, 선체로 들어갈 수 있는 여닫이식 갑판 출입문이 달려 있다. 이 해양 탐사선은 푸시 보트와 바지선으로 바꿔 조립할 수 있다.

42069 익스트림 어드벤처(2017)

오프로드를 타고 떠나는 모험

레고 테크닉 40주년을 기념하기 위해 2017년에 출시한 이 거대한 오프로드 세트와 다른 모든 레고 테크닉 세트에는 40주년 기념 브릭이 들어 있다(차량 번호판 확인). 실제로 작동하는 서스펜션, 위로 젖혀 여는 문, 잠금 기능이 있는 뒷문, 정교한 V8 엔진 등을 갖춘 이 모델은 그 어떤 어려운 상황에서도 모험을 감당할 준비가 되어 있다.

45도 이상 기울어지는 덤핑 베드

플렉스 시스템 튜브가 달린 운반 집게

스마트 스캔 기능

이 획기적인 바코드 멀티 세트는 모터와 터치 센서에 연결된 소형 조종장치인 코드 파일럿이 들어 있는 유일한 모델이다. 바코드를 스캔해 트럭을 작동하고, 속도를 바꾸고, 소리를 재생할 수 있다.

8479 바코드 멀티 세트(1997)

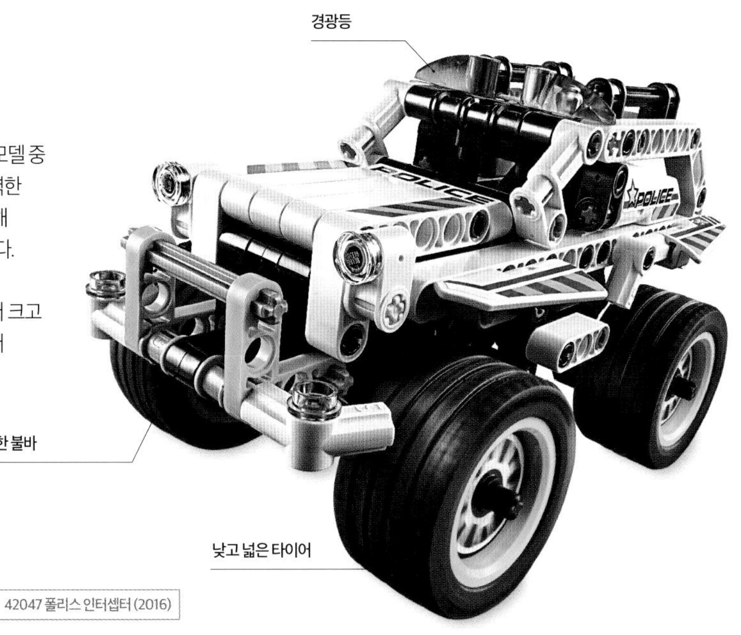

42047 폴리스 인터셉터(2016)

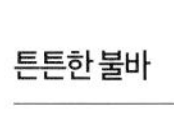

풀백 파워

레고 테크닉 차량을 대표하는 모델 중 하나인 폴리스 인터셉터는 강력한 용수철이 든 풀백 모터를 장착해 실감 나는 추격전을 벌일 수 있다. 이 세트와 겟어웨이 레이서(세트 42046)를 결합해 훨씬 더 크고 근사한 익스트림 폴리스 레이서 콤비 모델을 만들 수 있다.

슈퍼 카

1977년의 첫 카 섀시 테크니컬 세트부터 2016년의 멋진 포르쉐 복제 모델까지 획기적인 자동차 모델들이 기어, 액슬, 빔을 결합해 실제로 작동하는 엔진과 놀라운 기계 구동 기능을 선보였다.

8860 카 섀시(1980)

이 초기 카 섀시는 4기통 엔진, 톱니바퀴식 조종장치, 등받이가 뒤로 젖혀지는 좌석을 갖췄다. 실제로 작동하는 리어 서스펜션이 최초로 포함된 세트다.

8865 테스트 카(1988)

테스트 카는 차체가 포함된 최초의 슈퍼 카답게, 새로 제작한 부품으로 만든 바퀴 4개 모두에 서스펜션이 장착된 최초의 레고 세트다.

8448 슈퍼 스트리트 센세이션(1999)

슈퍼 스트리트 센세이션은 심미적 매력에 초점을 맞춰 제작한 모델이다. 곡선형 패널과 주름 호스가 멋진 외관을 만들어내는 데 사용되었고, 기발한 기계장치로 컨버터블 상단을 올리고 내릴 수 있다.

42056 포르쉐 911 GT3 RS(2016)

포르쉐 AG와 공동 제작한 이 복제 모델은 1:8 비율로 축소한 슈퍼 카로 실제로 작동하는 변속기와 운전대, 서스펜션, 공기역학적 차체, 조정 가능한 스포일러 등으로 구성했다.

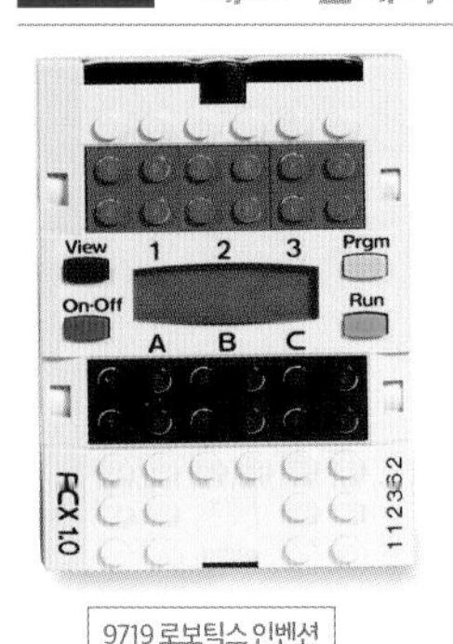

9719 로보틱스 인벤션 시스템 1.0 (1998)

레고® 마인드스톰®

1984년 레고 그룹은 매사추세츠 공과대학(MIT)의 미디어 랩과 특별한 제휴를 맺었다. 제휴를 통해 얻은 첫 결실 중 하나는 1986년에 출시된 교육용 제품을 위한 레고® 테크닉 컴퓨터 컨트롤이다. 그러나 미디어 랩과 장난감 조립의 만남이 실제로 작동하는 로봇을 조립하고 조종하는 데 사용될 획기적인 레고® 마인드스톰® RCX 컴퓨터 브릭으로 이어진 것은 1998년이 되어서였다.

제1세대

최초의 RCX(로봇식 명령 시스템Robotic Command System) 프로그래밍 브릭에는 8비트 마이크로 컨트롤러 CPU와 32K 램이 내장되어 있다. 사용자들은 가정용 컴퓨터로 만든 프로그램을 적외선 인터페이스를 통해 RCX에 다운로드할 수 있다. 다운로드한 프로그램은 컴퓨터 브릭에 연결된 모터와 센서에 특정 동작을 명령해 로봇을 조종한다.

업그레이드

1999년에 출시된 로보틱스 인벤션 시스템 1.5(세트 9747)와 2001년에 출시된 로보틱스 인벤션 시스템 2.0(세트 3804)은 레고 로봇 기술을 업그레이드해 만들었다.

맞춤형 로봇

빌더들은 로보틱스 인벤션 시스템 센서, 모터, RCX 브릭을 레고 테크닉 컬렉션의 빔이나 기어와 결합해 다양한 모습과 기능을 갖춘 로봇을 끊임없이 만들어낼 수 있다.

장식용 레고 엘리먼트 눈

RCX 1.0 브릭

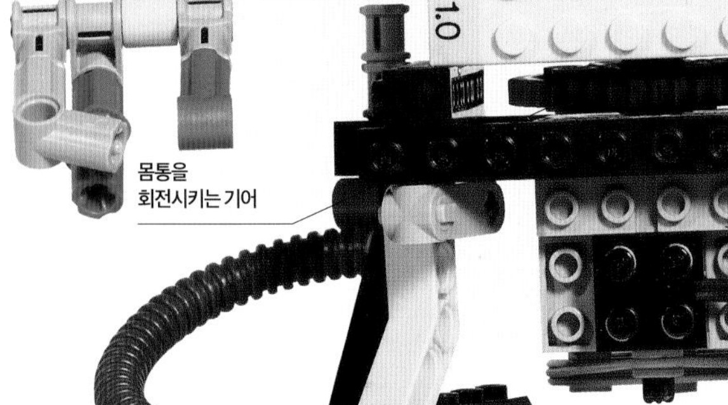

몸통을 회전시키는 기어

로보틱스 인벤션 시스템 로봇

2000 비전 커맨드 카메라 (9731)

고무 타이어로 만든 입

레고 테크닉 기어

이 바텐더 로봇은 2001년 뉘른베르크 장난감 박람회를 위해 만든 모델이다. 이 로봇은 녹색과 빨간색 카드를 인식하고 제시된 카드에 따라 바이오니클®이나 잭 스톤 테마 음료를 제공하도록 프로그래밍되었다.

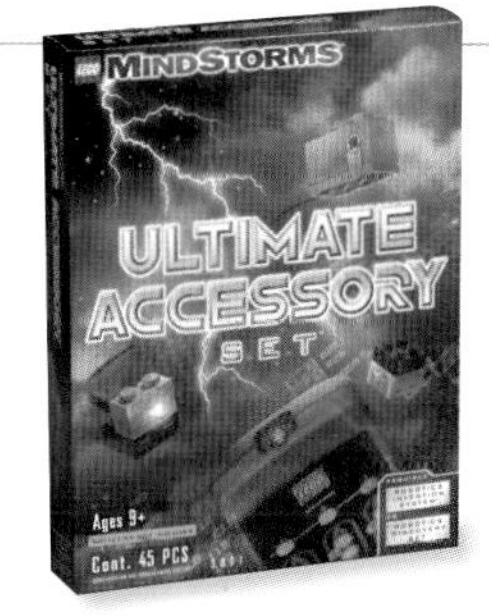

3801 파워보충 세트 (2000)

한계는 없다

어떻게 하면 레고 로봇을 더 잘 만들 수 있을까? 회전식 센서, 조명등, 최초의 레고 마인드스톰 리모컨이 포함된 세트와 같이 더 많은 센서, 모터, 엘리먼트, 프로그래밍이 추가된 세트로 더 뛰어난 로봇을 만들 수 있다.

스포츠 로봇

로보스포츠의 확장을 통해 덩크슛을 하는 로봇처럼 스포츠를 즐기는 로봇을 만들 수 있게 되었다. 로보스포츠 세트에는 첼린지 CD, 경기장용 매트, 추가 모터, 공과 아이스하키용 퍽을 포함한 엘리먼트들이 들어 있다.

9730 로보스포츠 (1998)

덩크슛을 하는 갈고리 손

공을 넣는 링

3800 얼티밋 빌더즈 세트 (2001)

새로운 구성품

사용자가 기본 로보틱스 인벤션 시스템 세트를 갖고 있어야 조립이 가능한 얼티밋 빌더즈 세트에는 한 단계 더 발전한 레고 마인드스톰 모델을 위한 추가 부품과 새로 나온 로봇 7종을 위한 디지털 조립 설명서가 들어 있다.

이 추가 구성품 키트에는 여분의 기어 모터, 투명한 공압 부품, 레고 공인 작가들이 만든 조립 설명서가 담긴 CD-ROM이 들어 있다.

로보틱스 디스커버리 세트에는 로봇 곤충을 조립하는 방법이 담긴 설명서는 물론, 다양한 난이도로 조립할 수 있는 방법이 담긴 조립 설명서가 들어 있다.

9735 로보틱스 디스커버리 세트 (1999)

스타터 스카우트

스카우트 마이크로컴퓨터 브릭은 1999년에 출시된 레고 마인드스톰 스타터 키트인 로보틱스 디스커버리 세트(9735)에 포함된다. 파란색 스카우트는 조명 센서 1개, 모터 2개, 추가 센서 2개를 장착하는 포트가 있다.

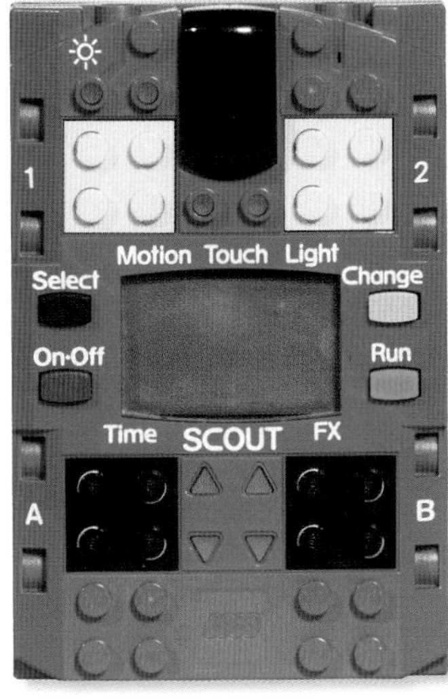

스카우트 마이크로컴퓨터 브릭

9748 드로이드 디벨로퍼 키트 (1999)

마이크로스카우트 조종장치

드로이드 조립

레고 마인드스톰은 영화 <스타워즈>를 바탕으로 범위가 확대된 세트를 출시했다. 이 드로이드 디벨로퍼 키트로 자기만의 회전식 R2-D2™와 다른 드로이드를 만들 수 있으며, 2000년에 출시된 다크 사이드 디벨로퍼 키트(세트 9754)에는 걸어 다니는 임페리얼 AT-AT, 행진하는 디스트로이어 드로이드 등을 조립하기 위한 부품과 조립 설명서가 들어 있다. 두 키트 모두에 모터와 조명 센서가 내장된 새로운 마이크로스카우트 조종장치가 들어 있다.

레고® 스페이스 곤충 로봇 다리

로버 배치용 경사로

이 초현대식 액세서리 세트에는 화성 착륙선과 다른 행성 간 탐험 로봇을 조립하기 위한 부품과 프로그램, 프로그래머가 완수해야 할 임무가 담긴 챌린지 CD가 들어 있다.

비공개 프로토타입 비전 커맨드 카메라가 달린 화성 로버

9736 화성탐사 시리즈 (2000)

NXT와 EV3

로보틱스 인벤션 시스템 출시 8년째 되던 해 레고 그룹은 빌더들이 30분 안에 쉽고 간단하게 로봇을 조립하고 프로그램을 짤 수 있도록 레고® 마인드스톰® NXT를 선보였다. NXT 출시 7년째 되던 해에는 레고® 마인드스톰® EV3가 그 뒤를 이어 세상에 나왔다. 새로 출시된 EV3는 다양한 프로그래밍 옵션과 기능뿐 아니라 한층 세련되고 미래지향적인 외양을 선보였다.

초음파 센서

NXT 인텔리전트 브릭

모터가 달린 레고 테크닉 빔 다

알파 렉스

대표적인 레고 마인드스톰 NXT 로봇인 알파 렉스는 다리 모터에 내장된 회전식 센서로 걸어 다닐 수 있고, 팔 끝에 달린 센서로 느끼고 듣는 게 가능하다. 알파 렉스는 초음파 센서가 내장된 눈으로 볼 수 있고, 가슴에 달린 NXT 화면에 가상의 심장박동이 나타나도록 프로그램을 짤 수 있다.

8527 레고 마인드스톰 NXT (2006)

이 독창적인 NXT 세트에는 알파 렉스, 스파이크, 트라이봇 등의 로봇과 T-56 기계 팔을 조립하는 방법을 설명하는 조립 설명서가 들어 있다.

NXT 인텔리전트 브릭

NXT는 ARM 32비트 마이크로프로세서, 256KB 메모리, USB 2.0, 블루투스 기능, 새롭게 향상된 일련의 센서, 모터 등과 함께 새로운 세대의 프로그래밍 브릭을 선보였다.

인터랙티브 서보 모터: 정확하게 움직이기 위해 회전 센서가 내장된 모터

터치 센서: 감촉을 느끼고 로봇이 주변 환경을 '감지'할 수 있도록 함

8527 NXT 인텔리전트 브릭

음향 센서: 로봇이 명령하는 목소리 등을 포함한 소리를 듣고 그 소리에 반응하도록 함

조명 센서: 로봇이 서로 다른 색과 빛의 강도를 감지할 수 있도록 함

초음파 센서: 로봇의 '시각'을 담당하는 센서로, 거리를 재고 움직임에 반응할 수 있도록 함

로봇의 행동 방식 프로그래밍을 위해 컴퓨터 화면에서 마우스로 '블록'을 끌어다 옮겨가며 프로그램을 짜면 된다.

빠르고 유연한 이 트라이봇은 바닥의 선을 따라가고, 큰 소리로 명령을 하면 사물을 잡을 수 있도록 프로그램을 짤 수 있는 삼륜 차량이다.

로봇이 공에 다가가면 레버가 터치 센서를 눌러 로봇이 갈고리 손으로 공을 움켜쥐도록 한다.

8547 트라이봇

NXT 스톰

2009년 버전의 레고 마인드스톰 NXT에는 더욱 정교한 맞춤형 프로그래밍 옵션, 더 많은 로봇을 조립하는 방법이 담긴 조립 설명서, 색을 감지하는 센서를 포함한 최신 기능을 갖췄다.

완전히 새롭게 탈바꿈한 2009년형 알파 렉스는 더 크고 튼튼한 외양과 함께 한층 다양한 내장 기능과 프로그래밍 옵션을 선보이고 있다.

8547 레고® 마인드스톰® NXT 2.0 (2009)

추가 기능

회전을 감지하는 센서, 적외선을 감지하는 센서, 방향이나 속도를 로봇에게 명령하는 센서 등 공인된 개발자들이 만든 일부 추가 부품을 레고 온라인 숍에서 구입할 수 있다.

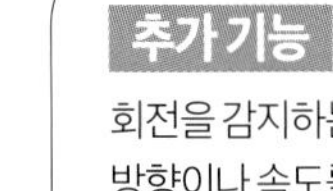

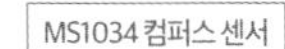

MS1034 컴퍼스 센서

컴퍼스 센서는 로봇이 나아갈 방향을 결정하기 위해 지구자기장을 측정한다.

RFID 센서는 NXT 프로그램 잠금을 해제하고 활성화하기 위해 트랜스폰더를 사용한다.

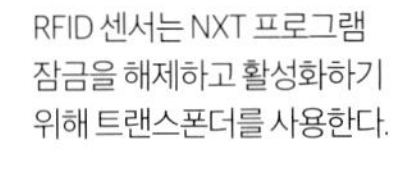

MS1048 RFID 센서

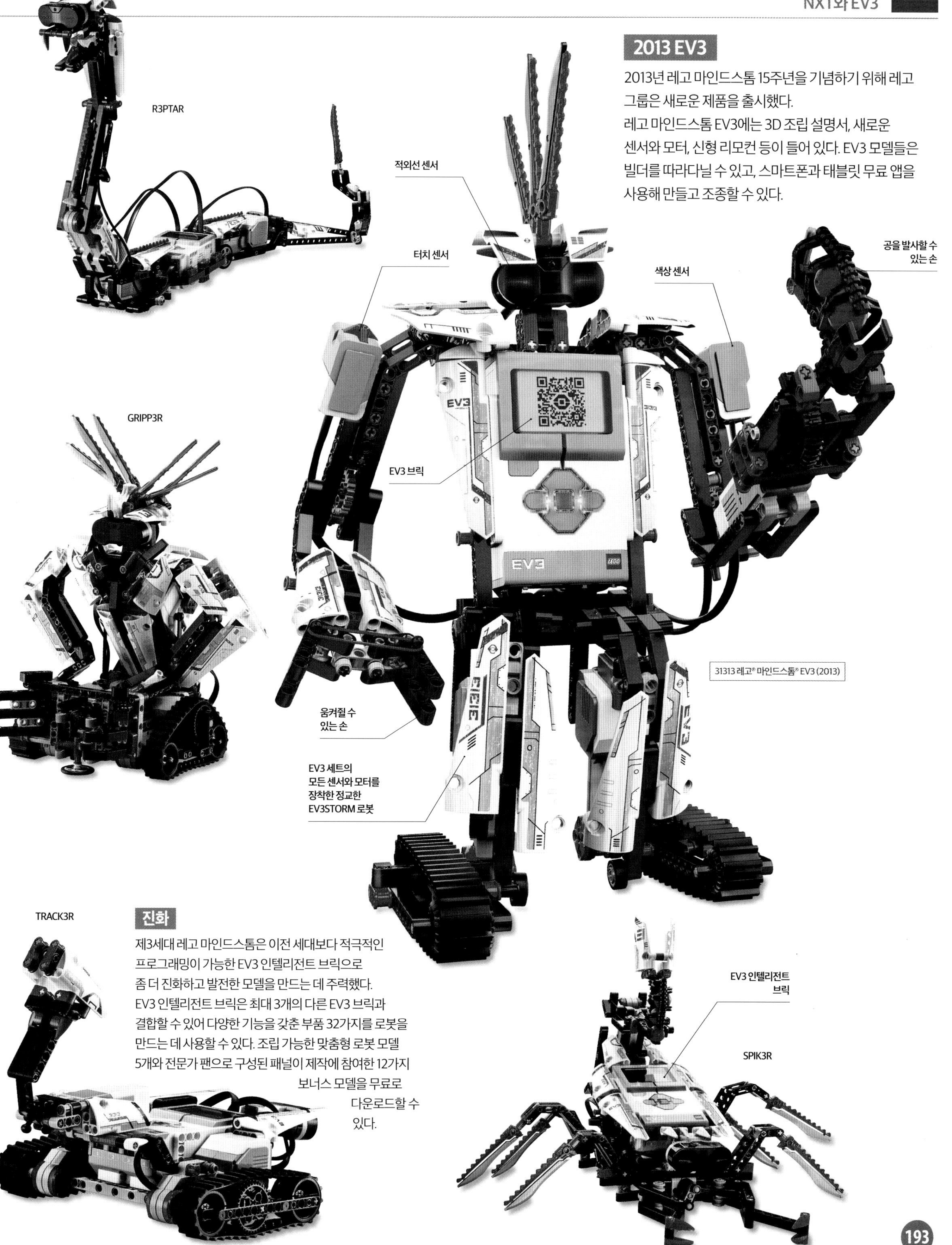

31313 레고® 마인드스톰® EV3 (2013)

2013 EV3

2013년 레고 마인드스톰 15주년을 기념하기 위해 레고 그룹은 새로운 제품을 출시했다.
레고 마인드스톰 EV3에는 3D 조립 설명서, 새로운 센서와 모터, 신형 리모컨 등이 들어 있다. EV3 모델들은 빌더를 따라다닐 수 있고, 스마트폰과 태블릿 무료 앱을 사용해 만들고 조종할 수 있다.

진화

제3세대 레고 마인드스톰은 이전 세대보다 적극적인 프로그래밍이 가능한 EV3 인텔리전트 브릭으로 좀 더 진화하고 발전한 모델을 만드는 데 주력했다. EV3 인텔리전트 브릭은 최대 3개의 다른 EV3 브릭과 결합할 수 있어 다양한 기능을 갖춘 부품 32가지를 로봇을 만드는 데 사용할 수 있다. 조립 가능한 맞춤형 로봇 모델 5개와 전문가 팬으로 구성된 패널이 제작에 참여한 12가지 보너스 모델을 무료로 다운로드할 수 있다.

레고® 부스트

프로그램 작동이 가능한 브릭으로 창작물에 활기를 불어넣는 조립 방식은 큰 아이들만 위한 것이 아니다! 2017년 출시된 레고® 부스트는 7세 이상 어린이를 대상으로 하며, 더 정교한 레고® 마인드스톰®의 기능적 측면보다는 코딩을 하고 즐기는 데 중점을 두고 있다. 레고 부스트가 제공하는 다채롭고 사용하기 쉬운 앱으로 프로그램을 짤 수 있어 그 어느 때보다 레고 로봇을 쉽고 편안하게 다룰 수 있다.

레고 부스트 크리에이티브 툴박스는 흰색, 오렌지색, 파란색 부품 840피스로 구성했다. 또 툴박스에는 레고 무브 허브, 인터랙티브 모터, 색과 거리를 감지하는 센서가 들어 있다.

컨트롤 센터

무료로 제공되는 레고 부스트 크리에이티브 툴박스 앱은 어린이들이 여러 가지 기능을 가진 다섯 가지 모델을 만들 수 있도록 단계별로 설명해준다. 일단 로봇이 완성되면 빌더들이 자유롭게 놀 수 있는 앱에 접속해 완성된 로봇을 움직이고 코드 등을 사용해 소리를 낼 수 있다. 다양한 색상의 모듈을 끌어다놓는 방식으로 간단하게 코딩할 수 있는 인터페이스는 빌더들이 태블릿으로 자신의 로봇을 조종할 수 있게 해준다.

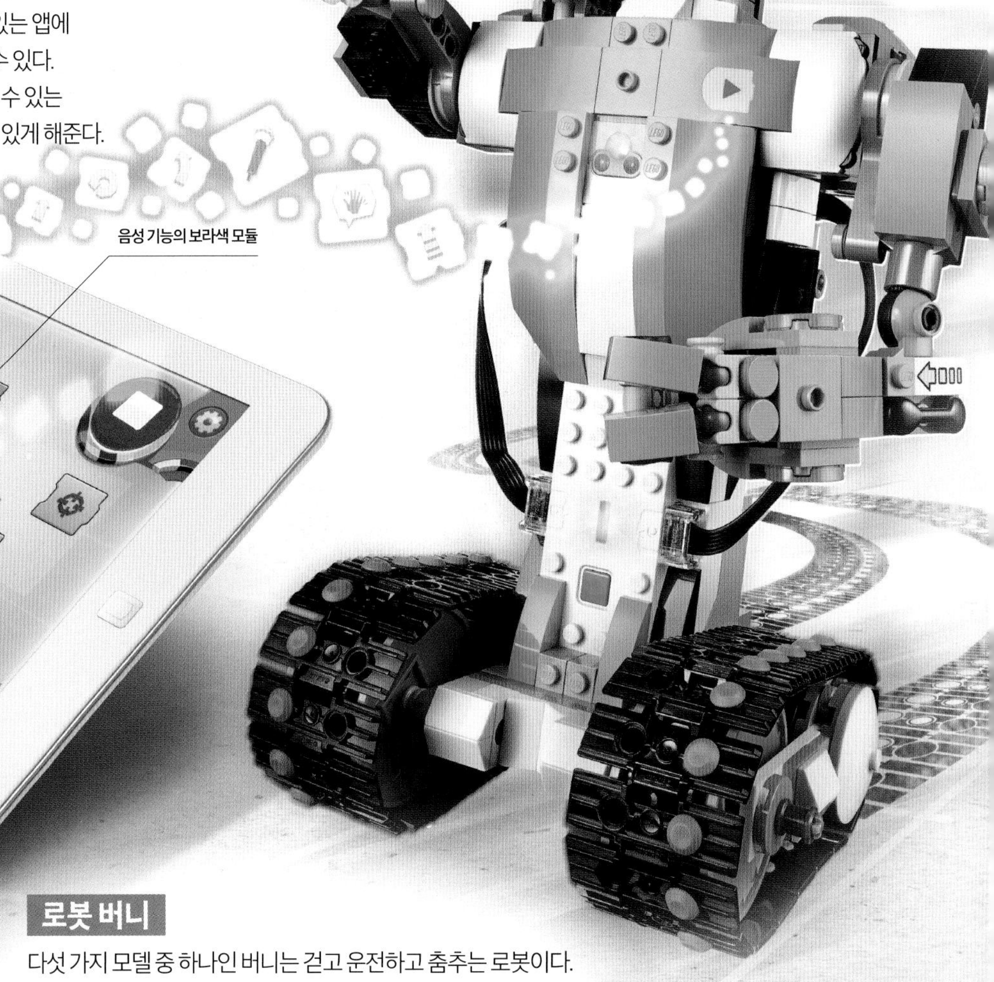

로봇 버니

다섯 가지 모델 중 하나인 버니는 걷고 운전하고 춤추는 로봇이다. 버니는 색, 움직임, 거리를 감지하는 능력을 지녔다. 또 버니는 어깨에 장착된 슈터로 화살을 쏠 수 있기 때문에 다른 형제들이 갑자기 방에 들어오는 것을 막아줄 수도 있다.

17101 레고 부스트 (2017)

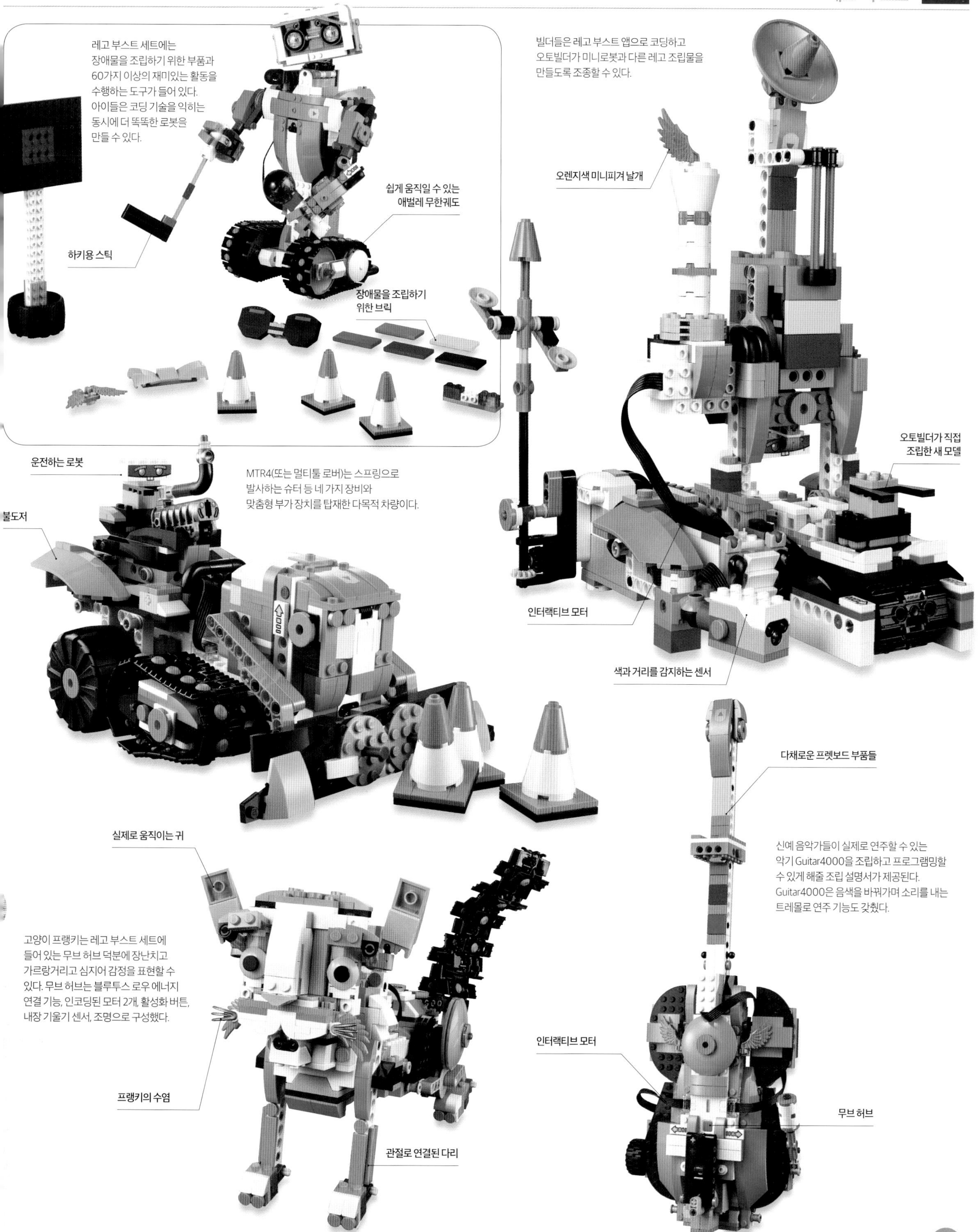

레고 부스트 세트에는 장애물을 조립하기 위한 부품과 60가지 이상의 재미있는 활동을 수행하는 도구가 들어 있다. 아이들은 코딩 기술을 익히는 동시에 더 똑똑한 로봇을 만들 수 있다.

빌더들은 레고 부스트 앱으로 코딩하고 오토빌더가 미니로봇과 다른 레고 조립물을 만들도록 조종할 수 있다.

MTR4(또는 멀티툴 로버)는 스프링으로 발사하는 슈터 등 네 가지 장비와 맞춤형 부가 장치를 탑재한 다목적 차량이다.

신예 음악가들이 실제로 연주할 수 있는 악기 Guitar4000을 조립하고 프로그래밍할 수 있게 해줄 조립 설명서가 제공된다. Guitar4000은 음색을 바꿔가며 소리를 내는 트레몰로 연주 기능도 갖췄다.

고양이 프랭키는 레고 부스트 세트에 들어 있는 무브 허브 덕분에 장난치고 가르랑거리고 심지어 감정을 표현할 수 있다. 무브 허브는 블루투스 로우 에너지 연결 기능, 인코딩된 모터 2개, 활성화 버튼, 내장 기울기 센서, 조명으로 구성했다.

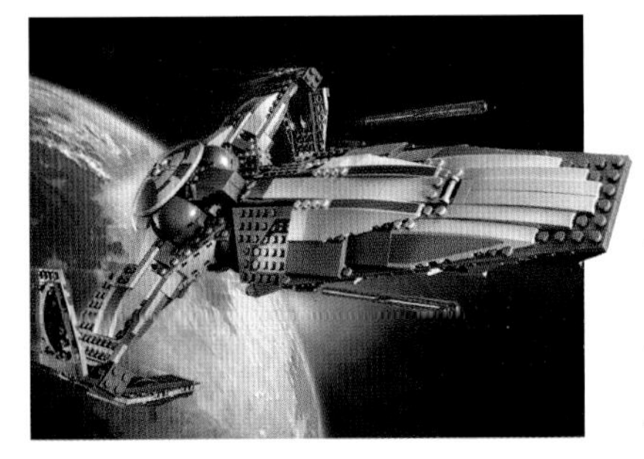

2015년 출시된 시스 인필트레이터(세트 75096)는 미니피겨 크기에 맞춰 제작한 네 번째 버전인 다스 몰의 우주선이다. 662피스로 구성된 이 독특한 우주선은 1999년 출시된 첫 번째 버전보다 두 배 더 크다.

레고® 스타워즈™

1999년 세계적인 영화 속 모험 이야기를 주제로 한 레고®가 세상에 나왔다. 40여 년 만의 첫 레고 라이선스 테마가 영화 <보이지 않는 위험> 개봉과 동시에 출시되었고, 원작 3부작을 바탕으로 한 세트 역시 포함되었다. 포스는 <스타워즈> 영화 3부작, <스타워즈> 스토리 영화 시리즈, <스타워즈> 애니메이션 TV 시리즈를 바탕으로 한 세트와 함께 레고® 스타워즈에서 자리를 굳건히 지키고 있다.

스타워즈: 에피소드 1 보이지 않는 위험

자유를 얻기 위한 경주

스타워즈 프리퀄 3부작을 바탕으로 한 최초의 제품군 중 하나인 모스 에스파 포드레이스는 빌더들이 맞춤형 포드레이서를 탄 어린 아나킨 스카이워커가 자유를 얻기 위해 경쟁 상대인 세불바, 그리고 가스가노와 위험한 분타 이브 클래식 포드레이스에서 경주를 벌일 수 있게 해준다. 엘리먼트와 색상이 특이한 이 세트는 레고 팬 사이에서 여전히 인기 있는 제품이다. 세불바의 포드레이서는 상대 차량의 질주를 방해하기 위한 장치가 있다.

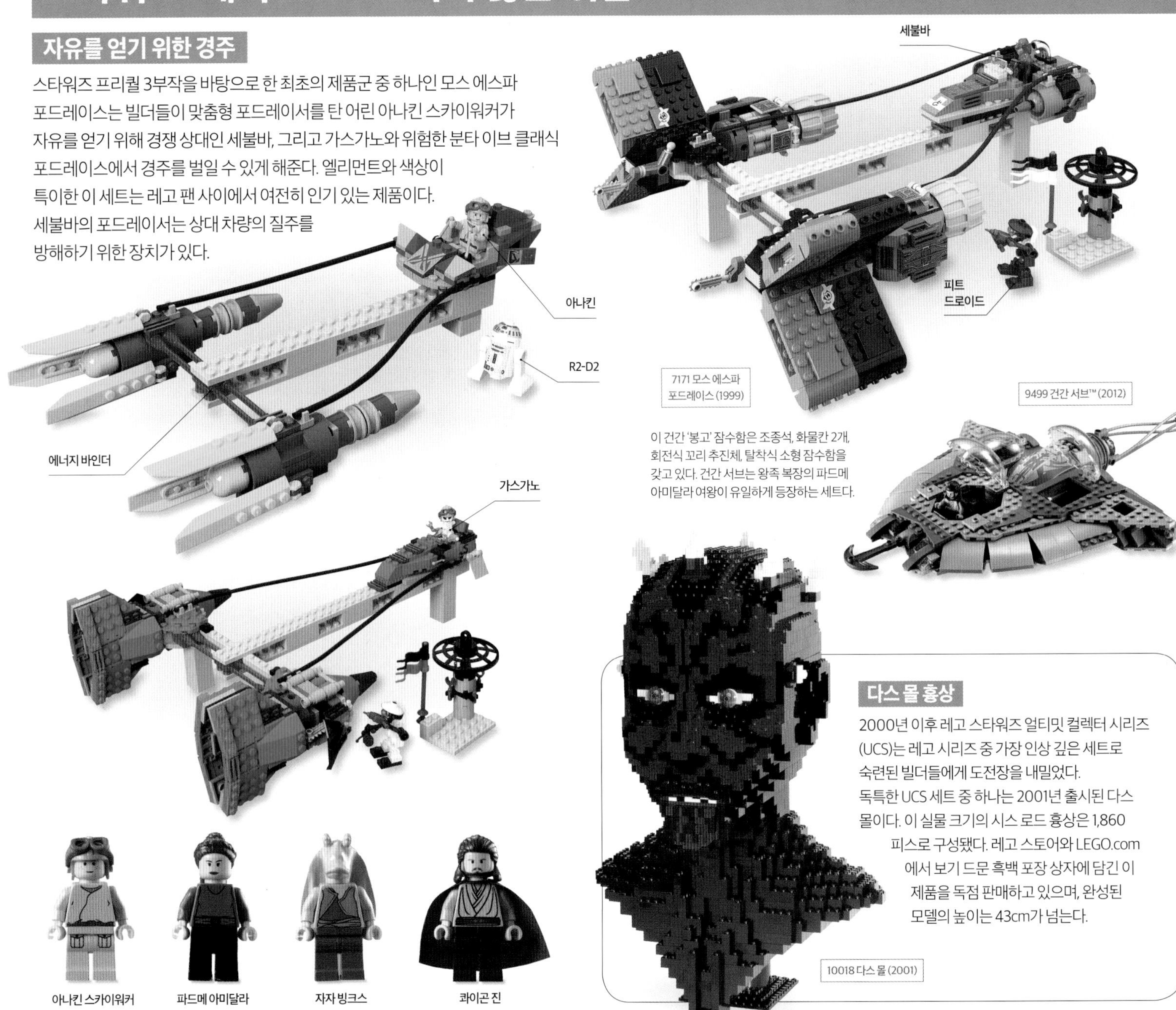

7171 모스 에스파 포드레이스 (1999)

9499 건간 서브™ (2012)

이 건간 '봉고' 잠수함은 조종석, 화물칸 2개, 회전식 꼬리 추진체, 탈착식 소형 잠수함을 갖고 있다. 건간 서브는 왕족 복장의 파드메 아미달라 여왕이 유일하게 등장하는 세트다.

다스 몰 흉상

2000년 이후 레고 스타워즈 얼티밋 컬렉터 시리즈(UCS)는 레고 시리즈 중 가장 인상 깊은 세트로 숙련된 빌더들에게 도전장을 내밀었다. 독특한 UCS 세트 중 하나는 2001년 출시된 다스 몰이다. 이 실물 크기의 시스 로드 흉상은 1,860피스로 구성됐다. 레고 스토어와 LEGO.com에서 보기 드문 흑백 포장 상자에 담긴 이 제품을 독점 판매하고 있으며, 완성된 모델의 높이는 43cm가 넘는다.

10018 다스 몰 (2001)

스타워즈: 에피소드 2 클론의 습격

75191 제다이 스타파이터와 하이퍼드라이브 (2017)

제다이 스타파이터

클론의 공격에는 현상금 사냥꾼인 장고 펫과 그의 '아들'인 보바 펫이 등장한다. 2017년에 출시된 제다이 스타파이터와 하이퍼드라이브 세트에서 제다이 마스터 오비완 케노비는 장고 펫 그리고 보바 펫과의 대결 구도를 이룬다. 스타파이터는 빛보다 빠른 이동을 위해 하이퍼드라이브 고리에 도킹할 수 있으며, 방아쇠를 당겨 발진시키면 쉽게 분리되어 날아간다.

7163 제국의 건쉽 (2002)

클론 수송기

이 무장 헬기로 지노시스 전투에서 곤경을 면할 수는 있지만, 클론 전쟁이 발발한다. 제국의 건쉽 세트는 최초로 출시된 클론의 습격 제품군 중 하나다. 클론 트루퍼 넷과 알 수 없는 제다이 미니피겨 하나(팬들은 '제다이 밥'이라 부르기도 한다)를 태운 38cm의 무장 헬기가 슈퍼 배틀 드로이드 둘과 브릭으로 만든 디스트로이어 드로이드 하나에 맞서 전장에 뛰어들어 전투를 벌인다. 업데이트된 버전의 건쉽 모델 2개가 각각 2008년과 2013년에 출시되었다.

스타워즈: 에피소드 3 시스의 복수

우주 전쟁

곧 다스 베이더가 될 제다이 기사가 영웅으로는 마지막으로 아나킨 스카이워커의 신형 ETA-2 요격기에 몸을 싣고 출격한다. 비행 모드에서 보행 모드로 변신이 가능한 분리주의자의 벌처 드로이드가 요격기를 바짝 쫓는다. 영웅과 악당의 탈것이 모두 들어 있는 이 세트는 빌더들이 스타워즈 에피소드 3의 시작 장면인 코러산트 상공에서의 맹렬한 전투 장면을 재현할 수 있도록 해준다.

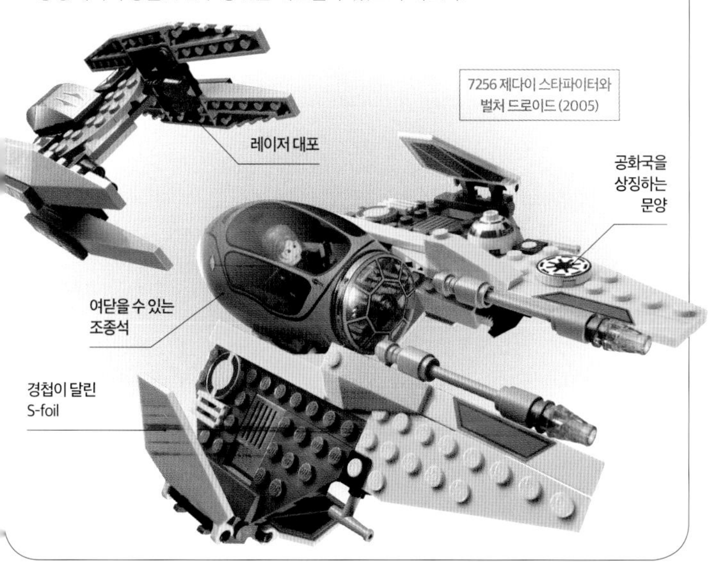

7256 제다이 스타파이터와 벌처 드로이드 (2005)

75040 그리버스 장군의 휠 바이크™ (2014)

운전 중인 그리버스

오비완 케노비가 그리버스 장군과 벌이는 전투는 시스의 복수에서 볼 수 있는 하이라이트 중 하나이며, 팬들은 2005년에 출시된 세트로 처음 그 장면을 재현했다. 2014년 버전에서는 그리버스의 휠 바이크가 2배 이상 많아진 부품과 플릭 미사일로 크게 업그레이드되었다. 이 휠 바이크는 거대한 바퀴 하나로 달리거나 막대기 같은 다리를 펼쳐 재빨리 움직일 수 있다.

로그 원: 스타워즈 스토리

75156 크레닉의 임페리얼 셔틀 (2016)

75120 K-2SO™ (2016)

키 큰 피겨

격렬한 액션 놀이를 위해 디자인한 대형 조립식 피겨는 2015년부터 레고® 스타워즈™ 제품군의 일부가 되었다. 반란군 드로이드 K-2SO로 다시 프로그래밍된 사실적인 피겨를 포함한 피겨 6개가 <로그 원: 스타워즈 스토리>와 함께 출시되었다. 피겨로 일대일 대결을 할 때 피겨의 등에 달린 버튼을 누르면 팔을 휘두르는 기능을 활성화할 수 있다.

스텔스 우주선

착륙 시 수직으로 세워 접을 수 있는 날개가 달린 오슨 크레닉 국장의 인상적인 임페리얼 셔틀은 높이가 30cm가 넘는다. 비행 시 이 우주선의 폭은 56cm에 달한다. 이 우주선에는 크레닉 국장이 앉을 여닫이식 조종석과 그의 데스 트루퍼 분대 미니피겨들을 태울 좌석이 있고, 모두 이 세트에서만 만날 수 있는 미니피겨다.

75155 반란군 U-윙 파이터™ (2016)

조종석

스프링 슈터 미사일

반란군 스파이 카시안 안도르

U자 모양의 날개

행성 표면에 부대를 배치할 때의 독특한 모양에 따라 이름이 붙인 U-윙은 먼 우주 공간 비행 시 날개를 완전히 다른 형태로 접을 수 있다. 659피스로 구성된 이 세트는 비행 모드를 순식간에 전환할 수 있는 튼튼한 경첩을 사용해 두 가지 비행 모드를 완벽하게 재현한다.

여닫이식 적재함

회전식 대포

75152 임페리얼 어설트 호버탱크™ (2016)

치루트 임웨

해변 전투

로그 원Rogue One 소형 세트 중 하나인 스카리프의 전투는 크기는 작아도 여전히 정교하고 흥미로운 요소로 가득하다. 이 세트에는 숨겨진 무기고, 폭발하는 바닥 패널, 잠금장치가 달린 벙커 도어, 데스 스타 비밀 설계도가 인쇄된 특별한 부품 등이 들어 있다.

75171 스카리프의 전투 (2016)

호버 탱크

임페리얼 어설트 호버 탱크는 숨겨진 투명 바퀴 4개가 굴러 마치 지표 위로 살짝 떠 있는 것처럼 보인다. 이 탱크는 스프링 슈터 미사일 한 쌍으로 무장했지만, 세트 안의 유일한 반란군 치루트 임웨는 탱크를 두려워하지 않는다.

한 솔로: 스타워즈 스토리

한 솔로의 스피더

2018년 개봉한 영화 <한 솔로: 스타워즈 스토리>는 은하계 최고의 악당이 어떻게 명성을 얻게 되는지에 관한 이야기를 다룬다. 엄청난 추격전을 벌이는 동안 흥분하지 않는 것이 중요하다. 한 솔로는 자신의 M-68 랜드스피더에 키라를 태우고 빙빙 돌면서도 냉정을 잃지 않는다.

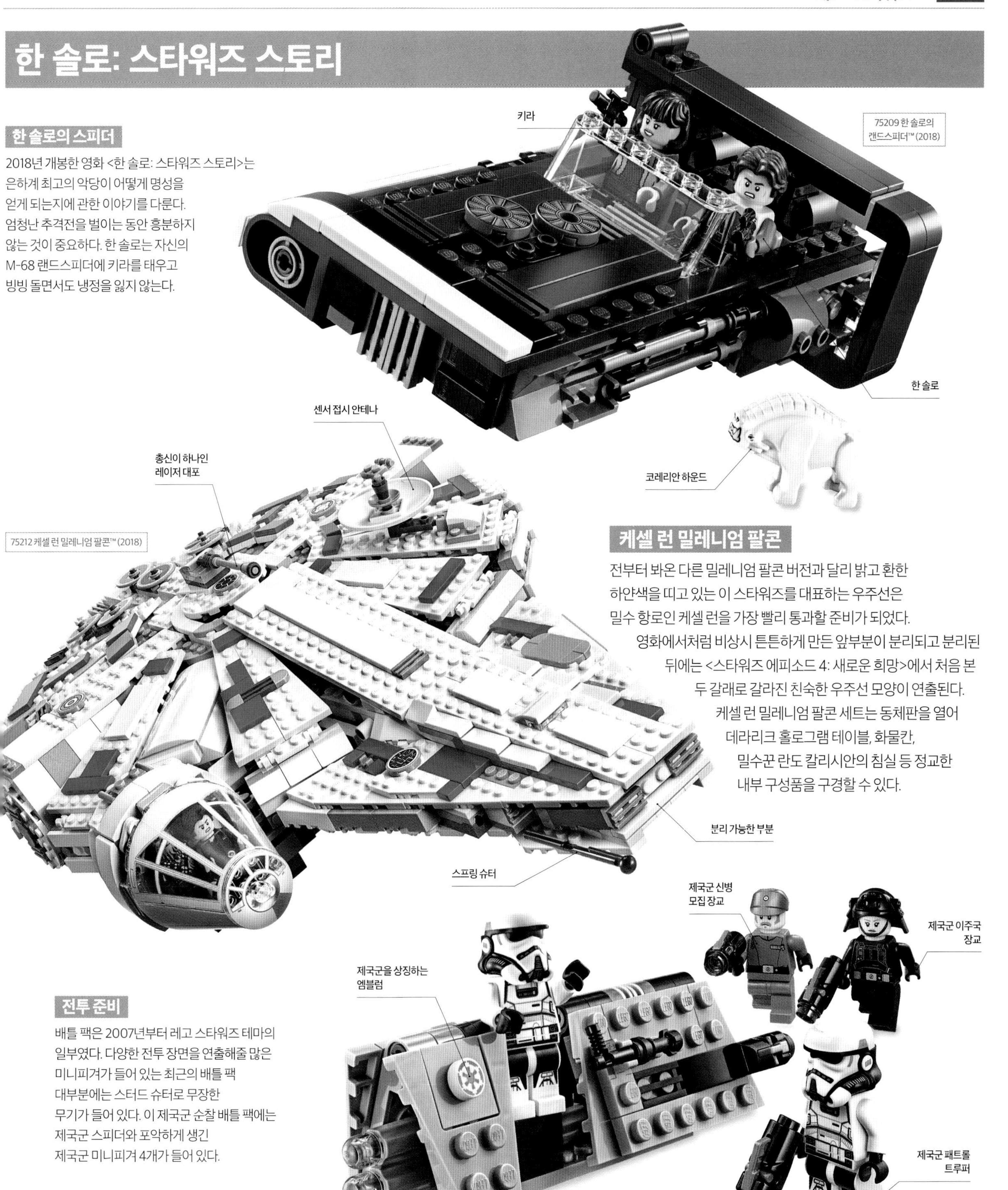

75209 한 솔로의 랜드스피더™ (2018)

75212 케셀 런 밀레니엄 팔콘™ (2018)

케셀 런 밀레니엄 팔콘

전부터 봐온 다른 밀레니엄 팔콘 버전과 달리 밝고 환한 하얀색을 띠고 있는 이 스타워즈를 대표하는 우주선은 밀수 항로인 케셀 런을 가장 빨리 통과할 준비가 되었다. 영화에서처럼 비상시 튼튼하게 만든 앞부분이 분리되고 분리된 뒤에는 <스타워즈 에피소드 4: 새로운 희망>에서 처음 본 두 갈래로 갈라진 친숙한 우주선 모양이 연출된다. 케셀 런 밀레니엄 팔콘 세트는 동체판을 열어 데라리크 홀로그램 테이블, 화물칸, 밀수꾼 란도 칼리시안의 침실 등 정교한 내부 구성품을 구경할 수 있다.

전투 준비

배틀 팩은 2007년부터 레고 스타워즈 테마의 일부였다. 다양한 전투 장면을 연출해줄 많은 미니피겨가 들어 있는 최근의 배틀 팩 대부분에는 스터드 슈터로 무장한 무기가 들어 있다. 이 제국군 순찰 배틀 팩에는 제국군 스피더와 포악하게 생긴 제국군 미니피겨 4개가 들어 있다.

75207 제국군 순찰 배틀 팩 (2018)

스타워즈: 에피소드 4 새로운 희망

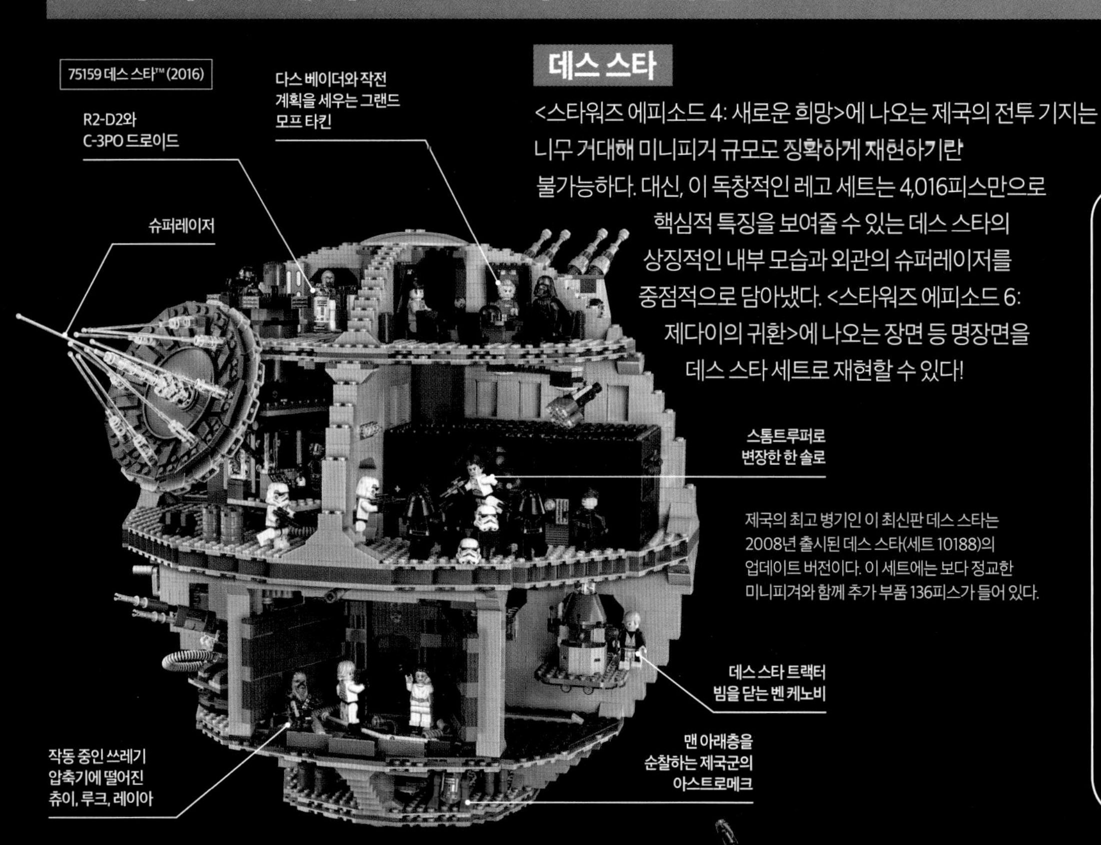

데스 스타

<스타워즈 에피소드 4: 새로운 희망>에 나오는 제국의 전투 기지는 너무 거대해 미니피거 규모로 정확하게 재현하기란 불가능하다. 대신, 이 독창적인 레고 세트는 4,016피스만으로 핵심적 특징을 보여줄 수 있는 데스 스타의 상징적인 내부 모습과 외관의 슈퍼레이저를 중점적으로 담아냈다. <스타워즈 에피소드 6: 제다이의 귀환>에 나오는 장면 등 명장면을 데스 스타 세트로 재현할 수 있다!

제국의 최고 병기인 이 최신판 데스 스타는 2008년 출시된 데스 스타(세트 10188)의 업데이트 버전이다. 이 세트에는 보다 정교한 미니피겨와 함께 추가 부품 136피스가 들어 있다.

7140 X-윙 파이터 (1999)

첫 X-윙 파이터

최초로 출시될 레고® 스타워즈™ 세트 중 하나였던 1999년의 X-윙 파이터 세트는 반란군을 대표하는 비행선의 모습을 266피스만으로 재현해냈다. 2013년에 출시된 1,559피스의 가장 크고 정교한 얼티밋 컬렉터 시리즈 버전을 포함한 더 많은 X-윙 파이터 세트들이 뒤따라 출시되었다.

타투인 행성 여행

<스타워즈 에피소드 4: 새로운 희망>의 대부분 장면은 타투인이라는 사막 행성이 배경이며, 모래로 뒤덮인 행성 속 장면을 바탕으로 한 레고 스타워즈 세트가 많다. 세 세트에서 모스 에이슬리 칸티나로 알려진 비열한 악당들의 소굴이 재현되었고, 여섯 세트에서 지역 소년인 루크 스카이워커의 랜드스피어가 미니어처 크기로 재현되었다.

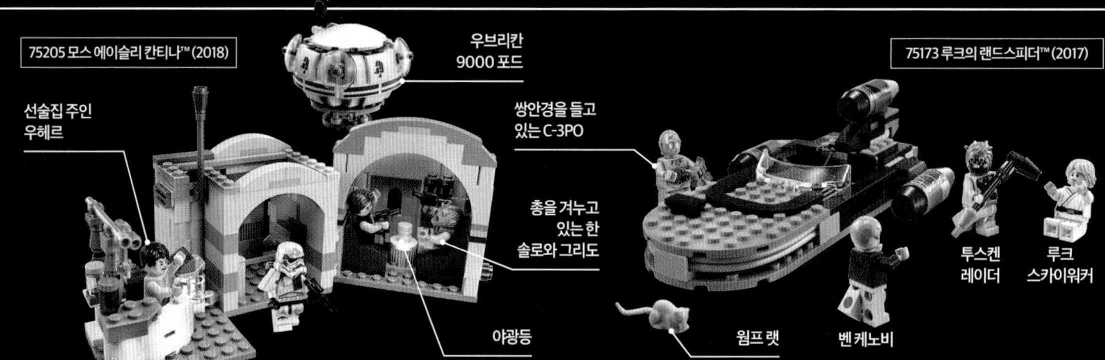

10030 임페리얼 스타 디스트로이어 (2002)

제국의 별 파괴자

<스타워즈 에피소드 4: 새로운 희망>의 잊을 수 없는 첫 장면을 만들어낸 다스 베이더의 임페리얼 스타 디스트로이어는 스타워즈 은하계에서 가장 큰 우주선 중 하나다. 레고 얼티밋 컬렉터 시리즈의 임페리얼 스타 디스트로이어는 길이만 1m가 넘어 웅장한 크기를 자랑한다. 이 임페리얼 스타 디스트로이어 세트는 3,000피스가 넘는 부품으로 구성된 최초의 레고 세트로 전시용 받침대와 축소 제작한 반군 블라케이드 러너 탄티브 IV 모델이 들어 있다.

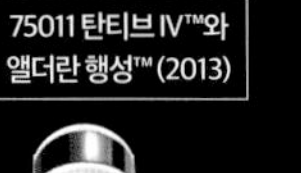

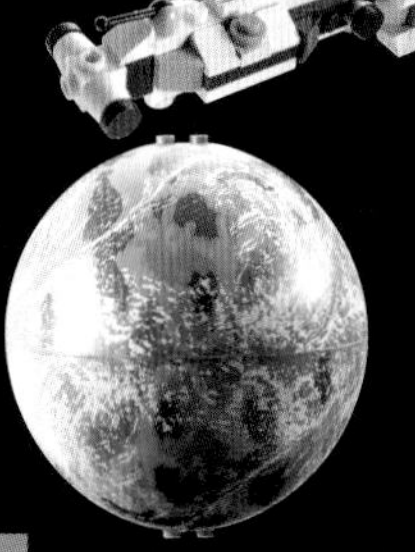

75011 탄티브 IV™와 앨더란 행성™ (2013)

반란군 트루퍼

스타워즈의 행성들

2012~2013년 12개의 행성 세트 시리즈가 특수 인쇄된 돔 부품을 사용해 스타워즈의 대표 행성을 선보였다. 각 세트에는 장식용 받침대와 미니피겨가 함께 들어 있다. <스타워즈 에피소드 4: 새로운 희망>에서 데스 스타가 파괴하는 평화로운 앨더란 행성 세트에는 레이아 공주의 우주선과 반란군 트루퍼 미니피겨가 들어 있다.

스타워즈: 에피소드 5 제국의 역습

사랑받는 슬레이브

현상금 사냥꾼 보바 펫이 몰고 다니는 개조형 파이어스프레이-31급 정찰 요격기는 팬들이 가장 좋아하는 모델 중 하나로 2000년 이후 출시된 미니피겨 스케일 버전만 5개가 있다. 최근에 나온 가장 큰 모델이 바로 2015년에 출시된 얼티밋 컬렉터 시리즈 세트인 슬레이브 1이다. 슬레이브 1에는 회전식 조종석, 쌍발식 슈터, 장식용 받침대, 이 세트에서만 볼 수 있는 보바 펫 미니피겨가 들어 있다.

한 솔로(또는 다른 불운한 미니피겨)가 '카보나이트에 동결된 한 솔로'라는 특별 부품 안에 갇힐 수 있다.

힘차게 걷는 파워 워커

2006년 팬 투표에서 가장 갖고 싶은 세트로 뽑힌 이 모터라이즈드 워킹 AT-AT(전천후 장갑 수송기All-Terrain Armored Transport)는 레고 파워 펑션 모터를 달고 있어 걷거나 머리를 움직일 수 있다. 스위치를 이용해 이 제국군의 워커를 앞뒤로 움직이게 할 수 있어 눈으로 뒤덮인 호스 행성에서 벌어지는 제국군의 공격을 실감 나게 재현한다.

스타워즈: 에피소드 6 제다이의 귀환

R2-XL

R2-D2가 들어 있는 대부분의 레고 스타워즈 세트의 작은 드로이드는 단 4피스만으로 만들 수 있지만, 얼티밋 컬렉터 시리즈 세트의 드로이드를 만들려면 2,127피스가 필요하다! 30cm가 넘는 아스트로메크는 회전톱, <스타워즈 에피소드 6: 제다이의 귀환>에서 살라시우스 B. 크럼브에게 충격을 주는 데 사용한 컴퓨터 인터페이스 암 등 여러 접이식 도구를 탑재하고 있다.

나무 위 마을

이웍의 나무 위 마을에는 그물망 함정, 투석기, 미끄럼틀을 포함한 인상적인 기능이 가득하다. 밧줄로 만든 다리와 다양하고 자연스러운 나무를 조립하는 데 기발한 조립 기술이 사용된다. C-3PO의 왕좌와 얼티밋 이웍 파티의 봉고 드럼으로 사용된 제국군의 헬멧 등 사실적인 디테일이 돋보인다.

이웍 빌리지 세트에는 이웍 5개, 스카우트 트루퍼 2개, 이 세트에서만 볼 수 있는 루크와 레이아 등 미니피겨 16개가 들어 있다.

스타워즈: 에피소드 7 깨어난 포스

환상의 초고속 우주선

얼티밋 컬렉터 시리즈의 오리지널 밀레니엄 팔콘(세트 10179)이 2007년 출시되고 10년이 지난 시점에서 새로 업그레이드된 모델이 세상에 등장했다. 부품 수를 기준으로 역대 최대 규모인 7,541피스로 구성된 새 밀레니엄 팔콘 세트는 팬들의 기대를 저버리지 않았다. 이 세트의 외부 선체는 2007년 오리지널 세트보다 상당히 정교한 데다 영화에 등장하는 팔콘의 모습을 훨씬 더 실감 나게 재현했다. 탈착식 선체 플레이트를 열면 중앙 선내와 탈출용 포드가 달린 엔지니어링 스테이션 등 흥미로운 내부가 드러난다. 제국의 역습과 깨어난 포스 에피소드에 등장하는 미니피겨 6개가 새 밀레니엄 팔콘과 동행한다.

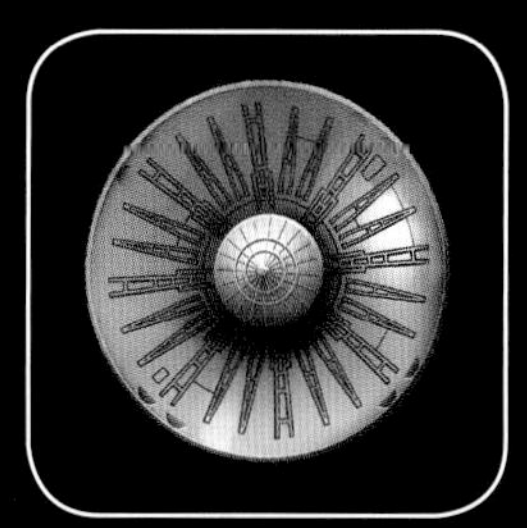

이 세트의 직사각형 센서 접시를 구버전의 원형 접시로 바꾸고 선체 앞면의 두 부분을 제거하면, 에피소드 5에 등장하는 상징적인 밀레니엄 팔콘과 비슷한 모습으로 연출할 수 있다.

75192 밀레니엄 팔콘™ (2017)

41485 핀 (2017)

브릭헤즈

브릭으로 조립한 땅딸막한 피겨 핀과 캡틴 파스마가 포함된 첫 레고 스타워즈 브릭헤즈가 2017년 출시되면서 수집가용 조립판에 새 브릭헤즈를 세워둘 수 있게 되었다. 퍼스트오더 육군 소속인 핀은 스톰트루퍼 갑옷 차림이며, 탈착식 블래스터 피스톨을 들고 있다. 몸통에는 유틸리티 벨트를 인쇄했다.

고속 정찰기

레이의 스피더 세트는 처음으로 출시된 <깨어난 포스> 제품군 중 하나로 스타워즈 사가의 영웅 레이를 소개한다. 이 세트에는 스터드 슈터 2개, 정찰용 장비, 암적색 선체 내부에 숨겨진 적재실 등이 들어 있다. 미니피겨 레이는 자쿠 행성의 거친 모래폭풍으로부터 얼굴을 보호하기 위해 두건과 고글 부품을 착용했다.

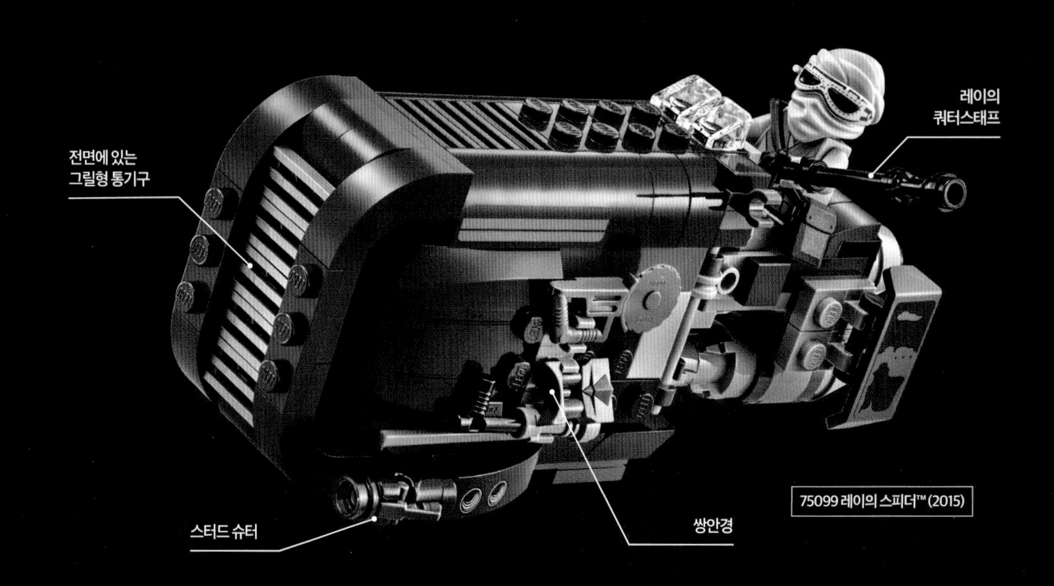

75099 레이의 스피더™ (2015)

스타워즈: 에피소드 8 라스트 제다이

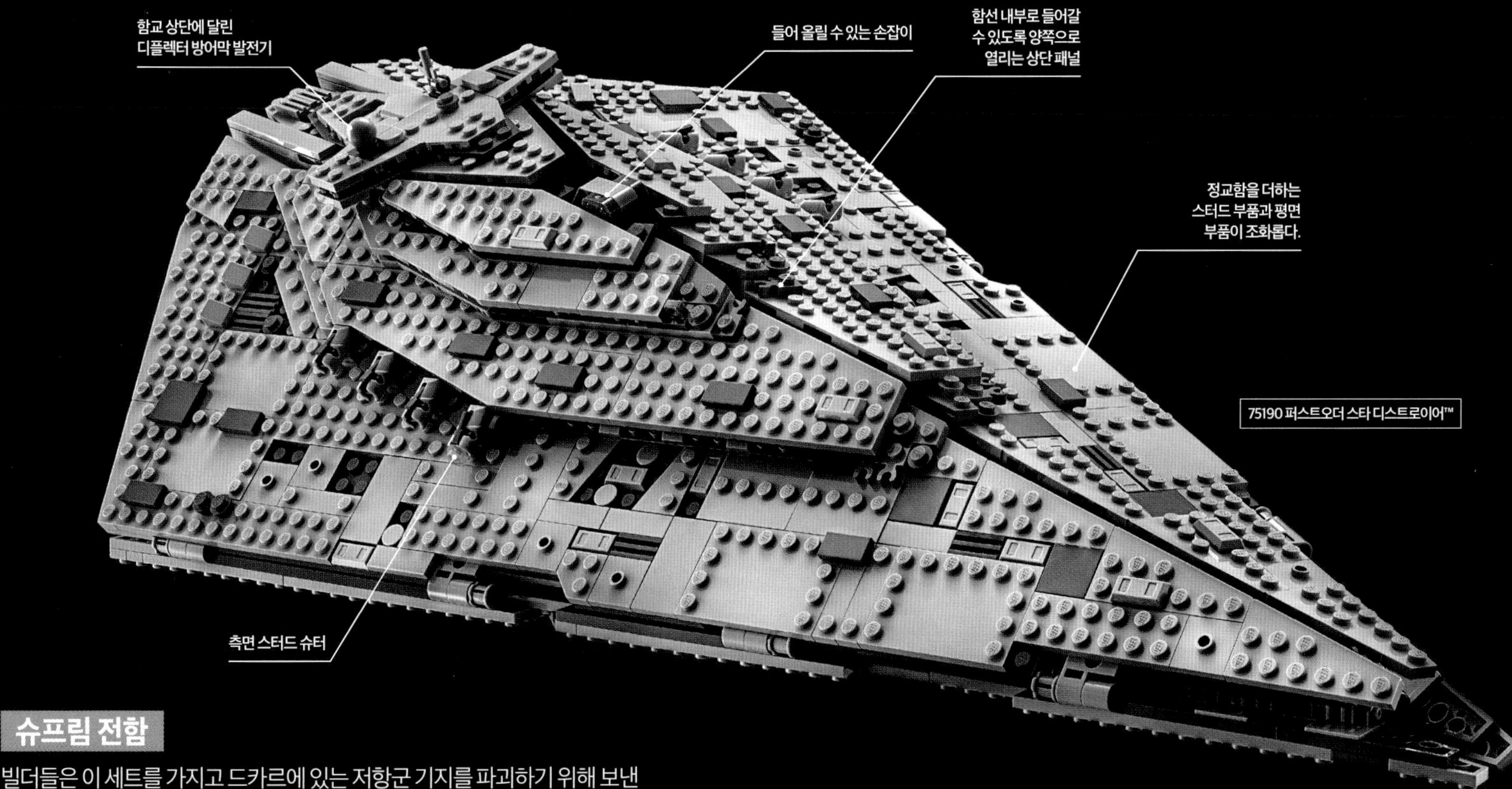

75190 퍼스트오더 스타 디스트로이어™

슈프림 전함

빌더들은 이 세트를 가지고 드카르에 있는 저항군 기지를 파괴하기 위해 보낸 리서전트급 퍼스트오더 스타 디스트로이어를 재현해낼 수 있다. 정교한 외부 선체는 겹겹이 쌓아 올린 플레이트와 디테일을 살려줄 초소형 부품으로 만들어진다. 함교와 상단 패널을 열어보면 오밀조밀한 함선 내부를 확인할 수 있다.
함교는 함선 전방에 있으며, 지휘자들이 앉을 수 있는 좌석 2개가 있다. 뒤쪽에는 스노크의 지휘 센터, 회의실, 통제실로 올라갈 수 있는 엘리베이터가 있다.
이 세트에는 최초의 스노크 미니피겨를 포함한 퍼스트오더 미니피겨 5개가 들어 있다.

75195 스키 스피더™ 대 퍼스트오더 워커™ 마이크로파이터 (2018)

마이크로 전쟁

2014년부터 팬들은 조종사 미니피겨와 일반 미니피겨 스케일보다 작은 차량이 들어 있는 마이크로파이터 제품군을 손에 넣을 수 있었다.
이 듀얼 팩 세트는 퍼스트오더 어썰트 워커에 활발한 공격을 가하기 시작한 저항군의 스키 스피더로 크레이트 전투 분위기를 연출한다.

75200 아치토섬 훈련 (2018)

포스 찾기

레이는 루크 스카이워커가 아치토섬에서 망명 생활을 하고 있다는 사실을 알아낸다.
이 세트는 루크의 오두막 생활을 완벽하게 담아냈다. 오두막 밖에는 작은 모닥불, 브릭으로 조립한 포그를 위한 작은 횃대, 레이를 위한 훈련장 등이 있다. 이 오두막에는 탈착식 지붕, 접이식 침대, 숨겨진 공간, 작은 주방이 있다. 레고 테크닉 레버를 누르면 벽면 일부가 떨어져 나간다.

스타워즈: 클론 전쟁

75022 만달로리안 스피더™ (2013)

의족을 단 다스 몰

스타워즈 팬들은 <보이지 않는 위험>에서 다스 몰의 마지막 모습을 봤다고 믿었지만, 그는 <스타워즈: 클론 전쟁>에서 의족을 단 강력한 모습으로 다시 등장한다. 다시 몰이 만달로리안 슈퍼 특공대원 둘을 이끌고 전투에 참여한다.

트와일라잇

아나킨의 클론 전쟁 우주선은 접이식 날개, 랜딩 기어, 탈착식 비상 탈출 포드, 실제로 작동하는 윈치가 달린 화물칸 해치 등을 갖췄다. 트와일라잇 세트에는 아나킨, R2-D2, 새로운 캐릭터인 아나킨의 제다이 훈련생 아소카와 자바 더 헛의 악취를 풍기는 자식 로타가 들어 있다.

7680 트와일라잇 (2008)

2008~2014년 출시된 <클론 전쟁> 하위 테마의 미니피겨는 애니메이션 TV 시리즈에 등장하는 캐릭터와 얼굴이 똑같다.

클론 캐리어

<클론 전쟁> 하위 테마 중 가장 큰 세트인 공화국 드롭쉽과 AT-OT 워커는 2009년 레고 스토어와 LEGO.com에서만 구입이 가능했다. 46cm 크기의 드롭쉽은 다리가 8개 달린 워커를 자동으로 고정시켜 전장으로 수송한 뒤 버튼을 눌러 전투에 투입한다. 드롭쉽 상단에 달린 접이식 손잡이로 완성된 세트를 손쉽게 이동시켜 날아다니게 할 수 있다.

10195 공화국 드롭쉽과 AT-OT 워커 (2009)

레전드

일부 레고 스타워즈 세트는 공식적인 스타워즈 이야기의 연속성에서 벗어난 비디오게임이나 다른 매체를 기반으로 한다. 그와 같은 모델 중 하나가 2004년에 출시된 스타워즈: 배틀프론트 비디오게임을 기반으로 설계한 리퍼블릭 파이터 탱크다. 2008년 처음 레고 세트로 출시되어 2017년에 업데이트되었다.

7679 리퍼블릭 파이터 탱크 (2008)

스타워즈 반란군

유령 같은 우주선

반란군의 전투기인 고스트는 2014년 애니메이션 TV 시리즈 <스타워즈 반란군>의 방영과 동시에 레고 세트로 출시되었다. 929피스로 만든 이 스텔스 우주선은 회전 포탑, 스프링 슈터 2개, 탈착식 탈출용 포드 2개, 귀중한 제다이 홀로크론을 숨겨놓은 비밀 공간을 갖췄다.

고스트 우주선 뒤쪽에 있는 도킹 베이는 우주 왕복선 팬텀(세트 75048)과 원활하게 결합할 수 있게 해준다.

위협적인 존재, 팬텀

<스타워즈 반란군> 시즌 3에서 스타워즈 영웅들은 새로운 우주 왕복선 팬텀을 얻게 되었고, 제국의 전략가 스론 대제독이라는 엄청난 적과 맞닥뜨렸다. 2017년에 출시된 이 팬텀은 첫 번째 레고 팬텀보다 크지만, 여전히 오리지널 고스트 세트와 도킹할 수 있다.

레고 스타워즈: 프리메이커의 모험

브릭으로 만든 은하계

공식적인 스타워즈 이야기의 연속성을 벗어나 브릭으로 만든 행성을 배경으로 제작한 애니메이션 TV 시리즈 <프리메이커의 모험>은 멀고 먼 은하계에 레고 우주선을 보낼 수 있는 자유를 얻게 된다. <프리메이커의 모험>에서는 로완 프리메이커와 그의 가족에 대한 이야기를 다루며, 완전히 새로운 디자인의 여러 우주선을 소개한다. 그중 가장 규모가 큰 우주선은 775피스로 구성된 애로우헤드 함선이다.

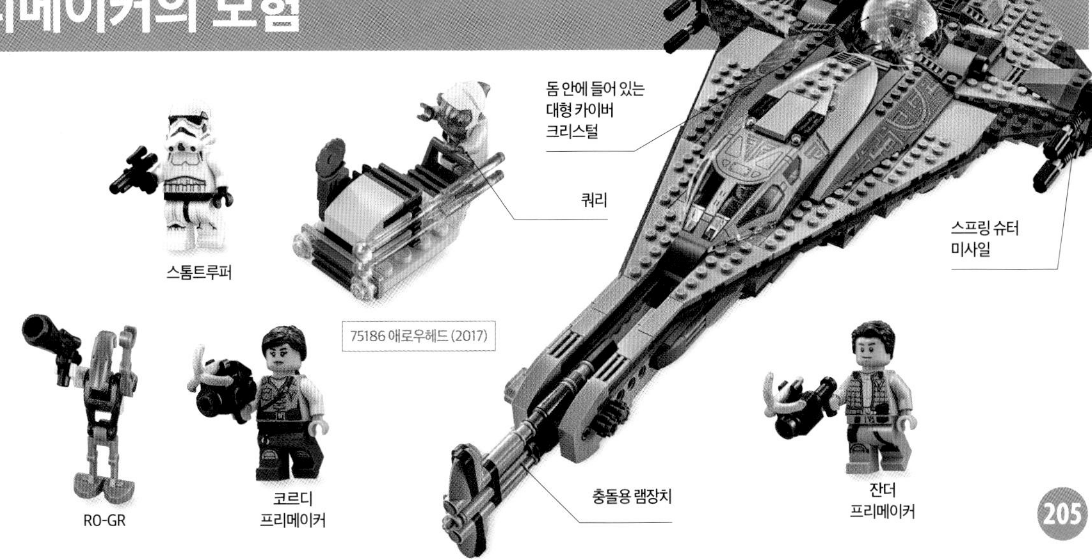

레고® 인디아나 존스™

인디아나 존스(2008)

2008년, 레고® 인디아나 존스™라는 새로운 모험이 시작되었다! 오랫동안 기다려온 네 번째 영화가 개봉하면서 채찍을 휘두르고 세계를 누비는 고고학자 영웅이 마침내 미니피겨로 세상에 나왔다.

조종사 조크와 그가 기르는 뱀은 원래 계획에 없던 등장인물이지만, 레고 디자이너들과 인디아나 존스 영화 제작사인 루카스필름은 그가 완벽한 장면을 연출하는 데 없어서는 안 될 인물이라는 데 동의했다.

해골 조각품

르네 벨록

유연한 플라스틱 파이프는 영화에서처럼 거대한 바위가 인디아나 존스 뒤에서 굴러떨어지도록 한다.

굴러가는 바위

수상 비행기

해골

황금 여신상

7623 사원 탈출(2008)

부비트랩으로는 무너져 내리는 벽, 날아오는 창, 스쳐 지나가는 칼, 굴러떨어지는 바위, 구덩이, 거미줄 등이 있다.

사티포

아주 신나는 탈출 놀이

영화 인디아나 존스 1편인 <레이더스: 잃어버린 성궤를 찾아서> 첫 장면을 그대로 재현한 사원 탈출 세트는 길이가 53cm다. 빌더들은 유명한 모험가가 처음 등장한 이 세트를 조립하고, 세트에 들어 있는 치명적인 함정을 가지고 놀고, 대담한 탈출을 시도하면서 즐길 수 있다. 배우 해리슨 포드(인디아나 존스)와 알프레드 몰리나(인디아나 존스의 가이드 사티포) 모두 이 세트를 통해 두 번째 미니피겨를 얻게 되었다. 거꾸로 뒤집힌 아기 공룡 엘리먼트가 사원 입구를 장식하는 데 사용된다.

페루 차차포야 부족의 다산과 풍요를 기원하는 황금 여신상은 다른 레고 세트에서는 찾아볼 수 없는 부품이다.

소련군 차량

오벨리스크 타워

7627 크리스탈 해골의 성전(2008)

인디아나 존스™

머트 윌리엄스

이리나 스팔코

소련군

우그하 전사™

아카토의 신전

<인디아나 존스: 크리스탈 해골의 왕국>에 등장하는 위험천만한 아카토의 신전에는 영화의 흥미진진한 결말을 재현할 수 있는 크리스털 해골이 빙글빙글 선회하는 회전장치 등이 들어 있다.

7683 '비행날개' 위의 결투 (2009)

전익기

독일군이 성궤를 가지고 이집트를 떠나려고 하자 인디아나 존스와 마리온은 독일군의 실험적 비행기가 이륙하지 못하게 한다. 레고 버전의 독일군 전익기는 폭 58cm의 날개, 회전식 프로펠러, 여닫이식 조종석, 숨겨진 화물칸을 갖췄다.

헨리 존스와 인디아나 존스

인디아나 존스 테마가 등장한 첫해에 영화 인디아나 존스 3편 <인디아나 존스와 최후의 성전>을 주제로 출시된 레고 세트는 이 소형 세트 하나뿐이었다. 이 세트에는 독일 검문소, 오토바이 2대, 인디의 아버지 헨리 존스 교수의 첫 미니피겨가 들어 있다.

7620 인디아나 존스™ 오토바이 추적 (2008)

성궤 찾기

"하필이면 왜 뱀이야?" 영혼의 우물에 갇힌 인디와 마리온은 우물에서 빠져나올 방법을 찾아 성궤를 되찾아야 한다. 다행히 벽을 부수고 도망치기 위해 넘어뜨릴 수 있는 조각상이 있다!

자세히 살펴보면, 스타워즈 캐릭터 일부가 벽화에 숨어 있음을 알 수 있다(영화에서도 찾아볼 수 있다).

7621 인디아나 존스™와 옛 무덤 (2008)

십계명 석판이 들어 있는 성궤

광산 카트 추격전

레고 인디아나 존스 테마 출시 첫해에는 인디아나 존스 2편 <인디아나 존스와 미궁의 사원>을 주제로 출시된 모델이 없었다. 다행히 2009년에는 인디아나 존스 2편의 신나는 롤러코스터 광산 카트 추격전을 재현해줄 신형 레고 트랙 엘리먼트가 들어 있는 세트로 빈자리를 채울 수 있었다.

인디아나 존스™

윌리 스콧

쇼트 라운드

몰라 람

7199 템플 오브 둠™ (2009)

디즈니 액션

레고 그룹이 디즈니와 제휴해 선보인 첫 라이선스 제품으로는 1950년대에 출시된 공기 주입식 물놀이 튜브와 나무 장난감 등이 있다. 이후 레고 그룹과 월트 디즈니 컴퍼니는 디즈니를 대표하는 캐릭터와 모험을 바탕으로 한 레고 세트를 출시해왔다. 캐리비안의 폭풍이 몰아치는 바다에서부터 고대 페르시아에 이르기까지 신나는 액션이 가득한 세트에 흥미진진한 영화 속 장면을 그대로 담아냈다.

다양한 복장의 잭 선장 미니피겨들이 만들어졌다. 이 미니피겨는 식인종 왕의 얼굴이 그려진, 양면으로 사용 가능한 머리가 달려 있다.

4182 카니발 탈출 (2011)

해적의 삶

물레방아 바퀴, 그물망, 회전하는 동굴 벽, 쓰러지는 등대 같은 액션으로 가득한 레고 캐리비안의 해적 테마는 영화 속 스릴과 재미를 담은 레고 모델을 선보였다. 캐리비안의 해적 테마에는 잭 스패로우 선장의 모자와 머리카락부터 나침반까지 프린트를 인쇄하거나 색을 입힌 엘리먼트들이 가득 담겨 있다.

해적, 좀비 해적, 돌연변이 해양 생물 해적 등 다채로운 해적 캐릭터가 등장한다.

4183 물레방아 세트의 하드라스 (2011)

블랙비어드의 해적 깃발

큰 돛대

이영차, 이영차!

레고® 테마에서 디즈니, 액션, 해적의 조합보다 더 고전적인 조합이 있을까? 2010년 샌디에이고 코믹콘에서 열린 페르시아의 왕자 전시장에 숨어 있던 잭 스패로우 미니피겨로 처음 관심을 끈 레고® 캐리비안의 해적™ 제품군이 네 번째 블록버스터 시리즈의 개봉에 맞춰 세상에 등장했다. 비디오게임과 잭 선장의 장황한 이야기를 자세히 다룬 애니메이션 시리즈도 함께 출시되었다.

분리 가능한 선장실

4195 앤 여왕의 복수™ (2011)

무시무시한 진홍색 돛

악명 높은 해적

앤 여왕의 복수™는 악명 높은 해적 블랙비어드의 해적선이다. 물론 실존 인물인 블랙비어드가 실제로 해적을 좀비로 바꾸거나 그의 해적선을 마법의 검으로 조종하지는 못했을 것이다.

선박 장식에 사용된 해골

이 해적선에는 브릭을 발사하는 대포 3대, 실제로 작동하는 닻, 블랙비어드™, 블랙비어드의 딸 안젤리카(잭에게 불만을 품고 있다), 잭 스패로우의 작은 부두 인형을 포함한 미니피겨 7개가 들어 있다!

발사 가능한 대포

검은색으로 물든 해적선

잭 스패로우 선장이 총애하는 해적선으로 오랫동안 기다려온 블랙 펄이 2011년에 출시되었다. 이 악명 높은 해적선은 804피스로 조립할 수 있다.

4184 블랙 펄 (2011)

블랙 펄 세트에는 잭 스패로우, 윌 터너, 조샤미 깁스가 들어 있다. 이 세트에만 들어 있는 피겨로는 데비 존스, 부스트랩 빌, 상어 머리의 마커스, 뱃머리에 달린 검은색 선수상 등이 있다.

해적 선장 잭의 귀환

2011년 테마에는 첫 3편의 영화 <캐리비안의 해적>을 바탕으로 한 세트와 2011년 개봉한 <캐리비안의 해적: 낯선 조류>와 함께 출시된 세트 5개가 포함되었다. 그중 한 세트는 해적 선장 잭이 조지 왕의 군사를 피해 런던 거리에서 추격전을 벌이는 장면을 담아냈다. 잭 선장은 2017년 <캐리비안의 해적: 죽은 자는 말이 없다>의 개봉과 함께 출시된 유령선 사일런트 메리의 레고 복제판에서 다시 모습을 드러냈다.

이 세트에는 말이 끄는 마차와 함께 '불'을 붙일 수 있는 석탄 마차, '해적의 딸'이라는 간판이 달린 해적 선술집이 들어 있다.

4193 런던 탈출 (2011)

최후의 결투

2011년 출시된 청춘의 샘 모델은 블랙비어드와, 잭의 적과 친구 사이를 오가는 선장 바보사의 절정에 다다른 결투를 재현할 수 있게 해준다. 이 세트에서 선장 바보사는 새 의족을 달고 등장한다.

4192 청춘의 샘 (2011)

재미있는 부품 중 하나는 청춘의 샘을 가려주는 거꾸로 흐르는 폭포다. 커튼처럼 생긴 플라스틱 재질의 전에 폭포 그림을 인쇄했다.

레고® 페르시아의 왕자™

제휴를 맺고 제작한 첫 번째 액션 테마는 2010년 영화 <페르시아의 왕자: 시간의 모래>를 주제로 했다. 베스트셀러 비디오게임 시리즈를 바탕으로 제작된 이 영화는 페르시아의 왕자 다스탄이 시간을 되돌리는 모래의 힘을 이용하려는 음모 세력으로부터 제국을 지킨다는 이야기를 담고 있다.

다스탄은 속임수에 빠져 신성한 도시 알라뭇을 공격한다. 결투 중에 그는 신비의 검을 손에 넣게 된다.

7571 단검 전투 (2010)

타조 경주

영화 속 장면을 토대로 만든 세트. 다스탄은 혼란스럽고 빠르게 진행되는 타조 경주에 참여하게 된다. 이 세트에는 교활한 셰익 아마르, 관중석, 무기 받침대 등이 들어 있다.

7570 타조 경주 (2010)

7572 최후의 시간결투 (2010)

꾸물거릴 시간이 없다

다스탄은 알라뭇 아래에 있는 지하 묘지에서 시간의 모래시계를 손에 넣기 위해 위험천만한 삼촌 니잠이 오기 전에 서둘러 덫을 설치해야 한다.

알라뭇 시티

페르시아의 왕자 테마 중 가장 큰 세트인 알라뭇 성은 영화 속 주요 결투 장면의 배경이 된 벽으로 둘러싸인 도시와 알라뭇 궁전을 담아냈다. 성문은 투석기와 들끓는 기름통으로 방어한다. 벽에 달린 스터드는 다스탄이 수직면을 달리고 뛰어오를 수 있게 해 파쿠르에 기반한 그의 독특한 전투 스타일을 재현하는 데 도움을 준다.

7573 알라뭇 성 (2010)

버즈 라이트이어 미니피겨에 맞게 제작한 조종석

디즈니·픽사

월트 디즈니 컴퍼니는 전통적으로 모든 연령대를 대상으로 한 애니메이션 영화와 가속 어드벤처 영화를 제작하는 것으로 유명하다. 컴퓨터 애니메이션 스튜디오인 픽사와 제휴를 맺어 역대 가장 인기 있고 성공적인 애니메이션 영화를 제작했다. 영화 <토이 스토리>와 <카>의 명장면과 등장인물은 레고®만의 방식으로 사랑스럽게 재현되었다.

7593 버즈의 스타 우주 지휘선 (2010)

화면 밖에서의 모험

모든 토이 스토리 세트가 영화 속 내용을 그대로 담은 것은 아니다. 버즈의 우주선은 '실제' 버즈 라이트이어와 스페이스 레인저의 우주 모험에 바탕을 두고 있다. 우디의 웨스턴 타운은 제시, 불스아이, 광부 인형 스팅키 피트가 공동 출연하는 우디의 라운드업 TV 시리즈의 가상 세계를 보여준다.

토이 스토리

영화 <토이 스토리> 세상에서는 장난감이 몰래 살아 움직이고, 인간들이 방에서 나가면 그들만의 모험이 시작된다. 우디, 버즈, 다른 많은 친구들(또는 악당들)이 2010년 초 영화 <토이 스토리> 1편과 2편을 바탕으로 제작한 레고 세트에 출연했다.

금광

7594 우디의 즐거운 목장 (2010)

스팅키 피트

팔다리가 긴 제시와 우디

피자 플래닛

피자 플래닛 레스토랑 체인점의 배달 트럭은 거의 모든 픽사 영화에 카메오로 등장한다. 레고의 피자 플래닛 트럭 구출 세트는 장난감 영웅들이 인간이 타는 자동차를 몰고 가는 <토이 스토리 2>의 한 장면을 코믹한 모습으로 재현한다.

7598 피자 플래닛 트럭 구출 (2010)

조립식 액션 피겨

좀 더 큰 장난감을 갖고 놀기를 원하는 아이들을 위한, 조립이 가능한 액션 피겨로는 버즈 라이트이어와 그의 최대 숙적인 사악한 저그 황제가 있다. 두 제품 모두 초록 외계인 조수가 딸려 있다.

7592 버즈 만들기 (2010)

버즈는 움직이는 날개, 접이식 바이저, 레이저처럼 보이는 플릭 미사일을 가지고 있다.

7591 저그 만들기 (2010)

특별판으로 출시된 23cm 높이의 저그는 돌아가는 허리와 구체를 발사하는 대포를 가지고 있다.

7595 장난감 군대 (2010)

장난감 군대

아미맨이라는 군인 장난감을 본떠 만든 이 미니피겨들은 아미맨 군인보다 더 자유롭게 자세를 취할 수 있다. 위생병 1명, 소해정 1척, 소총수 2명, 지프차 1대로 구성된 이 세트는 빌더들이 자기만의 장난감 군대를 만들 수 있는 실속 있는 제품이다.

사악한 곰 인형

<토이 스토리 3>를 바탕으로 한 제품군은 2010년 여름에 출시되었다. 악당 랏소의 정체가 드러나지 않도록 그의 공식 소개에는 버즈와 우디의 친구인 것처럼 적어놓았다.

7789 랏소의 덤프 트럭 (2010)

열차 추격전

<토이 스토리 3>의 시작 장면을 584피스로 재현해낸 이 세트는 증기기관차를 조립할 수 있게 해준다. 이 세트에는 사악한 꿀꿀이 박사 행세를 하는 돼지 저금통 햄이 들어 있다. 햄의 모자와 코르크 마개는 탈착이 가능하다.

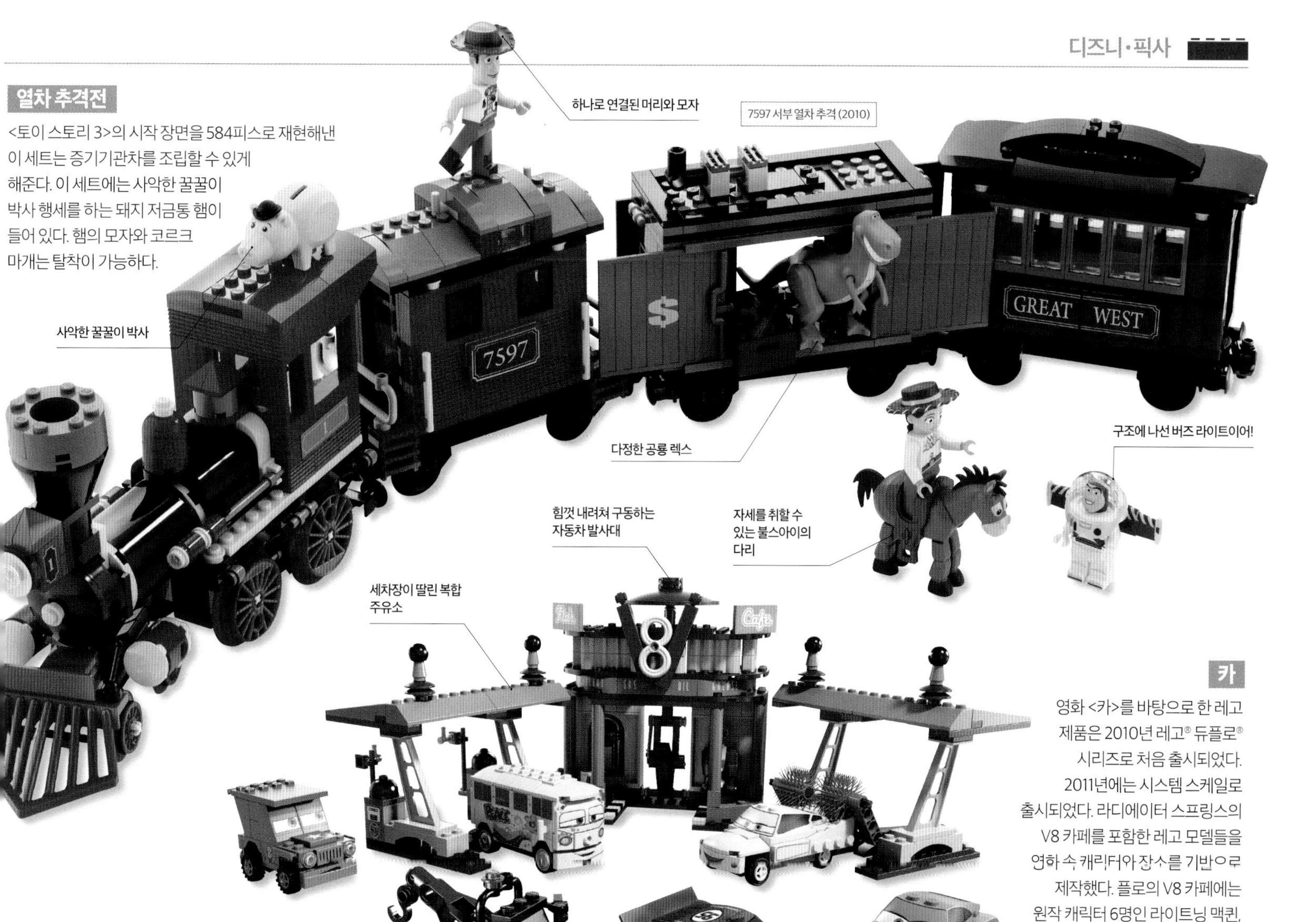

하나로 연결된 머리와 모자

7597 서부 열차 추격 (2010)

사악한 꿀꿀이 박사

다정한 공룡 렉스

구조에 나선 버즈 라이트이어!

힘껏 내려쳐 구동하는 자동차 발사대

자세를 취할 수 있는 불스아이의 다리

세차장이 딸린 복합 주유소

카

영화 <카>를 바탕으로 한 레고 제품은 2010년 레고® 듀플로® 시리즈로 처음 출시되었다. 2011년에는 시스템 스케일로 출시되었다. 라디에이터 스프링스의 V8 카페를 포함한 레고 모델들을 영화 속 캐릭터와 장소를 기반으로 제작했다. 플로의 V8 카페에는 원작 캐릭터 6명인 라이트닝 맥퀸, 메이터, 상사, 필모어, 샐리, 카페 주인 플로가 들어 있다.

8487 플로의 V8 카페 (2011)

스파이 게임

<카 2>에서 견인차 메이터는 악당들의 음모를 파헤치다 첩보전에 휘말려 스파이가 된다. 이 레고 테마는 날 수 있는 자동차 발사대가 설치된 빅 벤틀리 시계탑이 있는 일본과 영국을 배경으로 한 모델을 통해 영화의 이국적인 분위기를 그대로 담아냈다.

8639 빅 벤틀리 탈출 (2011)

멋진 자동차들

속편의 인물들이 사용한 최첨단 기어와 장치를 반영하기 위해 첩보원 메이터의 제트 추진기부터 슈퍼 스파이 핀 맥미사일의 프로펠러식 잠수함 모드까지 다양한 장비가 들어 있다. 또 다른 세트에서는 맥미사일을 일반 자동차, 수중익선 자동차, 비행 자동차, 무기로 무장한 자동차, 경찰로 변장한 경찰차 등으로 바꿔 조립할 수도 있다.

8426 바다 탈출 (2011)

대형 바퀴

242피스의 얼티밋 빌드 라이트닝 맥퀸 세트는 영화 속에서 주연을 맡은 경주 자동차에 황금색 휠 허브를 장착하고 월드 그랑프리 장식을 붙여주었다. F-1 경주차인 프란체스코도 얼티밋 빌드 스케일로 제작되었다. 라이트닝과 프란체스코에는 정비를 담당하는 피트 크루인 지게차가 딸려 있고, 메이터는 탈착식 스파이 기어가 있다.

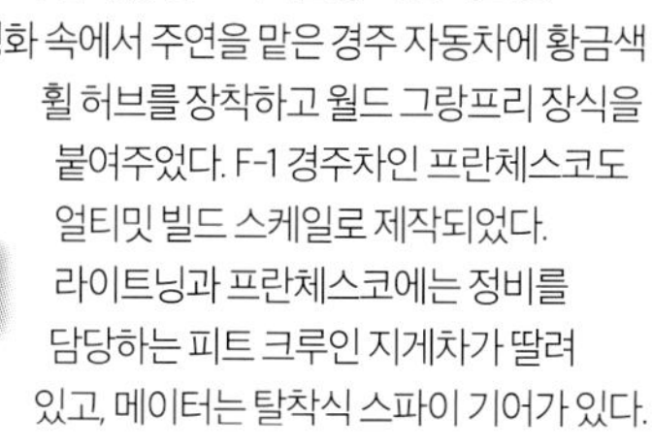

8484 라이트닝 맥퀸 (2011)

레고® 디즈니 프린세스™

2014년 이 즐거운 판타지 테마가 출시되자 디즈니 프린세스 팬들은 마침내 가장 좋아하는 동화를 레고 장난감으로 즐길 수 있게 되었다. 디즈니를 대표하는 공주들은 레고® 프렌즈 세트의 주인공처럼 각각 미니돌로 재탄생했다. 빌더들은 신데렐라, 인어공주, 라푼젤, 잠자는 숲속의 미녀, 미녀와 야수, 뮬란 등 자신이 가장 좋아하는 디즈니 애니메이션 영화 속 배경과 명장면을 레고 세트로 조립할 수 있다.

어느 방에든 설치가 가능한 '빌드 앤 스왑' 모듈러 탑

성을 예쁘게 장식할 수 있는 스티커

유리 구두 부품

41154 신데렐라의 드림 캐슬 (2018)

황홀한 드림 캐슬

말 점프대

신데렐라와 차밍 왕자는 모델을 쉽게 조립하고 바꿀 수 있는 이 모듈러 캐슬 세트에서 오래오래 행복하게 살 수 있다. 그 둘의 호화로운 성에는 크고 화려한 식당, 침실, 드레스 룸, 주방, 회전식 무도장이 딸린 발코니, 회전식 벽난로, 사랑스러운 쥐 두 마리가 들어 있다. 누구나 다 아는 동화 속 명장면을 재현할 수 있게 해줄 특별한 유리 구두 부품도 함께 들어 있다.

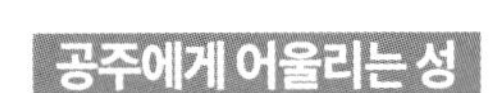

공주에게 어울리는 성

1959년에 각색한 디즈니의 <잠자는 숲속의 미녀>를 바탕으로 한 이 세트는 빌더들이 오로라공주가 마법에 걸린 물레 바늘에 손가락이 찔려 깊은 잠에 빠지는 명장면을 연출할 수 있게 해준다. 이 세트에는 사악한 요정 말레피센트, 착한 요정 메리웨더, 토끼, 오로라공주 침대 아래 숨겨진 비밀 이야기책 등이 들어 있다.

훈련하는 날

2018년 출시된 이 세트에 처음으로 뮬란이 등장한다. 이 세트에는 뮬란 가문의 사당, 뮬란의 애마 칸, 훈련용 마네킹, 투석기, 꽃나무가 들어 있다. 빌더들은 뮬란에게 검술 훈련을 시킨 다음 전통차 의식을 거행하는 장면을 연출할 수 있다.

뮬란의 부채

투석기

훈련용 마네킹

41151 뮬란의 하루 (2018)

말레피센트의 은신처

정교하게 인쇄된 장미와 가시

41152 잠자는 숲속의 공주 오로라의 캐슬 (2018)

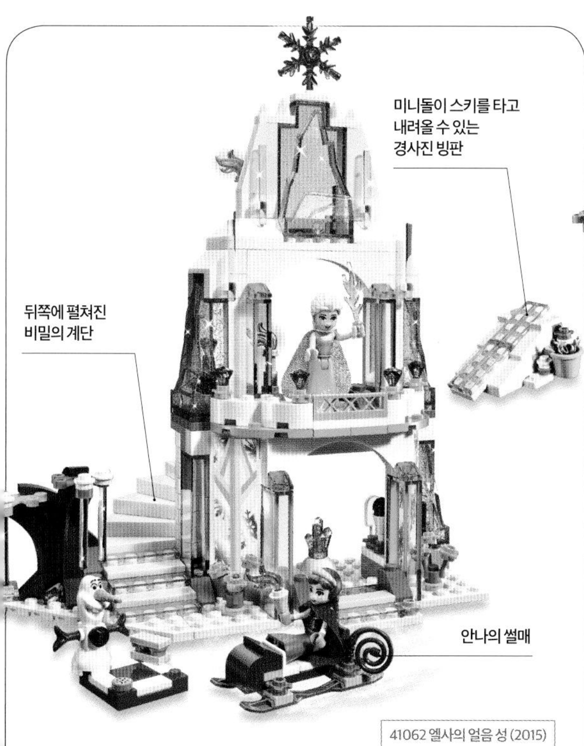

41062 엘사의 얼음 성 (2015)

디즈니® 겨울 왕국

2015년 아렌델의 겨울 왕국이 디즈니® 겨울 왕국이라는 새 디즈니 하위 테마의 레고 브릭으로 등장했다. 아렌델의 여왕 엘사의 첫 얼음 성은 비밀의 계단, 아이스크림 바, 안나 공주 미니돌, 엘사 여왕 미니돌, 눈사람 올라프 등 재미있는 요소로 가득하다.

41065 라푼젤 최고의 날 (2016)

그네 타기

라푼젤은 2015년 출시된 이 세트 안에서 그녀의 애마 막시무스와 마음껏 뛰어놀 수 있다. 빌더들은 라푼젤의 2층짜리 탑과 그네 세트를 조립한 후 주방에서 음식을 만들고, 나무에서 사과를 따고, 개울에서 물을 길어올 수 있다.

바닷속 세상

2017년 출시된 이 세트는 빌더들이 <인어공주>의 마법과 같은 순간을 다시 체험할 수 있게 해준다. 빌더들은 아리엘의 비밀 동굴을 탐험하고, 꼬마 물고기 플라운더와 놀고, 작은 동굴에 있는 바다의 마녀 우르슬라와 거래를 할 수도 있다. 이 세트에는 아리엘을 인간으로 변신시킬 수 있는 회전 스탠드도 들어 있다.

41145 아리엘과 마법 주문 (2017)

당신을 초대합니다

이 세트는 <미녀와 야수> 주인공들이 등장하는 최초의 레고 세트다. 야수와 벨이 살고 있는 마법에 걸린 성은 탁상시계 콕스워스, 촛대 루미에, 주전자 미세스 팟, 미세스 팟의 아들이자 찻잔인 칩이 살고 있는 집이기도 하다. 이 세트에는 마법의 장미, 스테인드글라스 창문, 회전하는 왕자의 초상화가 들어 있다.

41067 미녀와 야수 벨의 마법 궁전 (2016)

배트맨(2008)

레고® 배트맨™

2006년 레고® 세계에 다크 나이트™가 등장했다. 레고® 배트맨™은 범죄와의 전쟁을 하는 데 없어서는 안 될 다양한 탈것과 장치를 모두 가져왔다. 배트맨의 강력한 적들도 레고 세트 13개, 비디오게임, 심지어 컴퓨터 애니메이션 TV 미니 영화에까지 배트맨과 함께 출연했다.

배트모빌™

실물을 보는 것처럼 세련되고 정교한 버전의 배트모빌은 배트맨을 상징하는 대표적 차량 중 하나다. 1,045피스로 조립한 이 차량은 길이는 45cm에 폭은 15cm다. 검은색 부품에 다른 검은색 부품을 계속 쌓아가며 조립해야 하는 디자인이라 조립을 하면서 부품을 제대로 확인하기 어려울 수도 있다.

비스듬한 박쥐 날개 모양의 안정판

여닫이식 조종석

자동차 핸들을 돌리면 전면의 배트쉴드가 위로 올라가 더 빠른 속도를 내는 데 필요한 흡입구가 모습을 드러낸다.

적을 들이받을 수 있는 배트쉴드

배트 문양이 새겨진 황금색 휠 캡

제트 기술로 만든 배트모빌의 불타는 터빈은 차가 앞으로 달리면 불꽃이 회전한다.

헤드라이트

낮은 차대

7784 배트모빌™: 얼티메이트 컬렉션 에디션(2006)

아캄 어사일럼™

이 특별판 세트에는 배트맨의 가장 흉악한 숙적 3명과 그들이 탈옥하기 전까지 갇혀 있게 될 경비가 삼엄한 수용소가 들어 있다. 다행히 다크 나이트 곁에는 로빈으로 활동하다 이제는 나이트윙으로 활동하는 조력자가 있다.

7785 아캄 어사일럼™(2006)

섬뜩한 허수아비 얼굴의 스케어크로의 머리는 어둠 속에서 실제로 빛을 내는 특수 플라스틱으로 만들었다.

경비원 리들러™ 배트맨™ 나이트윙™ 포이즌 아이비™ 스케어크로우™

7886 배트사이클™: 할리 퀸 해머 트럭(2006)

배트사이클™

조커에게 흠뻑 빠져 그를 사랑하게 된 할리 퀸™은 슈퍼 악당이라기보다는 성가신 존재에 가깝다. 대형 바퀴가 달린 해머 트럭을 타고 범죄를 저지르고 다니는 이 말썽꾸러기 어릿광대가 법의 심판을 받도록 하는 것은 여전히 배트사이클을 탄 배트맨이 해야 할 일이다.

미스터 프리즈는 적을 잡기 위해 얼음 총을 갖고 다니고, 펭귄은 특수한 다리가 있어 다른 미니피겨들보다 키가 작다. 펭귄 조수 3인방은 펭귄을 따라다니며 그가 저지르는 범행을 돕는다!

배트케이브™

1,075피스로 지은 배트맨의 지하 은신처에는 확보한 범행 단서로 가득 찬 연구실부터 훈련용 기구, 배트맨 복장으로 빠르게 변신시키는 공간, 회전식 차량 정비 구역까지 망토를 걸치고 사악한 범죄와 싸우는 영웅에게 필요한 모든 것이 갖춰져 있다. 이 세트는 브루스 웨인(자신이 배트맨이라는 사실을 숨기는 억만장자)과 그의 충직한 집사 알프레드 미니피겨가 최초로 포함된 제품이다.

7783 배트케이브™: 펭귄™과 미스터 프리즈의 침입(2006)

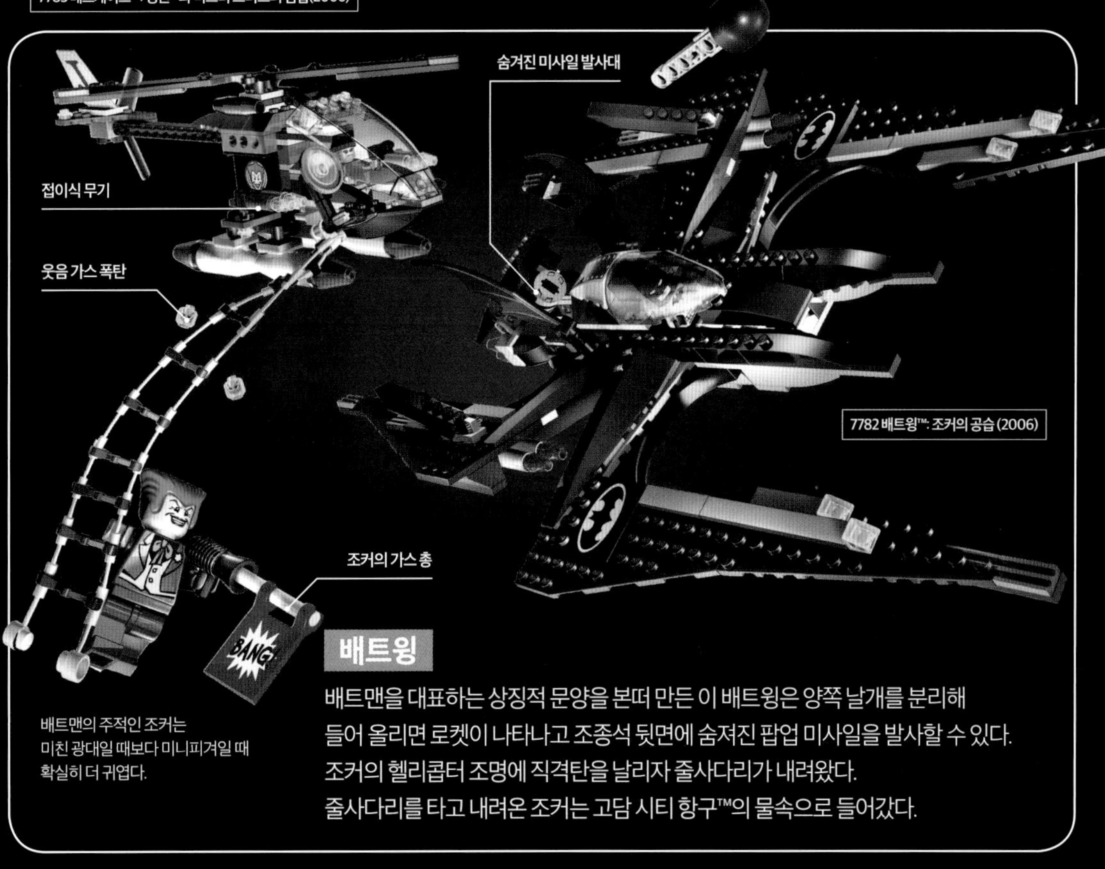

7782 배트윙™: 조커의 공습(2006)

배트맨의 주적인 조커는 미친 광대일 때보다 미니피겨일 때 확실히 더 귀엽다.

배트윙

배트맨을 대표하는 상징적 문양을 본떠 만든 이 배트윙은 양쪽 날개를 분리해 들어 올리면 로켓이 나타나고 조종석 뒷면에 숨겨진 팝업 미사일을 발사할 수 있다. 조커의 헬리콥터 조명에 직격탄을 날리자 줄사다리가 내려왔다. 줄사다리를 타고 내려온 조커는 고담 시티 항구™의 물속으로 들어갔다.

7888 텀블러™: 조커의 아이스크림 기습 (2008)

텀블러™

이 세트는 레고 배트맨 제품군 중 유일하게 영화를 바탕으로 제작한 모델이다. 장갑을 두른 이 텀블러는 영화 <배트맨 비긴즈>와 <다크 나이트>의 화면을 뚫고 나온 듯 사실적이다. 이 세트에는 트럭 지붕 위에 달린 콘을 누르면 트럭 뒷문에서 미사일이 발사되는 조커의 아이스크림 트럭이 들어 있다.

배트맨은 여러 해에 걸쳐 다양한 배트맨 의상으로 바꿔 입었다. 레고 배트맨 미니피겨는 다양한 애니메이션과 영화 스타일에 맞춰 제작되었다.

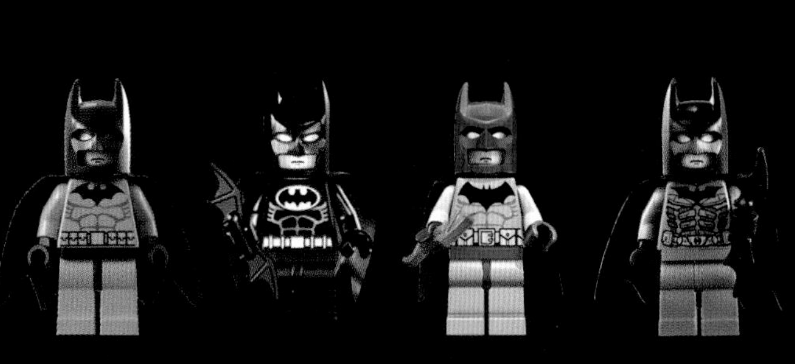

배트맨이 범죄와 싸울 때 사용하는 특수 장비로는 악당을 붙잡는 데 사용하는 배타랑과 배트커프 등이 있다.

레고® DC 코믹스 슈퍼히어로

2012년 레고® 배트맨™이 다시 돌아왔다. 2014년에 레고® DC 코믹스 슈퍼히어로로 바뀐 이 새로운 레고® DC 유니버스 슈퍼히어로 테마에는 레고 디자이너들의 바람대로 DC의 강력한 캐릭터가 대거 등장했다. 많은 세트가 영화 개봉에 맞춰 함께 출시되었으며, 제품 상자 대부분에 만화가 실려 있어 모델과 관련한 흥미로운 이야기를 들려준다.

76003 슈퍼맨™: 스몰빌의 결투 (2013)

스몰빌 포위 작전

이 세트는 2013년 출시된 <맨 오브 스틸>의 한 장면을 재현해 스몰빌을 구하기 위해 싸우는 슈퍼맨을 보여준다. 조드 장군의 블랙 제로 드롭쉽은 회전식 하단 대포, 듀얼 슈터, 무기 거치대를 갖췄다. 미니피겨 5개 중 슈퍼맨만 무기를 사용하지 않는다. 슈퍼맨은 그가 가진 초강력 힘만을 사용한다.

10937 배트맨™: 아캄 어사일럼 탈출 (2013)

어사일럼 탈출

2013년판 고담 시티 어사일럼 세트는 여러 영화와 만화책에서 얻은 아이디어가 녹아든 제품이다. 포이즌 아이비의 투명한 감방과 미스터 프리즈의 아이스 타워같이 독특한 구성품으로 가득한 이 세트는 미니피겨 3개가 다른 미니피겨 5개와 대결을 벌이는 거대한 고딕 양식 건물을 배경으로 한다. 배트맨, 로빈, 간수가 감옥 문을 부수고 탈옥을 감행하려는 조커, 펭귄, 할린 퀸젤 박사, 포이즌 아이비, 스케어크로우를 막아낼 수 있을까?

기이한 놀이공원

2015년 조커를 주제로 출시된 이 놀이공원 세트는 빌더들에게 큰 기쁨을 주겠지만, 그 안에 갇힌 미니피겨 영웅들은 즐겁지 않을 것이다! 이 세트에는 배트모빌과 식인 식물 위로 떨어지는 포이즌 아이비의 놀이 기구, 펭귄의 회전식 놀이 기구, 독약이 채워진 풀장과 놀이 기구가 들어 있다.

76035 조커랜드 (2015)

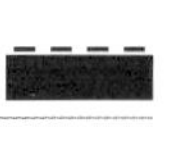

슈퍼파워

배트맨과 힘을 모아 활동한 최초의 DC 슈퍼히어로는 슈퍼맨과 원더우먼이다(그린 랜턴은 예외로 하자). 이 세트 안에서 그들이 맡은 첫 임무는 크립토나이트로 구동되는 로봇을 조종하는 렉스 루터와 싸우는 것이다. 배트맨, 슈퍼맨, 원더우먼(그외 여러 캐릭터)은 레고 배트맨 2: DC 슈퍼히어로 비디오게임에도 등장한다.

황금색 진실의 올가미

조종 중인 렉스 루터

투명한 초록색의 크립토나이트 엘리먼트

빨간색 직물로 만든 망토

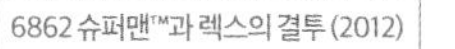

6862 슈퍼맨™과 렉스의 결투 (2012)

다시 돌아온 배트케이브

2012년 출시된 배트케이브 세트는 브루스 웨인을 배트맨으로 변신시키는 드롭다운 엘리베이터가 특징이다. 포이즌 아이비는 베인이 드릴 탱크를 몰고 와 자신을 꺼내주기만을 기다리면서 감방에 갇혀 있다. 이 세트에는 로빈을 위해 제작된 총과 다크 나이트의 새로운 배트사이클이 들어 있다.

베인의 드릴 탱크

6860 배트케이브 (2012)

저스티스 리그

2015년 DVD 영화 <레고 저스티스 리그: 둠 군단의 공격>이 출시된 뒤 저스티스 리그의 미니피겨 버전이 세상에 나왔다. 이 세트에서는 그린 랜턴이 악당 시네스트로에게 빼앗긴 랜턴을 되찾기 위해 초고속 우주선에 몸을 싣는다. 스페이스 배트맨이 그린 랜턴과 함께 시네스트로와 싸운다.

스페이스 배트맨의 날개

76025 그린 랜턴 vs 시네스트로 (2015)

스터드 슈터

새로운 그린 랜턴 미니피겨

시네스트로

다크 나이트 텀블러

탱크와 자동차 기능이 섞인 배트모빌 텀블러는 다크 나이트 트릴로지에 등장한 이후로 배트맨을 상징하는 차량이 되었다. 1,869피스로 조립한 이 텀블러는 길이가 40cm다. 이 텀블러 세트에는 영화 <다크 나이트 트릴로지>에 관한 정보가 담긴 자료, 이 세트 한정인 배트맨 미니피겨와 조커 미니피겨가 들어 있다. 텀블러에 달린 대형 레이싱 타이어는 이 세트를 위해 새롭게 제작되었다.

조정 가능한 상단 날개

장갑을 두른 외관

새로운 레고 프런트 휠

76023 배트맨™ 텀블러 (2014)

하나로 결속한 영웅들

2016년 개봉한 영화 <배트맨 대 슈퍼맨: 저스티스의 시작>에서 영감을 받아 제작한 세트다. 배트맨, 슈퍼맨, 원더우먼이 로이스 레인을 구출하기 위해 힘을 모은다. 이 세트에는 접이식 배트윙과 로이스 레인의 카메라가 들어 있다.

76046 저스티스 히어로즈: 하늘의 전투 (2016)

플래시와 사이보그

2018년 플래시와 사이보그가 힘을 모았다. 이 세트에서 그들은 리버스 플래시를 뒤쫓고, 킬러 프로스트에게 압력을 가한다. 사이보그의 헬리콥터는 그물망 슈터를 가지고 있다. 아이스 카의 담청색 파워 버스트 엘리먼트와 마찬가지로, 헬리콥터에 달린 무기도 사용할 수 있다.

쌍발식 스터드 슈터

파워 버스트 엘리먼트

76098 스피드 포스 프리즈 추격전 (2018)

사이보그

탈착식 레이더/미니피겨 무기

리버스 플래시

플래시

마이티 마이크로

수집용 레고 DC 슈퍼히어로 하위 테마가 2016년 출시되었다. 각 마이티 마이크로 세트에는 다리가 짧은(세트 특성상 다리가 짧아야 한다) 미니피겨 레이서가 운전하는 축소형 슈퍼 자동차 2대가 들어 있다. 처음 출시된 마이티 마이크로 제품군에는 배트맨 vs 캣우먼, 로빈 vs 베인, 플래시 vs 캡틴 콜드 세트가 포함되었다. 그 이후에 출시된 세트는 커다란 주먹, 핸들, 날개 같은 특징이 더해졌고, 작은 차량은 정교한 디테일이 돋보인다.

그린 크립토나이트

비자로의 자동차는 슈퍼맨의 차를 정반대로 바꾼 디자인으로, 역주행하도록 만들었다.

76068 마이티 마이크로: 슈퍼맨™ vs 비자로™ (2017)

커다란 주먹

병 속의 축소판 도시 칸도르

후방 날개

76094 마이티 마이크로: 슈퍼걸™ vs 브레이니악™ (2018)

작은 몸집에 어울리지 않는 커다란 돋보기를 들고 있는 슈퍼걸은 풍선형 유리로 뒤덮인 브레이니악의 UFO 자동차에 로켓을 발사한다.

41599 원더우먼™ (2018)

과거 속 배트케이브

2016년 팬들은 1960년대 배트맨 TV 시리즈에 대한 오마주를 2,526피스로 조립할 수 있는 이 세트에 열광했다. 빌더들은 이 세트로 배트 실험실, 배트모빌, 배트콥터, 배트사이클이 갖춰진 복고풍의 배트케이브로 재현한 뒤 망토 두른 성기사와 보이 원더의 모험을 즐길 수 있다. 브릭 조립의 즐거움이 살아 숨 쉬는 배트맨! 이 세트에는 배트맨과 로빈, 그리고 그들의 또 다른 자아인 브루스 웨인과 딕 그레이슨, 클래식 악당 4개, 충직한 집사 알프레드 페니워스를 포함한 미니피겨 9개가 들어 있다.

영웅들의 브릭헤즈

2017년 레고® 브릭헤즈는 배트맨, 배트걸, 로빈, 조커를 앞세워 DC 코믹스 슈퍼히어로 제품군에 합류했다. 2018년에는 저스티스 리그 테마에 진출했다. 이 미니어처 모델들은 직각을 이룬 단순한 디자인이지만 아주 멋지다. 브릭헤즈 모델들의 부품을 서로 바꿔 조립하면 새로운 브릭헤즈 모델을 만들어낼 수 있다.

76052 배트맨 클래식 TV 시리즈 - 배트케이브 (2016)

코믹콘 한정판

수년간 많은 레고 팬들이 샌디에이고 코믹콘을 방문했고, 그중 일부는 DC 코믹스 슈퍼히어로 한정판 세트를 운 좋게 차지했다. 코믹콘 한정판 레고 제품은 2012년판 샤잠!, 2017년판 빅센과 같은 새로운 미니피겨에서부터 2014년판 배트맨 클래식 TV 시리즈 배트모빌과 같은 소형 세트에 이르기까지 다양하다. 2015년에 출시된 한 세트는 슈퍼맨에 죽고 못 사는 열성 팬이라면 꼭 구해야 하는 제품이다. 슈퍼맨이 처음 등장한 1938년의 <액션 코믹스> 1호 표지를 재현한 제품에서 슈퍼맨 미니피겨는 영웅답게 초록색 자동차를 머리 위로 번쩍 들어 올리고 있다.

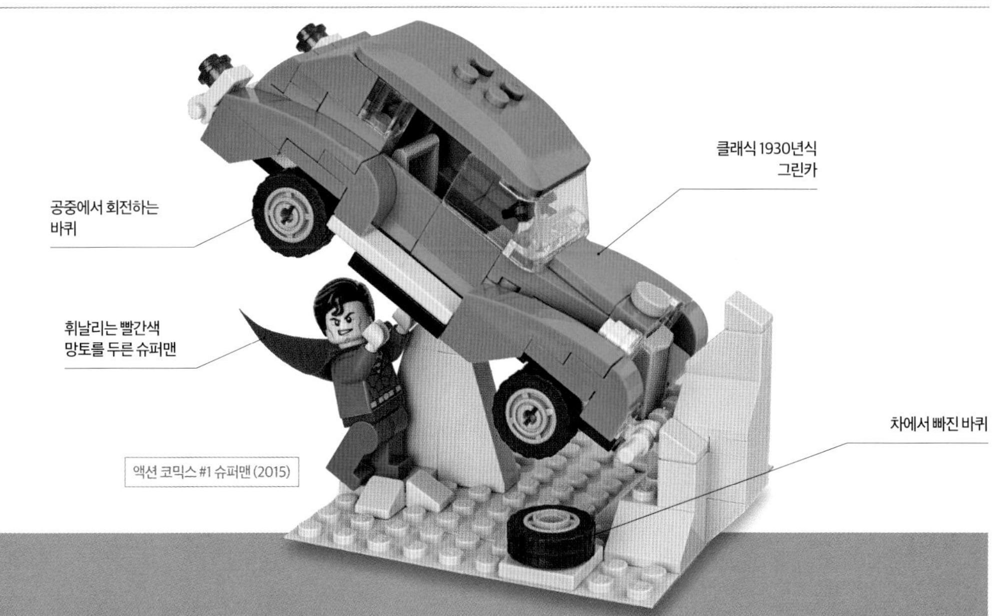

액션 코믹스 #1 슈퍼맨(2015)

DC 슈퍼히어로 걸즈

41234 범블비™ 헬리콥터(2017)

미니돌 히어로즈

2016년 레고® DC 슈퍼히어로 걸즈 테마가 애니메이션 TV 시리즈와 함께 출시되면서 소녀들의 힘이 더욱 굳건해졌다. 슈퍼히어로 고등학교를 배경으로 한 이 TV 시리즈에 10대 소녀 영웅들과 악당들이 등장해 자신들의 힘을 다루는 법을 배워나간다. 액션으로 가득한 이 레고 세트는 헬리콥터를 탄 범블비와 같은 미니돌이 특징이다.

41232 슈퍼히어로 고등학교(2017)

41235 원더우먼™의 기숙사(2017)

슈퍼히어로 고등학교

이 학교 건물에는 교실 2개와 카페가 있으며, 방어 체계가 훌륭하다. 손잡이를 돌려 숨겨진 경사로를 아래로 내리고, 포이즌 아이비의 오토바이에 시동을 걸어 학교를 방어할 수 있다. 학교 건물 지붕에 놓인 원반과 사슬 슈터로 제트기를 몰고 자수정을 훔쳐가려는 레나 루터와 같은 적을 겨냥해 공격할 수 있다.

영악한 크립토마이트

DC 슈퍼히어로 걸즈의 시즌 3에는 혼란을 초래하기 위해 메트로폴리스로 몰려온 작지만 심술궂은 크립토마이트라는 생명체 군단이 등장한다. 이 세트에서는 오렌지색 크립토마이트가 원더우먼의 황금 올가미를 훔치기 위해 그녀의 기숙사 방에 침입한다.

레고® 배트맨 무비

레고® 무비™로 극찬을 받은 후, 배트맨은 2017년 자신의 장편영화에 출연하게 되었다. 레고 배트맨 무비에는 배트맨, 배트맨이 입양한 아들 딕 그레이슨(로빈), 바버라 고든(배트걸), 배트맨의 집사 알프레드 페니워스가 등장해 조커와 고담 시티의 사악한 악당과 싸운다. 배트맨은 고담 시티를 구하려면 다른 사람들과 힘을 모아야 한다는 불편한 사실을 받아들여야 한다. 팬들은 이 영화를 기반으로 한 새로운 레고 세트를 하루빨리 손에 넣기를 간절히 기다렸다.

마법 같은 영화

영화 속 배트맨, 그의 미니피겨 친구들과 악당들, 건물들, 탈것들은 컴퓨터 생성 이미지(CGI)를 사용해 제작되었다. 레고 배트맨 무비 담당 애니메이션 팀은 영화 속 이미지가 실제 레고 브릭과 엘리먼트처럼 보이는지를 무엇보다 중요시하며 작업에 임했다.

최고의 자동차

레고 배트맨과 같은 무비 스타는 여기저기 잘 돌아다닐 수 있는 탁월한 수단이 필요하다. 이 얼티밋 배트모빌 자동차는 총길이가 37cm다. 1,456피스로 구성된 이 세트에는 뛰어난 놀이 기능을 갖춘, 실제로 불이 켜지는 배트 시그널이 포함되어 있다. 또 배트맨, 배트걸, 로빈, 배트수트를 입은 알프레드 페니워스, 악당 등을 포함한 미니피겨 8개가 들어 있다.

70917 얼티밋 배트모빌 (2017)

얼티밋 배트모빌은 배트맨을 위한 배트모빌, 로빈을 위한 배트사이클, 알프레드를 위한 배트탱크, 배트걸을 위한 배트윙 등 각 팀원을 위한 4개의 차량으로 분리된다.

접이식 부스터가 달린 배트모빌

접이식 바퀴가 달린 배트사이클

여닫이식 무기 보관함을 갖춘 배트탱크

스프링 슈터가 달린 배트윙

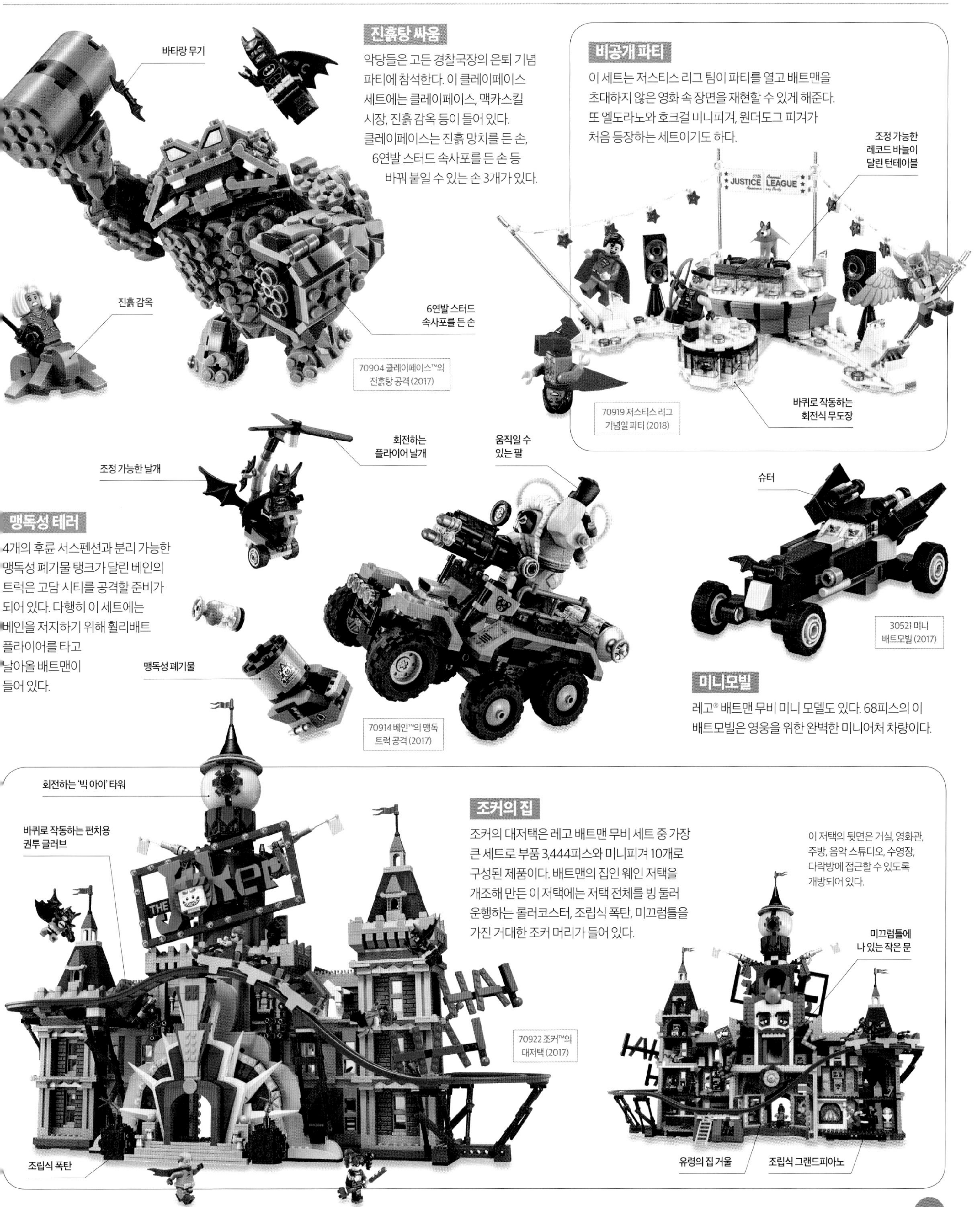

진흙탕 싸움

악당들은 고든 경찰국장의 은퇴 기념 파티에 참석한다. 이 클레이페이스 세트에는 클레이페이스, 맥카스킬 시장, 진흙 감옥 등이 들어 있다. 클레이페이스는 진흙 망치를 든 손, 6연발 스터드 속사포를 든 손 등 바꿔 붙일 수 있는 손 3개가 있다.

70904 클레이페이스™의 진흙탕 공격 (2017)

비공개 파티

이 세트는 저스티스 리그 팀이 파티를 열고 배트맨을 초대하지 않은 영화 속 장면을 재현할 수 있게 해준다. 또 엘도라노와 호크걸 미니피겨, 원더도그 피겨가 처음 등장하는 세트이기도 하다.

70919 저스티스 리그 기념일 파티 (2018)

맹독성 테러

4개의 후륜 서스펜션과 분리 가능한 맹독성 폐기물 탱크가 달린 베인의 트럭은 고담 시티를 공격할 준비가 되어 있다. 다행히 이 세트에는 베인을 저지하기 위해 훨리배트 플라이어를 타고 날아올 배트맨이 들어 있다.

70914 베인™의 맹독 트럭 공격 (2017)

30521 미니 배트모빌 (2017)

미니모빌

레고® 배트맨 무비 미니 모델도 있다. 68피스의 이 배트모빌은 영웅을 위한 완벽한 미니어처 차량이다.

조커의 집

조커의 대저택은 레고 배트맨 무비 세트 중 가장 큰 세트로 부품 3,444피스와 미니피겨 10개로 구성된 제품이다. 배트맨의 집인 웨인 저택을 개조해 만든 이 저택에는 저택 전체를 빙 둘러 운행하는 롤러코스터, 조립식 폭탄, 미끄럼틀을 가진 거대한 조커 머리가 들어 있다.

70922 조커™의 대저택 (2017)

레고® 마블 슈퍼히어로

스파이더맨이 2002년 처음 레고 세트에 거미줄을 치고 10년이 지난 2012년 다시 그가 레고® 마블 유니버스 슈퍼히어로(후에 레고® 마블 슈퍼히어로로 이름이 다시 바뀌었다) 테마 출시와 함께 돌아왔다. 액션으로 가득한 마블 만화와 영화가 레고와 손잡으면서 탄생한 이 새로운 테마는 가장 수요가 많은 세트를 통해 마블의 모든 영웅과 악당 미니피겨를 팬들에게 선보였다.

41591 블랙 위도 (2017)

6869 퀸젯 공중전 (2012)

마블 브릭헤즈

2017년 레고® 브릭헤즈의 첫 마블 슈퍼히어로 테마에는 헐크, 캡틴 아메리카, 아이언맨, 블랙 위도가 포함되었다. 블랙 위도의 건틀렛이 타일에 인쇄되어 있으며, 브릭헤즈 세트에서만 볼 수 있다. 2017년 샌디에이고 코믹콘에서는 소수의 팬만이 이 블랙 위도 한정판 4개를 손에 넣을 수 있었다.

어벤저스 어셈블!

출시 첫해의 마블 세트 대부분은 블록버스터 영화 <어벤저스>에서 영감을 받았다. 탈것으로는 퀸젯, 날개 끝, 플릭 미사일, 천적 로키나 그의 에일리언 풋솔저를 위한 감옥용 포드가 달린 초음속 수송기 등이 있다. 퀸젯 공중전 세트에는 슈퍼스파이 팀원인 블랙 위도도 포함되어 있다.

마이티 마이크로

2018년은 마이티 마이크로 하위 테마 출시 3년째로 대결을 벌이는 차량 한 쌍과 미니피겨 한 쌍이 들어 있는 소형 세트를 출시했다. 이 세트에서는 자동차인 밀라노를 조종하는 가디언즈 오브 갤럭시의 리더 스타 로드를 선보인다. 스타 로드가 자신의 믹스테이프를 훔친 네크로크래프트를 탄 네뷸라를 뒤쫓고 있다!

76090 마이티 마이크로: 스타 로드 대 네뷸라 (2018)

76082 ATM 도둑과의 대결 (2017)

은행 강도

2017년 개봉한 영화 <스파이더맨: 홈커밍>에 나오는 장면을 바탕으로 한 이 세트는 은행 강도 무리를 잡는 스파이디의 모습을 선보인다. 이 세트에는 폭발하는 유리창 기능, 탄환을 발사할 수 있는 파워 블래스트 부품 3개 등이 들어 있다.

캡틴 아메리카

해동되어 깨어난 제2차 세계대전의 영웅 캡틴 아메리카가 그의 애국심을 상징하는 오토바이를 타고 격투를 벌인다. 이 소형 세트에는 장비를 갖춘 외계인 2명이 들어 있다. 전에도 많은 레고 방패가 출시되었지만, 새로 제작한 부품인 캡틴 아메리카의 방패는 더욱 돋보인다.

6865 캡틴 아메리카™의 어벤징 사이클 (2012)

엑스맨

이 세트에는 마블의 가장 유명한 돌연변이 집단을 대표해 외로운 울버린이 등장한다. 재빨리 회복되는 몸과 금속 발톱을 가진 울버린이 헬리콥터를 타고 전자기장을 자유자재로 조작하는 매그니토와 용병 데드풀에 맞서 싸운다.

6866 울버린™의 헬리콥터 결투 (2012)

쉴드 헬리캐리어

현재까지 가장 큰 레고 마블 슈퍼히어로 세트는 2015년 출시된 이 쉴드 헬리캐리어 세트다. 이 웅장하고 정교한 공중 항공모함 세트에는 활주로 2개와 다양한 미니어처 차량이 들어 있다. 또 아주 작은 크기의 슈퍼히어로와 요원으로 구성된 마이크로피겨가 들어 있다. 항공모함 뒷면에 있는 크랭크를 돌리면 회전 날개 4개가 움직이고, 활주로 구간 중 한 곳을 들어내면 정교한 다리가 나타난다.

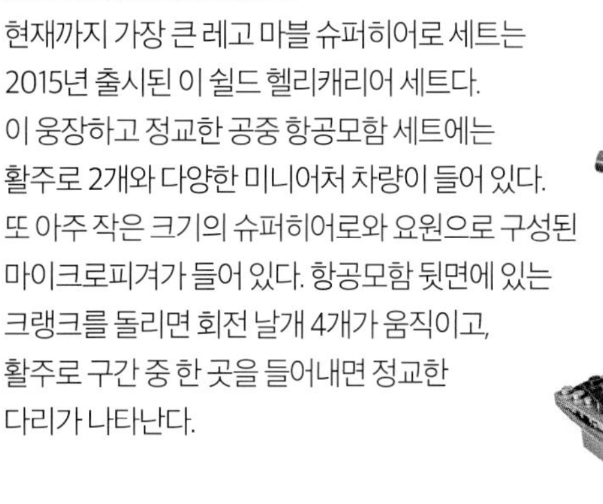

76042 쉴드 헬리캐리어 (2015)

공중전

길이를 늘이거나 줄일 수 있는 팔을 가진 미즈 마블이 특징이다. 미즈 마블과 캡틴 아메리카는 슈퍼 어댑토이드와 맞서 싸운다. 캡틴 아메리카의 제트기에는 쌍발 디스크 슈터와 움직이는 날개가 달려 있다.

76076 캡틴 아메리카 제트 추격전 (2017)

스파이더맨

영화 <스파이더맨>을 바탕으로 한 최초의 레고® 스파이더맨™ 테마는 레고® 스튜디오의 하위 테마였다. 2002년 출시된 이 세트에는 스턴트 연기를 선보이는 모델들이 담겨 있었다.

1374 그린 고블린™ (2002)

해리포터™ (2004)

레고® 해리포터™

2001년 해리포터의 마법 세계가 레고® 테마로 변신해 세상에 등장했다. 그 후 10년 동안 50세트가 넘는 레고 제품에서 해리와 그의 호그와트 친구들의 모험이 펼쳐졌다. 해리포터 테마는 7년의 휴식기를 거치고 2018년 역대 가장 큰 세트를 선보이며 의기양양하게 돌아왔다.

마법에 걸린 기관차

해리포터를 호그와트로 데려다줄 다섯 번째 미니피겨 스케일 기차는 지금까지 출시된 모델 5개 중 가장 정교한 디테일을 자랑한다. 객차의 한쪽 면을 열면 승객이 앉을 좌석과 트롤리 위치(한국에서는 '간식 카트 마녀'라고도 부른다_옮긴이)가 무섭게 생긴 사탕을 팔고 다닐 수 있을 만큼 넓은 복도가 보인다. 밀면 젖혀지는 역 안의 벽돌 벽을 통해 해리와 그의 친구들이 머글 세계에서 마법의 9¾ 플랫폼으로 이동할 수 있다.

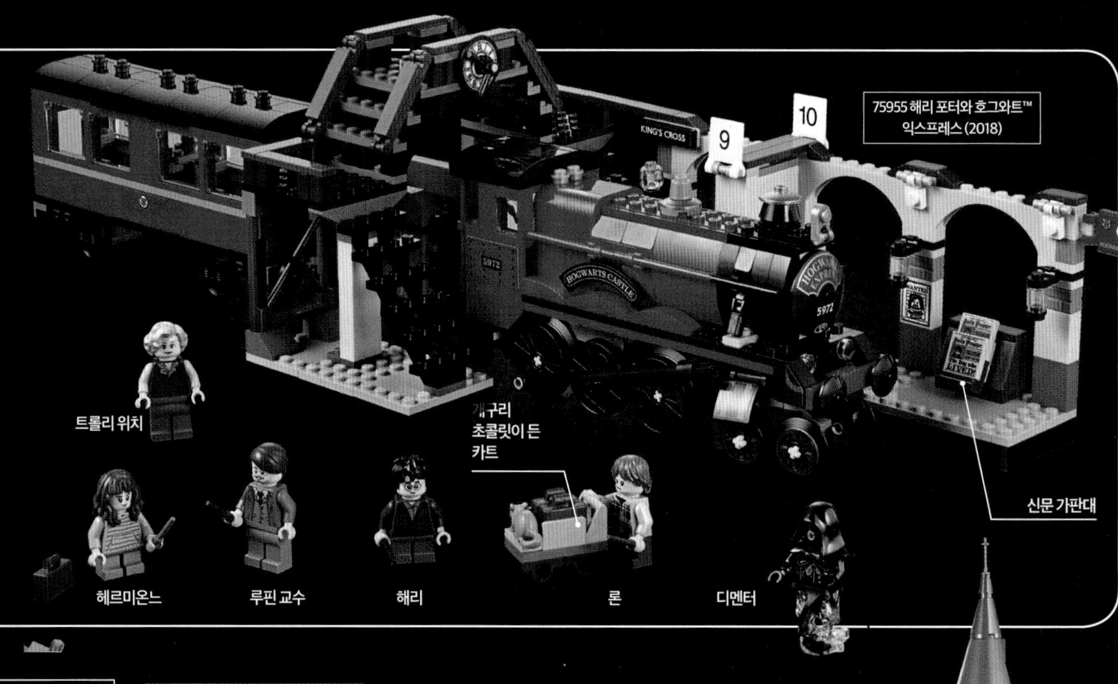

75955 해리 포터와 호그와트™ 익스프레스 (2018)

5378 호그와트 성 (2007)

2007년판 호그와트 성은 여러 마법 식물이 자라는 마법 학교의 온실이 들어 있는 유일한 모델이다.

고풍스러운 마법의 성

호그와트 마법 학교는 2001년부터 여러 차례 레고 형태로 변신했다. 각 모델은 그만의 고유한 특징이 있지만, 뾰족한 성과 성 꼭대기를 보면 그 모델이 호그와트 마법 학교라는 것을 단번에 알 수 있다. 2018년 출시된 이 모델에는 비밀의 방, 물약 교실, 브릭으로 조립할 수 있는 바실리스크 괴물이 포함되어 있다. 이 모델과 해리포터 호그와트™의 커다란 버드나무™(세트 75953)를 결합하면 훨씬 더 크고 웅장한 호그와트 성을 완성할 수 있다.

75954 해리포터 호그와트™ 그레이트 홀 (2018)

론 위즐리
헤르미온느 그레인저

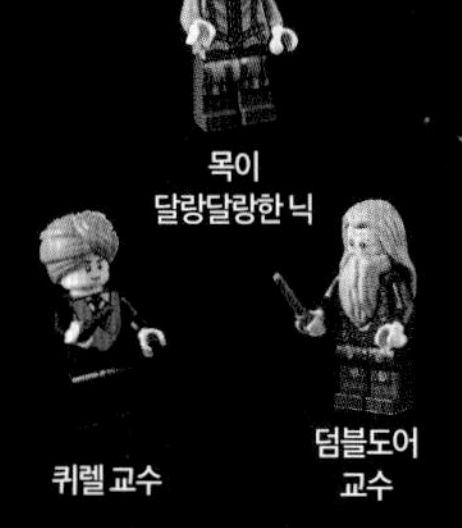
해리포터
수잔 본즈

드레이코 말포이
퀴렐 교수

마법사들의 상점가

마법 세계의 마법사들이 찾는 상점가를 담아낸 다이애건 앨리는 2018년까지 레고 해리포터 테마 중 가장 큰 세트였다. 미니피겨 10개와 대형 해그리드 피겨가 들어 있는 이 세트는 2,025피스로 올리밴더의 요술 지팡이 상점, 보긴과 버크 골동품점, 그린코트 마법사 은행을 재현해냈다.

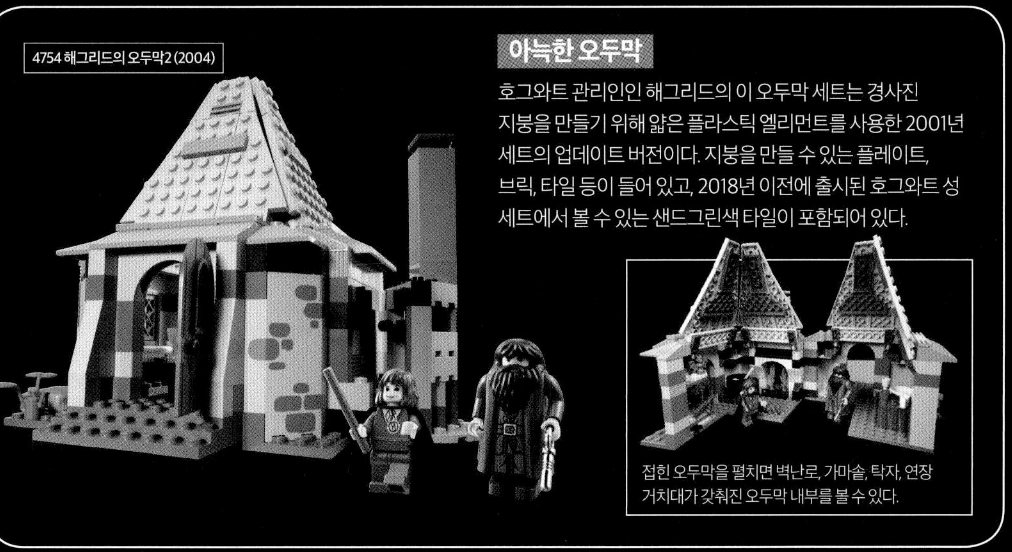

아늑한 오두막

호그와트 관리인인 해그리드의 이 오두막 세트는 경사진 지붕을 만들기 위해 얇은 플라스틱 엘리먼트를 사용한 2001년 세트의 업데이트 버전이다. 지붕을 만들 수 있는 플레이트, 브릭, 타일 등이 들어 있고, 2018년 이전에 출시된 호그와트 성 세트에서 볼 수 있는 샌드그린색 타일이 포함되어 있다.

접힌 오두막을 펼치면 벽난로, 가마솥, 탁자, 연장 거치대가 갖춰진 오두막 내부를 볼 수 있다.

보라색 나이트 버스

낙오된 마법사는 언제든 이 3층 나이트 버스를 타고 호그와트로 돌아갈 수 있다. 이 보라색 버스는 두 차례에 걸쳐 미니피겨 스케일로 재현되었고, 두 세트 모두 보기 드문 보라색 부품이 특징이다.

'그 사람', 볼드모트

악당 볼드모트 경은 영화 <해리포터와 불의 잔>에서 마침내 육체를 되찾은 시점인 2005년 처음 레고에 등장했다. 548피스로 구성된 이 묘지의 결투 세트는 뱀, 해골, 파헤친 무덤, 박쥐로 가득한 으스스한 나무와 함께 볼드모트가 부활하는 장면을 재현한다. 해리는 새로운 트리위저드 시합 복장의 이 사악한 마법사와 대결할 준비가 되었다.

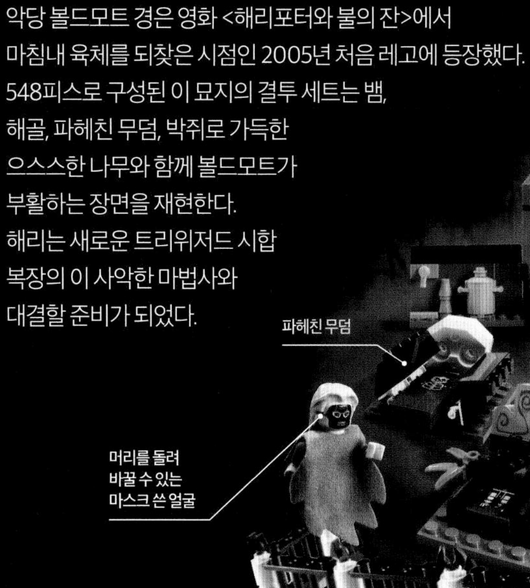

묘지의 결투 세트에는 유령같이 생긴 야광 머리의 독특한 볼드모트 미니피겨가 들어 있다.

중간계 모험

전 세계 팬들은 영화 <반지의 제왕> 3부작을 바탕으로 한 레고® 세트가 2012년 출시되면서 마침내 소원을 이뤘다. 심지어 레고® 호빗™ 세트까지 뒤이어 출시되었다! 팬들은 고블린 왕에게서 탈출하는 장면부터 헬름 협곡의 전투에 이르기까지 중간계를 배경으로 한 영화 속 명장면을 다양한 호빗, 난쟁이, 요정 미니피겨와 함께 재현할 수 있다.

10237 오르상크의 탑 (2013)

브릭을 엮으로 쌓아 조립한 탑의 블레이드

레고® 반지의 제왕™

방어벽에 걸 수 있는 공격용 사다리

흉악한 우르크하이™ 군대에 포위된 헬름 협곡의 전투 영웅들이 오르상크의 탑에서 맹렬한 공격에 맞서 싸운다. 다른 세트와 결합해 방어벽과 군사를 추가할 수 있다.

김리를 우르크하이에게 쏘아 던지는 투석기

우르크하이가 지하 배수로에 설치한 폭탄

우르크하이 버서커

9474 헬름 협곡™의 전투 (2012)

막아놓은 창문

지팡이를 든 사루만

뱀 혓바닥 그리마

중간계 세계

레고® 반지의 제왕™ 테마는 미니피겨의 손에 끼울 수 있는 황금색 절대반지는 말할 것도 없고 무기, 갑옷, 앞다리를 들어 올려 뒷다리로 서는 말 등 많은 엘리먼트를 새롭게 선보였다. 브릭으로 조립해 만든 반지의 제왕 테마의 배경 곳곳에 용감한 영웅들, 포악하고 야만적인 적들, 영화 속 장면과 분위기를 실감 나게 담아낸 디테일이 적절히 녹아 있다.

10237 오르상크의 탑 (2013)

이 세트에는 23cm 크기의 조립식 엔트 피겨가 들어 있다.

사루만의 요새

뛰어난 마법사 사루만이 통치하는 이 상징적인 오르상크의 탑은 꼭 가져야 하는 레고의 중간계 모델이다. 이 탑은 높이가 73cm가 넘고, 도서관, 연금술의 방, 사루만의 알현실 등 정교한 디테일을 자랑하는 실내 공간을 갖췄다.

골룸은 특유의 웅크린 몸과 관절로 연결된 팔을 가진 완전히 새로운 피겨다. 지렛대를 이용해 움직이는 투석기로 골룸을 발사할 수 있다.

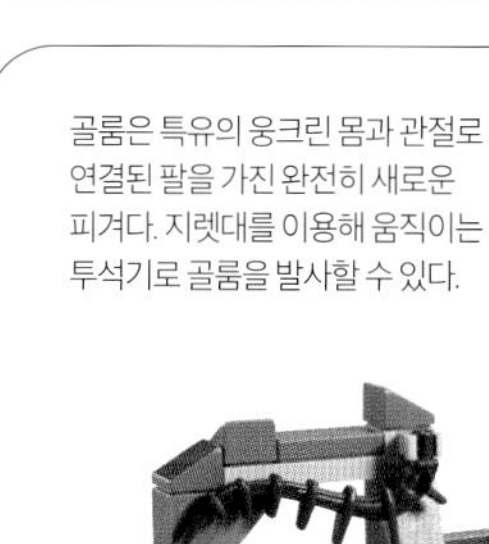

친구인가, 적인가?

<반지의 제왕: 왕의 귀환>에서 절대반지를 차지하려는 골룸이 프로도와 그의 친구 샘을 위험한 함정으로 몰아넣는다. 이 왕거미 실롭은 움직이는 다리 8개와 프로도를 공격할 수 있는 거미줄을 가지고 있다. 프로도 미니피겨의 머리를 돌리면 왕거미 독에 마비된 모습을 보여주는 다른 얼굴이 나타난다.

9470 실롭™의 공격 (2012)

레고® 호빗™

고블린 왕의 동굴

영화 <호빗: 뜻밖의 여정>에서 고블린 왕이 난쟁이들을 붙잡아 그의 은신처에 가뒀으니 이제 간달프가 그들을 구해야 한다. 고블린의 지하 세계가 담긴 이 세트에는 무너뜨릴 수 있는 밧줄 다리와 보물찾기 등 기발하고 재미있는 기능이 곳곳에 숨어 있다. 회색 간달프를 제외한 고블린 왕 피겨와 다른 모든 미니피겨는 이 세트에서만 만날 수 있다.

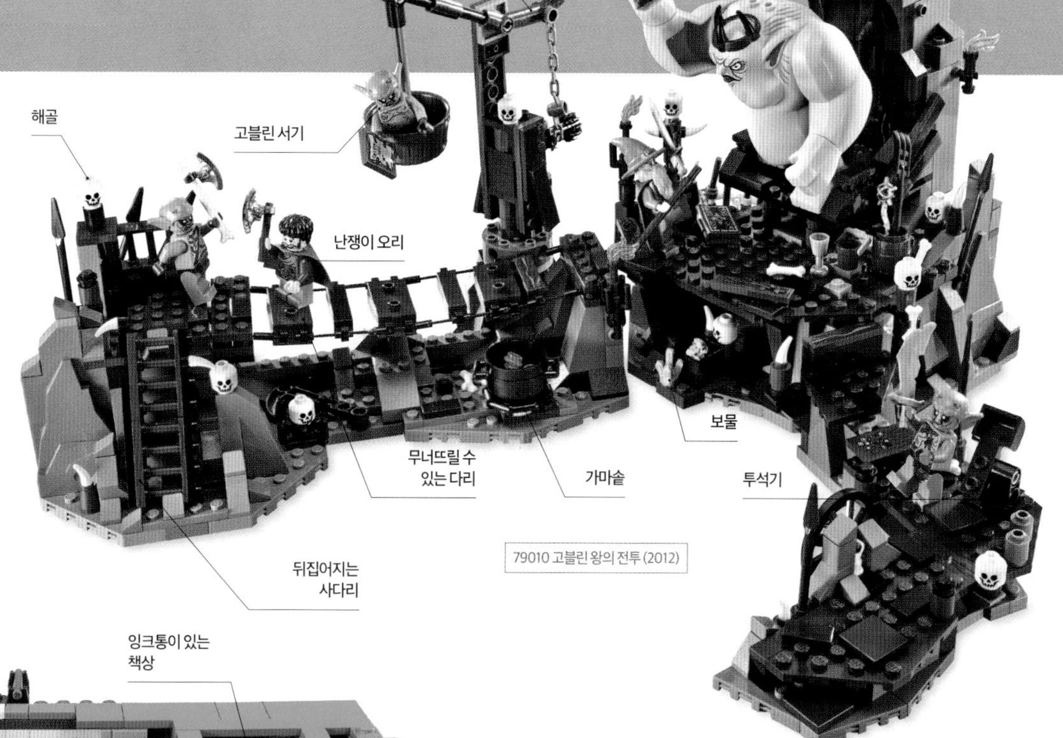

79010 고블린 왕의 전투 (2012)

79003 뜻밖의 만남 (2012)

친구들과의 저녁 식사

처음 출시된 호빗 세트 중 하나인 이 세트는 회색의 간달프가 14번째 원정 대원을 필요로 하는 난쟁이 친구들과 함께 빌보 배긴스의 집인 백 엔드에 나타나는 순간을 담고 있다. 이 세트에는 중간계 지도 3장, 바게트, 프레첼을 포함한 액세서리가 가득하다.

간달프를 제외한 모든 미니피겨가 이 세트에 한정된 제품이다. 포동포동한 난쟁이 봄부르는 레고 역사상 최초로 배가 불룩한 미니피겨다.

레고® 마인크래프트™

2012년 마인크래프트의 디지털 조립 세상이 레고® 브릭으로 활기를 띠기 시작했다. 최초의 레고 마인크래프트 세트가 레고® 쿠소(현 레고® 아이디어) 웹사이트에 올린 팬의 제품 아이디어가 큰 주목을 받으면서 제작되기 시작했고, 2013년에는 레고® 마인크래프트™ 자체 테마가 정식으로 세상에 나왔다. 정식 테마로 출시된 최초의 네 세트는 마인크래프트 게임의 네모난 블록 세상에 어울리는 큐브 모양 상자 안에 담겨 있다.

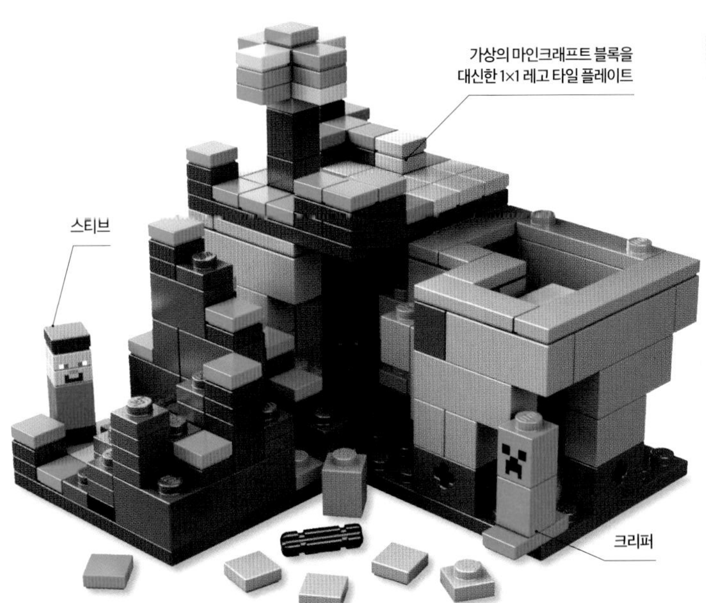

21102 마이크로월드-퍼스트 나이트 (2012)

온라인에서 탄생한 세트

최초의 마인크래프트 세트를 탄생시킨 아이디어는 레고® 쿠소 웹사이트에서 48시간 만에 1만 표를 얻었다. 이 마이크로월드 세트의 네 가지 모듈식 모델에는 마인크래프트 게임을 대표하는 캐릭터인 스티브와 크리퍼 마이크로몹 피겨 2개가 들어 있다.

21105 마이크로월드-빌리지 (2013)

변화를 줄 수 있는 놀이

이 마이크로월드-빌리지 세트(21105)는 마이크로월드-네더 세트(21106)와 함께 출시된 최초의 레고 마인크래프트 테마 제품이다. 이 두 세트는 네 부분으로 분리할 수 있어 마인크래프트 게임을 할 때와 마찬가지로 브릭을 재배열하고, 결합하는 등 빌더가 원하는 대로 바꿀 수 있다. 빌리지 세트에는 새로운 마이크로몹 피겨인 돼지, 주민, 좀비가 들어 있다.

경이로운 산속 동굴

2,863피스의 이 멋진 산속 동굴은 지금까지 출시된 마인크래프트 세트 중 가장 큰 모델이다. 이 세트에는 광산 수레 궤도, 엘리베이터, 빌더들이 회전하는 거미 스포너, 화로, 횃불에 불을 밝히는 데 사용하는 조명 브릭 등이 들어 있다.

21137 산속 동굴 (2017)

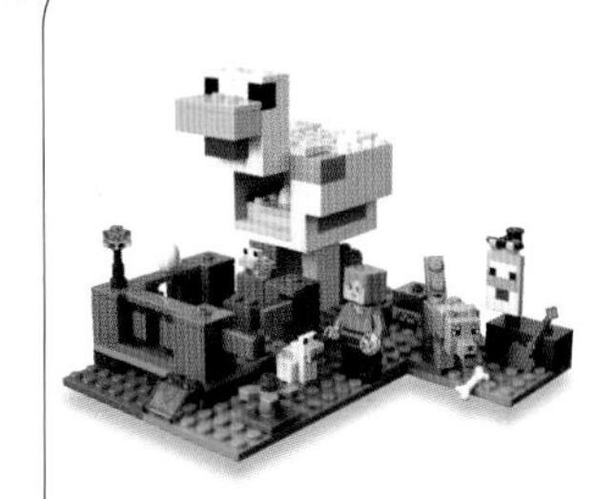

알을 낳는 브릭

2018년 출시한 이 닭장 세트는 달걀이 상자 안으로 직접 굴러 들어가도록 설계된 닭 모양의 닭장이 특징이다. 이 세트에는 알렉스, 닭 2마리, 병아리, 길들여진 늑대가 들어 있다.

21140 닭장 (2018)

21116 마이크로월드-조합상자(2014)

DIY 마인크래프트

마인크래프트의 첫 조합상자는 빌더들이 창의적으로 조립을 즐길 수 있도록 해주었다. 팬들은 이 세트에 들어 있는 518피스로 마인크래프트 생물체(또는 풍경)를 만들거나 여덟 가지 모델을 만들 수 있다.

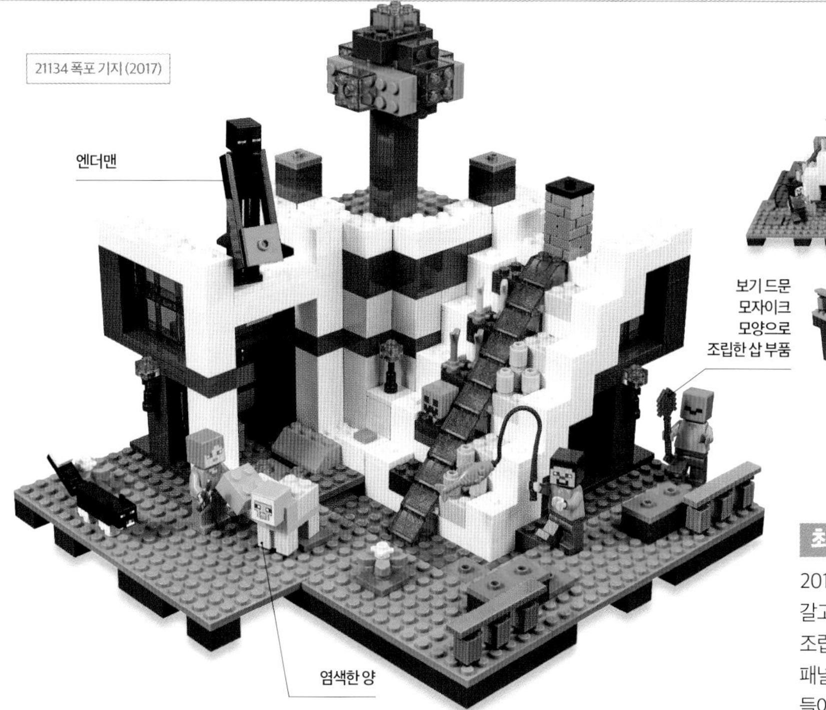

21134 폭포 기지(2017)

최고의 은신처

2017년 마인크래프트 팬들은 가상 세계에서 갈고닦은 기술을 사용해 최고의 은신처를 조립할 수 있었다. 이 세트에는 슬라이딩 패널을 통해 들어갈 수 있는 비밀 출입구가 들어 있다. 경첩 브릭은 모델을 쉽게 재구성할 수 있게 해주고 정교한 은신처 내부 구석구석을 감상할 수 있다.

마인크래프트 마을

이 빌리지 세트는 2016년 출시 당시 가장 큰 마인크래프트 세트로, 늘 모여서 싸움을 일삼던 이야기에서 벗어나 소박한 일상을 담았다. 빌더들은 시장, 도서관, 대장간에서 즐기며 시간을 보낼 수 있다.

21128 마인크래프트-빌리지(2016)

2013년 미니피겨가 브릭으로 조립한 마이크로몹을 대신하게 되었다.
이 빌리지 세트에는 폭이 1.5스터드인 독특한 머리가 달린 스티브, 알렉스, 그 외 여러 미니피겨가 들어 있다.

알렉스

스티브

주민

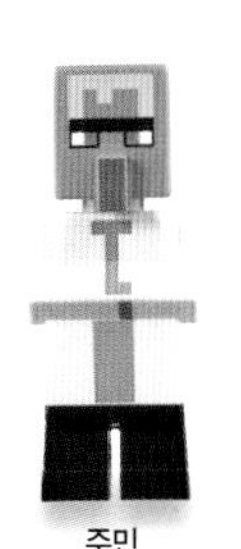

주민

좀비 주민

좀비

아기 돼지

돼지

크리퍼

철 골렘

엔더맨

레고® 스폰지밥 스퀘어팬츠™

스폰지밥(2006)

미니피겨 레고® 스폰지밥™은 평소보다 더 네모난 바지를 입고 있다.

1999년 TV 채널 니켈로디언에서 처음 방영한 만화 캐릭터 스폰지밥은 모든 미니피겨가 네모 바지를 입는 레고® 세상에 딱 맞는 캐릭터였다. 2006년부터 2012년까지 친근한 스폰지밥과 그의 친구들이 재미있는 레고 세트 14종에 등장했다.

네모 바지 스폰지밥

사악한 플랑크톤이 스폰지밥의 뇌를 꺼내자 익살스러운 모험이 펼쳐졌다. 레고 스폰지밥 피겨 중 유일하게 미니피겨 크기가 아닌 이 조립식 레고 스폰지밥은 키가 29cm에 달한다. 플랑크톤은 스폰지밥 머리 안에 있는 통제실에서 스폰지밥의 눈을 돌리고, 해파리 버블을 발사하고, 행복한 표정에서 슬픈 표정으로 스폰지밥의 얼굴을 바꿀 수 있다.

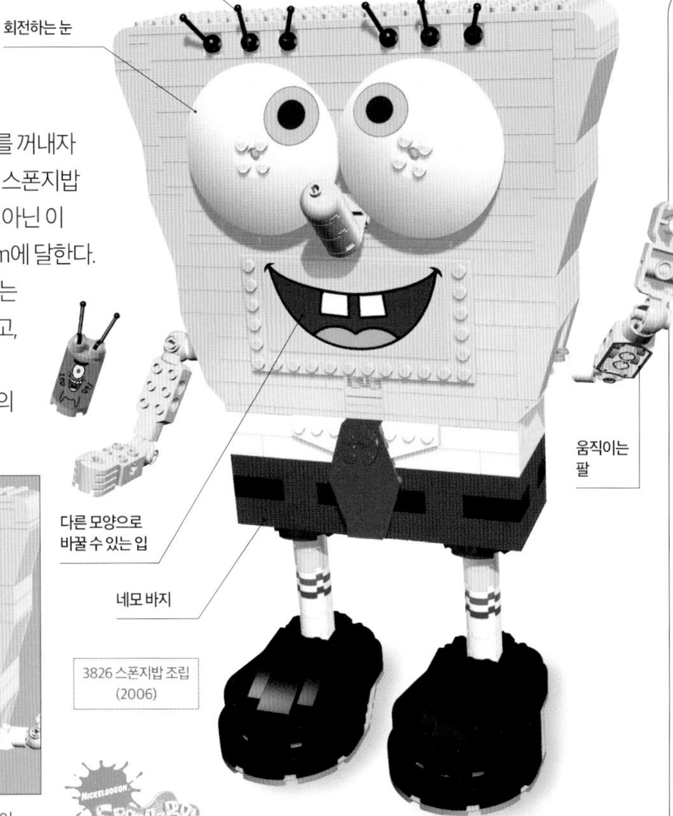

3826 스폰지밥 조립 (2006)

기어, 조종장치, 벽에 걸린 그림을 보니 플랑크톤이 이곳에 머물고 있는 게 맞는 것 같다.

3834 비키니 바텀의 착한 이웃들 (2009)

여러분, 안녕!

레고 스폰지밥도 바닷속의 커다란 오렌지색 파인애플에서 산다. 스폰지밥의 집을 주제로 한 레고 모델 중 두 번째 모델인 이 세트에는 암초 제거기와 패트릭의 마시멜로 발사기가 달린 보트가 들어 있다. 스퀴드워드는 이 모든 게 불만스럽기만 하다. 한 가지 좋은 게 있다면, 이번에 새로운 머리 부품을 갖게 되었다는 것이다.

레고 스폰지밥 캐릭터는 모양이 다양하다. 달팽이 개리는 초록색 체리 한 쌍으로 만든 눈 등 작은 레고 부품으로 조립해 만들었다.

달팽이 개리

스폰지밥

패트릭

스퀴드워드

크러스티 크랩 식당

스폰지밥은 미스터 크랩이 운영하는 크러스티 크랩에서 일한다. 미스터 크랩은 크랩 패티 비법을 플랑크톤에게 철저히 숨긴다. 레고의 크러스티 크랩 세트에는 패티의 비법을 지켜줄 안전장치, 쓰레기통, 스폰지밥의 직장 동료인 스퀴드워드에게 버거를 던져주는 패티용 그릴 등이 들어 있다.

3825 크러스티 크랩 (2006)

다양한 얼굴을 가진 스폰지밥

만화 속에 등장하는 스폰지밥은 다양한 표정을 지닌 친구다. 스폰지밥 미니피겨들은 재미있고 엉뚱한 표정이 그대로 담겨 있다. 로봇 행세를 하는 스폰지밥 미니피겨도 있다.

레고® 틴에이지 뮤턴트 닌자 터틀스™

니켈로디언에서 방영한 TV 시리즈와 여러 영화에 등장하는 틴에이지 뮤턴트 닌자 터틀스는 레오나르도, 도나텔로, 라파엘, 미켈란젤로로 구성된 닌자 거북이 팀이다. 2013년부터 출시된 많은 레고 닌자 터틀 세트에서 닌자 거북이 미니피겨들이 슈레더와 크랭을 비롯한 적들과 맞서 싸운다.

미켈란젤로와 다른 닌자 거북이들은 독특한 머리와 등딱지 부품이 달린 일반 미니피겨 몸통을 가지고 있다.

바닷속 추격전

거대한 거북이처럼 생긴 이 멋지고 튼튼한 잠수함을 열면 무기고, 미니 잠수함을 위한 공간, 잠수함을 조종하는 도나텔로가 나타난다. 터틀 잠수함이 악어 레더헤드의 도움을 받아 미니 잠수함을 타고 도망치는 크랭들을 뒤쫓고 있다.

79121 터틀 잠수함 바닷속 추격전 (2014)

레고 테크닉 대포

도그파운드

79104 쉘라이저 거리 추격전 (2013)

거리 위 전사

이 쉘라이저는 쓰레기를 발사하는 회전식 대포가 달린 닌자 거북이들의 화려한 전투 차량이다. 2013년 출시된 이 거리 추격전 세트에서는 레오나르도와 미켈란젤로가 쉘라이저를 타고 피자 배달 트럭에 유독성 진흙이 담긴 통을 싣고 다니는 도그파운드를 미행한다.

닌자 터틀의 은신처

2014년 닌자 터틀들이 영화에 다시 등장했고, 닌자 터틀 영웅들의 새로운 모습이 담긴 레고 세트 3개가 더 출시되었다. 새로 출시된 세트 중 가장 큰 세트는 888피스로 구성된 터틀 은신처 침공 작전 세트로 폭파시킬 수 있는 벽, 쇠창살 문이 떨어지는 함정, 숨겨진 기관총, 침입자들을 바로 감방으로 보낼 수 있는 기능을 갖춘 미끄럼틀 등이 들어 있다.

레버를 누르면 아래로 기울어진 미끄럼틀이 위로 올라가면서 평평한 상태가 되고 문으로 그 미끄럼틀을 막아 침입자를 가둘 수 있다!

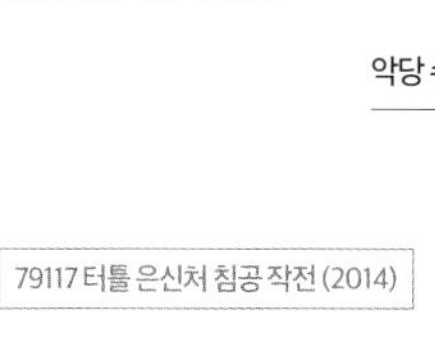

79117 터틀 은신처 침공 작전 (2014)

레고® 심슨™

<심슨 가족> 25주년을 기념해 레고 그룹이 20세기 폭스와 제휴해 레고 심슨 에피소드로 '브릭 라이크 미'를 제작하고, 상징적인 심슨 하우스를 레고 심슨의 첫 번째 모델로 출시했다. 레고 미니피겨 심슨 시리즈 2개와 두 번째 레고 심슨 세트도 잇따라 출시했다. 아주 훌륭하다!

세트 전체가 애니메이션에서 볼 수 있는 정교한 디테일로 가득하다. 바트의 침실에는 그가 가장 좋아하는 만화책 희귀본과 광대 크러스티의 포스터가 들어 있다.

즐거운 심슨 하우스

2,523피스로 구성된 이 심슨 하우스 세트는 스프링필드에서 가장 유명한 집을 레고 브릭으로 정확히 재현해냈다. 이 즐거운 심슨 하우스에는 바트와 리사의 침실, 파란색과 노란색 타일로 꾸민 주방, 낡익은 소파, 심슨 가족 미니피겨, 옆집에 살고 있는 인내심 강한 네드 플랜더스 미니피겨가 들어 있다.

71006 심슨™ 하우스 (2014)

마지 심슨　호머 심슨

이 세트의 정교한 미니피겨는 특별 제작한 머리가 달려 있다. 레고 미니피겨 시리즈 (세트 71005와 71009)에는 다양한 미니피겨가 들어 있다.

바트 심슨　리사 심슨　매기 심슨　네드 플랜더스

71016 레고® 심슨™ 퀵키마트 (2015)

편의점

원스톱 쇼핑이 가능한 퀵키마트에는 버즈 콜라를 포함한 다양한 음료, 비디오게임, 커피 자판기, 공중전화, 지붕에 있는 아푸의 텃밭 등 훌륭하고 멋진 기능과 액세서리로 가득하다.

레고® 스쿠비두™

2015년 레고 그룹은 해나-바베라 프로덕션이 제작한 클래식 TV 애니메이션 시리즈 <스쿠비두, 어디 있니!>를 모티브로 한 레고 스쿠비두 테마를 출시했다. 스쿠비두 테마로 출시된 세트 5개는 스쿠비갱, 화려한 색상의 자동차, 으스스한 장소가 특징이다.

서 있는 스쿠비는 이 세트를 포함한 단 두 세트에만 들어 있다. 다른 세트의 스쿠비는 앉은 자세를 취하고 있으며 겁에 질린 표정을 짓고 있다.

스쿠비두

뒷면에 달린 손잡이로 움직일 수 있는 시곗바늘과 회전하는 벽

야광 유령

입이 벌어지는 식인 식물

공포의 집

현재 가장 큰 스쿠비두 테마 세트는 860피스로 구성된 비밀의 맨션 모델이다. 이 으스스한 맨션의 온실에는 입이 쩍쩍 벌어지는 식인 식물이 들어 있다. 도둑맞은 금괴를 찾으려면 서둘러야 한다. 시곗바늘이 자정을 가리키면 뱀파이어가 나타난다. 맙소사!

섀기

벨마

다프네

사이드카가 달린 오토바이

75904 비밀의 맨션 (2015)

각 세트에 신비한 단서가 담긴 특별 부품이 들어 있다.

보물이 숨겨진 등대

유령이 출몰하는 등대에 숨긴 보물을 찾으려는 아이들이 또다시 나타났다. 아이들은 먼저 해골 동굴을 통과해야 한다. 등대지기와 늪속의 괴물이 침입자들을 공격하고 감옥에 가두기 위해 해골 동굴에서 기다리고 있다.

75903 유령이 출몰하는 등대 (2015)

비밀의 방을 옆으로 젖혀 열면 나타나는 황금 열쇠

등대지기

뒤쪽에 달린 바퀴를 돌리면 열리는 해골 동굴

늪속의 괴물로 변장한 악당 미스터 브라운

공중 매복

으악! 섀기와 스쿠비가 신기한 비행기를 타고 머리 없는 기수를 추적하고 있다. 빌더들은 햄버거 플릭 미사일을 발사해 머리 없는 기수를 말에서 떨어뜨리고 그의 호박 머리를 벗겨 정체를 밝힐 수 있다.

미스터리 머신과 똑같은 비행기 색상

75901 신기한 비행기 모험 (2015)

75902 신기한 기계 (2015)

미스터리 머신

스쿠비 팬들은 스쿠비두의 이 상징적인 미스터리 머신을 만들어 수수께끼를 푸는 장비로 사용한 뒤 숲에서 무사히 빠져나올 수 있다. 좀비의 정체도 밝힐 수 있다. 모든 문제를 해결한 스쿠비갱은 커다란 샌드위치로 승리를 자축할 수 있다.

레고® 쥬라기 월드™

레고® 공룡은 1990년대 레고® 듀플로® 세트로 처음 출시되었으며, 2001년 개봉한 영화 <쥬라기 공원 3>을 토대로 만든 레고 공룡 세트가 뒤이어 세상에 나왔다. 그러나 지금까지 출시된 제품 중 가장 강력하고 실감 나는 레고 파충류 모델은 2015년 개봉한 영화 <쥬라기 월드>와 2018년 후속작으로 나온 <쥬라기 월드: 폴른 킹덤>을 바탕으로 제작한 제품군에서 찾아볼 수 있다.

티라노사우루스를 위한 우리

이 차량은 공룡을 가두는 이동식 우리다! 수의사가 티라노스사우루스의 주의를 딴 데로 돌리는 동안 ACU 트루퍼가 작살 모양 슈터를 발사해 도망치는 공룡을 저지할 준비를 하고 있다.

75918 T-렉스 추적자 (2015)

도망 다니는 공룡

인도미누스 렉스가 쥬라기 월드 테마의 가장 큰 세트에서 날뛰고 있다. 인도미누스 렉스는 벽을 무너뜨려 제한 구역을 탈출하고 헬리콥터, 먹이 투입용 크레인을 이용해 공룡을 다시 우리 안으로 유인할 수 있다.

75919 인도미누스 렉스™의 탈옥 (2015)

랩터의 탈출

전기가 통하는 우리를 설치해놓아도 노련하고 똑똑한 공룡 찰리와 에코는 막을 수가 없다. 다행히 용감한 배리가 튼튼한 오프로더를 타고 플릭 미사일을 발사하면서 상황을 진압하고 있다.

75920 랩터의 탈출 (2015)

헬리콥터 추격전

오웬과 켄이 이 폴른 킹덤 세트에서 벨로키랍토르 블루를 잡기 위해 나섰다. 켄의 헬리콥터에는 공룡 크기에 맞는 우리, 6연발 속사포, 회전하는 헬리콥터 날개가 장착되어 있다. 오웬의 ATV는 공룡 알을 수송하기 위한 탈착식 트레일러가 있다.

75928 쥬라기 월드 블루의 헬리콥터 추격전 (2018)

10758 쥬라기 월드 T-렉스의 탈출 (2018)

핫도그 미끼

쥬라기 월드 주니어 세트에서는 막대에 매달린 핫도그만큼 달아난 T-렉스를 유인해 다시 가두는 데 효과적인 것도 없다.

레고® 고스트버스터즈™

만약 레고® 상자 안에서 뭔가 이상한 일이 벌어진다면 어디로 연락을 하겠는가? 맞다, 레고® 고스트버스터즈™! 1980년대 원작 영화와 2016년 리부트 작품을 바탕으로 한 레고 세트에 모두를 위한 유령 퇴치단과 훌륭한 조력자가 등장한다.

미니피겨들은 파이어 폴을 타고 내려와 엑토-1을 타고 신속하게 출동할 수 있다.

소방본부

소방본부는 4,634피스로 조립할 수 있다. <고스트버스터즈>와 <고스트버스터즈 2>의 멋진 디테일을 재현한 내부를 들여다볼 수 있다. 레고® 아이디어 고스트버스터즈™ 엑토-1(세트 21108)이 고스트버스터즈 소방본부의 문을 열고 내부로 들어갈 수 있다.

고스트버스터즈 소방본부 내부에는 연구실, 주방, 침실, 암실, 심지어 슬라임으로 뒤덮인 변기가 있는 욕실까지 들어 있다!

고스트버스터즈 소방본부에 포함된 미니피겨로는 고스트버스터즈 대원 4명, 유령에 홀린 다나와 루이스, 비서 제닌, 유령 4명, 탐욕스러운 녹색의 먹보 유령 슬라이머 등이 있다.

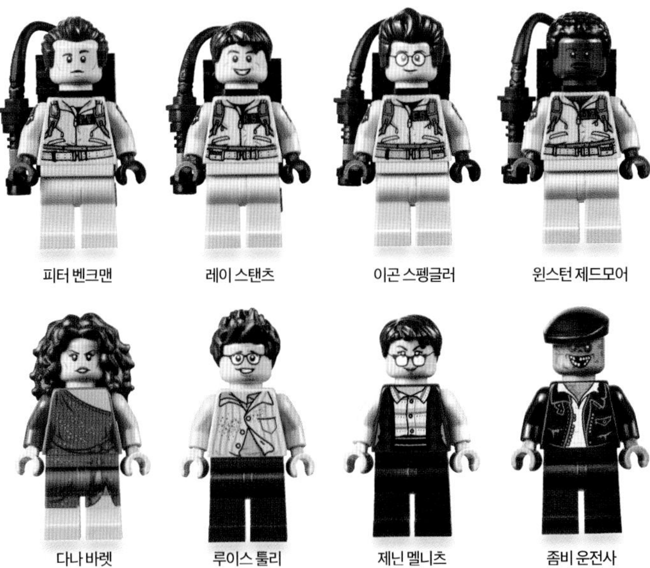

엑토 리부트

프로톤 팩(유령을 퇴치하거나 포획할 때 사용하는 장비_옮긴이)을 착용한 고스트버스터즈 대원 애비 예이츠, 에린 길버트, 질리언 홀츠먼, 패티 톨런이 등장하는 2016년판 세트에는 신형 엑토-1이 들어 있다. 비서 케빈도 팀에 합류했다.

75828 엑토-1 & 2 (2016)

초자연체 탐지 장비

프로톤 팩

고스트 트랩

엑토-2를 타고 있는 케빈

60년 후, 작은 레고® 브릭은 그 어느 때보다 큰 인기를 누렸다. 그러나 오늘날 레고의 인기는 범위가 훨씬 더 커졌다. 책, 의류, 비디오게임은 물론이고 테마파크, 소셜 앱, 블록버스터 영화까지 사람들이 레고를 체험할 수 있는 기회가 무궁무진하다. 다시 레고 본연의 클래식 브릭으로 돌아가보면, 뛰어난 레고 팬 중 일부는 레고 조립을 단순히 취미로 즐기는 데 머물지 않고 전업으로 삼아 레고 창작 예술가로 활동하고 있다.

2017년 레고 브릭을 쌓아 올린 형상의 또 다른 랜드마크인 레고 하우스가 덴마크 빌룬에서 대중에게 개방되었다.

LEGO

1960년대에 연간 약 2만 명의 방문객이 레고® 공장을 찾았다. 레고 그룹 소유주인 고트프레 키르크 크리스티안센이 여기서 영감을 받아 공장 근처에 방문객을 위한 레고랜드를 지었다.

레고랜드® 유럽

1968년 세계 최초의 레고랜드® 테마파크가 덴마크 빌룬에 개장했다. 레고 그룹 본사 바로 옆에 위치한 이 레고랜드는 전 세계 가족들의 관심을 한 몸에 받는 마법의 테마파크로 이미 특별한 장소로 자리매김했다. 1996년 두 번째 레고랜드가 영국 윈저에 문을 열었고, 2002년에는 독일 귄츠부르크에서 세 번째 레고랜드가 탄생했다.

레고랜드의 레고레도 타운에 있는 시팅 불은 175만 개가 넘는 브릭으로 조립한 조형물로 전 세계에서 가장 큰 레고 조각상이다.

레고랜드® 빌룬

1968년 이후 레고랜드® 빌룬은 테마파크 내 인기 명소는 그대로 유지하고 새로운 명소를 추가하면서 처음 개장할 때보다 4배 이상 큰 규모로 확장되었다. 2018년에는 레고랜드 빌룬 개장 50주년 기념으로 서부 개척 시대 테마의 플라잉 이글 롤러코스터를 신설해 레고레도® 타운을 확장했다. 레고랜드 정문에도 방문객을 환영하는 거대한 레고 공룡을 설치해 새롭게 단장했다.

1968년과 마찬가지로 지금도 레고랜드 빌룬 방문객들은 레고 트래픽 스쿨에서 생애 첫 운전면허증을 발급받을 수 있다.

미니랜드

모든 레고랜드 테마파크의 중심에는 전 세계 랜드마크가 정교한 레고 조형물과 실제로 움직이는 레고 차량으로 재현한 미니랜드가 자리하고 있다. 레고랜드 빌룬에는 울창하고 거대한 정원 속에서 2,000만 개가 넘는 브릭으로 조립해 만든 미니랜드가 있다.

레고랜드® 독일

독일 바이에른주의 귄츠부르크에 있는 레고랜드® 독일은 슈투트가르트와 뮌헨에서 불과 한 시간 거리에 있으며, 세계 최초의 레고랜드 홀리데이 빌리지가 자리한 곳이다. 43m 높이의 전망대에서는 홀리데이 빌리지 안에 있는 모든 성은 물론이고 넓게 펼쳐진 미니랜드, 고가 철로를 달리는 자동차인 'Pedal-A-Car', 롤러코스터인 '더 그레이트 레고® 레이스'를 한눈에 볼 수 있다.

알리안츠 아레나 축구 경기장은 레고랜드 독일의 미니랜드에서 가장 큰 모델로 100만 개가 넘는 브릭으로 만들었다.

홀리데이 빌리지

레고랜드 독일에서 오랫동안 머물며 즐기고 싶다면 홀리데이 빌리지 안에 있는 성, 테마별 오두막 또는 커다란 통에서 하룻밤 묵을 수 있다. 레고랜드 빌룬에도 닌자를 테마로 한 오두막을 갖춘 홀리데이 빌리지가 있다.

레고랜드 독일의 홀리데이 빌리지 안에 있는 숙소 테마에는 나이츠, 해적, 레이서, 익스플로러, 고대 이집트 테마가 포함되어 있다.

레고랜드 윈저 방문객들은 레고 닌자고 놀이 기구를 타면서 닌자 기술을 사용하게 된다.

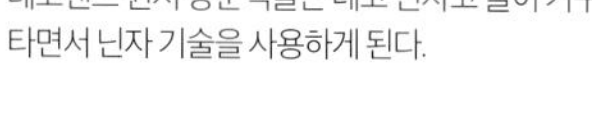

레고® 닌자고® 월드

닌자가 되고 싶은 사람은 레고® 닌자고® 월드에 마련된 균형, 속도, 민첩성, 창의성 테스트를 통해 기술을 연마해야 한다. 닌자 기술을 갖춰야만 레고 닌자고 더 라이드 LEGO NINJAGO The Ride를 탈 수 있다. 3D 영상 투사 장치와 최첨단 몸짓 인식 기술을 자랑하는 이 놀이 기구는 탑승자들이 간단한 손놀림으로 불, 얼음, 번개, 충격파 등을 던지고 쏠 수 있게 해준다.

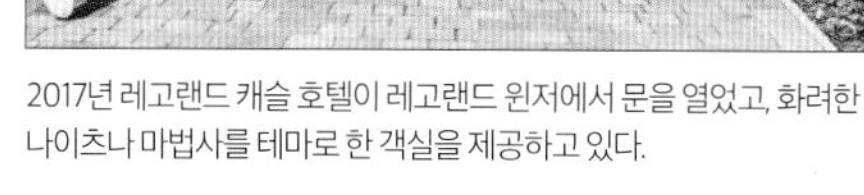

2017년 레고랜드 캐슬 호텔이 레고랜드 윈저에서 문을 열었고, 화려한 나이츠나 마법사를 테마로 한 객실을 제공하고 있다.

레고랜드® 윈저

영국의 윈저 메이든헤드 왕립구에 간다고 해서 영국 여왕을 반드시 볼 수 있는 것은 아니지만, 레고랜드® 윈저 테마파크에 가면 미니랜드 안에 있는 영국 여왕을 언제든지 만나볼 수 있다. 런던 중심부에서 불과 40km 떨어진 곳에 있는 세계 최대 레고랜드 테마파크에는 하트레이크 시티의 레고® 프렌즈와 레고 닌자고 월드의 최고 스타인 닌자가 살고 있다.

레고랜드® 미국

1968년 최초의 레고랜드®는 미국의 서부 개척 시대 일부를 재현한 제품이지만, 미국에는 1999년에야 레고랜드® 캘리포니아가 서부 해안에 문을 열었다. 12년 후 4,000km 떨어진 동부 해안에서 레고랜드® 플로리다가 뒤이어 문을 열었고, 2020년에는 뉴욕에 미국의 세 번째 레고랜드가 들어설 예정이다.

2017년 레고랜드 캘리포니아가 세계에서 가장 긴 레고 스타워즈 미니랜드 모델인 4.8m짜리 퍼스트오더 스타 디스트로이어를 세상에 공개했다.

레고랜드® 캘리포니아

해안가의 휴양도시 칼스배드에 위치한 레고랜드 캘리포니아는 세계 최초의 레고랜드® 워터파크다. 레고랜드® 캘리포니아는 레고 시티 딥 시 어드벤처City Deep Sea Adventure, 16m 높이의 레고 테크닉 롤러코스터, 레고® 스타워즈™ 미니랜드, 미국 라스베이거스, 뉴욕, 샌프란시스코, 워싱턴 DC의 여러 랜드마크를 3,200만 개가 넘는 브릭으로 재현해낸 미니랜드 미국 등을 자랑하는 테마파크다.

레고랜드 워터파크

2010년 레고랜드 캘리포니아 안에 개장한 이 워터파크는 수영장 놀이 시설과 레고 조립의 창의적 공간이 한데 어우러진 곳이다. 워터파크 방문객들은 커다랗고 부드러운 레고 브릭으로 만든 래프트를 타거나 물을 분사하는 코가 달린 거대한 레고® 듀플로® 코끼리를 구경하거나, 200m가 넘는 물 미끄럼틀을 탈 수 있다.

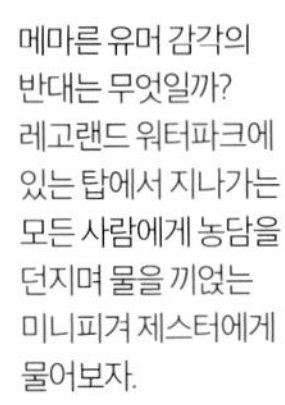

메마른 유머 감각의 반대는 무엇일까? 레고랜드 워터파크에 있는 탑에서 지나가는 모든 사람에게 농담을 던지며 물을 끼얹는 미니피겨 제스터에게 물어보자.

2018년 레고랜드 캘리포니아에 새로 생긴 레고 시티 딥 시 어드벤처는 실제 상어와 노랑가오리가 함께 하는 잠수함 모험이다.

레고랜드® 플로리다

플로리다주의 햇볕이 내리쬐는 도시 윈터 헤이븐에 위치한 세계에서 두 번째로 큰 레고랜드 테마파크는 규모가 0.6km^{2}에 달한다. 1930년대부터 한 테마파크가 그 자리에 있었고, 레고랜드 플로리다가 80여 년 전 처음 식물을 심기 시작해 조성된 울창한 식물원을 계속 관리하고 있다. 최근 들어 신설된 명소로는 아름다운 레이크 덱스터 근처에 자리한 레고 테마 휴양 시설인 레고랜드 비치 리트리트Beach Retreat가 있다.

레고랜드 플로리다의 미니랜드 미국에는 근처에 자리한 케네디 우주 센터의 모습을 담아낸 멋진 레고 모델들이 포함되어 있다.

레고랜드 플로리다의 식물원에 있는 반얀나무는 1939년에 묘목 형태로 들여와 심은 것이다.

레고랜드 플로리다의 한 주차장은 차에 내리쬐는 햇볕을 가리기 위해 태양 전지판을 사용하고 있으며, 1년간 250가구에 전력을 공급할 수 있을 만큼 충분한 에너지를 얻고 있다.

레고랜드® 뉴욕

2020년 개장할 예정인 북미의 세 번째 레고랜드 테마파크는 2017년 10월에 공식적으로 세상에 알려졌다. 맨해튼에서 90분 안에 도착할 수 있는 거리에 위치한 고센 지역에 문을 열 레고랜드® 뉴욕에는 레고 시티, 레고 프렌즈, 레고 닌자고®, 해적의 해변, 브릭토피아, 레고 팩토리 존, 250개의 테마 객실이 딸린 레고랜드 호텔이 포함된다.

레고랜드 뉴욕의 중심부에는 맨해튼 시내와 뉴욕을 상징하는 자유의 여신상을 재현한 미니랜드가 들어설 것이다(위 사진의 자유의 여신상은 레고랜드 플로리다에서 볼 수 있다).

레고 에듀케이션

레고랜드 뉴욕은 스팀STEAM(과학, 기술, 공학, 인문, 수학) 학습에 중점을 둔 교육 프로그램을 연중 운영할 계획이다. 레고랜드 테마파크에는 아이들에게 영감을 주고 도전 의식을 심어줄 '에듀테이너edutainers'와 함께 즐겁게 배울 수 있는 이매지네이션 존과 브릭토피아 같은 구역들이 마련되어 있다.

특별 행사

레고랜드 테마파크에서는 즐거운 크리스마스 행사, 레고 닌자고 데이, 레고 스타워즈 데이 등 연중 특별한 행사가 열린다. 거의 매년 4월 레고랜드 플로리다는 참가자들이 테마파크를 달리거나 걸어 다니면서 자선 기금을 모금하는 '브릭 대시 5K Brick Dash 5K' 행사를 주최한다.

으스스한 미니피겨 캐릭터와 거대한 브릭으로 만든 호박은 레고랜드 플로리다에서 열리는 '브릭 오어 트리트Brick or Treat' 핼러윈 행사의 즐거움 중 하나다.

레고랜드 테마파크는 12m 높이의 레고 크리스마스트리로 크리스마스를 기념한다.

레고랜드® 아시아

2012년 아시아 지역에서는 처음으로 말레이시아에 레고® 테마파크가 개장하면서 레고랜드®가 더 넓은 세계로 뻗어나가게 되었다. 2016년 가을, 그 여세를 몰아 레고랜드® 두바이가 중동에 문을 열었고, 그로부터 6개월이 채 지나지 않아 레고랜드® 일본이 나고야에서 개장했다. 현재 더 많은 레고랜드 테마파크가 지구상 가장 큰 대륙인 아시아에서 개장할 예정이다.

세계에서 가장 높은 레고 건축물은 레고랜드 두바이의 미니랜드에 있는 부르즈 할리파 모델로 높이가 17m에 달한다. 브릭 43만9,000여 개로 이 모델을 조립해 완성하는 데 무려 5,000시간이 넘게 걸렸다.

레고랜드® 두바이

두바이 파크 앤 리조트에 위치한 레고랜드 두바이와 레고랜드 워터파크는 중동에서 가장 큰 통합형 레저 시설을 즐길 수 있는 지역에 들어서 있다. 레고랜드 두바이의 경우, 창이 달린 거대한 돔으로 에워싼 독특한 디자인의 실내형 미니랜드를 포함한 여섯 가지 레고 테마랜드를 만드는 데 6,000만 개가 넘는 레고 브릭이 사용되었다. 레고랜드 두바이에서 가장 큰 놀이 기구는 실내·외를 넘나드는 16m 높이의 드래곤 롤러코스터다.

레고랜드 두바이의 4D 영화관은 중동에서 영화 <레고® 무비™ 4D: 뉴 어드벤처THE LEGO® MOVIE™ 4D: A New Adventure>를 연기나 바람 등과 같은 생생한 특수 효과와 함께 즐기며 관람할 수 있는 유일한 장소다.

식사

먹고 싶은 것이 무엇이든 레고랜드 테마파크에 가면 입맛에 맞는 음식을 발견할 것이다! 레고랜드 두바이에는 파스타부터 계핏가루를 뿌린 따뜻한 그래니 스미스 사과튀김까지 다양한 메뉴를 카페와 식당 10곳에서 맛볼 수 있다.

레고랜드® 일본

나고야에 있는 레고랜드® 일본을 방문하는 사람들은 레고 팩토리 투어 건물 바로 밖에 있는 브릭으로 조립한 거대한 드래곤을 볼 수 있다. 레고랜드® 일본의 미니랜드에서는 오사카, 삿포로, 도쿄, 교토, 미야지마, 고베의 유명한 랜드마크를 구경할 수 있고, 테마파크 전경은 50m 높이의 전망대에서 감상할 수 있다.

레고랜드 일본 호텔에서는 사람들만 머물 수 있는 게 아니다. 호텔에는 멋진 레고 모델과 함께 살고 있는 해마, 문어, 해파리를 위한 시 라이프Sea Life 아쿠아리움도 있다.

레고랜드 일본의 미니랜드에서 공들여 재현한 모델에는 나고야 성(사진), 교토의 금각사, 도쿄 타워 등이 있다.

레고랜드® 말레이시아

이스칸다 푸트리의 해안 도시에서 축구장 50개 면적을 가로지르며 자리한 레고랜드® 말레이시아는 레고 시티, 레고 테크닉, 레고 닌자고® 월드를 포함한 테마 구역 8곳을 포함하고 있다. 또 레고랜드® 말레이시아에는 워터파크, 레고랜드 호텔, 아시아 17개국을 대표하는 명소를 감상할 수 있는 멋진 미니랜드가 있다. 미니랜드에 전시된 모델로는 인도의 타지마할과 말레이시아의 페트로나스 트윈 타워 등이 있다.

레고랜드 말레이시아의 레고랜드 호텔 투숙객들은 닌자고 테마 객실에서 묵고 닌자 카이의 스시 바에서 식사를 할 수 있다.

그레이트 레고 레이스

2017년 레고랜드 말레이시아는 세계 최초의 레고 가상 현실 롤러코스터인 '그레이트 레고 레이스The Great LEGO Race'를 운행하기 시작했다. 최첨단 VR 헤드 기어를 착용한 뒤 롤러코스터가 꺾이고 회전하고 오르내리는 모든 움직임과 동기화된 레고 세상에서 직접 레이스를 펼치는 듯한 짜릿한 경험을 할 수 있다.

그레이트 레고 레이스를 타면 마치 비디오게임 속으로 들어간 듯하다. 2018년 미국과 유럽에 있는 레고랜드 테마파크에서도 이 가상 현실 롤러코스터를 운행하기 시작했다.

레고 팩토리 투어

레고랜드 일본에 있는 레고 팩토리 투어에 참여하면 공장에서 갓 나온 레고 브릭을 집으로 가져올 수 있다. 미국과 유럽의 레고랜드 테마파크에 있는 레고 팩토리 존에서도 레고 브릭이 어떻게 만들어지는지 알 수 있다

레고랜드 디스커버리 센터

브릭으로 조립한 거대한 기린이 시카고 바로 외곽에 위치한 미국 최초의 레고랜드 디스커버리 센터의 출입문보다 훨씬 더 크다. 거대한 기린들이 전 세계의 많은 디스커버리 센터를 찾는 방문객을 맞이하고 있다.

레고랜드® 디스커버리 센터에 들어가는 것은 마치 거대한 장난감 상자 속으로 뛰어드는 것과 같다. 그 안에서는 꼭 갖고 싶던 레고® 브릭뿐 아니라 놀이 기구, 영화 관람, 조립 워크숍, 레고 팩토리 투어까지 다양한 레고 세계를 경험할 수 있다. 최초의 레고랜드 디스커버리 센터는 2007년 독일에 문을 열었고, 현재 미국, 캐나다, 중국, 일본, 호주, 영국 등지에도 센터가 있다.

창의력을 높이는 워크숍

모든 레고랜드 디스커버리 센터에는 레고 브릭으로 무엇이든 조립해 만들 수 있는 레고 장인인 마스터 빌더가 있다. 가장 가까운 레고랜드 디스커버리 센터에서 제공하는 일반 빌더를 위한 워크숍 중 하나에 참석해 자신만의 걸작을 만드는 방법을 레고 전문가에게 배워보자.

레고랜드 디스커버리 센터를 방문한 이 아이들 중 일부는 분명 미래에 마스터 모델 빌더가 될 것이다.

멀린의 제자

멀린의 세 제자가 되기 위해 필요한 것을 가지고 있는가? 무엇이 필요한지 알아내기 위해 마법사의 도서관 안으로 들어가 레고 브릭으로 만든 날아다니는 소파에 올라타자. 가능한 한 빨리 페달을 밟아 멀린이 마법을 부릴 수 있도록 도와라. 페달을 빠르게 밟을수록 더 높이 날 수 있다!

레고® 레이서 빌드 & 테스트

경주용 자동차를 만드는 데 필요한 부품은 레고 레이서 빌드 & 테스트 존에서 찾을 수 있다. 완성한 자동차는 얼마나 빨리 달릴까? 타이머가 0.01초까지 정확한 테스트 트랙으로 속도를 측정해보자. 브릭 단 한 개만 달라져도 속도에 큰 차이가 생길 수 있다.

미니랜드

가장 가까운 레고랜드 디스커버리 센터에 있는 미니랜드를 방문하면, 그 지역의 모든 명소를 한곳에서 구경할 수 있다. 레고 브릭 수십만 개로 만든 활기차고 빛을 내는 입체 모형은 레고랜드 테마파크의 미니랜드에 있는 모델보다 훨씬 더 기발한 축소판이다. 모델 대부분 미니피겨 스케일로 제작했다.

시카고의 미시간호 연안에 있는 네이비 피어는 그곳에서 볼 수 있는 유명한 관람차, 회전목마 등과 함께 각양각색의 브릭으로 정확히 재현되었다.

4D 시네마

레고랜드 디스커버리 센터에서 상영하는 3D 영화는 비, 바람, 번개, 심지어 눈까지 느낄 수 있는 효과가 더해져 한 차원 더 높은 영화로 탈바꿈한다. <레고® 무비™ 4D: 뉴 어드벤처>와 <레고 닌자고 4D: 스크롤 오브 더 포스 디멘션LEGO NINJAGO 4D: Scrolls of the 4th Dimension> 같은 다양한 단편영화도 하루 종일 상영한다.

늘 새로운 디스커버리 센터

레고랜드 디스커버리 센터는 늘 새롭게 변화한다. 센터들도 저마다 다르게 운영된다. 가장 최근 새롭게 제공하기 시작한 레고® 닌자고® 시티 어드벤처는 현재 일부 센터에서만 찾아볼 수 있지만, 점점 더 많은 레고랜드 디스커버리 센터에서 제공하고 체험하게 될 것이다.

레고 닌자고 시티 어드벤처를 찾은 방문객들은 벽 등반이나, 밧줄 다리, 나선형 미끄럼틀 등을 이용해 만든 닌자 기술을 직접 체험해볼 수 있다.

레고® 듀플로®

모든 디스커버리 센터에는 영·유아 레고 팬들이 즐길 수 있는 레고® 듀플로® 농장이나 레고 듀플로 빌리지 플레이 존이 있다. 부모와 함께 레고 듀플로를 조립하거나, 소프트 플레이 구역에서 미끄럼틀을 타고 내려와 스펀지 레고 브릭에 손을 넣으며 놀 수도 있다.

그 밖의 다른 것들!

모든 레고랜드 디스커버리 센터에는 상점과 카페가 있다. 또 일부 센터에서는 브릭 공장을 견학할 수 있는 팩토리 투어를 운영한다. 팩토리 투어에서는 안전모를 착용하고 레고 브릭이 만들어지는 전 과정을 자세히 살펴볼 수 있다.

레고® 스토어

레고® 스토어만큼 재미있는 곳을 찾기란 쉽지 않다!
레고 스토어에는 레고 세트 수천 개가 쌓여 있을 뿐 아니라
아주 멋진 레고 조형물, 직접 조립해볼 수 있는 구역,
고객만큼 레고 조립을 좋아하는 레고 전문 직원들이 있다.
전 세계에 100개가 넘는 레고 스토어가 있고,
가장 큰 레고 스토어는 영국 런던의 레스터 스퀘어에 있다.

놀며 즐기는 공간

레고 스토어에서는 언제든 브릭을 조립할 수 있으며, 월간 행사인 미니 빌드에서는 아이들이 브릭 전문가와 함께 특별 한정판 세트를 만들고 완성된 모델을 무료로 가져갈 수 있다.

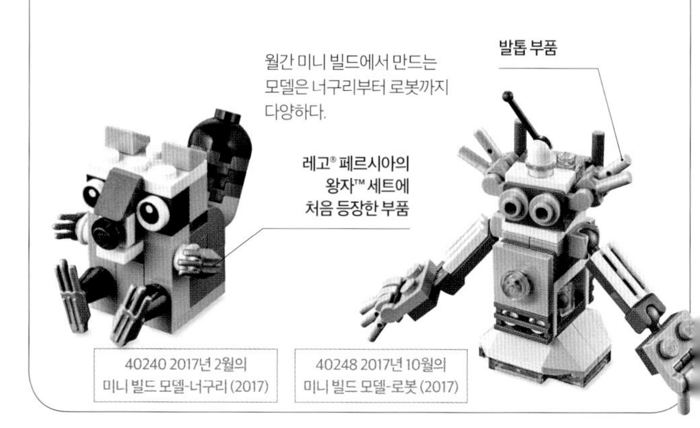

런던 레스터 스퀘어에 있는 화려한 레고 스토어는 실내 조명등도 거대한 레고 브릭의 밑면과 같은 모양이다.

골라서 조립하기

컵을 들고 레고 스토어의 픽 & 빌드 벽면으로 가 필요한 부품으로 채울 수 있다. 부품 가격은 컵 수로 책정하니 컵에 부품을 가득 채운다. 레고 스토어에는 다양한 부품으로 맞춤형 미니피겨를 조립할 수 있게 해주는 '빌드 어 미니Build a Mini' 타워도 있다.

브릭 스페셜리스트

레고 스토어에는 레고의 모든 제품군을 속속들이 잘 알고 있는 브릭 전문가들이 일하고 있다. 그들은 고객이 원하는 완벽한 세트를 찾을 수 있도록 돕는 일에 보람을 느낀다.

드래곤 브리클리

드래곤 브리클리는 구불구불한 모습으로 매달려 있다. 긴 몸통은 벽을 뚫고 들어갔다 나온 형상이며, 레고 세트를 바라보면서 신이 난 표정을 짓고 있다.

디지털 박스

레고 세트를 들고 디지털 박스 앞으로 가면 완성된 모델을 두 눈으로 확인할 수 있다. 이 신기한 디지털 박스는 증강 현실을 이용해 고객이 들고 있는 세트의 3D 모델을 화면에 띄워 보여주고, 손에 든 상자를 돌리며 모든 각도에서 그 모델을 감상할 수 있다. 일부 레고 스토어에는 모자이크 메이커도 설치되어 있다. 이 기계는 고객의 모습을 카메라로 포착해 레고 모자이크 초상화를 완성할 수 있는 브릭과 조립 설명서를 제공한다.

VIP 전용 혜택

무료 레고® VIP 카드를 신청하면 레고 스토어와 shop.LEGO.com에서 제품을 구입할 때마다 포인트를 적립할 수 있다. 제품 구매에 따른 무료 사은품 증정과 같은 여러 혜택을 누릴 수 있다.

40178 레고® 매장 VIP 세트 (2017)

미안하지만, 판매용이 아니다

일부 레고 스토어에는 거대한 레고 조형물이 설치되어 있다. 런던 레스터 스퀘어에 있는 레고 스토어에는 높이 2m에 길이 5m인 레고의 지하철 객차가 있다. 맨해튼의 플랫아이언 지구에 있는 레고 스토어에서는 거대한 자유의 여신상 횃불과 연대별로 전시된 레고 조형물을 볼 수 있다. 아쉽지만 아무리 맘에 들어도 집에 가져갈 수는 없다.

영국 런던 레스터 스퀘어의 레고 스토어 방문객은 지하철 승객인 거대한 미니피겨 윌리엄 셰익스피어와 영국군 근위병 사이에 앉아 사진을 찍을 수 있다.

뉴욕 맨해튼 플랫아이언 지구의 레고 스토어는 1700년대부터 현재까지 이 지역의 모습을 담은 레고 조형물과 벽화를 통해 지역 주민의 변천사를 조명하며 경의를 표한다.

레고® 하우스

레고® 브릭의 마법과 놀이의 무한한 가능성을 기념하기 위해 덴마크 빌룬에 건립한 레고® 하우스는 면적이 1만2,000㎡에 달하는 방문객 체험 하우스다. 최초의 레고 브릭이 생산된 곳에서 얼마 떨어지지 않은 곳에서 2017년 새롭게 문을 연 이 획기적인 건물에는 방문객이 무료로 이용할 수 있는 여러 테마 공간과 입장권을 내고 들어가는 체험 공간이 한데 어우러져 있다. 방문객이 체험을 통해 상상력을 펼칠 수 있도록 설계한 레고 하우스에는 2,500만 개가 넘는 레고 브릭이 있다.

옥상 테라스

레고 하우스 건물 옥상에는 재미있는 놀이와 멋진 사진을 찍을 수 있는 9개의 지붕 테라스가 있다. 레드 존 테라스에서는 낙타 그네를 타고, 블루 존 테라스에서는 상어를 피해 다니고, 그린 존 테라스에서는 이륙하기 전의 우주 로켓을 탐험할 수 있다.

브릭의 고향

거대한 레고 브릭 21개를 쌓아 올린 듯한 모습의 레고 하우스는 카페 1곳, 레스토랑 2곳, 레고® 스토어 1곳이 각각 자리 잡고 있는 네모난 공간에 둘러싸여 있다. 사람들로 북적이는 공공장소 너머로 자유롭게 뻗어 있는 네 가지 색상의 테마 구역에서는 레고 브릭으로 즐길 수 있는 다양한 놀이를 체험할 수 있다.

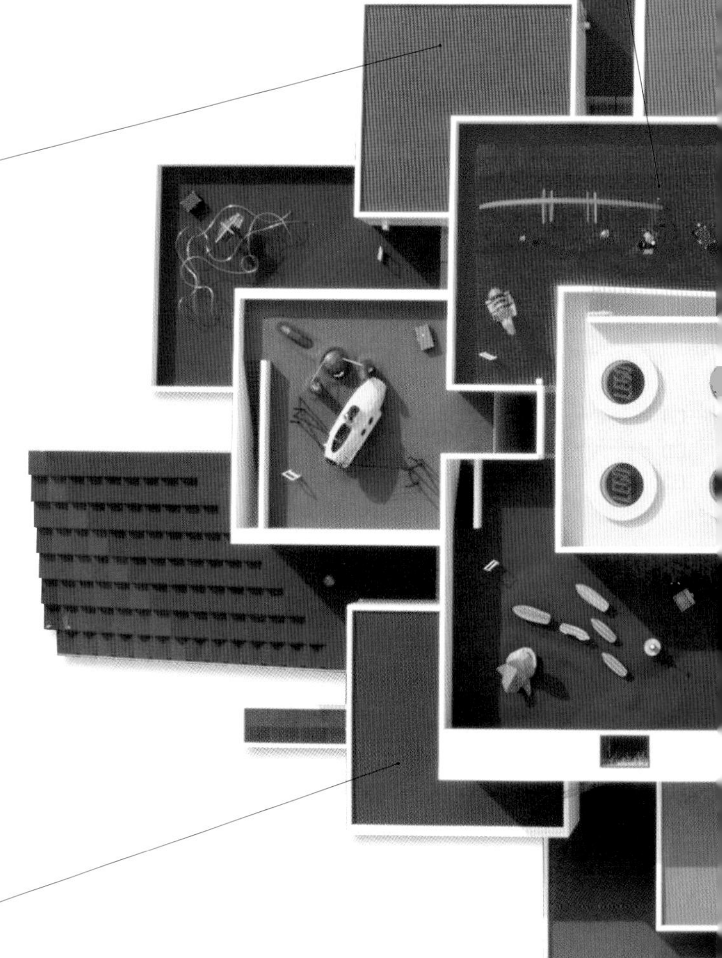

레드 존

레고 브릭이 가득 찬 레드 존은 방문객이 창의성을 발휘할 수 있는 공간이다. 영·유아 방문객들은 특별히 마련된 레고® 듀플로® 전용 구역에서 즐길 수 있고, 전 연령대의 방문객은 레고 전문가들이 일일 레고 조립 수업을 진행하는 크리에이티브 랩을 찾아가 참여할 수 있다.

블루 존

블루 존에서는 인지력과 논리력을 발휘하는 놀이를 즐길 수 있다. 로봇 프로그래밍하기, 시티 아키텍처 시뮬레이터로 도시 계획하기, 레고 자동차 속도 측정하기 등을 통해 놀이가 문제 해결과 어떤 식으로 연결될 수 있는지를 체험할 수 있다.

나만의 레고 하우스

레고 하우스에 입점해 있는 레고 스토어를 찾는 방문객은 레고 하우스의 축소판 모델을 구입할 수 있다. 774피스로 구성된 레고® 아키텍처 세트인 이 레고 하우스 모델은 레고 하우스에 있는 레고 스토어에서만 독점 판매한다. 레고 수집가들 사이에 큰 인기를 누리고 있다.

21037 레고® 하우스 (2017)

레고 하우스 맨 꼭대기에는 키스톤 갤러리 Keystone Gallery가 있다. 원형 채광창 8개가 달린 이 갤러리 외관은 거대한 레고 브릭을 닮았다.

옐로 존

옐로 존에서는 레고 조립이 활기를 띤다. 레고 동물과 꽃을 만든 뒤 레고 생태계 안에 풀어주면 어떤 일이 벌어지는지 지켜보자. 물고기가 친구를 사귈까? 달팽이는 어떻게 위로해줄까? 옐로 존은 놀이를 통해 감정을 표현하고 느끼며 관찰할 수 있는 공간이다.

그린 존

그린 존에서는 방문객이 자신만의 미니피겨를 만들어 3개의 미니피겨 세상을 배경으로 짧은 이야기를 엮어나갈 수 있다. 또 그린 존의 스토리 랩에서는 자신이 만든 이야기를 직접 연출해 레고 미니 영화를 제작할 수 있다.

창의력 나무

레고® 하우스 내부 한가운데에는 역대 가장 큰 레고 조형물 중 하나인 '창의력 나무'가 있다. 높이가 15m 이상인 이 나무는 계속 성장해온 레고 그룹을 상징한다. 나무뿌리 부분에서는 레고 최초의 나무 장난감을 볼 수 있고, 미니피겨 일꾼들이 새 가지를 만드느라 분주한 나무 꼭대기에는 크레인이 설치되어 있다. 가장 인기 많은 테마의 클래식 세트가 나무 중간의 나뭇가지 위에 아늑하게 자리 잡고 있다.

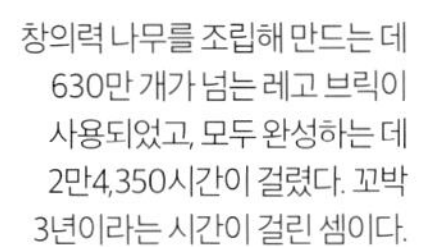

창의력 나무를 조립해 만드는 데 630만 개가 넘는 레고 브릭이 사용되었고, 모두 완성하는 데 2만4,350시간이 걸렸다. 꼬박 3년이라는 시간이 걸린 셈이다.

레고® 스퀘어

면적이 2,000m²에 달하는 레고 스퀘어는 밝고 탁 트인 공간으로 레고 하우스를 찾는 방문객을 맞이한다. 레고 스퀘어에는 가족 경영을 바탕으로 가업을 이어받아 레고 그룹을 이끌어온 올레 키르크 크리스티안센, 고트프레 키르크 크리스티안센, 키엘 키르크 크리스티안센을 실물 크기로 제작한 레고 모델이 있다.

1950년대 후반 레고 창업자 가족의 모습이다. 어린 키엘과 그의 아버지 고트프레가 다정하게 앉아 있고 뒤쪽으로는 고트프레의 아버지 올레가 서 있다.

브릭 빌더

레드 존의 벽면에서 쏟아져 나온 듯한 이 브릭 빌더는 레고 하우스 안에 브릭이 무제한으로 공급되는 모습을 형상화했다. 레드 존의 여러 브릭 풀 중 하나에 쏟아지는 모습이며, 크기는 작지만 눈길을 끄는 레고® 듀플로® 브릭 빌더가 또 있다.

레고 브릭 빌더 조형물은 세계에서 가장 큰 폭포에서 영감을 받아 제작되었다. 이 브릭 빌더는 높이와 폭이 각각 6m에 달한다.

창의력이 넘치는 식사

레고 하우스에서는 음식을 먹을 때에도 조립 체험을 할 수 있다. 미니 셰프 레스토랑에서는 손님이 다양한 브릭을 조합해 테이블 위에 있는 인터페이스로 음식을 주문할 수 있다. 각 테이블마다 주문용 화면이 설치되어 있어 미니피겨들이 음식을 준비하는 듯한 영상을 볼 수 있다. 로봇 웨이터가 주문한 음식이 든 상자를 건네준다!

명작 갤러리

레고 하우스 꼭대기로 가면 믿을 수 없을 정도로 뛰어난 재능을 가진 레고 예술가들이 만든 창작품이 전시된 명작 갤러리를 발견할 수 있다. 2017년 대형 공룡 세 마리가 전시된 명작 갤러리가 문을 열었다. 방문객에게 항상 새로운 볼거리를 제공하기 위해 전시 작품을 정기적으로 바꾸고 있다.

명작 갤러리에 전시되어 있는 세 공룡은 모두 한 종류의 브릭만을 사용해 제작되었다. 각각 레고 듀플로 브릭, 기본 브릭, 레고® 테크닉 엘리먼트가 사용되었다.

히스토리 컬렉션

레고 하우스를 깊이 파고들어가면, 레고 하우스의 히스토리 컬렉션을 발견하게 될 것이다. 레고 하우스의 지하 박물관에서는 레고 최초의 나무 장난감부터 미니피겨의 탄생까지 레고의 다양한 역사와 이야기를 알아볼 수 있다. 남녀노소 할 것 없이 모든 팬에게 추억을 불러일으키는 세트 수백 개가 세트 상자와 함께 전시되어 있고, 디지털 저장소를 통해 지금까지 제작한 모든 레고 세트를 살펴볼 수 있다. 박물관에는 방문객들이 오래전 TV 광고, 레고 디자이너와의 인터뷰, 다큐멘터리 영화 등을 관람할 수 있는 영화관도 있다.

지하 박물관의 히스토리 컬렉션에서는 아이와 어른 모두 자신이 가장 좋아하는 세트는 물론 있는지조차 몰랐던 새로운 세트도 발견하게 될 것이다!

넓은 히스토리 컬렉션 벽에 설치된 진열장과 대형 유리 탁자 진열장에는 거의 모든 테마와 시대를 가로지르는 세트가 전시되어 있다.

레고 주사위는 게임에 맞게 여러 방식으로 바꿔 사용할 수 있다.

3841 미노타우로스(2009) 세트에 들어 있는 레고® 주사위

레고® 게임

2009년 레고® 게임이 출시되면서 게임도 새로운 국면에 접어들었다. 테이블탑 게임 제품군은 레고 조립의 재미와 상상력을 멋지게 담아냈다. 게임 플레이어들이 레고 브릭으로 게임을 조립하고, 친구나 가족과 함께 그 게임을 즐길 수 있다. 또 원하는 대로 부품의 위치를 바꿔 완전히 새로운 게임을 만들 수도 있다.

마이크로피겨

새로운 게임 시스템과 함께 새로운 종류의 레고 캐릭터인 마이크로피겨가 등장했다. 마이크로피겨는 브릭 2개를 합친 높이에 성격이 드러나는 표정이 인쇄된 일체형 게임 토큰이다. 마이크로피겨 윗면과 밑면은 레고 브릭과 결합할 수 있도록 만들었다.

3841 미노타우로스(2009) 세트에 들어 있는 마이크로피겨

테마가 있는 게임 세상

일부 레고 게임은 익숙한 레고 테마 속 세상을 게임의 배경으로 삼았다.
이 시티 알람 게임에서는 플레이어들이 등대, 커피숍, 피자 가게가 있는 초소형 레고 시티에서 추격전을 벌이는 레고 시티 폴리스 경찰관이나 강도가 되었다.

3865 시티 알람(2012)

3843 람세스 피라미드(2009)

유명한 보드게임 디자이너인 라이너 크니지아가 만든 이 람세스 피라미드는 2009 토이 이노베이션 어워드에서 수상했다. 속편인 람세스 리턴은 2011년에 출시되었다.

위험한 피라미드

레고® 파라오 퀘스트의 영웅들만 골치 아픈 미라 왕을 상대해야 했던 것은 아니다. 2009년에 출시된 람세스 피라미드는 2~4명씩 짝을 지어 크리스털로 코드화된 층을 열고 피라미드 꼭대기까지 올라가 람세스를 물리치고 그의 황금 왕관을 먼저 차지하기 위해 경쟁하는 게임이다.

모델 알아맞히기

이 게임에서는 레고 주사위를 던져 탈것, 건물, 자연, 물건 중에서 하나의 범주를 선택한 다음 무작위로 뽑은 카드에 그려진 대상을 레고 부품 338피스로 조립하면 된다. 조립하는 과정에서 게임 상대가 무엇을 만들고 있는지 먼저 알아맞히는 게임이다. 2011년판 부스터 팩에는 더 많은 카드, 선택 범주, 부품이 추가되었다.

3844 크리에이셔너리(2009)

이 게임의 흥미로운 점은 만약 당신이 모델을 너무 잘 만들 경우, 모델을 채 완성하기도 전에 게임 상대가 알아맞힐 수 있다는 것이다.

3845 쉐이브 어 쉽 (2010)

양털 깎기

미국에서는 와일드 울Wild Wool이라는 제품명으로 출시된 이 쉐이브 어 쉽Shave A Sheep은 중독성이 있는 간단한 게임이다. 게임 플레이어들은 레고 주사위를 던져 양의 털을 기르거나 이미 자란 털을 깎거나 게임 상대와 양을 교환할 수 있다. 또 상대편을 위협하기 위해 늑대를 보낼 수도 있다. 양털을 더 많이 모으면 이기는 게임이다.

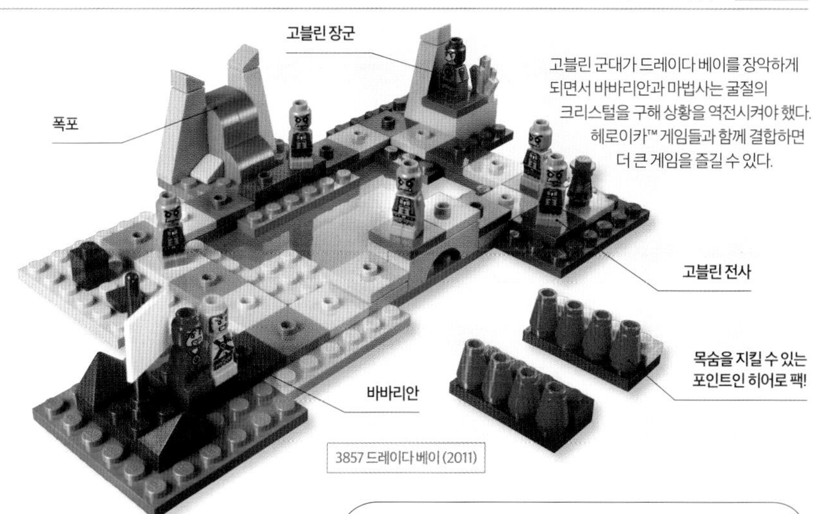

고블린 군대가 드레이다 베이를 장악하게 되면서 바바리안과 마법사는 굴절의 크리스털을 구해 상황을 역전시켜야 했다. 헤로이카™ 게임들과 함께 결합하면 더 큰 게임을 즐길 수 있다.

3857 드레이다 베이 (2011)

레고 플레이트로 만든 돛

3848 해적의 나무 판자 (2010)

초소형 해적선을 위한 초소형 해적들

판자 위 걷기

큰 모자를 쓴 선장이 강제로 판자 위를 걷게 해 바다에 빠트리려고 할 때 해야 할 일은 동료 해적들이 먼저 상어가 가득한 물속에 뛰어들도록 만들어 마지막까지 살아남는 것이다. 레고 디자이너들은 이 게임에 사용된 초소형 해적선을 만들며 매우 즐거워했다. 해적선에는 아주 작은 대포까지 달려 있다.

게임 플레이어들은 게임을 할 때마다 규칙을 바꿀 수 있다. 예를 들어, 해적들이 판자 위를 걷다가 해적선 깃발 타일을 돛에서 떼어내 레고 주사위에 붙여 사용할 수 있다.

헤로이카™

2011년 출시된 헤로이카는 비디오게임이나 역할 놀이 게임처럼 즐길 수 있는 보드게임용으로 설계되었다. 각 게임에서 게임 플레이어인 나이트, 레인저, 드루이드, 로그와 같은 영웅들이 유물을 찾아내고 헤로이카를 어둠에서 구해내기 위해 사악한 전사, 괴물과 맞서 싸운다.

3860 캐슬 포르탄 (2011)

이기기 위해 뭉치기

모든 레고 게임에서 플레이어들이 직접 맞붙어 승부를 내야 하는 것은 아니다. 레고® 닌자고® 게임에서는 2~4명씩 팀을 구성해 각 팀원이 따로따로 조립식 스피너를 돌려가며 숨겨진 황금 무기를 찾고, 밧줄을 타고, 경비들과 싸우며 게임을 하면 된다. 해골 장군이 무기를 훔쳐가기 전에 황금 무기 4개를 모두 찾으면 팀 전원이 동시에 승리한다.

주사위를 던질 때다!

3856 닌자고 (2012)

레고® 해리포터™

이 해리포터™ 호그와트™ 게임은 게임 플레이어가 학생 마법사가 되어 숙제를 모두 끝내기 위해 교실을 찾아 다니며 움직이는 계단과 비밀 통로를 뛰어다닐 수 있게 해준다. 학교 휴게실로 가장 먼저 돌아오는 사람이 게임에서 승리한다.

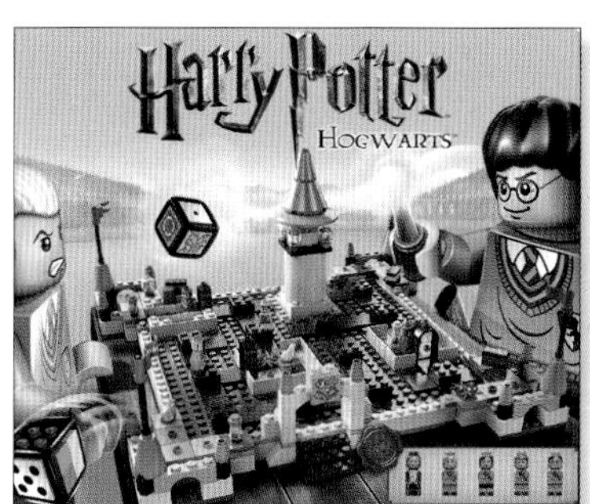

3862 해리포터™ 호그와트™ (2010)

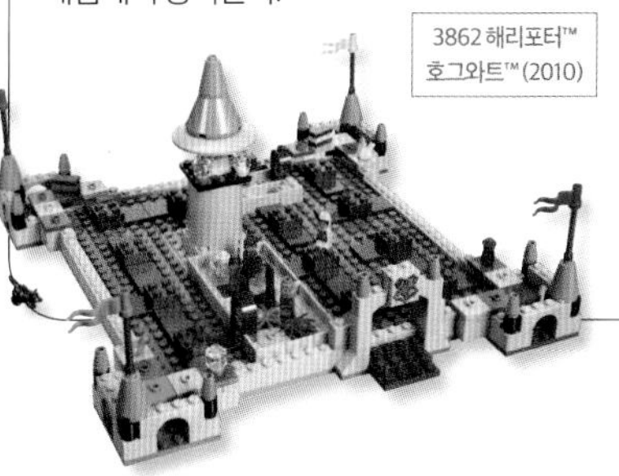

비록 게임 플레이어들은 호그와트의 네 집 중 한 곳에 사는 이름 없는 학생으로 게임에 참여하지만, 이 게임에는 해리포터, 헤르미온느, 론, 드라코, 덤블도어 마이크로피겨도 함께 들어 있다.

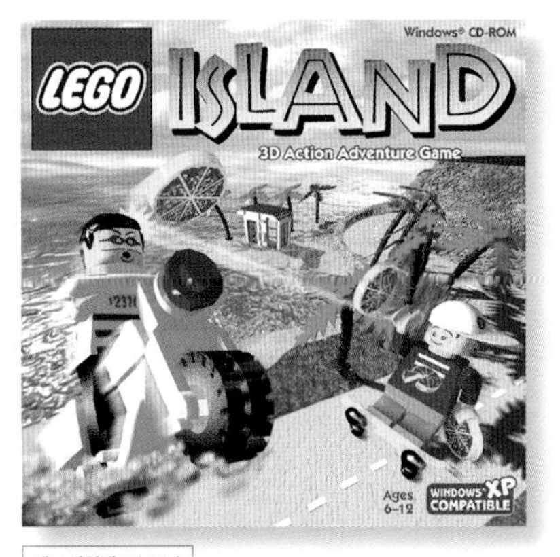

레고 아일랜드 (1997)

최초의 레고 PC 게임은 1997년 출시된 레고® 아일랜드였다. 피자 배달 소년 페퍼 로니로 가장한 플레이어들이 탈출한 사기꾼 브릭스터와 맞서 싸운다.

레고® 비디오게임

지난 25년 동안 레고® 놀이는 브릭을 넘어 가상의 세계까지 진출했다. 레고 비디오게임은 퍼즐부터 자동차 경주, 액션 모험 이야기, 조립 시뮬레이터에 이르기까지 모든 분야를 총망라하지만, 여전히 재미있고 장난기가 묻어난다. 어떤 게임은 실제 레고 엘리먼트를 사용하기도 하고, 또 어떤 게임은 디지털 브릭을 무제한으로 제공한다.

레고® 월드

만약 끝없이 쏟아지는 레고 브릭을 꿈꾼 적이 있다면, 레고® 월드가 그 바람을 채워줄 것이다. 2017년 정식 발매된 이 '샌드박스' 게임은 플레이어들이 자신만의 레고 세상을 만들고 친구들의 레고 월드를 탐험하며 신나는 미니피겨 모험을 시작할 수 있게 해준다. 이 게임은 PC, 플레이스테이션 4, 엑스박스 원, 닌텐도 스위치로 즐길 수 있으며, 추가로 다운로드가 가능한 프로그램을 통해 새로운 캐릭터, 퀘스트, 조립용 탈것 등을 추가할 수 있다.

클래식 스페이스 팩은 레고 월드를 위해 공식 추가된 최초의 DLC(다운로드 가능 콘텐츠) 중 하나다.

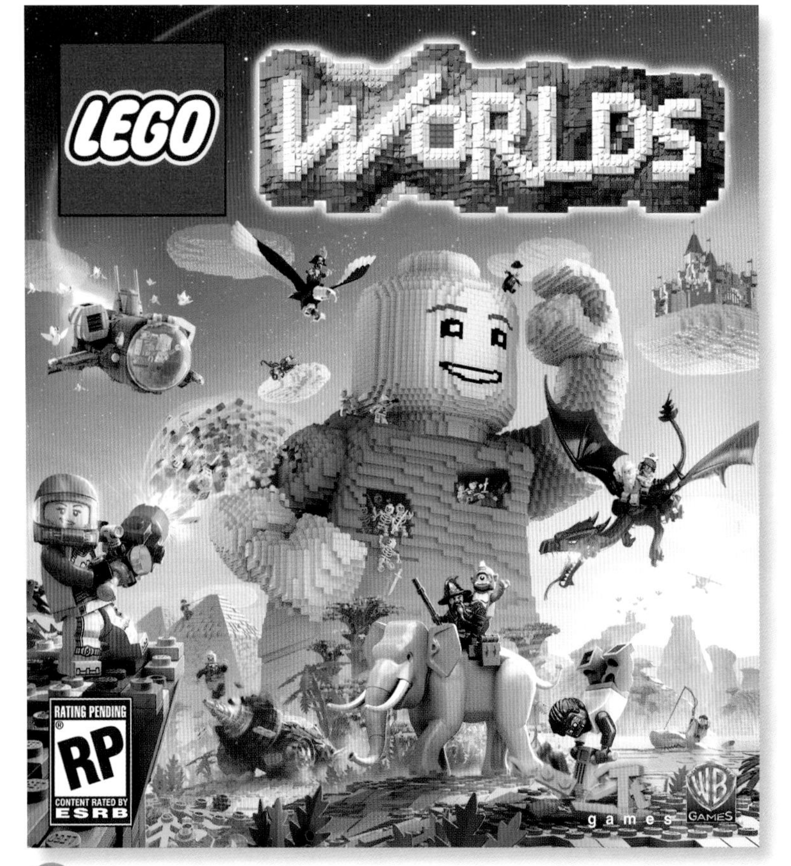

초기 레고 비디오게임

레고 비디오게임은 처음부터 다양한 게임 방식이 등장했다. 레고® 체스는 서부 개척 시대 테마나 해적 테마와 함께 '제대로 된 체스 게임을 보여주겠다'는 목표로 출시되었고, 레고® 크리에이터는 브릭 조립 시뮬레이터 방식의 게임이었다. 레고® 로코 게임에서는 플레이어들이 마을을 만들고 철도 시스템을 운영할 수 있었다.

5702 레고 체스 (1998)

5701 레고 로코 (1998)

큰 성공을 거둔 '레고® 스타워즈™: 더 비디오게임'(2005)과 '레고 스타워즈 2: 더 오리지널 트릴로지'(2006)는 2007년 하나로 결합된 패키지게임으로 재출시되었다.

레고 스타워즈: 더 컴플릿 사가 (2007)

유명 인사들이 등장하는 게임

배트맨, 슈퍼맨, 루크 스카워커, 해리포터, 아이언맨, 헐크 모두 여러 해에 걸쳐 레고 비디오게임에 출연했다. 또 <호빗>, <캐리비안의 해적>, <쥬라기 월드> 같은 프랜차이즈 영화의 등장인물들이 게임 플레이용 미니피겨로 만들어졌다. 심지어 데이비드 보위, 이기 팝과 같은 록 스타들도 2009년 출시된 레고® 락 밴드™에 등장했다!

라이프 오브 조지

2011년 브릭으로 만든 조지가 새로운 스마트폰 앱과 함께 등장했다. 이 무료 앱은 144피스로 구성된 라이프 오브 조지 세트와 함께 플레이할 수 있도록 만들어졌다. 게임 플레이어들이 전 세계를 여행하는 조지를 따라다니며 특정 모델을 가능한 한 빨리 조립해 완성하는 게임이다. 플레이어들은 자신이 완성한 모델을 디지털 기기로 캡처해 소장할 수 있었다.

라이프 오브 조지 세트에는 스마트폰 카메라로 정확한 데이터를 전송할 수 있도록 특별히 고안된 플레이 매트가 들어 있다.

21200 라이프 오브 조지 (2011)

이 게임에는 1~2인용 스피드 모드와 함께 자신만의 모델을 조립해 만들고 촬영하는 크리에이션 모드가 포함되어 있다.

레고® 시티 언더커버

가장 큰 인기를 누린 비디오게임 중 하나는 바로 미니피겨 경찰 체이스 매케인이 등장하는 레고® 시티 언더커버다. 특유의 유머로 가득 찬 이 게임은 2013년 처음 출시되었으며 2017년에는 레고® 시티 언더커버: 리마스터드로 재출시되었다.

레고 시티 언더커버 (2013)

영웅 체이스는 레고 디멘션즈와 다른 레고 시티 세트에도 등장했다.

스타터 팩에는 배트맨, 와일드스타일, 간달프 미니피겨 등 게임을 하는 데 필요한 모든 것이 들어 있다.

71200 레고 디멘션즈 스타터 팩 (2015)

레고® 디멘션즈

2015년 실물 모델의 레고 세트와 가상 세계가 전에 없던 새로운 방식으로 결합했다. 레고® 디멘션즈 게임에서는 플레이어들이 실제 브릭을 사용해 인상적인 포털을 조립해 만든 다음 호환되는 비디오게임 콘솔에 연결하면 된다. 특수 '토이 태그' 스탠드를 장착한 미니피겨와 소형 조립물을 게임용 포털 위에 올려두면 게임 속 가상 세계에서 마법처럼 살아 움직인다.

레고 디멘션즈에는 DC 코믹스, 클래식 레고 테마, 추억의 비디오게임과 영화 등 다양하고 흥미진진한 세상이 재미있는 방식으로 뒤섞여 있다. 레고 디멘션즈를 위한 추가 팩이나 무비 팩 등을 구입해 새로운 레벨, 스토리, 캐릭터를 추가할 수 있다.

71264 더 레고 배트맨 무비: 플레이 더 컴플릿 무비 (2017)

71239 로이드 (2016)

71209 원더우먼 (2015)

레고® 유니버스

2010년 출시된 레고® 유니버스는 전 세계 레고 팬들이 자신만의 미니피겨 아바타를 만들어 브릭을 바탕으로 한 모험에 힘을 합쳐 참여할 수 있게 해주는 대규모 다중 사용자 온라인게임(MMOG)이다. 최초로 선보인 레고 MMOG인 이 게임에서는 월 구독료를 지불하는 플레이어 수천 명이 실시간으로 소통할 수 있다.

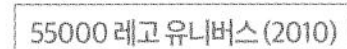
55000 레고 유니버스 (2010)

모바일 게임

2013년부터 레고 게임 수십 개가 모바일에 플랫폼 전용으로 제작되어왔다. 최초의 레고 모바일게임은 자동차 경주 게임 앱인 '레고® 키마의 전설™ 스피도즈™'였고, 그 뒤를 이어 '레고 프렌즈® 하트레이크 러시', '레고 시티: 마이 시티 2', '레고® 스쿠비두™: 유령의 섬에서 탈출'이 출시되었다.

레고 시티: 마이 시티 2 (2018)

레고 스쿠비두: 유령의 섬에서 탈출 (2017)

영화 속 브릭

최근 몇 년간 많은 레고® 캐릭터가 블록버스터 영화에 출연해 스타가 되었지만, 레고 브릭과 미니피겨는 그보다 훨씬 더 오랫동안 TV 화면 속 주인공을 맡아왔다. 손수 제작한 '브릭필름brickfilms'부터 DVD 영화, 다채로운 만화영화까지 집집마다 가정용 오락 기기로 자신만의 '브릭버스터brickbuster'를 보고 즐긴다.

배트맨 무비 메이커 세트의 제품 상자 사진이 한 손으로 미니피겨를 움직이고 다른 한 손으로는 카메라 거치대에 놓인 스마트폰으로 촬영하는 모습을 보여준다.

조명, 카메라, 배트맨!

2017년 개봉한 레고® 배트맨 무비는 미니피겨 배트맨을 대형 영화 스크린을 통해 선보였다. 동시에 배트맨 팬들은 배트맨 무비 메이커 세트를 이용해 고담 시티를 자신의 스마트폰으로 재현해낼 수 있었다. 배트맨 무비 메이커 세트에는 다양한 브랜드의 스마트폰을 고정시킬 조절식 카메라 거치대, 두꺼운 판지에 서로 다른 그림을 양면 인쇄한 배경, 배트맨 미니피겨가 들어 있다. 세트에 포함된 막대기에 배트맨을 고정시켜 움직이면 손가락이 화면에 나오는 것을 막을 수 있다.

카메라를 움직이고 기울여 조절할 수 있게 해주는 카메라 거치대

영화 소품인 다이너마이트와 바타랑

판지에 인쇄해 만든 고담 시티 배경

853650 배트맨™ 무비 메이커 세트 (2017)

감독

무대조명

연립주택 건물의 정면 세트

착시 효과를 내기 위한 초소형 타워 건물

지렛대에 달린 거대한 공룡 발

레고 스티븐 스필버그 스튜디오 세트에는 레고 스튜디오 디지털카메라와 컴퓨터로 스톱모션 영화를 제작하는 데 필요한 소프트웨어가 들어 있다. 레고 카메라답게 자리를 잡는 데 사용할 수 있는 스터드가 빠지지 않고 달려 있다.

레고® 스튜디오

2000년 레고 그룹은 유명한 감독 스티븐 스필버그와 함께 새로운 유형의 레고 테마를 만들었다. 레고® 스튜디오는 조립과 놀이뿐만 아니라 스톱모션 애니메이션 원리를 이용한 비디오 에피소드를 제작할 수 있도록 했다. 제작 과정에서 카메라는 장면 하나하나를 아주 천천히 움직이면서 반복해 촬영한다. 이 과정을 여러 번 반복해 빠른 속도로 상영할 수 있는 필름을 만들어 실제로 움직이는 모습을 연출하게 된다.

1349 레고 스티븐 스필버그 스튜디오 (2000)

텔레비전 속 모험

2000년 이후 TV와 가정용 비디오를 통해 접할 수 있는 레고 모험이 폭발적으로 증가했다. 레고® 바이오니클® 테마로 성공을 거둔 후, 레고 미니피겨들이 타고난 스크린 스타라는 사실이 증명되었고 레고® 스타워즈™, 레고® 넥소 나이츠™, 레고® 닌자고®, 그 외 다른 여러 시리즈에서도 빛을 발했다. 최근에는 레고® 엘프와 레고® 프렌즈 애니메이션 시리즈에 미니돌이 등장하면서 TV 스크린 스타 대열에 가세했다.

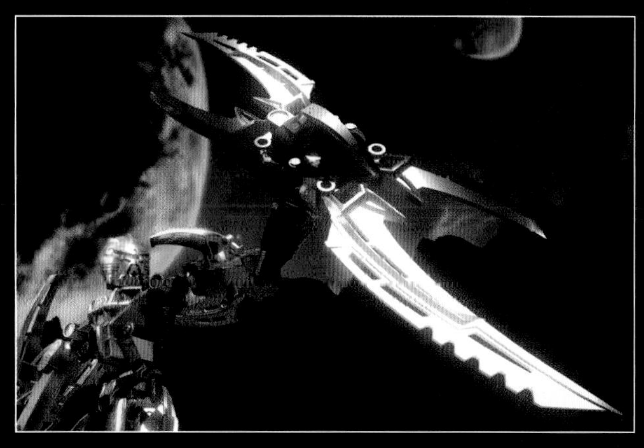

<바이오니클®: 빛의 가면>은 2013년 가정용 비디오로 첫선을 보이면서 최초의 장편 레고 영화가 되었다. 이 컴퓨터 애니메이션 영화는 상업적 성공을 거두며 큰 호평을 받아 2004년과 2005년에 속편을 제작하기도 했다. 2009년 <바이오니클: 전설의 부활>이 개봉되었고, 2016년에는 넷플릭스 미니 시리즈 4부작을 제작해 방영했다.

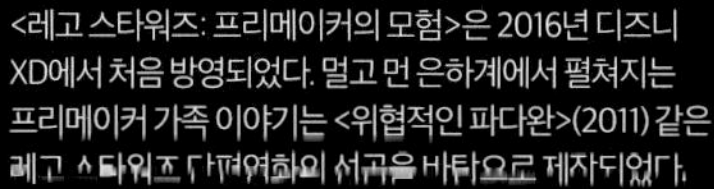

<레고 스타워즈: 프리메이커의 모험>은 2016년 디즈니 XD에서 처음 방영되었다. 멀고 먼 은하계에서 펼쳐지는 프리메이커 가족 이야기는 <위협적인 파다완>(2011) 같은 레고 스타워즈 단편영화의 성공을 바탕으로 제작되었다.

<레고® DC 코믹스 슈퍼히어로: 플래시>는 <둠 군단의 공격>, <우주 전쟁>, <고담시티 브레이크아웃>이 포함된 슈퍼히어로 어드벤처 애니메이션 시리즈 중 여덟 번째 에피소드다. <레고 DC 코믹스 슈퍼히어로: 플래시>는 2018년에 레고 세트 제품과 애니메이션이 동시에 출시되었다.

<레고® 닌자고®: 스핀짓주 마스터>는 미니피겨 캐릭터가 등장하는 최초의 레고 TV 시리즈다. 같은 이름의 레고 테마를 바탕으로 한 이 닌자고 시리즈는 2011년 카툰 네트워크에서 처음 방영되었고, 2018년에는 시즌 8이 방영되었다.

<클러치 파워의 모험>은 미니피겨가 등장하는 최초의 장편영화다. 2010년 DVD와 온라인 영화로 출시된 이 신나고 재미있는 컴퓨터 애니메이션은 레고® 시티, 레고® 스페이스, 레고® 캐슬의 세상에서 펼치는 용감무쌍한 모험 이야기를 담아냈다.

<유니키티!>는 카툰 네트워크 애니메이션 시리즈로 레고® 무비™의 (주요) 캐릭터인 유니키티가 등장한다. 2018년에 출시된 이 11분짜리 유니키티 에피소드는 그린 듯한 형형색색의 애니메이션을 자랑한다.

팬 무비

레고 팬들은 브릭과 미니피겨를 이용한 스톱모션 영화를 오랫동안 만들어왔다. 21세기에 들어서는 스마트폰과 인터넷의 발달로 '브릭필름'을 제작하고 공유하는 팬들이 그 어느 때보다 많아져 팬 무비가 큰 인기를 누리고 있다.

<쇼핑Shopping>은 마이클 히콕스가 제작해 2012년에 공개한 단편영화로 미니피겨가 쇼핑하며 겪는 문제를 이야기한다.

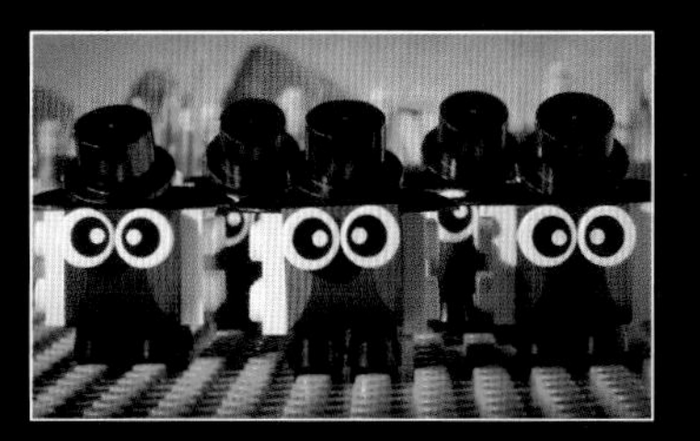

2017년 클로와 막심 마리온이 공개한 <양Sheep>은 심금을 울리는 가슴 따뜻한 이야기를 담고 있다.

2010년 개릿 바라티가 공개한 <세상에서 가장 빠르고 재미있는 레고 스타워즈 이야기>는 스타워즈 원작 3부작을 재구성해 만든 영상이다.

리브릭 컴피티션

2013년 rebrick.LEGO.com이 주최한 경연 대회에 참가한 팬 무비 제작자들이 영화 <레고 무비>에 등장하는 자신의 작품을 볼 수 있는 기회를 얻었다. 대회 수상작은 영화가 끝날 무렵 레고 세상 속 주민들이 로드 비즈니스를 물리치기 위해 창의력을 발휘하는 장면에서 찾아볼 수 있다.

케빈 울리치의 <고르기는 말이 필요해 Gorgy Wants a Horse>가 대회에서 우승했다.

데이비드 파가노의 <청소부Garbage Man>가 2위를 차지했다.

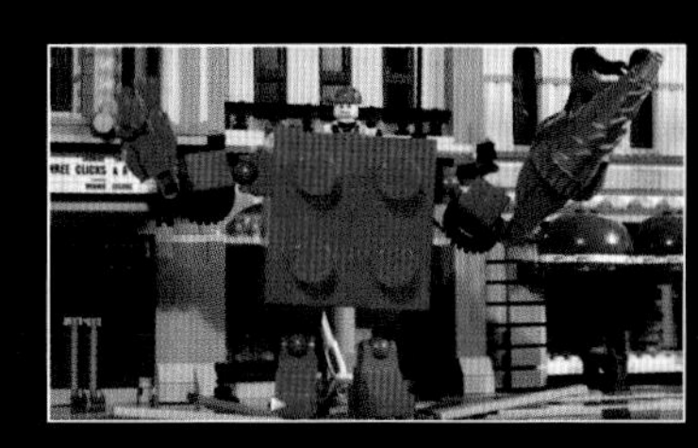

페드로 세퀘이라와 길레르메 마틴스의 <뭉치면 산다Unity is Strength>가 3위를 차지했다.

레고® 라이프스타일

레고® 라이프스타일을 최대한 누리고 싶다면 책부터 의류, 연필, 파티 답례품까지 레고 그룹과 협력업체가 만들고 판매하는 다양한 제품을 구입하면 된다.

개인 맞춤 모자이크 초상화

레고 상품

레고 그룹 자체 상품은 shop.LEGO.com에서는 물론 레고랜드® 테마파크와 레고 스토어에서도 구입할 수 있다. 열쇠고리 같은 작은 기념품부터 특별한 이를 위한 선물까지 다양한 상품이 구비돼 있다.

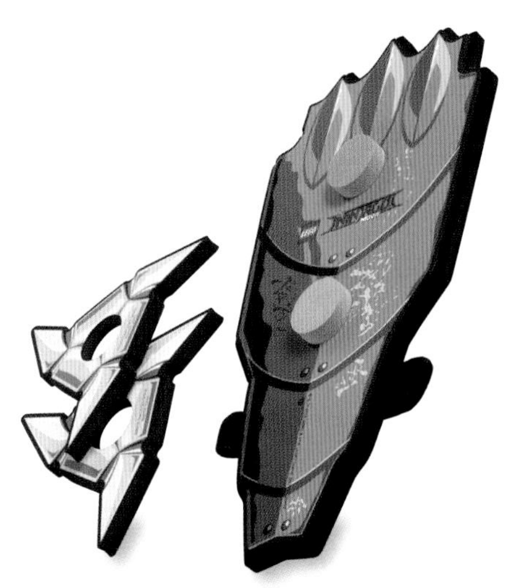
레고® 닌자고® 소프트폼 수리검 발톱

레고 닌자고 로이드 봉제 인형

핫도그 맨 열쇠고리

결혼식 답례품 세트

고급 머그잔

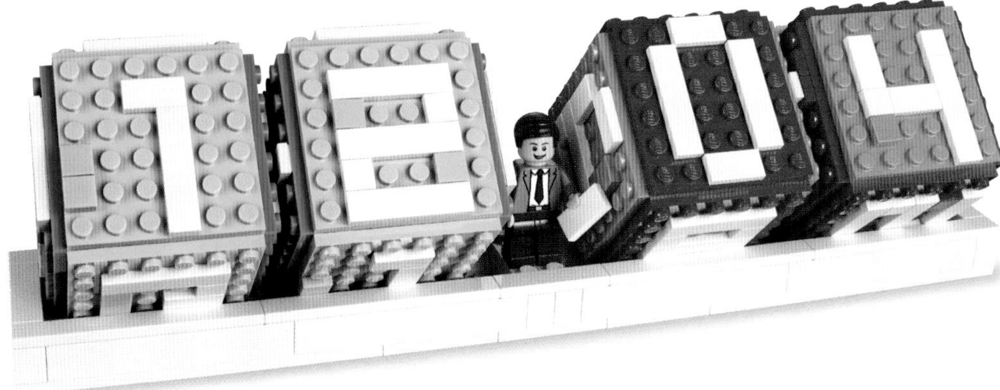
레고 아이코닉 브릭 달력

라이선스 상품

레고 그룹은 자체 상품을 제작할 뿐 아니라 다른 업체가 의류, 책, 문구류 등 레고 관련 상품을 생산할 수 있도록 라이선스 계약을 맺고 있다. 해당 업체는 각 분야 전문 기업으로 모든 상품이 레고 브랜드의 높은 품질 기준을 충족시킬 수 있도록 레고 그룹과 긴밀히 협력하고 있다.

레고 사인펜 세트

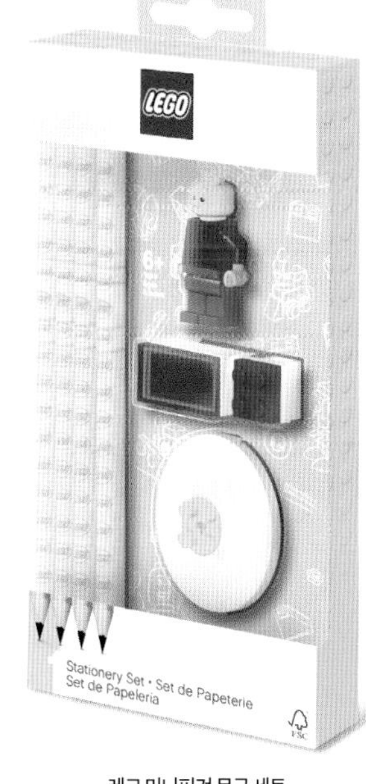

레고 미니피겨 문구 세트

레고 카우걸 미니피겨 코스튬

레고 미니피겨 손목시계

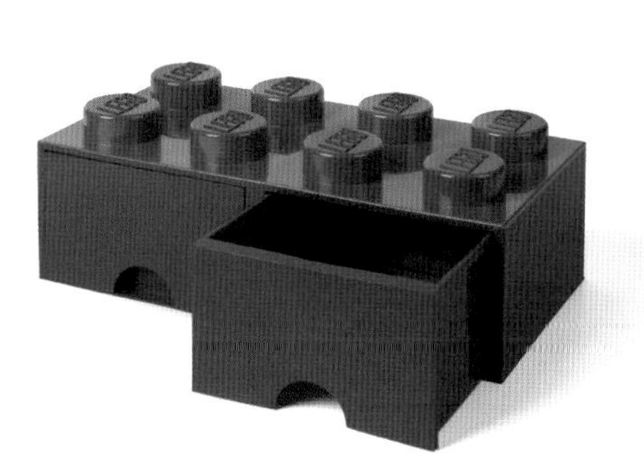
레고 브릭 서랍장

레고® 프렌즈 책가방

레고 책 읽기

1999년 돌링 킨더슬리DK 출판사에서 <얼티밋 레고 북The Ultimate LEGO Book>을 발간한 이후 레고 관련 서적 수백 권이 전 세계에서 발간되었다. 커다란 참고 도서부터 조립 아이디어 북, 이야기가 담긴 책, 스티커 북, 액티비티 북까지 모든 연령대의 독자를 위한 다양한 레고 책을 출간했다.

레고® 시티, 레고® 닌자고®, 레고® 스타워즈™ 매거진을 포함한 레고 매거진 수백만 부가 여러 해에 걸쳐 잡지 가판대에서 판매되었다.

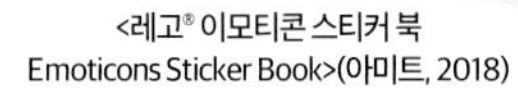

<레고® 나도 즐거워!I'm Fun, Too!>(스콜라스틱, 2018)

<레고® 체인 리액션 Chain Reactions>(클러츠, 2014)

<레고® 이모티콘 스티커 북 Emoticons Sticker Book>(아미트, 2018)

<레고® 꼭 알아야 할 모든 것 Absolutely Everything You Need To Know>(DK, 2017)

LEGO.com

매달 1,800만 명 이상이 LEGO.com을 방문한다. 레고 그룹의 홈페이지인 이 사이트는 모든 연령대의 레고® 팬이 레고 브랜드에 더 쉽게 접근할 수 있게 하고, 창의적 놀이 문화를 장려하며, 사람들이 레고 제품뿐 아니라 레고가 추구하는 가치를 더 자세히 살펴볼 수 있도록 만들었다. 2016년 LEGO.com은 탄생 20주년을 맞았고, 현재 모든 주요 소셜 네트워크에서 레고 소식을 전하는 공식 대변인 역할을 하고 있다.

LEGO.com의 홈페이지에서는 사이트의 주요 페이지로 쉽고 빠르게 이동할 수 있는 퀵 링크를 제공한다. 이 레고 공식 사이트에는 아이들을 위한 재미있고 풍부한 내용뿐 아니라 부모와 교육자들을 위한 정보와 관련된 링크, 연락처, 기타 정보가 들어 있다.

역사

'공식 레고 웹사이트에 오신 걸 환영합니다'라는 인사로 1996년 LEGO.com의 첫 페이지를 공개했다. "이 사이트에서는 여러분에게 필요한 재미있고 유용한 정보를 제공합니다." 그 후로 10년 동안 LEGO.com은 약속을 잘 이행했고, 게임, 신제품 상세 정보, 할인 행사 정보를 찾는 팬들이 가장 먼저 들르는 곳이 되었다.

2002년까지는 '놀라운 레디니Amazing Redini'가 LEGO.com을 안내했고, 사이트에는 '집에서 하는 레고 쇼핑'이라는 온라인 구매 페이지가 포함되어 있었다.

온라인 구매

전 세계 200여 개국으로 제품 배송이 가능하며 19개 언어를 지원하는 레고 온라인 구매 사이트 shop.LEGO.com은 집 안에 갖춰진 레고 스토어라 할 수 있다! 레고 온라인 구매 사이트에는 독점 제품과 희귀 아이템을 위한 전용 페이지, 고객의 창작 활동을 지원하는 픽 어 브릭Pick A Brick 서비스, 돈으로는 구매할 수 없는 특별 선물 세트를 증정하는 정기 행사 등이 마련되어 있다.

레고® 브릭 60년 세트 같은 제품은 shop.LEGO.com에서 일정 금액 이상 상품을 구매할 경우에만 받을 수 있는 무료 증정품이다. 레고 무료 증정품은 팬들에게 인기가 많다.

40290 레고® 브릭 60년 (2018)

게임

LEGO.com은 지난 몇 년 동안 웹 게임 수백 개를 선보여왔고, 계속해서 새로운 게임이 추가되고 있다. LEGO.com에서는 액션·어드벤처 게임, 퍼즐, 레고® 프렌즈 쥬스 믹서와 레고® 배트맨 무비 신 빌더 같은 창의적 게임을 제공한다.

레고® DC 마이티 마이크로 자동차 운전 게임에서는 장애물을 피하고 코인을 모으고 멋진 슈퍼 카를 타고 악당들을 뒤쫓아 질주하는 슈퍼히어로가 된다.

테마별 페이지

현재 판매 중인 모든 레고 테마는 LEGO.com에 전용 페이지가 있으며, 각 페이지마다 제품 정보, 퀴즈, 만화, 인쇄 가능한 놀이 활동 자료 등 풍부한 내용을 담고 있다.

레고® 바이오니클®과 같이 오래 전에 출시된 일부 테마는 더 이상 구매할 수는 없지만 여전히 인기가 많아 LEGO.com에 전용 페이지가 있다.

테마를 소개하는 페이지는 아이들을 염두에 두고 레고 온라인 구매 사이트와는 별개로 디자인되었다. 단, 레고® 듀플로® 테마 페이지는 무엇보다 부모들이 이용하기 편리하도록 설계했다.

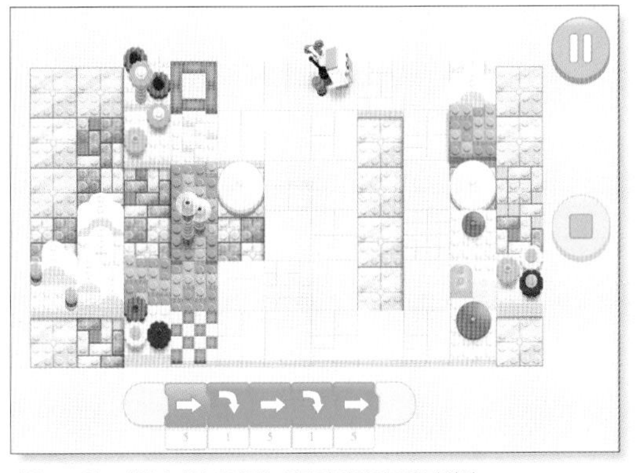

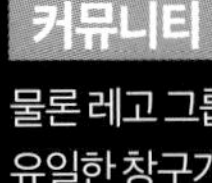

비츠 & 브릭스 게임에서 플레이어는 컴퓨터 바이러스에 감염된 평화로운 사이비트 왕국을 구하기 위해 퍼즐을 맞추는 로봇을 조종하면서 기본적인 컴퓨터 코딩을 배운다.

비디오

LEGO.com의 비디오 탭을 클릭하면 최신 빌드 존Build Zone 영상을 찾아볼 수 있다. 또 새로운 레고® 닌자고® TV 에피소드의 미리보기와 <레고® 스타워즈™: 포르그 대혼란Porg Pandemonium> 같은 스톱모션 코미디 단막극을 시청할 수 있다.

빌드 존 영상에는 최신 레고 세트를 받아 든 어린 레고 팬이 직접 상자를 열고 소개하며 신제품의 기능에 열광하는 모습이 담겨 있다.

커뮤니티

물론 레고 그룹에 안전하게 접속할 수 있는 유일한 창구가 LEGO.com만 있는 것은 아니다. 페이스북 팔로어 1,200만 명, 유튜브 구독자 450만 명, 인스타그램 팔로어 240만 명을 보유한 레고 그룹은 소셜 미디어에서도 독보적 존재감을 드러내고 있다. 2017년에는 어린이를 위한 자체 온라인 커뮤니티인 레고 라이프 사이트를 개설했다(뒷장 참조).

레고 라이프 앱은 2017년 한 해에만 전 세계 다운로드 수가 520만 건에 달했다.

레고® 라이프와 레고® 클럽

2017년, 오랫동안 운영되어온 레고® 클럽은 레고 조립에 도전하고 자신이 만든 창작물 사진을 공유하며, 레고 이모티콘으로 대화하는 아이들의 안전한 온라인 공간인 레고® 라이프가 되었다. 레고 라이프는 iOS 및 안드로이드 기기용 앱으로 이용 가능하며, 5~6세 어린이를 위한 자체 매거진도 발행하고 있다.

앱에 접속하기

레고 라이프 앱을 처음 클릭해 접속하면 임의 옵션 탭에 달린 재미있는 닉네임 목록 중 자신이 앱에서 사용할 닉네임을 선택할 수 있고, 자신만의 미니피겨 아바타도 만들 수 있다. 앱에 로그인하자마자 사진을 게시하고 대회에 참여하고 비디오를 시청하거나 저장할 수 있으며, 다른 사람들이 만든 창작물에 독특한 레고 이모티콘을 사용해 감상평을 달 수도 있다.

사용자들은 글자를 사용하지 않고 레고 라이프 이모티콘 키보드로 생각을 표현할 수 있다. 레고 스타일로 제작한 이 재미있는 이모티콘 세트는 전 세계 어린이들이 자신이 사용하는 언어에 상관없이 안전하고 긍정적으로 소통할 수 있게 해준다.

레고 라이프 앱은 무료로 다운로드해 사용할 수 있으며, 현재 전 세계 35개국 이상에서 사용 가능하다. 출시하자마자 큰 관심을 끈 이 앱은 출시 초반에만 총 200만 건의 업로드를 기록했고, 2017년 한 해 업로드 수는 3,700만 건에 달했다.

안전한 앱 사용 환경

레고 그룹은 온라인에서 아이들이 안전하게 머물도록 엄격한 규칙을 따른다. 레고 라이프 사용자 계정을 만들려면 부모나 보호자의 동의가 필요하며, 실명이 공개되지 않도록 사용자 이름을 사용한다. 숙련된 관리자가 모든 게시물을 확인해 신원 정보가 포함된 내용은 게시할 수 없도록 조치를 취하고, 앱 어디에서도 불필요한 타사 광고가 보이지 않는다.

<레고 라이프> 매거진

<레고 라이프> 매거진에는 오랫동안 레고 클럽의 마스코트였던 맥스가 소개하는 만화, 포스터, 퍼즐 등이 실린다. 재미있는 이야기, 레고 창작물 사진을 보낸 뒤, 선정된 작품은 쿨 크리에이션Cool Creations 페이지에 소개된다.

<레고 라이프> 매거진은 우편 또는 LEGO.com에서 PDF 파일 형태로 다운받을 수 있다.

레고 클럽

최초의 공식 레고 클럽은 1960년대에 캐나다와 스웨덴에서 처음 시작되었고, 팬들은 곧 전 세계에 있는 그와 유사한 레고 그룹에 가입하게 되었다. 2017년 레고 클럽이 레고 라이프가 되면서 21세기 안에 과거와 현재를 아우르는 모든 회원이 미국에서 러시아까지 전 세계를 관통해 하나로 이어질 축이 형성될 것이라고 전망했다.

1980년대 영국 레고 클럽 회원들은 배지, 바느질해 달 수 있는 패치, 분기별로 발행되는 잡지 <브릭 앤 피스Bricks'n Pieces>를 받았다.

독일 팬들은 1959년 <레고 포스트>(레고 클럽 매거진보다 더 빨리 받아 볼 수 있는 공식 뉴스레터)를 시작으로 1990년대 <레고 월드 클럽 매거진>과 2000년대 <레고 매거진>까지 여러 레고 출판물을 오랫동안 접하며 즐겨왔다.

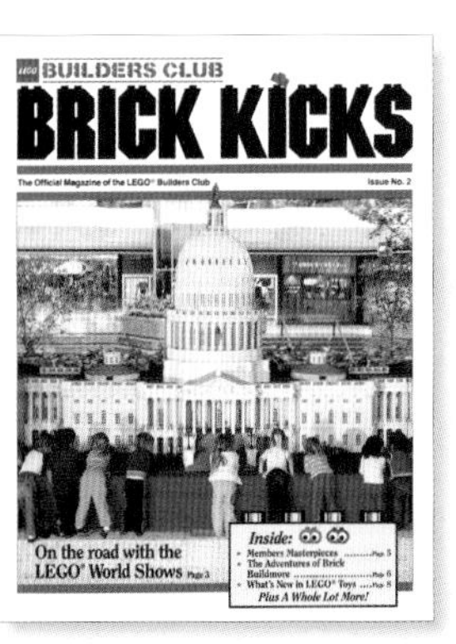

북미 지역의 <레고 클럽> 매거진으로는 미국에서 발행하는 <브릭 킥스Brick Kicks>와 <레고 마니아 매거진>, 영어와 프랑스어를 사용하는 캐나다 레고 팬들을 위해 두 언어로 읽을 수 있는 <이노베이션> 등이 있다.

2000년대 미국 레고 클럽 회원들은 레고 매장 내 특별 행사에서 회원 카드를 제시하면 무료 티셔츠를 받았다.

2008년에는 전 세계에서 발행된 <레고 클럽> 매거진의 표지가 동일했다. 2017년에는 <레고 클럽> 매거진이 10개 언어로 출판되었으며, 7세 미만 어린이를 위한 주니어 특별판을 발행했다.

레고 매거진의 마스코트 맥스

<레고 클럽> 매거진의 미니피겨 마스코트인 맥스는 2007년 처음 <레고 클럽> 매거진에 등장했다. 레고 팬인 맥스는 그 정보를 팬들과 나누고 싶어 한다. 맥스는 2010년 미니피겨로도 제작되었고, <레고 라이프> 매거진에 계속 등장하고 있다.

852996 레고 클럽 맥스(2010)

레고® 브릭마스터

2004년부터 2010년까지 미국 레고 팬들은 구독료를 내고 레고® 브릭마스터라는 레고 클럽의 프리미엄 버전을 구독할 수 있었다. 레고 브릭마스터 구독자들은 레고 특별판, 할인 쿠폰, 기타 혜택을 받았다.

레고 브릭마스터에 이어 등장한 레고® 마스터 빌더 아카데미는 2011년과 2012년에 걸쳐 매년 독점 세트 6개를 구독 회원에게 제공하는 유료 구독 프로그램이다.

20200 스페이스 디자이너(2011)

20003 디노(2008)

레고® 에듀케이션

레고® 마인드스톰® 에듀케이션 EV3은 학생들이 세트를 조립하고, 프로그램을 짜고, 실제 로봇 기술을 바탕으로 도출한 해결책을 테스트할 수 있게 해준다. 또 학생들이 비판적 사고, 문제 해결 능력, 협동 능력을 향상시키는 데 도움이 된다.

레고® 에듀케이션은 35년 이상 아이들이 교실에서 신나는 체험 학습을 할 수 있노록 지원해왔다. 익숙한 레고 브릭과 관련 자료를 사용하는 체험 학습은 선생님들이 아이들의 호기심, 자신감, 창의성을 이끌어낼 수 있도록 도와준다. 또 이러한 체험 학습은 학생들이 끊임없이 변화하는 세계에 대비하는 데 도움이 될 STEAM(과학, 기술, 공학, 인문, 수학) 관련 과목을 더 적극적으로 배우고 익힐 수 있도록 해준다.

레고 에듀케이션 유치원

미취학 아동들은 대부분 놀이를 통해 배우고, 어릴 때 쌓은 재미있는 경험을 최대한 활용하면 평생 동안 배움에 대한 열정을 간직할 수 있다. 레고 에듀케이션 프리스쿨 세트는 아이들이 숫자, 모양, 색상, 문제 해결 방법 등을 탐구할 수 있도록 이끌어주고 인과관계, 동작, 간단한 계산 같은 새로운 개념을 즐겁게 접할 수 있게 해준다.

성공적인 교육을 위한 기본 원칙

레고 에듀케이션의 교육 방식은 '4C'라는 네 가지 기본 원칙이 바탕이다. 첫째, 과제가 주어졌을 때 새로운 경험과 연결한다(Connect). 둘째, 레고 브릭으로 시험할 수 있는 아이디어를 구상한다(Construct). 셋째, 시간을 갖고 무엇을 배웠는지 생각해본다(Contemplate). 넷째, 각 과제가 완성되는 시점을 출발점으로 삼아 발전을 계속해나간다(Continue). 레고의 이러한 교육법은 지속적으로 참여하는 데 이상적인 발판을 마련해준다. 또 주요 교과과정의 표준 방식에 기반하고 있다.

4C 기본 원칙을 통해 학생들은 교사들의 도움을 받아가며 서로 협력해 문제를 자유롭게 해결할 수 있는 기회를 얻게 된다.

역할 놀이용 듀플로 피겨

균형에 대한 이해력을 높여주는 어릿광대 시소

놀이를 통해 확률을 배울 수 있는 회전판

45024 STEAM 파크 (2017)

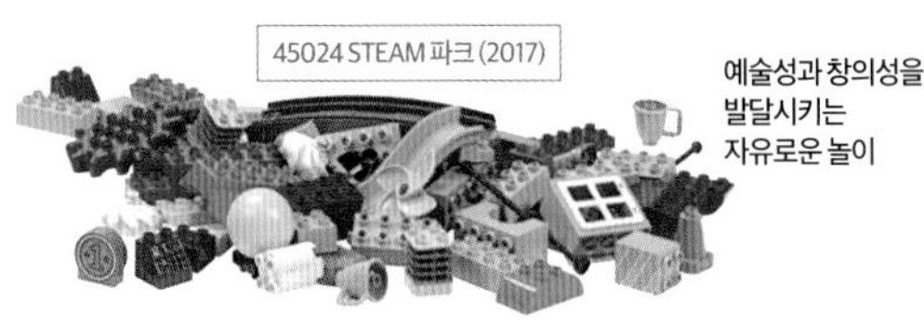

예술성과 창의성을 발달시키는 자유로운 놀이

STEAM 파크와 같은 레고 에듀케이션 프리스쿨 세트는 주요 학습 영역인 조기 수학과 과학, 사회·정서적 발달, 조기 언어 교육과 글 읽고 쓰기, 창의적 탐구 능력과 관련 수업 도구로 활용할 수 있다.

목표물을 조준하고 쓰러뜨려 인과관계를 보여주는 대포 발사 놀이

빌드 미 '이모션'Build Me 'Emotions' 세트는 미취학 아동이 공감 능력과 자아의식을 발달시킬 수 있도록 돕는다. 이 세트에는 놀이 학습을 지원하고 이끌어줄 그림 카드, 수업에서 활용할 수 있는 아이디어, 교사를 위한 설명서가 들어 있다.

45018 빌드 미 '이모션' (2016)

기계 & 기계장치

학생들은 레고 에듀케이션 머신 & 메커니즘 키트를 가지고 기계가 작동하는 원리와 기술 설계를 탐구한다. 수동 전동 기계 세트는 직접 레고 모델을 만들면서 동력, 운동, 에너지 등을 탐구하게 하고, 뉴매틱스 Add-on 세트는 태양전지를 이용해 재생에너지를 탐구하고 공기 펌프를 이용해 공기역학을 배울 수 있게 해준다.

수동 전동 기계 세트에는 레고® 테크닉 엘리먼트 400여 개, 가동 가능한 모델 14개를 조립하는 방법이 담긴 조립 설명서, 수업 계획표, 추가 활동, 학생용 작업 계획표 등이 들어 있다.

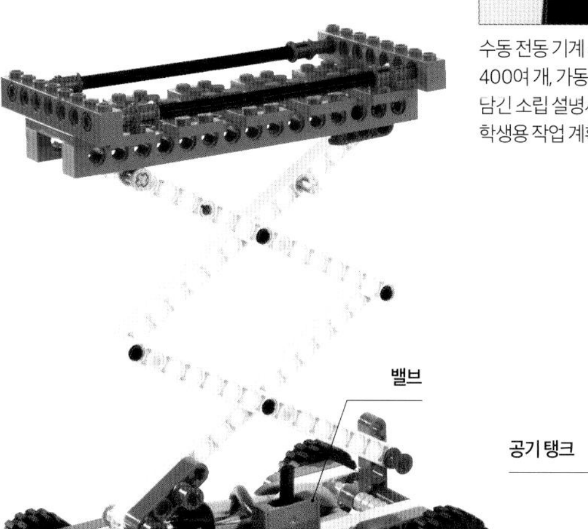

9686 수동 전동 기계(2009)와 9641 뉴매틱스 Add-on(2008)

경연 대회

레고 에듀케이션은 퍼스트 레고® 리그, 퍼스트 레고 리그 주니어, 월드 로봇 올림피아드의 파트너다. 매년 전 세계 어린이들로 구성된 팀이 레고 마인드스톰과 레고 WeDo 2.0 로봇을 들고 비영리 대회에 참가해 사회적·직업적으로 값진 경험을 쌓고, 국내외 토너먼트에 참여하며 여행할 수 있는 기회를 얻는다.

대회에 참가한 팀은 팀워크, 로봇 디자인, 연구 발표, 경기장에서 선보이는 로봇 성능을 바탕으로 평가를 받게 된다.

최근 몇 년 동안 88개국에서 온 학생 25만 명 이상이 퍼스트 레고 리그 프로그램에 참가했다.

레고® 마인드스톰

10세 이상 아이들은 레고 마인드스톰 에듀케이션 EV3 코어 세트로 모터, 센서, 기어 등이 달린 고성능 로봇을 디자인하고 조립하고 프로그래밍할 수 있다. 학생들은 지능적인 EV3 브릭으로 수집한 센서 데이터를 사용해 로봇을 테스트하거나 고치고 수정하면서 실생활에서 기술이 어떻게 사용되는지 보다 자세히 이해할 수 있다. 레고 마인드스톰 에듀케이션 EV3는 공학, 코딩, 자연과학 등을 바탕으로 하는 커리큘럼 팩과 함께 데스크톱과 태블릿 버전으로 제공한다.

LEGO education

WeDo 2.0

학생들에게 유용한 소프트웨어가 과학, 기술, 공학, 코딩 기술을 향상시키는 흥미로운 학습 방식인 WeDo 2.0을 통해 레고 조립물과 만났다. 학생들은 WeDo 2.0 코어 세트, 컴퓨터, 최신 부품을 사용해 프로젝트를 조립하고 프로그래밍하고 수정하면서 자신이 발견한 과학적 근거를 테스트하고 공유할 수 있다.

WeDo 2.0 코어 세트에는 스마트 허브, 모터, 동작 센서, 기울기 센서, 2인용 레고 브릭, 데스크톱과 태블릿을 모두 지원하는 사용하기 쉬운 소프트웨어가 들어 있다.

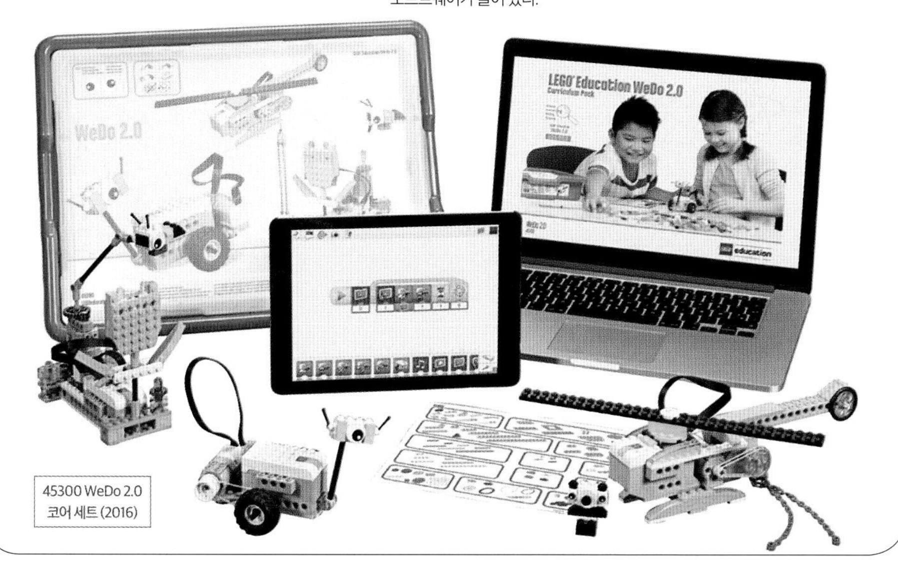

45300 WeDo 2.0 코어 세트(2016)

레고®
모델 빌더 스페셜리스트

화려하고 멋진 레고® 조형물을 보면서 누가 조립했는지 궁금한 적이 있는가? 레고 모델 빌더 스페셜리스트LEGO Model Builder Specialist 팀이 만들었을 가능성이 높다. 창의성과 조립 기술에 관한 엄격한 테스트를 거쳐 선정된 레고 모델 빌더 스페셜리스트는 레고 매장, 공원, 특별 프로젝트, 전 세계 행사 등에 사용될 믿을 수 없을 만큼 다양한 모델을 조립하는 레고 모델 숍에서 일한다.

1988년 제작한 레고 브릭 분해기는 레고 모델 빌더 스페셜리스트의 가장 친한 친구다. 이 간단한 일체형 플라스틱 도구를 사용하면 브릭이 아무리 단단히 끼워져 있어도 쉽게 떼어낼 수 있다. 2012년에는 레고® 테크닉 액슬과도 호환되는 오렌지색의 새로운 분해기가 출시되었다.

미국 코네티컷에 있는 레고 모델 숍에서 모델 빌더 스페셜리스트들이 멕시코 몬테레이의 레고 신축 공장 모델을 길이 3.7m 규모로 조립하고 있다.

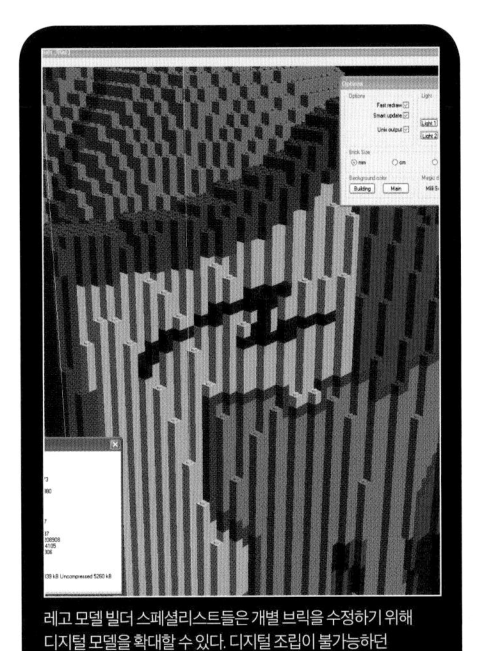

레고 모델 빌더 스페셜리스트들은 개별 브릭을 수정하기 위해 디지털 모델을 확대할 수 있다. 디지털 조립이 불가능하던 시절에는 먼저 모델 전체를 분해해야 했을 것이다.

디지털 브릭

레고 모델 빌더 스페셜리스트들은 한때 대형 브릭 조형물을 디자인하기 위해 2분의 1 크기의 축소판 프로토타입을 사용했지만, 요즘은 실제 모델을 조립하기 전에 디지털 방식으로 모델을 만들어보는 특수 컴퓨터 프로그램을 사용한다.

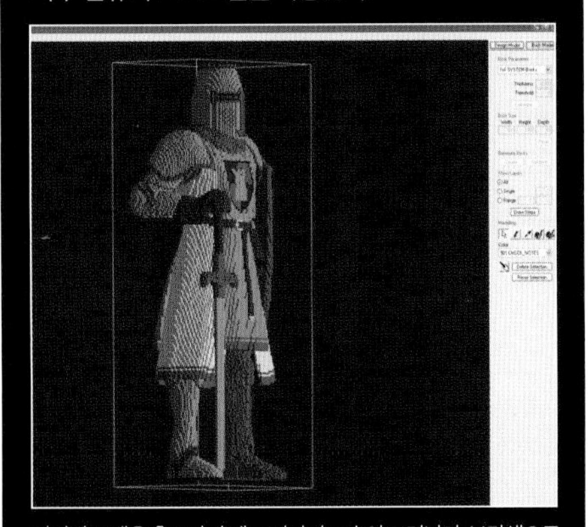

디지털 모델을 축소하면 레고 기사의 모습이 드러난다. 보라색으로 표시된 부분은 아직 작업 중인 영역을 나타낸다.

모델 숍

바로 이곳에서 레고 마법이 일어난다! 덴마크, 미국, 체코, 레고랜드® 테마파크에 있는 모델 숍에서 열심히 일하는 레고 모델 빌더 스페셜리스트들은 새롭고 놀라운 창작물을 만드는 데 몰두한다. 그들의 작업장은 레고 모델, 대형 조립 테이블, 상상할 수 있는 모든 모양·크기·색상의 브릭이 담긴 선반으로 가득 차 있다.

레고 모델 빌더 스페셜리스트들은 특수 제작한 부품을 색다른 방식으로 사용하는 것을 좋아한다. 레고 빌더 스페셜리스트가 대형 레고 뱀의 부품으로 탄생한 우주 괴물을 공들여 만들고 있다.

레고 모델 빌더 스페셜리스트가 프로토타입으로 제작한 머리를 옆에 두고 노래하는 로봇을 만들고 있다.

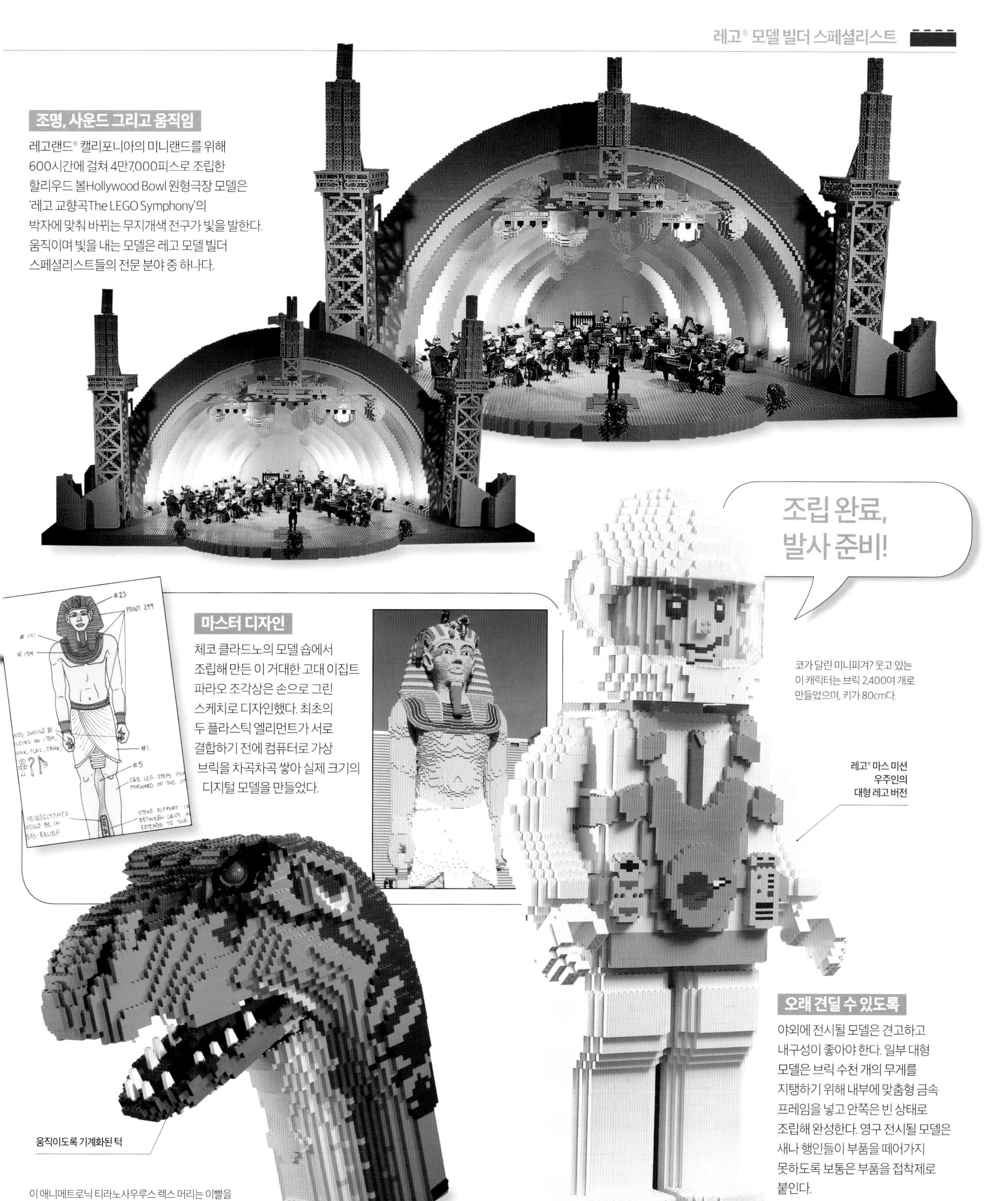

조명, 사운드 그리고 움직임

레고랜드® 캘리포니아의 미니랜드를 위해 600시간에 걸쳐 4만7,000피스로 조립한 할리우드 볼Hollywood Bowl 원형극장 모델은 '레고 교향곡The LEGO Symphony'의 박자에 맞춰 바뀌는 무지개색 전구가 빛을 발한다. 움직이며 빛을 내는 모델은 레고 모델 빌더 스페셜리스트들의 전문 분야 중 하나다.

마스터 디자인

체코 클라드노의 모델 숍에서 조립해 만든 이 거대한 고대 이집트 파라오 조각상은 손으로 그린 스케치로 디자인했다. 최초의 두 플라스틱 엘리먼트가 서로 결합하기 전에 컴퓨터로 가상 브릭을 차곡차곡 쌓아 실제 크기의 디지털 모델을 만들었다.

코가 달린 미니피겨? 웃고 있는 이 캐릭터는 브릭 2,400여 개로 만들었으며, 키가 80cm다.

레고® 마스 미션 우주인의 대형 레고 버전

오래 견딜 수 있도록

야외에 전시될 모델은 견고하고 내구성이 좋아야 한다. 일부 대형 모델은 브릭 수천 개의 무게를 지탱하기 위해 내부에 맞춤형 금속 프레임을 넣고 안쪽은 빈 상태로 조립해 완성한다. 영구 전시될 모델은 새나 행인들이 부품을 떼어가지 못하도록 보통은 부품을 접착제로 붙인다.

움직이도록 기계화된 턱

이 애니메트로닉 티라노사우루스 렉스 머리는 이빨을 드러내고 웃는 입을 자동으로 여닫을 수 있는 관절을 가진 연접식 공압 금속 프레임을 내부에 넣어 만들었다.

레고® 브릭 아트

어떤 예술가들은 캔버스에 그림을 그린다. 또 어떤 예술가들은 돌을 조각하거나 금속을 용접한다. 소수의 특별한 예술가들은 레고® 브릭이라는 독특한 표현 수단과 이미지를 이용해 작품을 만든다. 이렇게 재능 있는 레고® 공인 작가들과 비슷한 창작 활동을 하는 예술가들의 작품은 레고 조립 고유의 창의성과 사람들이 자신을 표현해내는 무한한 방법을 보여주는 놀라운 시각적 증거 중 하나다.

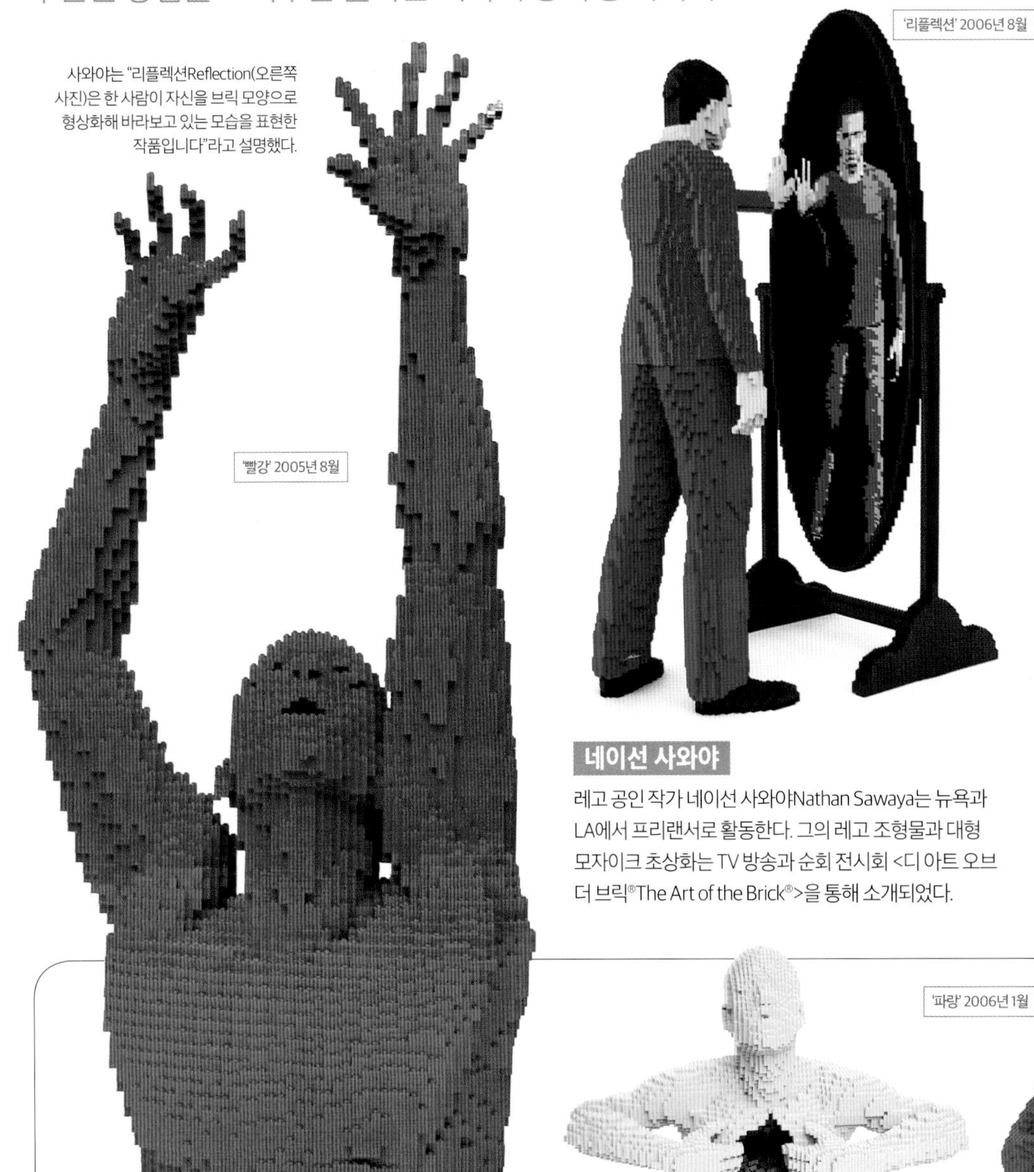

'리플렉션' 2006년 8월

사와야는 "리플렉션Reflection(오른쪽 사진)은 한 사람이 자신을 브릭 모양으로 형상화해 바라보고 있는 모습을 표현한 작품입니다"라고 설명했다.

'빨강' 2005년 8월

네이선 사와야

레고 공인 작가 네이선 사와야Nathan Sawaya는 뉴욕과 LA에서 프리랜서로 활동한다. 그의 레고 조형물과 대형 모자이크 초상화는 TV 방송과 순회 전시회 <디 아트 오브 더 브릭®The Art of the Brick®>을 통해 소개되었다.

'파랑' 2006년 1월

'노랑' 2006년 2월

변형

브릭 더미를 쏟아붓거나 가슴을 열어젖히고, 브릭 하나하나를 몸에 붙이고 있는 네이선 사와야의 작품 '빨강Red', '노랑Yellow', '파랑Blue'은 모두 형태가 변하는 모습을 보여준다. 사와야는 "저는 사람들이 단 한 번도 본 적 없고, 그 어디에서도 보지 못한 것을 보여주기 위해 레고 브릭으로 작품을 만듭니다"라고 말했다.

베사 레흐티매키

일러스트레이터이자 장난감 사진작가인 베사 레흐티매키Vesa Lehtimaki는 정교한 사진술로 레고® 스타워즈™ 미니피겨와 모델에 생기를 불어넣는다. 레흐티매키의 사진은 레고® 무비® 제작자에게 영감을 주었다. DK 출판사에서 펴낸 <레고 스타워즈: 거대한 은하계가 담긴 작은 세계LEGO Star Wars: Small Scenes From A Big Galaxy>에 실려 소개되었다.

레흐티매키의 사진은 데스 스타 지도를 훔친 랭커를 찾는 사진 속 트루퍼와 같은 배경 인물의 이야기를 담고 있다.

레흐티매키는 호스 행성에서나 볼 수 있을 법한 핀란드의 눈과 눈보라에서 영감을 얻는다.

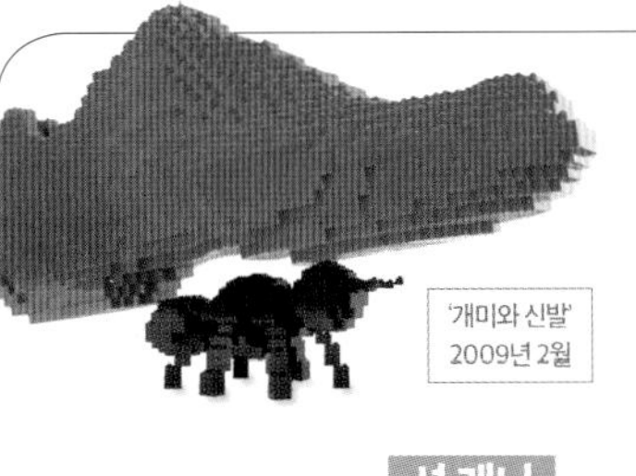

'개미와 신발' 2009년 2월

'개미와 신발The Ant and the Shoe'(왼쪽)은 우정에 대한 동화를 담은 작품이고, '투 쇼트 오더Two Short Orders'는 요리사와 투자자의 재정적 어려움을 이야기한 작품이다.

'투 쇼트 오더' 2008년 10월

션 케니

션 케니Sean Kenney는 전업 예술가이자 레고 공인 작가다. 자칭 '프로페셔널 키드'인 그는 전 세계 텔레비전 프로그램, 박물관, 갤러리, 연예인, 상점, 기업을 위한 레고 창작물을 만든다. 케니는 100만 개가 넘는 브릭을 보유한 뉴욕의 한 스튜디오에서 작품을 만들고 있다.

'더 워커' 1989

앤드루 립슨과 다니엘 쉬우

앤드루 립슨은 레고 빌더이자 기발한 구동식 기계장치와 수학적으로 정교한 브릭 조형물을 만드는 레고® 테크닉 팬이다. 립슨은 동료 빌더 다니엘 쉬우Daniel Shiu와 함께 네덜란드 그래픽 아티스트인 M.C. 에셔의 불가능해 보이고 물리 법칙에 반하는 예술 삽화를 3D로 재현해냈고, 레고 브릭으로 제작한 '상대성Relativity'이 그중 하나다.

© A. Lipson 2003

모자이크 아트

레고 브릭으로 모자이크와 벽화를 만드는 것은 오래전부터 많은 사람이 즐겨온 취미 중 하나다. 2D 디자인은 가까이에서 볼 때는 정사각형과 직사각형 패턴이지만, 그 앞에서 점점 뒤로 물러나 바라보면 모양과 색상이 선명해진다. 레고 모자이크 예술가들은 사진과 그림 작품을 만들기 위한 설계 도면으로 바꾸기 위해 과학용 그래프 종이부터 십자수 컴퓨터 프로그램에 이르기까지 거의 모든 도구를 활용한다.

레오나르도 다빈치의 16세기 걸작으로 유명한 '모나리자'를 재현한 레고 모자이크는 1993년에 제작한 작품으로, 어떻게 기본 브릭 색상을 조합해 절묘한 음영을 표현해낼 수 있는지 보여준다.

외른 뢰나우

덴마크 출신의 외른 뢰나우Jørn Rønnau는 최초의 레고 브릭을 갖고 놀면서 성장했다. 그는 부품 12만 개로 제작한 '더 워커The Walker'를 설명하며 "각종 회색 부품으로 만든 로봇이 결합된 일종의 자화상입니다. 워커는 움직이는 게 거의 불가능하지만, 노력하고 있는 것만은 분명하죠!"라고 말했다.

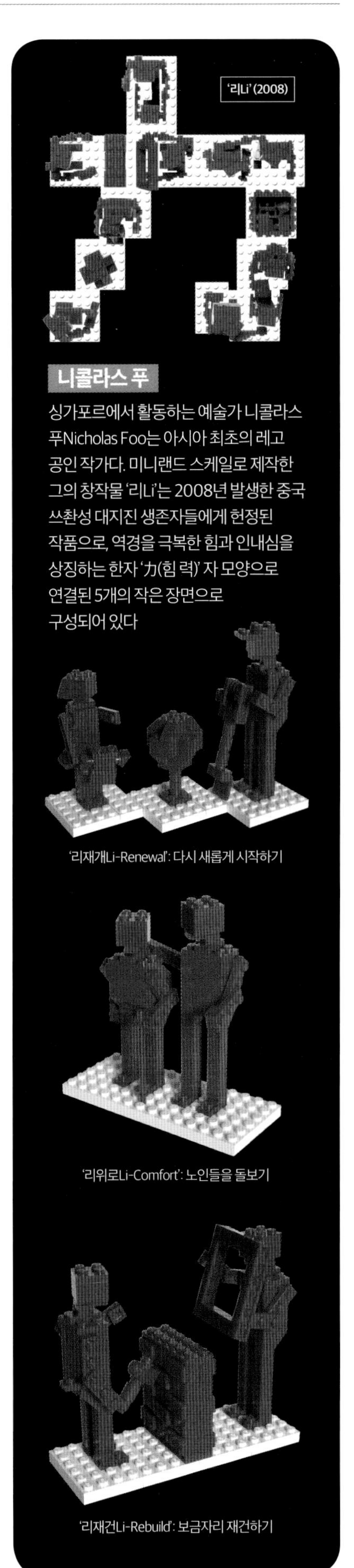

'리Li' (2008)

니콜라스 푸

싱가포르에서 활동하는 예술가 니콜라스 푸Nicholas Foo는 아시아 최초의 레고 공인 작가다. 미니랜드 스케일로 제작한 그의 창작물 '리Li'는 2008년 발생한 중국 쓰촨성 대지진 생존자들에게 헌정된 작품으로, 역경을 극복한 힘과 인내심을 상징하는 한자 '力(힘 력)' 자 모양으로 연결된 5개의 작은 장면으로 구성되어 있다.

'리재개Li-Renewal': 다시 새롭게 시작하기

'리위로Li-Comfort': 노인들을 돌보기

'리재건Li-Rebuild': 보금자리 재건하기

빌더 자신의 유개차 모델에서 영감을 받은 곡선 지붕 디자인

팬 빌더

전 세계 곳곳에서 많은 어른이 어린 시절 느낀 레고® 조립에 대한 애정을 새롭게 재발견하고 있다. 물론, 어린 시절부터 지금까지 레고 조립에 대한 열정을 계속 간직해온 레고 성인 팬은 예외다. 놀라운 재능과 창의력을 갖춘 레고 성인 팬(AFOLs, Adult Fans of LEGO)은 새로운 조립 기법과 정교한 조립 방식을 개척하고 레고 팬 모임과 대회에 참석하며 레고 브릭에 대한 열정을 뽐내고 있다.

더 뱅크

폴란드 출신의 레고 팬인 파베우 미샬락Paweł Michalak은 레고 카페 코너 세트에서 영감을 받아 모듈러 조립 방식으로 모델을 만들었다. '더 뱅크The Bank'는 폴란드의 레고 유저 그룹LUGPol(LEGO User Group-Poland) '클로키 즈드루이Klocki Zdrój'의 디오라마용으로 제작되었다.

솔라 플레어

미국 출신의 성인 레고 팬 리노 마틴스Lino Martins는 밝고 선명한 이 1960년식 클래식 스테이션 왜건을 그가 속한 레고 자동차 빌더 그룹을 위해 미니랜드 스케일로 제작했다. 이 작품은 브릭콘08 팬 컨벤션에서 한 친구가 밤을 주제로 만든 자동차, 그리고 두 자동차의 로커빌리 밴드 운전자와 함께 전시했다.

쾰른 대성당

레고를 조립하는 데 엄청난 열정을 쏟아붓는 한 레고 성인 팬이 있다. 독일 출신의 위르겐 브라미크 Jürgen Bramigk는 3m 높이의 이 쾰른 대성당 모델을 완성하는 데 무려 2년이라는 시간이 걸렸다. 이 작품은 색이 조금씩 다른 회색 레고 브릭 90만여 개로 조립했다.

6개의 육중
XLT 심우
반동 추진 엔

LL-X2 뱅가드

레고 팬이자 디자이너 크리스 기든스Chtis Giddens는 '프리 클래식 스페이스Pre Classic Space'라는 자신만의 복고 미래주의 스타일의 공상과학 조립 방식을 따른다. 그의 LL-X2 뱅가드 크루저는 내장형 전투기 베이와 우주 탐험대가 있는 정교한 내부를 갖춘 은하계 평화유지군의 우주선이다.

전속력으로 전진!

로드 길리스Rod Gillies가 조립해 만든 이 놀라운 배는 그가 좋아하는 스팀펑크 스타일에서 영감을 받아 제작되었다. 이 배의 굴뚝은 선박 역사상 마지막 원양 외륜선인 스코틀랜드의 SS 웨이벌리에 달린 굴뚝 색상을 그대로 재현해 만들었다.

빌더가 주문 제작해 붙인 스티커

'캐치 업!'

1955년 샌프란시스코의 한 작은 식당을 괴짜 억만장자가 사들여 오토바이와 모페드를 판매하는 상점으로 개조한 이 엉뚱하고 기발한 모델은 제이미 스펜서Jamie Spencer가 소장한 레고® 시티, 레고® 캐슬, 레고® 스타워즈™ 컬렉션의 맞춤형 스티커와 부품을 조립해 만든 것이다.

루나 통합 교육구 통학 버스 1호의 지붕을 재활용해 조립한 지붕

통학 버스

빌 워드Bill Ward는 자신이 만든 미래형 우주 여행 버스 모델을 개조해 이 최신 통학 버스를 만들었다. 버스에는 짓궂은 학생들과 심기가 불편한 버스 운전사가 타고 있다.

희귀 아이템인 반지의 제왕™ 마술사 왕 미니피겨의 왕관 부품

로봇

레고® 아이디어 엑소수트(세트 21109)의 디자이너 피터 리드Peter Reid는 복잡한 로봇 조립하기를 늘 즐겨왔다. 그의 최신 작품은 초현대식 엔지니어다.

우주선

평생을 레고 팬으로 살아온 제이슨 브리스코Jason Briscoe는 이 호버크라프트와 같은 우주 여행용 차량을 즐겨 만든다. 레고 클래식 스페이스 테마에서 영감을 받아 디자인한 호버크라프트는 그가 소장한 브릭 수백만 개 중 일부를 사용해 조립한 작품이다.

노핑겐

독일 출신 레고 팬인 라이너 카우프만Rainer Kaufmann은 1970년대 레고 세트를 갖고 놀며 성장했고, 그후 20여 년이 지난 시점에 다시 조립에 관심을 갖게 되었다. 카우프만의 노핑겐 타운은 그의 동료 빌더들이 만든 모델들이 타운에 포함되면서 그 규모가 확대되었다.

'통나무 벽' 부품으로 조립한 테라스 돌출부

카우프만의 타운하우스 3 모델에는 건물 앞쪽의 인도와 차도, 작은 마당이 내려다보이는 뒤쪽의 테라스가 들어 있다.

형제의 탑

오랫동안 잊혀진 한 나라에서 두 형제가 위태롭게 허물어져가는 탑에서 싸움을 벌였다. 레고 캐슬 팬 경연 대회 우승작인 마세즈 카르봅스키Maciej Karwowski의 이 모델에는 나선형 계단이 있고 샹들리에가 매달려 있다. 카르봅스키는 오래된 탑의 낡은 모습을 연출하기 위해 작은 브릭을 무질서하게 뒤섞어 사용했다.

카르봅스키는 탑이 아주 오래된 전투 현장처럼 보이도록 연출하기 위해 작은 레고 부품을 많이 사용했다.

레고® 아이디어

레고® 브릭은 전 세계 창의적인 빌더들에게 조립의 무한한 가능성을 펼칠 수 있는 기회를 선사한다. 레고 그룹은 레고® 쿠소와 레고® 아이디어와 같은 웹사이트를 통해 혁신적인 레고 팬들이 그들의 창작물에 활기를 불어넣는 데 도움을 주게 되었다. 일부 운 좋은 창작자들은 자신이 디자인한 모델이 실제 레고 세트가 되어 세상에 나옴으로써 오랫동안 꿈꿔온 최종 목표를 달성하기도 했다.

레고® 쿠소

'소원이 이루어지는 곳'은 18세 이상 빌더들이 레고 모델 아이디어를 사이트에 올리면 팬들이 투표하는 일종의 크라우드소싱 시험 공간이라 할 수 있는 레고 쿠소의 모토였다. 한 아이디어가 1,000명(나중에 1만 명으로 기준이 바뀐다)의 지지를 받게 되면 레고 그룹이 그 아이디어 모델을 공식 세트로 출시할지 여부를 결정하기 위해 심사한다. 412피스로 구성된 신카이 6500은 실제 일본 잠수함을 바탕으로 디자인한 잠수함으로 2011년 한정판으로 출시되어 판매된 최초의 쿠소 모델이다.

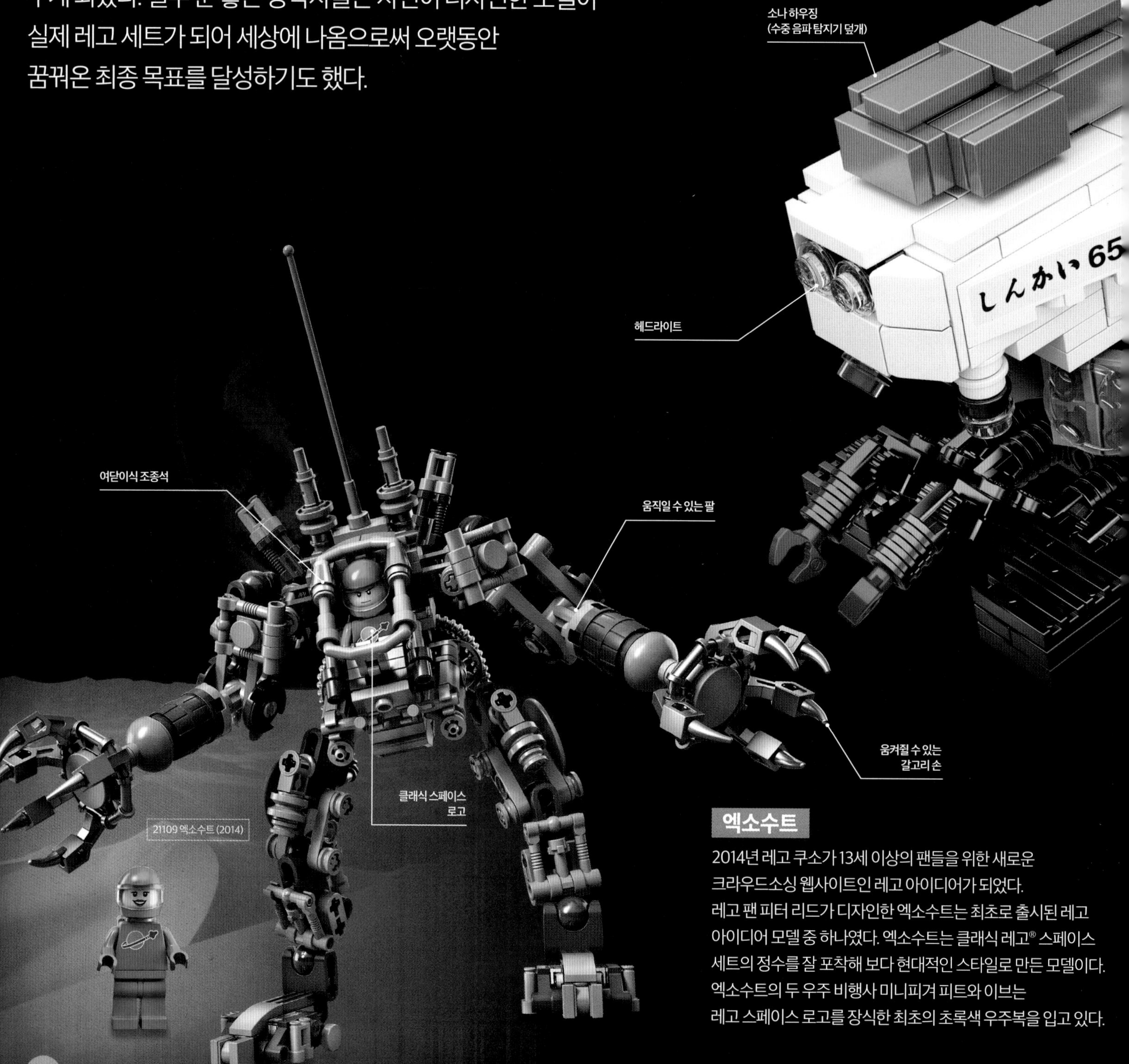

엑소수트

2014년 레고 쿠소가 13세 이상의 팬들을 위한 새로운 크라우드소싱 웹사이트인 레고 아이디어가 되었다. 레고 팬 피터 리드가 디자인한 엑소수트는 최초로 출시된 레고 아이디어 모델 중 하나였다. 엑소수트는 클래식 레고® 스페이스 세트의 정수를 잘 포착해 보다 현대적인 스타일로 만든 모델이다. 엑소수트의 두 우주 비행사 미니피겨 피트와 이브는 레고 스페이스 로고를 장식한 최초의 초록색 우주복을 입고 있다.

21100 신카이 6500 (2011)

티타늄 합금 압력 선체

고스트버스터즈 엑토-1

2014년 고스트버스터즈와 레고 팬들은 1980년대 히트작의 상징적 차량인 엑토-1이 레고 브릭으로 새롭게 재현된 순간을 자축할 만했다. 엑토-1은 분리 가능한 지붕과 추적용 컴퓨터가 특징이다. 영화 속 등장인물인 피터, 레이, 이곤, 윈스턴의 미니피겨들도 세트에 들어 있다.

21108 고스트버스터즈 엑토-1 (2014)

고스트 트랩

레고® 팩토리

레고 쿠소와 레고 아이디어가 생기기 전에는 레고® 팩토리와 레고® 디자인 바이미Design ByME 웹사이트를 통해 팬들이 가상 모델을 만들 수 있었다. 2005년, 레고 그룹은 팬들에게 도전장을 내밀었다. 레고 디지털 디자이너를 사용해 미니어처 모델을 만들고 매주 투표하자는 제안이었다. 가장 높은 점수를 받은 모델들은 최초의 레고 팩토리 세트가 되었다.

5524 공항 (2005)

5526 스카이라인 (2005)

팬들이 만든 모델 10개로 구성된 레고 팩토리 세트 3개가 출시되어 온라인과 레고 스토어에서 판매되었다.

5525 놀이공원 (2005)에 들어 있는 모델

공룡 해골

천문학자

고생물학자

화학자

21110 연구소 (2014)

연구소

레고 팬이자 지구과학자인 엘런 쿠이즈먼 Ellen Kooijman이 디자인한 이 세트에는 자신들의 일에 열심히 몰두하고 있는 자연과학자 3명이 들어 있다. 천문학자, 고생물학자, 화학자 미니피겨 모두 과학 프로젝트를 수행하는 데 필요한 장비를 갖추고 있다.

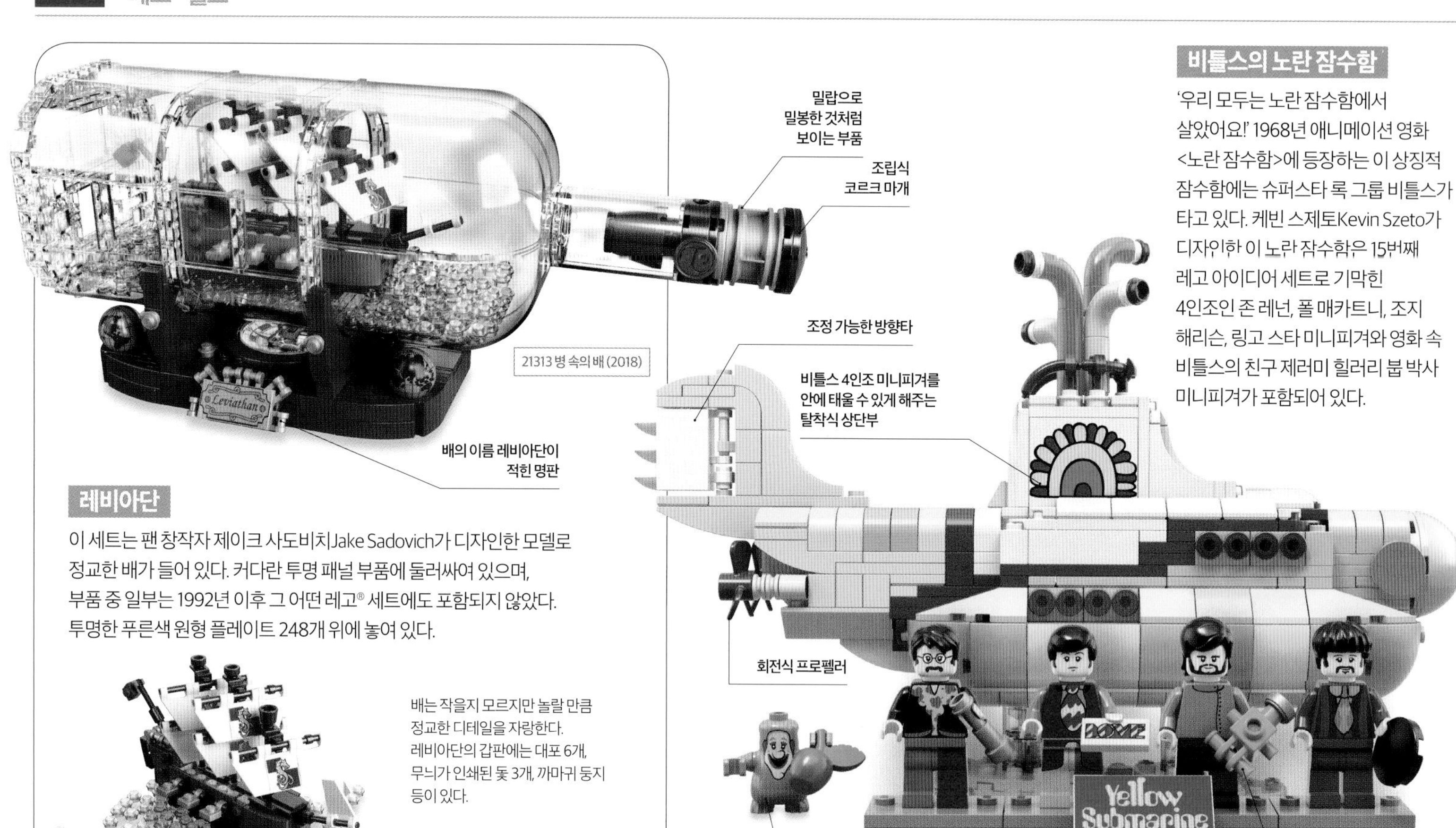

21313 병 속의 배 (2018)

21306 노란 잠수함 (2016)

레비아단

이 세트는 팬 창작자 제이크 사도비치Jake Sadovich가 디자인한 모델로 정교한 배가 들어 있다. 커다란 투명 패널 부품에 둘러싸여 있으며, 부품 중 일부는 1992년 이후 그 어떤 레고® 세트에도 포함되지 않았다. 투명한 푸른색 원형 플레이트 248개 위에 놓여 있다.

배는 작을지 모르지만 놀랄 만큼 정교한 디테일을 자랑한다. 레비아단의 갑판에는 대포 6개, 무늬가 인쇄된 돛 3개, 까마귀 둥지 등이 있다.

비틀스의 노란 잠수함

'우리 모두는 노란 잠수함에서 살았어요!' 1968년 애니메이션 영화 <노란 잠수함>에 등장하는 이 상징적 잠수함에는 슈퍼스타 록 그룹 비틀스가 타고 있다. 케빈 스제토Kevin Szeto가 디자인한 이 노란 잠수함은 15번째 레고 아이디어 세트로 기막힌 4인조인 존 레넌, 폴 매카트니, 조지 해리슨, 링고 스타 미니피겨와 영화 속 비틀스의 친구 제러미 힐러리 붑 박사 미니피겨가 포함되어 있다.

21304 레고® 닥터 후 (2015)

타임 머신

레고 아이디어 세트는 BBC 텔레비전 시리즈 <닥터 후>를 레고 우주 세계로 재현해냈다. 레고® 닥터 후 세트에는 타디스, 조종실, 달렉 종족 미니피겨 2개가 들어 있다. 12대 닥터와 그의 친구 클라라 오스왈드 미니피겨도 포함되어 있다.

들새 관찰

조류 애호가인 토머스 폴슨Thomas Poulson은 울새 한 마리가 정원용 삽에 앉아 있는 모습을 보고 새 모델 몇 가지를 선정해 레고 브릭으로 조립했다. 그렇게 탄생한 레고® 새 세트에는 가슴 부위가 붉은 울새(유럽), 푸른색 어치(북미), 멕시코 자주귀벌새(남미) 등 여러 대륙에서 온 새 세 마리가 들어 있다.

21301 레고® 새 (2015)

이 세트의 내부는 세트 외관만큼이나 인상적이다. 금전 등록기와 낚싯바늘, 노, 잠수용 헬멧을 포함한 다양한 낚시용 장비가 갖춰진 이 낚시 가게는 영업할 준비가 되어 있다.

허블 우주 망원경

1969년 최초의 달 착륙에 사용한 소프트웨어 소스 코드를 나타내는 서적

21312 NASA의 여성들 (2017)

챌린저 우주 왕복선

슈퍼 우먼

이 세트는 레고 그룹의 아이디어 심사 진행에 필요한 1만 표를 얻는 데 15일밖에 걸리지 않았다. 이 세트에는 나사에서 일하는 과학의 선구자들인 컴퓨터 과학자 마거릿 해밀턴, 우주 비행사 매 제미슨과 샐리 라이드, 천문학자 낸시 그레이스 로만이 미니피겨 형태로 들어 있다.

낚시 여행

2,049피스로 만든 낚시 가게와 감시탑은 가게와 사무실 내부를 구경할 수 있도록 분리가 가능한 지붕이 있다. 가게 뒤쪽의 여닫이식 벽도 낚시를 하는 미니피겨에 열려 있어 어부나 다이버가 필요로 하는 모든 용품에 손쉽게 접근할 수 있다. 해양 생물과 낚시 장비가 실제 낚시 가게를 연상시킨다.

감시탑

360도 전망 발코니

21310 오래된 낚시 가게 (2017)

선장

문 위에 달려 있는 박제한 물고기

찾아보기

볼드체로 표시된 쪽수는
주 표제어를 나타냅니다.

4429 헬리콥터 긴급출동 (2012)

감사의 말

니나, 존, 에이미에게,
그리고 시그네와 란디에게 고마운 마음을 전한다.

사진

본 출판사는 사진의 사용을 기꺼이 허락해주신 아래의 모든 분께 깊은 감사의 말을 전합니다.

(Key: a-above; b-below/bottom; c-centre; f-far; l-left; r-right; t-top)
239 Alamy Stock Photo: Edward Westmacott (crb). 243 Alamy Stock Photo: Newscom (cra). 245 Alamy Stock Photo: Images-USA (bl); ZUMA Press, Inc. (br). 246 123RF.com: Victor10947 (clb). Alamy Stock Photo: Sergio Azenha (cl). 247 123RF.com: Victor10947 (crb)

특수 촬영

Tim Trøjborg (Billund shoot).

추가 촬영

Joseph Pellegrino (pp.266-7), Ben Ellermann, Johannes Koehler, Yaron Dori (pp.66-7, pp.68-9, pp.88-9, pp.90-1), Daniel Rubin (pp. 76-7), Sarah Ashun (p.18), PHOTO: OOPSFOTOS.NL. (Mount Rushmore, p.28), UNICEF/SouthAfrica/Octavia Sithole/2015 (p.21), Bjarne Sig Jensen (pp.236-7 © LEGO House and the LEGO Group), IQ, GROWN-UP Licenses ApS, Clictime, Kabooki, Disguise Costumes, Room Copenhagen A/S, Blue Ocean, Ameet, Scholastic, Klutz (pp.258-9), NXT and EV3 FIRST Championship photography by Adriana Groisman. Other photography courtesy of students, volunteers and sponsors (p.189).

브릭 영화 스틸

Michael Hickox, Kloou and Maxime Marion, Garrett Barati, Kevin Ulrich, David Pagano, Pedro Sequeira and Guillherme Martins.

레고® 브릭 아트

Nathan Sawaya, Jørn Rønnau, Ego Leonard, Andrew Lipson & Daniel Shiu, Sean Kenney, Nicholas Foo, Vesa Lehtimäki.

레고 성인 팬 (AFOLs)

Lino Martins, Paweł Michalak, Nannan Zsang, Jürgen Bramigk, Marcin Danielek, Maciej Karwowski, Jaime Spencer, Rainer Kaufmann, Bill Ward, Sachiko Akinaga, Bryce McGlone, Chris Giddens, Marcin Danielek, Aaron Andrews, Peter Reid, Dan Rubin, Rod Gillies, Jason Briscoe.

돌링 킨더슬리 출판사는 이 책의 시각 자료와 관련한 업무를 맡아준 모든 분께 깊은 감사의 말을 전합니다.

Andy Crawford, Erik Andresen, Alexander Pitz, Monica Pedersen, Anders Gaasedal Christensen, Mona B. Petersen, Dale Chasse, Erik Varszeg, Steve Gerling, Dan Steininger, Paul Chrzan, Mark Roe.

돌링 킨더슬리 출판사는 이 책의 제작에 참여한 모든 분께 깊은 감사의 말을 전합니다.

Everyone at the LEGO Group, in particular: Randi Kirsten Sørensen, Heidi K. Jensen, Robin James Pearson, Paul Hansford, Martin Leighton Lindhardt, Jette Orduna, Signe Wiese and Mona B. Petersen; Tori Kosara, Laura Palosuo, Matt Jones and Julia March for editorial assistance; Kayla Dugger for proofreading and Helen Peters for the index.

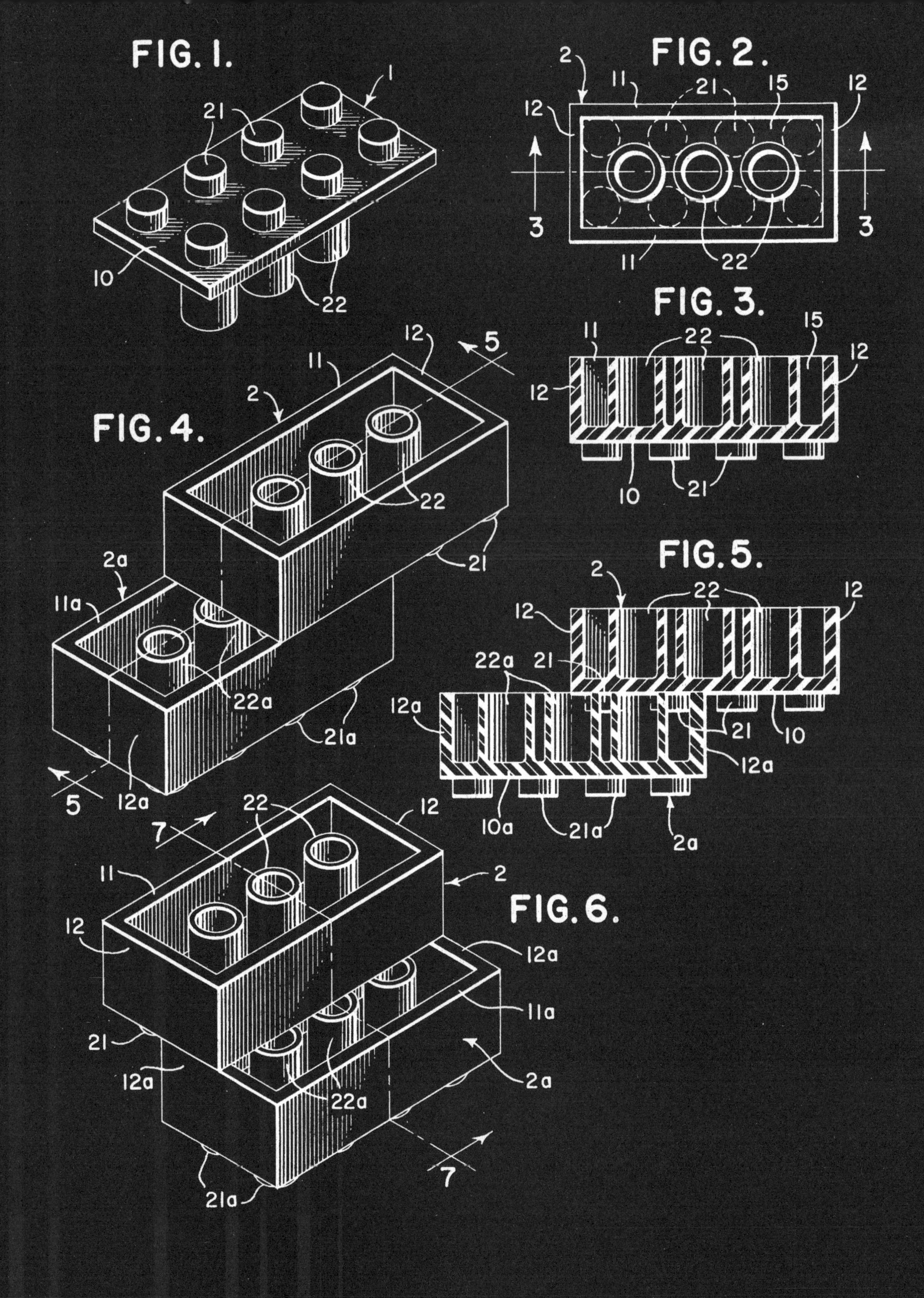

FIG. 1.
FIG. 2.
FIG. 3.
FIG. 4.
FIG. 5.
FIG. 6.
1
2
2a
10
10a
11
11a
12
12a
15
21
21a
22
22a
3
5
7